一、设施蔬菜种子种苗

（一）茄果类品种

彩图1　苏粉11号（番茄）

彩图2　皖粉5号（番茄）

彩图3　皖杂15（番茄）

彩图4　皖杂16（番茄）

彩图5　皖红7号（番茄）

彩图6　红珍珠（番茄）

彩图7　浙粉702（番茄）

彩图8　苏椒16号（辣椒）

彩图9　浙椒3号（辣椒）

彩图10　紫燕1号（辣椒）

彩图11　紫云1号（辣椒）

彩图12　皖椒18（辣椒）

彩图13　冬椒1号（辣椒）

彩图14　苏崎4号（茄子）

彩图15　皖茄2号（茄子）

彩图16　白茄2号（茄子）

（二）叶菜类品种

彩图18　春佳（不结球白菜）

彩图17　东方18（不结球白菜）

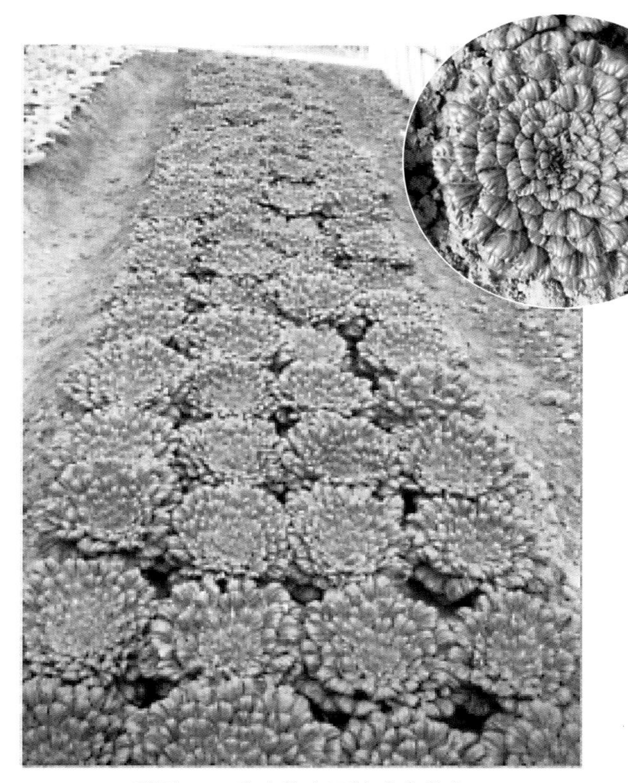

彩图19　千叶菜（不结球白菜）

彩图20　红袖1号（不结球白菜）

彩图21　紫霞1号（不结球白菜）

彩图22　新秀1号（不结球白菜）

彩图23　绯红1号（不结球白菜）

彩图24　丽紫1号（不结球白菜）

彩图25　黛绿1号（不结球白菜）

彩图26　黛绿2号（不结球白菜）

彩图27　金翠1号（不结球白菜）

彩图28　金翠2号（不结球白菜）

彩图29　耐寒红青菜（不结球白菜）

彩图30　博春（甘蓝）

（三）瓜类品种

彩图31　南水2号（黄瓜）田间表现和商品瓜

彩图32　宁运3号（黄瓜）田间表现和商品瓜

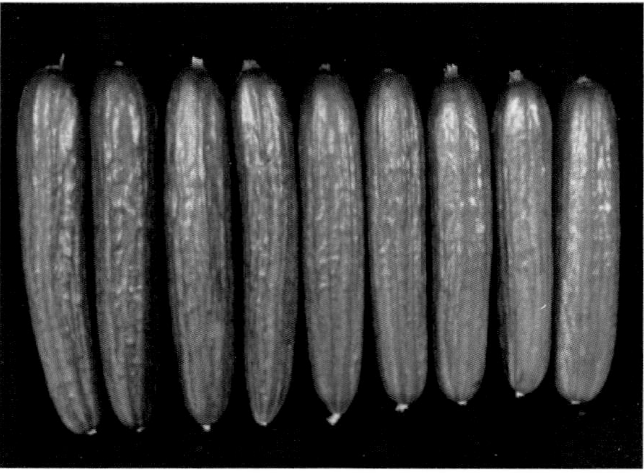

彩图33　南水3号（黄瓜）田间表现和商品瓜

彩图34　金碧春秋（黄瓜）

彩图35　浙蒲6号（瓠瓜）

彩图36　苏甜2号（甜瓜）

彩图37　翠雪5号（甜瓜）

彩图38　夏蜜（甜瓜）

彩图39　甬甜5号（甜瓜）田间表现和商品瓜

彩图40　甬甜7号（甜瓜）田间表现和商品瓜

彩图41　甬甜8号（甜瓜）田间表现和商品瓜

彩图42　苏蜜11号（西瓜）

彩图43　甬越1号（越瓜）田间表现和商品瓜

二、砧木及嫁接技术

（一）砧木

彩图44　甬砧1号嫁接苗

彩图45　甬砧2号嫁接黄瓜的田间表现和嫁接瓜

彩图46　甬砧3号嫁接西瓜的田间表现和嫁接瓜

彩图47　甬砧5号嫁接西瓜的田间表现和嫁接瓜

彩图48　甬砧7号嫁接苗

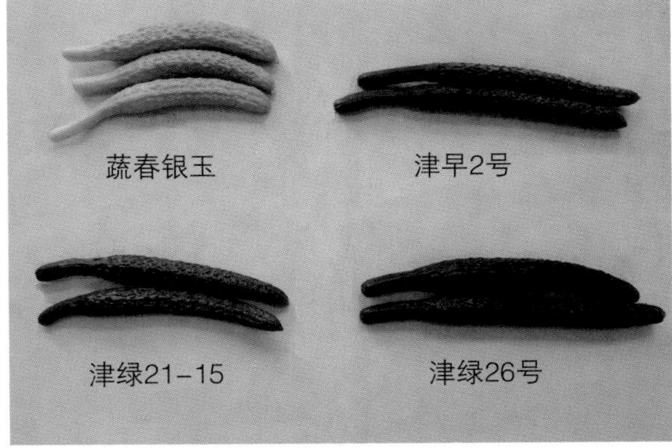

彩图49　甬砧8号嫁接黄瓜的田间表现和不同品种的嫁接瓜

彩图50　甬砧9号嫁接甜瓜苗以及嫁接瓜和自根瓜的对比

彩图51　甬砧10号嫁接西瓜的田间表现和嫁接瓜

彩图52　FZ-11嫁接苗床和田间对比

（二）嫁接技术

彩图53 瓜类蔬菜“双断根贴接”技术
A：砧木；B：接穗；C：嫁接后；D：生根后

三、育苗基质

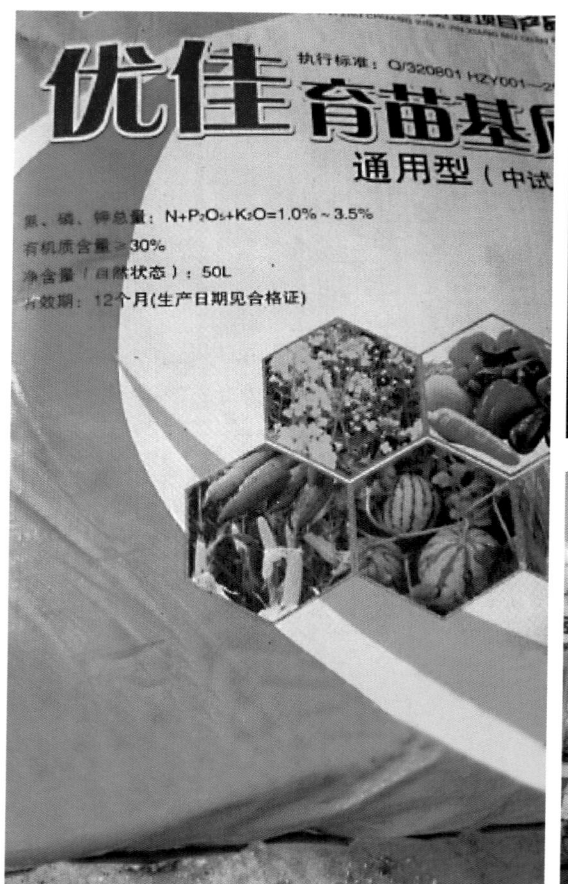

彩图54 优佳育苗基质

彩图55 黄瓜专用育苗基质

四、植保产品

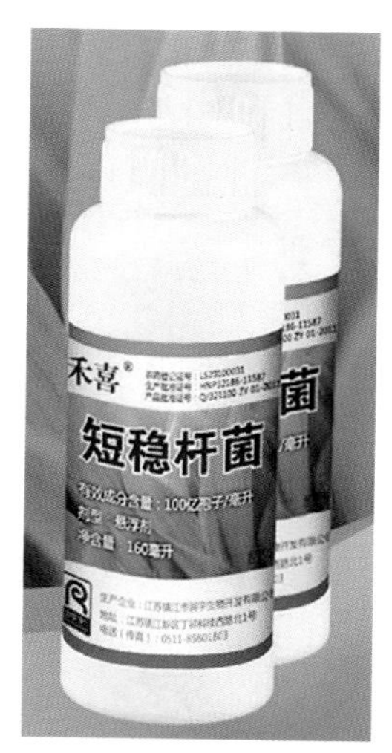

彩图56 “禾喜”短稳杆菌
（生物杀虫剂）

农业部“长三角地区设施蔬菜高产高效关键技术研究与示范”项目资助

设施蔬菜
高产高效关键技术

（2016）

陈劲枫　李　季　主编

中国农业出版社

图书在版编目（CIP）数据

设施蔬菜高产高效关键技术．2016／陈劲枫，李季主编．—北京：中国农业出版社，2016.12
ISBN 978-7-109-22300-4

Ⅰ．①设… Ⅱ．①陈… ②李… Ⅲ．①蔬菜园艺—设施农业 Ⅳ．①S626

中国版本图书馆 CIP 数据核字（2016）第 261454 号

中国农业出版社出版
（北京市朝阳区麦子店街 18 号楼）
（邮政编码 100125）
责任编辑 冀 刚

中国农业出版社印刷厂印刷 新华书店北京发行所发行
2016 年 12 月第 1 版 2016 年 12 月北京第 1 次印刷

开本：787mm×1092mm 1/16 印张：26 插页：8
字数：580 千字
定价：100.00 元

编委会名单

前　　言

作为农业部公益性行业（农业）科研专项“长三角地区设施蔬菜高产高效关键技术研究与示范”的成果之一，《设施蔬菜高产高效关键技术（2014）》自2015年出版以来，受到国内蔬菜产业各相关领域专家、科技人员和生产者的一致好评。该书从多个角度反映了长江三角洲（以下简称长三角）地区设施蔬菜产业相关进展。以调研报告、统计报告等形式，介绍长三角地区设施蔬菜发展现状，同时围绕设施蔬菜产业链中的种子种苗科技、设施蔬菜高产高效栽培管理以及蔬菜重要性状的应用基础研究3个层面，系统介绍长三角地区设施蔬菜高产高效关键技术及最新科技成果。

按照计划，《设施蔬菜高产高效关键技术》作为系列出版物，在项目资助期内每年刊出。本期将仍然按照以往的格式分上、下两篇：上篇主要是通过调研报告、各地区相关数据统计表格、报告等形式，介绍长三角地区设施蔬菜发展现状；下篇围绕设施蔬菜产业链，分设施蔬菜种子种苗科技、设施蔬菜高效栽培管理以及蔬菜重要性状的应用基础研究3个层次，系统介绍长三角地区设施蔬菜高产高效关键技术及最新技术研究成果。

随着我国政府对设施农业发展的重视和投入力度的加大，我国设施蔬菜产业得到了迅猛发展。据最新统计，至2013年底，我国设施蔬菜栽培面积达到了370万公顷，主要的设施蔬菜种类包括茄果类、瓜类、叶菜类等大类，设施蔬菜产量达到了2.5亿吨，为我国蔬菜周年均衡供应提供了重要保障。长三角地区是我国经济发展速度最快、经济总量规模最大的地区，也是设施蔬菜生产技术研发与应用水平最高的地区之一。目前，长三角地区经济一体化的进程给本地区蔬菜产业的发展带来了深远的影响，也对设施蔬菜产业发展提出了更高要求。

在农业部公益性行业（农业）科研专项的支持下，项目组整合长三角地区优势研究力量，针对长三角地区蔬菜生产特点，围绕设施蔬菜高产高效生产中品种、栽培、病虫防控、采后处理与加工等各个环节的实用技术需求进行协作攻关。《设施蔬菜高产高效关键技术（2016）》就是项目协作攻关的最新成果。

本书作为公益性出版物得到农业部科技教育司产业技术处的大力支持，特此感谢！同时，感谢本书编委会成员在编撰过程中的大量工作，感谢江苏省农业委员会园艺处征集的优质稿件，再次感谢作者们对本书编撰的大力支持。

陈劲枫　李　季

2016年9月

目　　录

上篇

长三角地区设施蔬菜发展现状

一、发展策略与规划

大城市群蔬菜稳定供应策略
——以中国上海城市群为例

陈 洁[1] 李 季[1] 娄群峰[1] 田守波[2]
王 颖[2] 张 璐[1] 钱春桃[1] 陈劲枫[1]

([1] 南京农业大学园艺学院 江苏南京 210095；
[2]上海市农业科学院园艺研究所 上海 201403)

摘 要：大城市群蔬菜稳定供应是一个庞大而复杂的体系。本文从影响蔬菜稳定供应产业链的上游（生产）、中游（流通）和下游（价格调控）三方面入手，以上海为核心的长三角城市群为例，分析了我国大城市群蔬菜供销现状，提出政府应对蔬菜产业进行政策和财政支持、合理布局、适度规模化等策略。进一步分析、比较了主要发达国家与我国在蔬菜产销上各自运作及联系的异同，提出应加大科技工作者在不同领域的相互合作，共同促进科技成果的综合利用与转化，加快蔬菜产业的机械化、自动化，以期为我国大城市群蔬菜的稳定供应提供理论支撑。

关键词：大城市群 蔬菜 稳定供应 策略

1961年，法国地理学家简·戈特曼在他的著作《城市群：城市化的美国东北海岸》中第一次提出了城市群的概念。按其标准，世界上有六大城市群达到城市带的规模，分别是美国波士顿-纽约-华盛顿城市群、北美五大湖城市群、日本东海道城市群、法国巴黎城市群、英国伦敦城市群和以上海为中心的长三角城市群。近年来，随着我国经济增长和城镇化建设的快速推进，我国大城市建设取得了较好发展，在长三角城市群不断扩大的基础上，先后又涌现出了珠江三角洲、京津冀等大城市群。这些大城市群一般是国家的政治中心、商贸中心、金融中心、工业中心或交通枢纽，其政治、经济和文化十分发达。作为经济产品和生活必需品之一的蔬菜，虽然其对大城市群的GDP总量贡献不大，但其稳定供应对大城市群的持续、健康、全面发展极为重要。

1 国内外蔬菜产销及其调控机制

1.1 主要发达国家

不论是发达国家还是发展中国家，现代经济发展带来的城镇化建设不断加速，城市人口剧增；同时，随着人们对健康的不断关注，人们对蔬菜的供给已不再满足于数量的充足，更在品种和质量等方面提出越来越高的要求。在中国，为了满足人们对蔬菜庞大而各异的需求，针对蔬菜品种繁多、季节性强、种植技术多样、不易保存和数量变化大等特点，大城市群的各蔬菜供应系统都做出了巨大努力，但仍然不时出现菜贱伤农、菜贵伤民的情况。在蔬菜已经基本实现稳定供应的美国、日本，它们是如何调控大城市群蔬菜供应的呢？

1.1.1 美国

美国不仅是工业大国，也是农业强国，占全国总人口2%的农民不仅生产出足够美国人消费的农产品[1]，其农产品出口额也占到世界的10.4%。但在美国的农产品进出口贸易中，用于出口的农产品主要是易于机械化的资源密集型产品，如谷物、畜产品和食用油籽等；而属于劳动密集型产品的蔬菜、水产品和饮品等，其进口额快速增长[2]，这在一定程度上反映出蔬菜稳定生产、供应的不易。作为蔬菜生产和消费大国，美国在蔬菜生产、流通和价格调控上具有较完善的体系，以保障大城市蔬菜的稳定供应。在美国，抓好蔬菜生产、稳定市场价格是每届政府都在着力研究解决的问题。

1.1.1.1 蔬菜产销情况

美国国土幅员辽阔，西部、东部为高原山区，中部是广阔的中央大平原，耕地面积广大，约占世界耕地面积的10%。根据不同地区的气候、土壤条件，随着农业生产技术、农产品流通体系的完善，美国的蔬菜生产逐步实现了按地区、按农场和按生产工艺的专业化分工体系。例如，美国椰菜90%左右由加利福尼亚州供应，茄子的供应全靠佛罗里达州和新泽西州[3,4]。这既可以发挥各地区的自然环境优势，又有利于提高劳动生产率，还有助于产品质量的监控与溯源。

在美国蔬菜生产区域化进程中，蔬菜供应的专业化和标准化相应形成。因此，蔬菜销售形式也相对简单，主要有3种渠道：一是大公司投资兴办的蔬菜产销一体化公司，自身完成蔬菜的产、供、销的全部生产经营活动；二是蔬菜“合同”联合体，它是菜农与蔬菜集配商、加工包装商、蔬菜运销公司等以合同形式结成的蔬菜产销经济联合体，联合体的各方通过合同建立长期稳定的联合关系，各司其职，成为美国最主要的蔬菜产、销联合经营形式；三是通过蔬菜销售合作社，合作社在蔬菜购销中的特点不是赚取买卖差价，而是通过代购代销、收取产品售后利润返还的方式获得收益。不论蔬菜的销售形式是什么，都有个共同的特点就是蔬菜产品的标准化和质量追溯体系。为了保证质量和降低损耗，美国蔬菜从采收到上市，基本实现了处理规范化和流通冷链化。其一般程序：采收和田间包装→预冷（有冰冷、水冷和气冷等）→清洗→杀菌→分级包装→冷库→冷藏车运输或批发站冷库→自选商场冷柜→消费者冰箱。所有蔬菜包装材料均印有蔬菜名称、等级、净重、农家姓名、地址和电话等，以保证信誉。由于处理及时、得当，美国蔬菜在加工运输环节中的损耗率很低，仅为1%～2%[5,6]。

1.1.1.2　蔬菜产销调控机制

蔬菜因其自身生产的特性及消费者需求的不可控性，如果单靠市场的力量对资源进行配置，可能出现供需不平衡，进而出现伤农、伤民的现象。作为农业强国，拥有发达市场经济体系的美国也不例外，在20世纪30年代出现的严重农业危机迫使政府实行新的农业政策，开了经济干预的先河。在国会讨论通过的各种农业法案的规范下，美国通过国家税收、补贴、价格干预、信贷管理以及产量定额分配等手段对蔬菜的产销和价格保持有效调节[1,7]。

在美国，蔬菜终端消费一般是通过超市、餐饮业和农场主市场3种形式销售。美国的超市零售业和餐饮行业均十分发达，各自的销售比例均为40%左右。美国超市大力推行“直销流通模式”，通过与优质农户签订固定合同，超市直接从农户手中采购农产品，既保证了农产品质量，又压缩了流通环节，且利用控制成本，缩短产品由出产到销售的时间，实现产品质量追溯。大型超市一般都拥有自己的配送中心，利于控制运输成本，还能对产品质量进行严格的追踪[3]。

1.1.2　日本

日本是典型的人多地少的工业强国，人均耕地面积只有500平方米[8]。相对于美国，日本的农业现代化发展较晚，在工业迅速发展带来的城市化过程中，大城市蔬菜稳定供应也经历过一个十分困难的时期，在19世纪60年代以前，大城市的蔬菜供应也出现过菜贱伤农、菜贵伤民的情况。随着工业的进一步发展，城市人口激增到80%以上，且50%以上的人集中到东京、大阪和名古屋三大城市，这极大加剧了蔬菜等生活日用品供应的紧张。但在当今的日本东京、横滨等大城市，市场上的蔬菜不仅数量充足，而且品种丰富、品质优良、包装精致。它们是如何解决大城市群蔬菜供应问题的呢[9]？

1.1.2.1　蔬菜产销现状

因人多地少，且以山地为主，日本的农业现代化道路与美国有很大差异。第一，日本农林水产省对国内蔬菜生产现状做了全面、可靠的收集，包括蔬菜产区的自然条件、特点、优势、蔬菜生产面积、生产设施设备和生产技能等，同时调查了近30年蔬菜供应的历史情况，结合大中城市每年、每月、每周和每天的各种蔬菜的需求量（包括品种）的调查，制定出了各类品种的蔬菜生产、销售预测预报，向国会提出正式报告。第二，根据调研报告，日本政府为各大中城市指定相应的蔬菜生产基地，进而进行适度规模的蔬菜基地建设。在建立蔬菜基地时，根据当地的自然和交通情况，对基地每年生产蔬菜的数量、品种和供应量都做了具体明确的规定。在基础设施建设上，十分重视发展蔬菜生产设施，特别是保温设施。1979年，日本的保温栽培已经占到了蔬菜生产总量的49.2%，这对保证蔬菜周年供应起了很大作用。随着科技进步，温室环境计算机综合调控技术、工厂化育苗和机器人嫁接技术、机械化生产和植物工厂等现代化生产技术应用到蔬菜生产各环节，帮助日本的蔬菜生产向精准化和标准化发展[10]。

以东京为中心的日本太平洋沿岸城市群，在6%的国土面积上居住着占全国61%的人口，其蔬菜供应20%来自郊区供应基地，其余80%来自全国各地或进口。据统计，东京东海道城市群每日必不可缺的蔬菜等生鲜农产品分散在全国近500万个个体小农经营者手中，如何把农产品集中起来，满足城市人口每天的消费需要，做到供需平衡并保持均衡供应，是一项十分复杂而艰巨的工作。首先，这有赖于日本发达的铁路、高速公路和航空运输网络系统，可对农产品集中分级、包装；其次，在“集送中心”现代化的仓库和冷藏设备配套下，日本组建了全国性统一市场，用于生鲜农产品的统筹生产与消费衔接；最后，利用批发市场将蔬菜生产于消费紧密联系。日本的批发市场有两类：一是中央批发市场，是适应全国性流通而建立起来的；二是地方批发市场，是适应地方小范围的流通而设置的。批发市场把建筑物出租给批发公司进行经营。一般每个批发市场具有2～6个批发公司，每个批发公司都固定联系上百个甚至好几百个经纪人，每个经纪人又固定联系一定数量的零售商，形成了一个农产品销售网络。当蔬菜采收上市时，规模小、零星、分散的农产品被各级销售组织逐级汇集到大型销售团体或规模很大的“集送中心”，这些销售组织，对农产品实行机械化和流水作业式的质量检查、卫生检验、清洗、分级和包装，然后转送到批发市场，经批发公司转售给经纪人。经纪人按前一天各零售商店委托他购买的农产品数量、品种及价格，每天凌晨三、四点钟到批发市场通过拍买的方式采购，并在当天上午就把在批发市场上采购到的农产品分送到他们联系的各个零售商店出售，以保证生鲜农产品的鲜度[10-12]。

1.1.2.2 蔬菜调控机制

在日本，政府为了稳定蔬菜生产、维持农产品价格，政府出台了《蔬菜产销安定法》，建立了“蔬菜供给稳定基金制度”。在该基金体系下，对‘指定蔬菜’实行价格补偿，当市场价格跌落到基金管理机构规定的标准价格以下时，由政府及其他单位设立的基金来补偿其差额；当蔬菜价格过高时，利用储存蔬菜平抑蔬菜价格。基金管理机构在制订蔬菜价格时，是根据生产费用、其他物价以及总的经济情况确定下来的，这对保证农业再生产起了十分重要的作用。在政府宏观调控的规范下，通过计划供应措施，将销地、产地结合起来，积极发展现代农业技术、改善运输系统及流通渠道，运用农业低息贷款或蔬菜价格补贴等经济手段，加强产地技术指导员、情报联络员队伍建设，以促进蔬菜生产发展、稳定蔬菜价格，共同为日本蔬菜的产、供、销稳定做出贡献[4,9,10]。

1.2 我国蔬菜产销及其调控机制

改革开放以来，我国蔬菜产业总体保持平稳较快发展，虽然仍然是家庭分散种植为主，但在国家宏观政策的调控下，随着产销体制的改革及交通、物流业等基础产业的发展，逐渐形成了6个蔬菜优势区域，即华南与西南热区冬春蔬菜、长江流域冬春蔬菜、黄土高原夏秋蔬菜、云贵高原夏秋蔬菜、北部高纬度夏秋蔬菜、黄淮海与环渤海设施蔬菜[13]。蔬菜供应在就近生产供应的基础上，部分便于储运的蔬菜已经实现全国调运，解决了北方冬季、南方夏季蔬菜供应的短缺问题，极大丰富了市民的四季餐桌。

1.2.1 我国蔬菜种植特点

我国自施行家庭承包经营后，蔬菜种植从计划种植、统筹销售逐渐转向由市场调控的自主生产、自由买卖。但由于蔬菜生产基础差，社会经济力量薄弱，加上商品流通体系不健全、交通运输落后等因素，国家针对大中城市的蔬菜供应采取的是发展郊区蔬菜生产基地，施行"就地生产、就地供应"政策。从20世纪90年代起，随着经济和科技的进步，国内城市发展迈向工业化、大型化和集群化，蔬菜产业化应运而生，并从开始的单纯面积的盲目扩张逐渐向增加单位产量、调整品种结构、优化区域布局的科学发展转变。但由于我国蔬菜生产环境、饮食文化等与美国和日本的差异，我国蔬菜的生产很难实现如美国的不同种类蔬菜分别集中生产、全国供应，也很难做到像日本的全国统一性生产-供应总调控。目前，在城市发展不均衡的我国，以长三角城市群为代表的大城市群，既吸纳着不同蔬菜主产区的蔬菜供应，又保有一定的蔬菜自给能力。但近郊蔬菜种植的规模在逐渐减少，且蔬菜种类也逐渐从传统的大宗蔬菜种植转向特种、高品质等附加值高的蔬菜种类。

1.2.2 我国蔬菜流通特点

目前，我国的蔬菜种植还是以农户分散种植为主，然后经由蔬菜经销商或产地批发市场进入流通环节，虽然近年国内兴起了不同规模的蔬菜合作社，但其功能主要与蔬菜经销商相似，具体的流通方式如图1所示。在我国蔬菜复杂的供应系统中，各主体间缺少稳定、互利的合作关系，更多的是相互博弈、流通效率低、损耗大，且产品质量难以保证[14]。但是，以各级批发市场为主的蔬菜流通具有强大、快速的集散功能，在一定条件下，流通链条的社会总成本小于以超市为核心的"农超对接"模式的成本，仍为我国主要的流通模式。但美国、日本等发达国家高效的蔬菜流通模式，提示我们农产品流通模式可以是多样的，在一定条件的约束下，可以优势互补、并存发展。传统的以批发市场为核心的蔬菜流通模式，新兴的以超市为核心的蔬菜"农超对接"、以较大型农场为核心的直销等模式不是此消彼长的发展，而是有交叉点的错位式发展，是我国蔬菜产业调整、发展过程中的销售模式创新。条件成熟时，较高级的流通模式在一定的条件下会选择性地替代传统的流通模式，形成因地制宜、适合的流通模式格局的分布[15,18]。

1.2.3 我国蔬菜产销调控机制

随着农村人口向城镇转移的加快，城乡居民生活水平不断提高，商品菜需求呈现量与质的同时增长，"菜篮子"工程一直是国家关注的重点民生工程之一，在政策和财政上都给予了极大支持。在促进蔬菜产业发展方面，政府始终坚持着市场调节和政府调控相结合、粮食种植与蔬菜生产统筹兼顾、生产发展和环境保护相协调的原则。鼓励、支持各项农业相关科技成果应用到蔬菜生产，发展城郊蔬菜产业，促进大城市提高蔬菜自给能力和应急供应能力。同时，加大优势区域蔬菜基地建设力度，注重生产要素集成和资源整合，在改造升级原有生产基地的基础上，重点规划建设一批高起点、高标准的新基地，稳定提高产量，确保质量。进一步建立风险

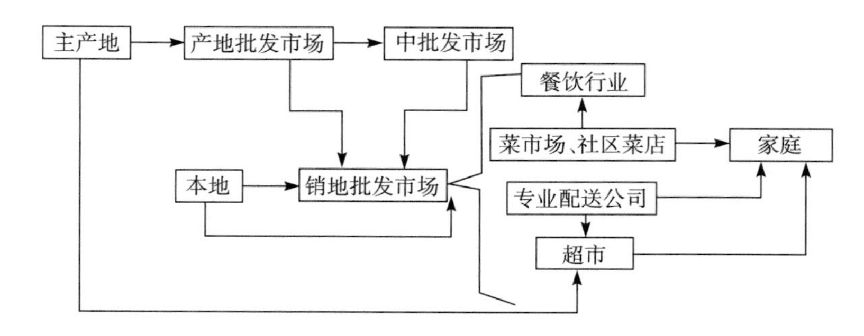

图 1　我国蔬菜的主要流通链

控制、产销衔接和市场预警机制，增强科技支撑能力，提高“菜篮子”产品生产、流通的规模化、标准化和组织化，促进“菜篮子”长期稳定发展。尽力防止市场供应短缺或生产过剩，使菜价总体保持合理水平，维护消费者利益的同时增加农民收入[13]。

2　以上海为中心的长三角城市群蔬菜稳定供销现状与发达国家比较

长三角地区作为中国第一大经济区、中国综合实力最强的经济中心、亚太地区重要国际门户、全球重要的先进制造业基地、国际公认的六大世界级城市群之一，人口总量约 1.5 亿人。在城镇化、工业化建设进程中，农用地和农业从业人口减少、农业生产环境恶化等现实问题制约着蔬菜产业的发展，但蔬菜的稳定供应、适量的自给能力，不仅关系居民的日常生活，更影响该地区经济健康、稳定发展。因此，做好以上海为中心的长三角地区大城市群蔬菜稳定供应工作，不仅是为该地区经济的稳定健康发展提供保障，也是为国内其他大城市群建设过程中的民生工程提供参考。

2.1　长三角地区城市群蔬菜生产现状

长三角地处长江入海之前的冲积平原，有山地、丘陵和平原，可生产的蔬菜种类丰富、茬口复杂，仅上海市不同区之间蔬菜品种、茬口也有较大差异。根据上海市农业科学院园艺研究所的调研，上海市的蔬菜生产主要分布在崇明区、奉贤区、浦东区和嘉定区等 10 个区，大宗蔬菜在每个区都有种植。由表 1 可知，2014 年，上海市当地生产的蔬菜有 14 个类型，涉及 60 多个种类，超过 1 641 个品种，这是上海市政府和农业相关科研工作者、生产者为满足上海市民多样的消费需求所共同努力的成果。但要在 9.33 万公顷的土地上，生产如此多类型、品种、茬口的蔬菜，每种蔬菜、每个批次的面积一般只有几亩*，甚至不足 1 亩。这比较符合国内目前的散户种植，能提高农户个体抵抗市场风险的能力。但这同时也反映出我国在蔬菜

* 亩为非法定计量单位。1 亩=1/15 公顷。

生产布局、对劳动力的依赖、保障菜农收益上与美国、日本的差异。

表 1　2014 年上海市主要蔬菜品种结构

类型	种类	品种数（个）	面积（万亩）	类型	种类	品种数（个）	面积（万亩）
瓜类	黄瓜	61	3.55	茄果类	番茄	69	3.52
	冬瓜	18	0.88		茄子	52	2.87
	金瓜	2	0.99		辣椒	77	2.36
	丝瓜	25	1.06		樱桃番茄	25	0.28
	南瓜	28	0.70	豆类	毛豆	48	5.41
	西葫芦	38	0.45		蚕豆	17	4.54
	瓠瓜	13	0.19		豇豆	60	1.96
	苦瓜	17	0.14		扁豆	17	1.99
甘蓝类	花椰菜	90	9.60		菜豆	40	1.68
	甘蓝	90	8.67		豌豆	15	0.95
	绿花菜	21	0.73	根菜类	萝卜	46	1.68
	芥蓝	10	0.37		胡萝卜	22	0.17
芥菜类	叶用芥菜	11	1.26	葱蒜类	香葱	20	2.36
	茎用芥菜	2	0.09		大葱	15	1.74
白菜类	青菜	120	29.78		大蒜	15	1.29
	大白菜	74	7.06		韭菜	40	2.23
	塌菜	9	0.95		韭葱	1	0.00
	菜薹	19	0.77		洋葱	8	0.04
绿叶菜类	芹菜	60	4.66	薯芋类	马铃薯	12	2.01
	莴苣	48	3.33		芋艿	6	1.42
	生菜	55	6.24		山药	5	0.47
	菠菜	45	2.89		香芋	1	0.08
	米苋	29	3.39		菊芋	1	0.01
	蕹菜	30	1.56	特色蔬菜	马兰头	1	0.25
	茼蒿	20	1.79		菊花头	1	0.03
	油麦菜	25	1.39		观音菜	1	0.03
	草头	7	1.35		枸杞	1	0.02
	荠菜	4	0.86		人参菜	1	0.01
	香菜	20	0.65	水生蔬菜	茭白	10	2.18
	紫角叶	2	0.01		藕	10	0.49
多年生蔬菜	芦笋	11	1.13	其他			1.73

注：数据来源于上海市农业科学院园艺研究所。

在美国，蔬菜的种类没有我国多，且大宗蔬菜的生产主要是分片区、大规模、机械化和专业化生产，蔬菜从整地、播种、收获以及采后处理都实现了机械化，部分环节已经实现了自动化、智能化。配以先进的储运设施设备，在完善的社会化服务体系和可靠的合同信用保障下，美国既解决了蔬菜周年均衡供应问题，也保障了蔬菜生产者的收益。在日本，蔬菜生产与我国相似，以家庭种植为基础，小规模、集约化和精细耕作，但机械化程度较高，具体如表 2 所示。同时，在政府的宏观调控下，日本的蔬菜种植实行的是指定品种、指定产地和指定消费地的计划式产销。因此，在每批次的生产面积上虽不及美国，但仍然具有一定规模，且是专业化生产[16,17]。同时，日本特别注重先进技术在蔬菜生产上的应用和科技创新，力求用机械技术进步弥补劳动力的不足。目前，除部分果菜类蔬菜的采收未实现机械化外，蔬菜生产从播种、育苗、施肥直至收获、包装、上市都基本上实现了机械化，并向高性能、低油耗、自动化和智能化方向发展。

表 2　美国、日本、长三角蔬菜设施设备现状

项　目	美　国	日　本	长三角
种植方式	露地和设施种植并重	主要是连栋温室为主的设施种植	露地为主，钢架塑料大棚正在大力发展中
土壤准备	各马力*拖拉机、各种犁具、茎秆粉碎机等	中马力拖拉机、旋耕起垄机、田园管理机等	各马力拖拉机、各种犁具
播种育苗与移栽	真空穴盘播种机、滚筒播种机、覆膜播种机、穴盘装填机、移栽机等	针式播种机、窝眼式直播机、半自动移栽机、全自动移栽机、嫁接机	以人工播种育苗盒移栽为主，工厂育苗中有少量机械化设备
中耕	适用于不同作物的各类型中耕机具	可变量施肥机、培土机	人工中耕为主
病虫害防治	不同型号的喷雾机、喷雾器	环保型通用喷洒农药装置	小型手动喷雾器为主
采收	部分作物（如马铃薯、洋葱、番茄等）大型侧牵引式联合收获机	小型自走式收获机（卷心菜）、搬运机	人工采收为主

注：数据主要来源于农业部南京农业机械化研究所。

2.2　长三角地区城市群蔬菜供应渠道

如前所述，美国、日本大城市群的蔬菜供应都是有计划、有组织、有数据可依的定向供应，且蔬菜大多经过分级、清洗和包装，冷链储运，从产地到零售全环节实现了可追溯，相关数据适时共享，极大程度地降低了蔬菜滞销或供应不足现象的发生。但在国内，以上海市为例，经过政府相关工作者的多年努力，虽然已经实现蔬菜供应的充足与价格的相对稳定，菜农收益也得到了一定保障[18]，但依然无法做到对市场供应的有效掌控。从图 1 可知，国内蔬菜生产以散户种植为主，然后经由不同层次的经销商到达消费者手上，这与日本的供应渠道有相似之处。但日本的蔬菜供应却类似订单生产，而国内的蔬菜供应虽然在国家相关政策的有意引导下，会趋向于选择政府建议的蔬菜种类，但更多的情况却是农户自主根据往年市场价格

* 马力为非法定计量单位。1 马力≈735 瓦。

和种植经验而定，再由蔬菜经销商根据市场近期的需求和价格决定收购和销售蔬菜的种类和数量，生产者与经销商、经销商与零售商或消费者间没有相对固定的合作关系，更趋向于市场调节为主的投机行为。同时，与美国、日本蔬菜生产的宏观调控相比，我国在蔬菜自给红线等政策的影响下，大城市城郊或周边市县逐渐出现了相对成片的蔬菜规模化生产基地，但品种主要为叶菜类，且在品种、上市时间和品质等方面仍然随机性较大，无法做到发达国家的有计划、分批次和标准化种植。而整理、清洗、分级和包装流水线等环节基本没有。

2.3　长三角地区城市群蔬菜价格形成机制

根据从上海农产品中心批发市场获得的数据，由图 2 可知，2014 年番茄最低价格在 2.00～5.60 元/千克波动，最高价格在 2.40～7.00 元/千克波动，全年平均价格区间在 2.20～6.30 元/千克。从总体上看，冬春季番茄价格普遍高于夏季。由图 3 可知，2014 年青菜价格随生长周期波动幅度较大，最低价格在 1.19～6.00 元/千克波动，最高价格在 2.00～9.40 元/千克波动，全年平均价格区间在 1.60～7.70 元/千克。但不论是已经可全国调运的番茄，还是就近生产供应的青菜，市场价格波动都较大，特别是青菜。从总体上看，在设施生产已经超过 50%的上海，天气仍是影响蔬菜生产的重要因素。夏、冬两季，由于高温、台风、干旱、低温等因素会影响到蔬菜的生长、运输和储存，菜价基本会上涨，特别是不方便储运的青菜等叶菜类；春、秋两季则气候适宜，本地蔬菜上市量增多，外地蔬菜供应充足，菜价基本有所回落。

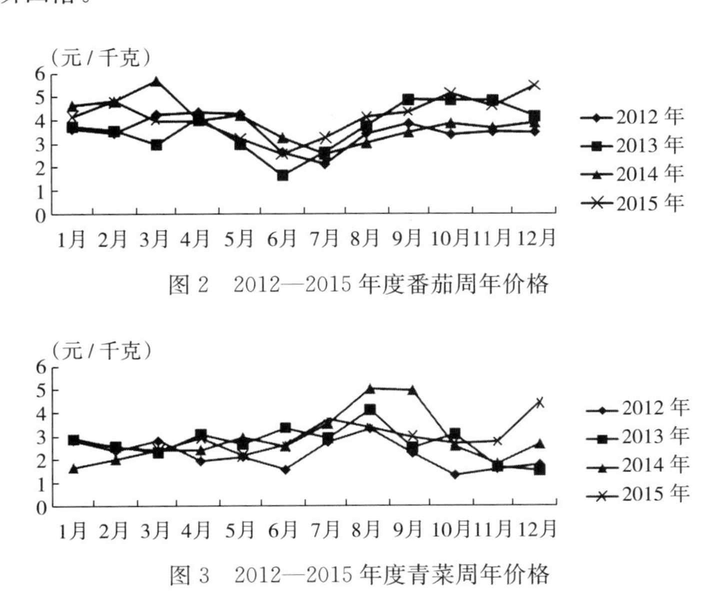

图 2　2012—2015 年度番茄周年价格

图 3　2012—2015 年度青菜周年价格

同时，根据上海市农业科学院园艺研究所调研数据，以夫妻 2 人从事蔬菜生产为例，根据上海市目前最低生活工资 3 万元/人，夫妻 2 人年收入约 6 万元，生活成本约 1.2 万元，按一对夫妻经营管理 6 亩地，每亩产出 6 吨蔬菜计算，蔬菜生产的人工成本即为2元/千克。再经由各级批发商，算上包装、运输成本、损耗和工资，到零售商手中的蔬菜成本通常要增加2元/千克，零售商根据摊位费、损耗和工资等折算后，蔬菜成本通常会再增加2元/千克。因此，消费者购买蔬菜时单价已经到了6元/千克。若是客地菜，生产者的销售价格可能不到2元/千克，而消费者购买时的蔬菜单价却更高。在整个蔬菜产销流程中，生产者与经销商的收益都不算高，但消费者买菜却不便宜。分析原因，除了流通链长、蔬菜损耗大外，生产者、经销商、零售商对自然灾害、市场需求、储运风险的不可预知与不可抵抗性也是导致“菜难卖、买菜贵”的重要原因。因为人们通常希望在市场行情好时，多赚点以弥补市场低迷时的损失。相比之下，美国、日本的蔬菜价格虽没有具体数据可参考，但美国的蔬菜价格是由农业部门给出的全国农产品信息做参考，结合前一日批发市场交易价格定价，不似国内的买卖双方看货议价；日本的蔬菜价格则在《蔬菜产销安定法》指导下，建立了“蔬菜稳定供给基金体系”，一方面，实现“指定蔬菜”的价格补偿；另一方面，利用储存蔬菜平抑蔬菜价格，实现对蔬菜数量和价格平稳的双重调控。

3 构建我国大城市群蔬菜稳定供应的策略

总体上讲，由于我国与美国、日本的饮食文化不同，消费者选择蔬菜随机性较大[19]，蔬菜生产自然环境也不同，我国的蔬菜生产、供应不能照搬美国或日本的模式。但参考国外大城市群的蔬菜供应模式，结合国内大城市群的建设轨迹，有许多国外先进的方法值得借鉴。

3.1 建立、完善蔬菜产业的支持和保护体系

蔬菜产业的健康发展，不仅关系城市居民的生活质量，在促进农村经济发展、农民增收、扩大就业和拓展出口贸易等方面也发挥着重要作用。因此，需建立、完善科学、长效的蔬菜产业支持和保护体系，促进蔬菜产业的健康发展。支持的方式包括政府财政对蔬菜基地农用基础设施、农业科技教育的扶持，建立支持农用工业降低农用生产资料价格政策等；保护的方式包括从补贴流通环节转为直接补贴生产环节并加大财政补贴的范围和力度，建立新的农业信贷保险政策，积极发展支农金融服务，建立农业灾欠保险制度，规范农业市场竞争环境等[18]。当然建立农业的支持和保护体系是一个探索的过程，这一进程的快慢取决于市场经济的发育程度，也取决于财政收入状况和对农业的支持力度，更取决于政府从指导功能向服务功能的职能转换[20]。

3.2 大宗蔬菜种植适度规模化、机械化

目前，在蔬菜产业逐渐出现劳动力短缺、劳动力成本增加，但蔬菜价格不宜大幅增长的大环境下，机械化是解决这一矛盾的最好方式。现阶段，蔬菜种植中的耕整地、播种、移栽、植保、施肥、浇水等环节都能实现不同程度的机械化，块根类

蔬菜已部分实现机械化收获，叶菜的机械化采收也已经进入引进试验阶段。但这些机械目前还存在体积偏大、对生产设施要求高、维修维护成本高、使用率低等各种问题。同时，各地蔬菜种植的农艺差异大、种植规模小等问题，也极大地限制了蔬菜机械化的实现。以上海为例，蔬菜的种植总面积虽不大，但种类却很多且分散，如果能将种植面积占比为21.23%的青菜或种植面积较大的其他蔬菜进行规划，由2～3个区集中种植，就可以规范农业措施、进行标准化的配套设施建设。根据市场需求量，合理安排种植规模和茬口，进而试推从整地、播种到采收的全程机械化，以及采后的整理、清洗、分级、包装、冷链储运等预处理，整个过程从种植到上市都是可控、可标准化，产品上市后就近供应上海本市，质量和价格均可相对统一。虽然可能会出现重茬等问题，但叶菜生长期短，需肥量不大，可通过多施有机肥、夏季闷棚消毒、合理休耕或轮种等技术手段减少病虫害发生。当然，就目前国内的实际情况，在所有地区、对所有蔬菜都进行分片区、规模化种植仍是不合适的。

3.3　加大农业科技投入、促进科技成果转化与应用

基于农业发展是国家稳定的重要基石，各届政府对农业发展都十分重视，国内农业产业也取得了前所未有的发展。但与发达国家相比，还有很大差距，特别是蔬菜产业，蔬菜生产过程中的机械化程度低，采后处理、储运等都也都处于比较低级的粗放处理，常温储运为主。因此，加大农业科技投入，自研或引进改良适合我国蔬菜农艺流程和设施环境的机械，与蔬菜育种、栽培、植保、采后储运相关科技、推广人员一起，从良种选育到蔬菜上市，每个环节相互协调、配合，共同推动蔬菜产业化的发展。

3.4　尝试建立相对稳定的大城市蔬菜供应基地

我国的饮食文化博大精深，不同的菜品对菜的种类、品种和品质会有不同的要求。因此，虽是同一种蔬菜，也有很多地方品种，随着经济的发展、各地区间人的交流增加，为了满足不同人群的需求，同一个地方逐渐汇集了不同的地方品种，如上海市当地生产的蔬菜，青菜有120个品种，辣椒有77个品种（表1），这在美国、日本等国家是很少见的。细分这些蔬菜品种，虽然商品名多，但总的类型并不多，如青菜主要是上海青、苏州青类型，辣椒则主要是甜椒、牛角椒、苏椒和线椒类型，因此只要认真梳理，各蔬菜在上海的市场占有量还是有据可寻。每种蔬菜因价格、供应量等因素会影响人们的实际购买量[19]，可以分步骤、控规模的逐步建立供应上海每日必有蔬菜品种的最低消费量，如小青菜的每日最低消费量大约是30吨。生产这些在上海极容易被消费掉的青菜，需亩产1 500千克的菜地20亩，同时将小青菜的平均生长周期按45天算，加茬口间每批5天的休耕期等，则仅保证30吨每天的小青菜供应，就至少需要1 000亩土地，这个规模既有利于机械化、建立采后处理设施设备，也便于大城市在周边欠发达地区建立或寻找稳定的蔬菜供应基地。这既缓解了大城市发展中出现的土地紧张问题，也能帮助欠发达地区农村

经济稳定发展。

3.5 加大采后储运设施设备投入、优化蔬菜流通链

如上所述，蔬菜采后储运是我国目前发展比较落后的环节，这可能与我国蔬菜流通方式和消费习惯有很大关系，但必要的蔬菜储藏对稳定大城市蔬菜供应是及其重要的。另外，由图1所知，蔬菜的流通、交易成本往往比生产成本还高，优化流通、交易成本势在必行，但其具体的施行一定程度上却有赖于好的采后处理措施和储运设备。因为前者有利于让消费者对蔬菜产品产生安全信任，建立比较稳定的消费习惯，且可降低储运过程中的损耗；后者有助于调节市场供应量，稳定市场价格，也有利于大城市与蔬菜产区建立相对稳定的产销对接。

参考文献

[1] 杨兴龙．美国市场农业的成功经验［J］．世界农业，2005（11）：33-35.
[2] 黄飞，雨晨．美国农产品国际贸易格局及趋势［J］．世界农业，2014（2）：101-107.
[3] 赵友森．美国蔬菜产销与价格形成机制［J］．北京农业，2013（5）：57-59.
[4] 姚晓萍．发达国家农业现代化的主要模式和共同规律［J］．世界农业，2014（1）：17-19.
[5] 郑远．现代化的美国蔬菜产业［J］．北京农业，2008（5）：51.
[6] Staibird S A，Hazard M. Inspection policy and food safety［J］. American Journal of Agricultural Economics，2005，87（1）：15-27.
[7] 白红，张永强，秦智伟．美国蔬菜产业的扶持政策［J］．城市问题，2012（3）：95-97.
[8] 李梅，苗润莲，蔚晓川．日本东京都市农业发展现状及对北京的启示［J］．世界农业，2014（3）：166-169.
[9] 卢凌霄，周应恒．日本蔬菜主产地形成发展及对中国的启示［J］．经济问题探索，2007（11）：163-165.
[10] 严瑞珍．日本农产品的运销和价格［J］．世界农业，1983（7）：10-13.
[11] 周平．日本大中城市的蔬菜供应问题是如何解决的［J］．世界农业，1982（12）：18-20.
[12] 张京卫．日本农产品物流发展模式分析及启示［J］．农村经济，2008（1）：126-129.
[13] 国家发展和改革委员会，农业部．全国蔬菜产业发展规划（2011—2020年）［J］．中国蔬菜，2012（5）：1-12.
[14] 吕斌．蔬菜供应链整合研究——以福州为例［D］．福州：福建农林大学，2010.
[15] 杨青松．农产品流通模式研究以蔬菜为例［D］．北京：中国社会科学院研究生院，2011.
[16] Viswan Than S，Piplant R. Coordinating supply chain inventories through common replenishment epochs［J］. European Journal of Operational Research，2001，129（1）：277-286.
[17] 王安乐．日本鹿儿岛市蔬菜产业发展现状与体会［J］．长江蔬菜，2009（13）：54-55.
[18] 孙雷．上海确保市场供应稳定蔬菜价格的实践与思考［J］．科学发展，2011（5）：77-80.
[19] 邹阳．世博会期间上海蔬菜供给问题研究［D］．上海：上海交通大学，2008.
[20] 俞菊生，王勇，李林峰，等．世界级城市的农产品市场体系建设模式［J］．上海农业学报，2004，20（2）：1-5.

农业物联网及其应用技术

唐凯健　刘丽君　姚艳艳　曹顶华

（启东市农业委员会综合科　江苏启东　226200）

摘　要：本文从物联网及物联网技术、各国物联网发展战略、物联网在农业上的应用、基于移动互联网的农业种植管理和农产品追溯管理等方面介绍了农业物联网及其应用技术。

关键词：农业　物联网　种植管理　农产品质量追溯

1　物联网及物联网技术

物联网是将各种信息传感设备，如射频识别（RFID）装置、红外感应器、全球定位系统和激光扫描器等种种装置与互联网结合起来而形成的一个巨大网络。并在此基础上，利用全球统一标识系统编码技术（如二维条形码）给每一个实体对象一个唯一的代码，构造了一个实现全球物品信息实时共享的实物互联网——internet of things。

物联网这一术语自1999年诞生，经过多年的探索和实践，逐步得到普及和发展。物联网的发展离不开互联网技术的支持，"物联网技术"的核心和基础仍然是"互联网技术"，是在互联网技术基础上的延伸和扩展的一种网络技术；其用户端延伸和扩展到了任何物品和物品之间，进行信息交换和通信。按约定的协议，将任何物品与互联网相连接，进行信息交换和通信，以实现智能化识别、定位、追踪、监控和管理的一种网络技术叫做物联网技术。

在内网（Intranet）、专网（Extranet）、和/或互联网（Internet）环境下，采用适当的信息安全保障机制，提供安全可控乃至个性化的实时在线监测、定位追溯、报警联动、调度指挥、预案管理、远程控制、安全防范、远程维保、在线升级、统计报表、决策支持、领导桌面等管理和服务功能，实现对"万物"的"高效、节能、安全、环保"的"管、控、营"一体化。

物联网架构可分为三层：感知层、网络层和应用层。包括温湿度传感器、二维码标签、RFID标签和读写器、摄像头、GPS等感知终端。感知层是物联网识别物体、采集信息的来源。网络层由各种网络，包括互联网、广电网、网络管理系统和云计算平台等组成，是整个物联网的中枢，负责传递和处理感知层获取的信息。应用层是物联网和用户的接口，它与行业需求结合，实现物联网的智能应用。

物联网的三大特点：①全面感知：利用RFID、传感器和二维码等随时随地获取物体的信息。②可靠传输：通过无线网络与互联网的融合，将物体的信息实时准确地传递给用户。③智能处理：利用云计算、数据挖掘以及模糊识别等人工智能技术，对海量的数据和信息进行分析和处理，对物体实施智能化的控制。

2 各国物联网发展战略

美国："智慧地球"，将感应器嵌入和装备到各个行业，并且被普遍连接，形成所谓"物联网"，实现人类社会与物理系统的整合。

日本："u-Japan"，"i-Japan"，在"u-Japan"基础上，构建一个以人为本、充满活力的数字化社会，改革整个经济社会，催生新的活力，积极实现自主创新。

韩国："u-Korea"，旨在建立无所不在的社会，即通过信息基础环境的建设，让韩国民众可随时随地享有科技智能服务。

中国："感知中国"，2009年8月，时任国务院总理温家宝在无锡考察期间提出加快建设"感知中国"。

3 物联网在农业上的应用

农业物联网一般应用是将大量的传感器节点构成监控网络，通过各种传感器采集信息，以帮助农民及时发现问题，并且准确地确定发生问题的位置。这样农业将逐渐地从以人力为中心、依赖于孤立机械的生产模式转向以信息和软件为中心的生产模式，从而大量使用各种自动化、智能化和远程控制的生产设备。

农业物联网的应用主要是在农业生产环境因子方面实现感知、传输、处理和再控制。农业生产环境因子包括以下几种：在种植业方面，包括水、肥、热、气、光等；在养殖业方面，包括光照、温度、空气、水中的pH、溶解氧、富营养物等。

农业物联网还有深层次的感知，就是要感知生物本体。例如，对水稻叶片中的各种营养元素的感知，对动物健康状况、发情和配种等信息的感知。通过这些信息的感知、处理，最后实现对环境因子的控制。如果感知到水稻叶片中叶绿素含量降低，说明缺氮了，就要主动添加氮肥；如果等到肉眼看到叶片发黄再追肥，就晚了。所以，对生物本体的感知主要作用在于预防。

所以说，农业物联网就是要先对环境因子或生物本体的因素进行感知，然后将这些信息传输到数据处理中心，通过数据的处理来进行环境因子的控制，实现生物体的高效健康生长，提高农产品的产量和质量。

4 基于移动互联网的农业种植管理

根据无线网络获取的植物生长环境信息，如监测土壤水分、土壤温度、空气温度、空气湿度、光照强度和植物养分含量等参数。系统平台负责接收无线传感汇聚节点发来的数据、存储、显示和数据管理，实现所有基地测试点信息的获取、管理、动态显示和分析处理以直观的图表和曲线的方式显示到用户手机上，并根据以上各类信息的反馈对农业园区进行自动灌溉、自动降温、自动卷膜、自动进行液体肥料施肥和自动喷药等自动控制。

在病虫害预测方面，农作物各种病虫害的发生，在很大程度上与环境的温湿度有关。农业物联网系统使用空气温湿度传感器实时采集环境参数，系统平台根据作物生长模型分析病虫害发生概率，并自动调控风机、卷膜等设备使病害概率降低。在成熟度预测方面，农作物的成熟度与生长环境的温度、光照等因素息息相关。农业物联网系统根据积累的光照时间、积温等参数来预报农作物的成熟日期。在智能灌溉控制方面，智能滴灌是现代设施农业的关键技术。利用土壤水分传感器检测土壤的含水量，物联网农业平台分析并控制滴灌系统，达到及时、节水和省工的效果。

5　基于移动互联网的农产品追溯管理

农产品质量安全和追溯是当农业物联网的焦点。农产品追溯是把种植企业生产现场和生产过程中的植物生长环境的实际数据记下来，通过植物生长模型对植物生长环境的全程进行专业评价，并把真实状况向消费者透明披露的一种“农产品全程真实记录”。农产品追溯把农产品真实的管理状况透明地暴露在消费者面前，让消费者真实地看到，他（她）或他（她）的家庭每天享受的蔬菜或者水果是在什么样的环境下生长起来的。

农产品追溯并不是认证服务，只是一个透明的种植过程的数据化的记录和展示，做到的只是真实地展现种植者的管理状况和植物生长的环境质量，就像一个人在生长过程中的家庭环境和教育质量。为了使消费者充分了解农产品的种源情况、生产基地环境质量、生产操作过程、用料用药情况和加工销售过程等各个环节，结合目前先进的条码技术对农产品的流通进行编码，从而建立安全的农产品生产全程追溯系统。

此外，利用物联网和智能化技术，还可以进一步完善电子商务的农产品社区直供，实现一种从生产农场到消费者家庭餐桌、不经过任何中间环节的高质量农产品供应模式。解决传统的社区直供方式中存在的管理和服务问题，使得社区直供服务更为准确、及时、高效率、安全可控和成本低廉，这样一种新型的农产品供应模式，被称为智能化社区直供。智能化社区直供可以根据消费者的具体要求做到“透明的个性化”，是社区直供发展的高级阶段。

通过农业物联网一体化智能管理平台管理田间生产已成为现实，农户只需点击手机屏就可以随时随地远程监控温室大棚内的各项指标管理农作物。同样，针对病害防治，通过物联网还可以建立起一套科学化的农产品质量跟踪系统。希望通过发展农业物联网及其技术应用，为解决农业劳动力后继乏人、推动农产品电子商务体系建设和农民增收等一系列的问题提供借鉴。

关于农产品质量安全建设的思考

茅圣英[1]　何　伟[2]　郭　亮[3]

([1]启东市海复镇农业综合服务中心　江苏启东　226200;[2]启东市林果技术指导站　江苏启东　226200;[3]启东市农产品质量安全监测中心　江苏启东　226200)

摘　要： 本文从农产品质量安全的主要特点、农产品质量安全监管的难点、农产品质量安全难以监管到位的原因、农业生产标准化实施以及农产品质量安全控点等方面进行了介绍。

关键词： 农产品　质量安全　监管　农业标准化

进入21世纪，农产品质量安全问题是我国农业和农村工作中的重大问题，随着农产品量的增加，人民生活水平日益提高，国际贸易的快速发展，农产品质量安全问题日显突出，成为农业和农村经济发展急待解决的主要矛盾之一。

1　农产品质量安全的主要特点

1.1　无明显的季节性与地域性

农产品质量安全事件的暴发，与某些有明显季节性或地域性规律的事件（如传染性疾病）有所不同，它暴发的时间、地域没有明显的规律性，任何时间、任何地点都有发生的可能。

随着种植养殖技术的发展和基础条件的改善，与居民生活息息相关的蔬菜、水果、畜产品和水产品等农产品，基本上可以做到常年生产、储存和供应。随着储备条件的改善，农产品储藏时间越来越长，有些质量安全隐患并非立即表现，而且储藏过程本身也可能产生污染而造成质量安全事件。随着运输条件的改善，跨区域流通的农产品越来越多。近年来发生的一些农产品质量安全突发事件，往往发生在异地销售区，特别是在一些农产品自给不足的大中城市更为明显。

1.2　事件暴发具有隐蔽性

被污染的农产品与正常农产品相比，外观上几乎没有区别，甚至比正常产品还诱人。受科技发展水平等条件的制约，部分参数或指标的检测难度大、时间长，质量安全状况难以及时准确判断，质量安全隐患及事件的暴发具有很强的隐蔽性。

1.3　急性暴发与慢性累积暴发并存

主要表现有：急性中毒（农药污染事件、食物中毒事件等）、慢性中毒（长期累积效应）和“三致作用”（致突变、致畸变、致癌变）。以“瘦肉精”污染为例，“瘦肉精”其实并不是一种单一的物质，而是泛指一类具有相似结构的β-受体激动剂类化合物的统称。任何能够抑制动物脂肪生成、促进瘦肉生长的东西都可以称为“瘦肉精”。主要有莱克多巴胺、盐酸克仑特罗、沙丁胺醇、硫酸沙丁胺醇、硫酸特布他林、西巴特罗和盐酸多巴胺 7 种。由于“瘦肉精”能使猪的生长速度加快，瘦肉多，肥肉少，猪的毛色光亮，卖相也好，所以消费者容易上当，而这些被喂了“瘦肉精”的猪则逐渐会出现四肢震颤无力、心衰等毒性反应。消费者食用后，轻度可见心悸、心动过速、手指震颤和头晕等症状；严重的导致心律失常、高血压和甲状腺功能亢进；老年人特别是心脏病患者，导致心脏病发作；儿童出现呕吐、发热、头晕和脚酸痛无力等症状。

1.4　影响因素环节复杂

主要涉及生产过程、产地环境、投入品使用、生产过程控制以及包装、储藏、运输等环节。环境污染是指人类活动所引起的环境质量下降而对人类及其他生物的正常生存和发展产生不良影响的现象。主要包括大气污染、水体污染和土壤污染。

1.4.1　大气污染

大气污染主要来源包括矿物燃料燃烧、工业生产，如化工厂、铝厂、钢铁厂、磷肥厂和煤场（矿焦化厂）。主要污染物有二氧化硫、氧化氮、氯、盐酸、氧化剂、氟化物、汽车尾气和粉尘等。其中，大气中的 SO_2（二氧化硫）和 NO_X（氮氧化合物）是酸雨物质的主要来源，酸雨是 pH 小于 5.65 的酸性降水，会使淡水湖泊、河流酸化，进而影响鱼类生长。酸雨地区鱼体内汞含量很大，可能通过食物链对人体健康产生影响。酸雨使土壤酸化，使其中的化学元素转化成可溶性化合物，导致土壤中重金属浓度增高，使农产品中含量偏高。

1.4.2　水体污染

水体污染是由于工业废水和生活污水的排放量日益增加，大量污染物进入水体引起。其中，无机有毒物有重金属、氟化物和氰化物等，有机有毒物包括苯酚、多环芳烃和人工合成有机物等，病原体包括病毒、病菌和寄生虫等。污水灌溉农田、牧场等就会引起重金属污染，其中的重金属能被农作物吸收累积，对人体造成危害。

1.4.3　土壤污染

在工业区（酚、氰和金属残留）、化工区（金属残留）、石油工业区（油、芳烃、苯并比芘残留）、生活区（生活污水和垃圾、以生物污染或氮、磷为主）、农业区（农药残留、化肥使用不当引起的硝酸盐累积等）都会存在因土壤污染而影响农产品质量的隐患。

土壤污染的途径主要包括农用施肥、农药施用和污灌；土壤作为废物处理场所，使大量的有机污染物和无机污染物进入；大气或水体中的污染物迁移转化而来。进入土壤的有害物迁移速度缓慢，污染达到一定程度后，一般很难复原。

2 农产品质量安全监管的难点

2.1 现有法律条款难操作

在农产品质量安全工作中，政府各有关部门间协调不到位，监管职责分工不够具体；农产品质量安全风险评估、农产品产地准出、市场准入和有问题产品召回、退市、追溯等制度约束力不够，可操作性不强；行政处罚力度难以有效遏制违法行为。四大主因：一是目前农产品市场是“柠檬市场”，优质不优价；二是作假成本与收益相比，收益远大于成本；三是知名企业和地方政府之间存在“共同利益”；四是消费者缺乏自我保护，使犯罪分子有机可乘。

目前已制定有《中华人民共和国农产品质量安全法》《中华人民共和国农业法》《中华人民共和国标准化法》《中华人民共和国环境保护法》《中华人民共和国动物防疫法》《中华人民共和国渔业法》《中华人民共和国进出口商品检验法》《中华人民共和国进出境动植物防疫法》等诸多法律，涉及农业投入品现行的主要法规包括《农药管理条例》《饲料与饲料添加剂管理条例》《兽药管理条例》等，农产品质量安全法律法规体系建设还需加强。

2.2 标准化生产难落实

一些分散生产经营的农户和摊主，缺乏质量安全意识和社会责任感，不按制度、规范、标准进行生产、加工、运输和销售，不按农药施用“安全间隔期”或“休药期”的规定采收农产品，致使农产品质量安全存在隐患。

2.2.1 认识程度不高

广大农民群众和一部分中小企业对农业标准化的认识仍处于一知半解，且过于依赖传统习惯，执行标准不自觉，创立标准不主动。

2.2.2 资金、技术力量投入不够

目前，农技服务体系配置不到位，存在资金、技术力量不足，导致田间管理、农资供应等多个环节的跟踪管理跟不上，严重制约了农业标准化的推广与普及。

3 农业生产标准化

发达国家的农业标准化多是通过实施技术法规、操作规范和质量认证来实现的，而且有些国家并不一定使用农业标准化这样的概念。美国、日本和欧盟的一些成员国主要是从 4 个方面采取措施来实施农业标准化：一是建立农业技术法规；二是实施生产操作规范；三是实行产品质量安全和管理体系认证；四是提供多方面的社会化服务。

所谓农业标准化，是指以农业为对象的标准化活动，它运用统一、简化、协调和优选的原则，通过制定和实施相关标准，把农业产前、产中、产后各个环节纳入规范的生产程序和管理轨道。其主要目的是保护农业生态环境、提高农业生产效率

和农产品质量安全水平。

农业标准化中具有国际认可的相关标准包括 ISO 9000 标准、HACCP（危害分析和关键控制点）、GAP（良好农业规范）等。ISO 9000 标准是国际标准化组织（ISO）在 1994 年提出的概念而制定的标准，凡是通过认证的企业，在各项管理系统整合上已达到国际标准，表明企业能提供合格产品。HACCP（危害分析和关键控制点）是对生产加工过程中存在或潜在危害进行分析，找出对最终产品有影响的关键控制环节，采取相应措施，降低或减少对食品的危害性。GAP（良好农业规范）主要针对未加工和经初加工（生的）出售给消费者，其关注新鲜果蔬的生产和包装、包装用品的安全以及清洗用水的安全等。

4　农产品质量安全控点

4.1　建立农产品产地安全监测管理制度

县级以上地方人民政府农业行政主管部门应当建立健全农产品产地安全监测管理制度。一是对农产品产地安全进行调查、监测和评价。二是对无公害农产品、绿色食品、有机农产品的产地环境，每三年进行一次检测。三是五大区域设置农产品产地安全监测点。四是根据农产品品种特性和生产区域大气、土壤、水体中有毒有害物质状况等因素，提出划定特定农产品禁止生产区的建议。五是对于不符合特定农产品产地安全标准的生产区域，应当采取有效措施，引导农业结构调整，并组织修复和治理。

在工矿企业周边的农产品生产区；大、中城市郊区的农产品生产区；重要农产品生产区；国道、省道等重要交通干线两旁的农产品生产区等区域设置农产品产地安全监测点。

4.2　建立农业投入品经营使用制度

在农业投入品经营（经营者）方面，要提供产品说明和安全使用指导，明确告知其不得销售国家明令禁止使用的农业投入品，同时通过并建立农业投入品经营档案加强管理。

在农业投入品使用（生产者）方面，要指导农户按照农产品质量安全标准和有关规定合理使用农业投入品，告知农户遵守安全间隔期、休药期等农业投入品使用制度和规范，不得超范围、超剂量使用农业投入品。明确不得使用国家明令禁止使用八大类的农业投入品的规定。

4.3　建立农产品产地准出制度

农产品生产企业、农民专业合作经济组织和具有一定生产规模的农户，在生产活动中，应当建立完整的生产过程和受检情况记录。农产品生产企业和农民专业合作经济组织，应当向农产品采购者提供真实有效的质量合格证明和产地证明。经检测不符合农产品质量安全标准的农产品，不得销售，并应当进行无害化处理或者销毁。

4.4 建立农产品质量安全可追溯制度

县级以上地方人民政府农业行政主管部门应当建立和完善农产品质量安全可追溯制度，加强农产品包装和标识管理。农产品生产企业、农民专业合作经济组织以及从事农产品批发经营的单位和个人，对其销售的农产品应当包装或者标识。农产品批发经营者应当建立农产品购销台账，如实记载农产品的名称、来源、销售去向和销售数量等内容。

4.5 建立农产品市场准入制度

进一步建立和规范农产品市场准入制度，进入农产品批发市场交易的农产品，应当具备有效的产地（检疫）证明、检测报告或者无公害农产品、绿色食品、有机农产品、地理标志农产品等证书复印件（需加盖获证单位公章）。没有产地证明、检测报告或者未取得相关证书的农产品，应当经现场检测合格后方可交易。其中，需明确含有国家禁止使用的农药、兽药或者其他化学物质的等七大类农产品是不得进入市场销售的。对于已经进场交易的农产品，条例还规定了农产品批发市场应当进行抽查检测，发现不符合农产品质量安全标准的，应当要求销售者立即停止销售。

4.6 建立不合格农产品召回制度

农产品生产企业、农民专业合作经济组织发现其生产的农产品不符合农产品质量安全标准或者存在农产品质量安全隐患的，应当立即通知农产品经营者停止销售，告知消费者停止使用，主动召回其产品。农产品经营者发现其经营的农产品不符合农产品质量安全标准的，应当立即停止销售，并配合生产者召回已销售的农产品，通知相关生产者、经营者和消费者。对于召回的农产品，应当采取补救、无害化处理和销毁等措施。不合格农产品召回是保障农产品消费安全的最后一道关口，也为老百姓筑起了一道“质量安全网”。

4.7 建立农产品质量安全监督管理制度

政府应当统一领导、协调本行政区域内的农产品质量安全工作，健全农产品质量安全监管体系和服务体系，明确各部门的工作职责，落实工作措施，保障农产品生产和消费安全，并将农产品质量安全监管经费纳入本级财政预算。农业行政主管部门应当加强农产品质量安全监督管理，制订并组织实施农产品质量安全监测计划，对生产中或者市场上销售的农产品进行监督抽查，监督抽查不得收取任何费用。在农产品质量安全监督检查中，县级以上地方人民政府农业行政主管部门可以对生产、销售的农产品进行现场检查，查封、扣押经检测不符合农产品质量安全标准的农产品，依法对相关违法行为进行查处或者提出处理建议。乡（镇）人民政府应当加强对本行政区域内农产品生产、经营活动的指导，健全农产品质量安全监管服务机制，落实农产品质量安全监管责任，协同做好产地环境、农业投入品的监督管理工作。政府各相关部门之间应当加强协调配合，相互通报获知的农产品质量安全信息，及时查处违法行为。

浙江省西甜瓜产业现状、问题和对策

张华峰[1]　胡美华[2]　王毓洪[1]　黄芸萍[1]
古斌权[1]　应泉盛[1]　丁伟红[1]
（[1] 宁波市农业科学研究院　浙江宁波　315000；
[2]浙江省农业厅农作物管理局　浙江杭州　310000）

摘　要：本文从种植面积、产量效益、生产分布、品种结构等方面分析了浙江省西甜瓜产业现状。针对目前的问题提出了一系列的应对策略。

关键词：浙江省　西甜瓜产业　发展策略

西甜瓜是浙江省的重要经济作物，是浙江省特色优势农产品之一，西瓜被定为主要农作物品种。西甜瓜产业是浙江省“十二五”重点发展的特色优势产业和农业主导产业，是农民增收致富的支柱产业，在蔬菜瓜果产业中占有重要的地位。

1　浙江省西甜瓜产业现状

1.1　种植面积

2015 年，浙江省西甜瓜种植面积 119.8 万亩，其中西瓜种植面积为 100.1 万亩，甜瓜种植面积为 19.7 万亩。同 2014 年相比，西甜瓜总种植面积小幅降低，下降 3.07%。西瓜种植面积减少 5.1 万亩，下降 4.80%，其中露地西瓜种植面积减少 7.7 万亩，下降 11.29%；设施西瓜种植面积增加 1.6 万亩，增加 4.21%。甜瓜种植面积增加 2.3 万亩，增长 13.22%。

2014 年，浙江省西甜瓜产销两旺，尤其甜瓜效益较好，调动了各地瓜农的生产积极性，甜瓜和设施西瓜栽培面积保持增长态势，2012—2015 年增幅维持在 10%以上。设施栽培已成为西瓜栽培的主流，如宁波的宁海、鄞州，台州的三门、温岭，湖州的德清、长兴，温州的乐清，衢州的常山等地设施栽培比例达到 98%，部分乡（镇）接近 100%。露地西瓜由于抵御自然灾害能力弱，生产风险较大，面积持续减少，2011—2015 年降幅保持在 10%。各地设施甜瓜种植面积发展较快，近万亩的规模化种植基地不断涌现。如台州三门县甜瓜面积从 2012 年和 2013 年的 4 000亩和 7 000 亩，发展到 2014 年的 1.1 万亩，2015 年扩大到 1.5 万亩。随着甜瓜栽培效益的提高，很多瓜农由原来的种西瓜而改种甜瓜，也是造成西瓜面积减少、甜瓜面积增加的原因。

1.2 产量和效益

1.2.1 产量

2015 年，浙江省西甜瓜总体上表现为总产量下降，单产下降。

2015 年，浙江省西甜瓜总产量 199.5 万吨，与 2014 年的相比减产 18.74%，其中西瓜总产量 173.7 万吨，比 2014 年减少 18.98%，平均亩产 1 735 千克，比 2014 年减少 14.06%；甜瓜总产量 25.8 万吨，比 2014 年减少 17.04%，平均亩产 1 310 千克，比 2014 年减少 26.80%。

受到 2 月底至 3 月初和 5～7 月的连续阴雨影响，光照不足，造成西甜瓜生长缓慢，坐果率低，病害较往年重，产量减少；受到 7 月中旬和 9 月底的台风影响，浙江沿海地区普降暴雨，造成瓜田受淹，瓜藤死亡，产量受损。

1.2.2 效益

2015 年，受自然灾害和生产成本的影响，浙江省西甜瓜总产值 38.12 亿元，比 2014 年减少 24.42%。其中，西瓜总产值 33.21 亿元，比 2014 年减少 32.7%；甜瓜总产值 4.91 亿元，比 2014 年减少 1.83%。

2015 年西瓜平均亩产值 7 876 元，比 2014 年减少 14.55%，平均亩成本 4 051 元，平均亩纯收入 3 825 元，比 2014 年减少 18.85%。2015 年甜瓜平均亩产值 10 008元，比 2014 年减少 17.17%，平均亩成本 5 561 元，平均亩纯收入 4 447 元，比 2014 年减少 17.37%。

1.3 生产分布

根据面积分析，按西瓜种植面积多少依次为宁波、台州、温州、金华、杭州、绍兴、嘉兴，西瓜种植面积在 8 万亩以上，其余地级市均不足 8 万亩，7 个地市为西瓜主产市，种植面积总和为 80.28 万亩，占浙江省西瓜总面积的 80.2%；按甜瓜种植面积多少依次为宁波、温州、嘉兴、台州，甜瓜种植面积在 2 万亩以上，其余地级市均不足 2 万亩，4 个地市为甜瓜主产市，种植面积总和为 11.93 万亩，占浙江省甜瓜总面积的 60.6%。

根据栽培类型，浙江省西甜瓜栽培主要有设施栽培和露地栽培两种类型。设施栽培主要分布在宁波、台州、嘉兴、湖州、杭州等地，以钢管棚、毛竹棚和防台小棚三膜覆盖爬地栽培为主，一般在 4 月下旬至 5 月上旬上市；露地栽培主要集中在宁波慈溪，嘉兴平湖，温州瑞安、永嘉，金华兰溪、义乌，丽水，绍兴上虞、诸暨等地，一般在 6 月下旬至 7 月中旬上市，其中高山西瓜在浙江省有一定栽培面积，主要集中在金华、丽水等丘陵山区，一般在 7～8 月上市。

根据品种类型，中果型西瓜主要集中在东部沿海地区，如宁波市的鄞州区（4.27 万亩）和慈溪市（4.62 万亩）、台州市的温岭市（3.50 万亩）、嘉兴市的南湖区（2.22 万亩）和秀洲区（2.16 万亩），湖州市的长兴县（3.81 万亩）等；小果型礼品西瓜面积前几位的是衢州市的常山县（1.05 万亩）、嘉兴市的平湖市（1.01 万亩）、宁波市的慈溪市（1.25 万亩）、湖州市的德清县（0.97 万亩）；厚皮甜瓜面积最大的是嘉兴市的嘉善县（2.10万亩），接下来依次是宁波市的慈溪市（1.56万亩）和宁海县（1.95万亩）、台州市的三门县（1.48万亩）和路桥区（1.05万亩）、温州市的乐清市（0.98万亩）；薄皮甜瓜集中在平湖、嘉善、温州龙湾、舟山普陀和宁波慈溪等地。

1.4　品种结构

从品种结构来看，中果型西瓜主栽品种仍为早佳（8424），占中果型西瓜的80%以上，其他栽培品种有西农8号、抗病948、87-14、卫星2号、浙蜜3号、浙蜜5号等；小果型西瓜品种主栽品种为拿比特、早春红玉、小兰、京阑、蜜童等品种；厚皮甜瓜主栽品种中，脆肉型的有黄皮9818、西州蜜25号、甬甜5号、东方蜜1号等，软肉型的有西薄洛托、蜜天下、三雄5号、古拉巴、玉姑等，厚皮甜瓜约占浙江省甜瓜总种植面积的70%；薄皮甜瓜主栽品种有黄金瓜、小白瓜、菜瓜等，约占浙江省甜瓜总种植面积的30%。

1.5　加工现状

浙江省西甜瓜采后加工基本空白，仅有零星企业从事甜瓜脆片加工、西瓜造型工艺制作等，且年加工量小，尚未形成气候。

2　浙江省西甜瓜产业存在问题

2.1　西甜瓜生产和效益受天气因素影响较大

早春低温寡日照、6月梅雨天气以及夏秋台风，对西甜瓜的生长和产量造成较大影响。据调查，2014年受天气影响，嘉善设施甜瓜、西瓜亩均产量同比分别减11.3%和47.3%，平湖设施甜瓜、西瓜亩均产量同比分别减16.2%和0.3%，三门大棚西瓜亩均产量同比减3.4%。西瓜价格受天气影响，温岭市平均价格下降20%左右，平湖市下降5%左右，宁海县也略低于上年同期水平。

2.2　土地和人工成本上涨迅速，劳动力缺乏

西甜瓜生产总成本持续增长，主要是土地、人工成本上涨。沿海优良地块租地成本平均在1 200元以上，较2012年提高了35%，且租赁连片土地基本没有。劳动力成本仍高位运行，男工平均工资在150元/天，部分农忙时将达到200元/天以上；女工平均工资100元/天，较2012年提高了25%。西甜瓜生产劳动力缺乏，老龄化严重，平均年龄在53岁，从事西甜瓜生产的年轻人很少，而且在农忙时往往雇不到工人。

2.3　新品种、新技术推广应用速度缓慢

据不完全统计，浙江省西甜瓜新品种、新技术投放量每年在35个（项），在地方实际应用不足5个（项）。由于西甜瓜种植人员年龄老化，受教育程度不高，

接受新技术、新品种较难，传统栽培方式难以改变，新技术、新品种、新装备不能快速应用到生产一线，科技成果转化较慢，极大影响浙江省西甜瓜产业的稳定发展。

3 浙江省西甜瓜产业发展对策

3.1 加大品种改良和选育

注重高品质西甜瓜品种选育。目前，华东地区市场对脆肉型厚皮甜瓜品种的需求迫切，应选育适宜在华东地区不同区域、不同季节和不同栽培方式下生产的新优品种，减少品种使用的盲目性，如选育耐高温的脆肉型甜瓜等。

注重简约化西甜瓜品种选育。随着浙江省西甜瓜设施面积的不断增大和劳动力成本的不断提高，应选育种植容易、坐果容易、坐果一致性好、免整枝或少整枝的西甜瓜品种。

注重选育抗病耐逆特性品种。如选育抗白粉病、抗蔓枯病甜瓜品种，选育抗黄瓜绿斑驳花叶病毒病的砧木品种，选育耐裂果性好的西瓜品种。

3.2 大力推广新技术和新设备

创新农作制度，大力推广高效生态循环种植模式。积极推广大棚西甜瓜-单季稻等千斤粮万元钱、避台栽培模式，提高单位面积种植效益和耕地资源利用率。注重良种良法配套，强化早熟栽培与质量并重的模式，力争早上市，同时保证质量，加强管理，开展长季节栽培。

促进集约化育苗推广应用，培养大型育苗企业。建议国家给予政策补贴，在育苗现代化设备给予一定经济援助，逐步建立以供种和供苗相结合、集约化商品化育苗生产与自育自用育苗相结合的西甜瓜种苗产业体系，培育一批设施齐全、技术先进、管理规范、效益良好、服务周到的商品化育苗骨干企业，实现西甜瓜种苗现代化生产。

深入开展适合中小棚西甜瓜栽培模式的小型农机具、补温补光设备、低投入高效率的微管设施以及与其相配套的简约化栽培技术改造和研发。加强西甜瓜新技术、新设备的示范推广力度。在西甜瓜主产区选择示范点对新技术、新设备进行大力的示范推广，以点带面，促进新技术、新设备大面积应用，同时做好对县技术骨干、农民技术员以及种植大户的技术培训，使新技术、新设备快速传播。

3.3 加强病虫害防治工作

加大种子种苗的监管力度，严格落实植物调运检疫程序，规范田间操作、种子处理，阻断其流通途径，控制一定区域和范围，对连作障碍和黄化类病毒病尽快实施科研专项研究，从种子生产、嫁接育苗到田间管理各个环节攻克技术难题。对甜瓜、西瓜的黄化褪绿病毒病的危害提高关注，根本解决烟粉虱等虫害防治技术。

3.4　保证西甜瓜质量

一是推行标准化生产，坚持质量标准，确保品质。严格执行无公害生产技术操作规程，选用优良品种，合理轮作，加强管理，多施有机肥，按照优质西甜瓜的标准，生产高品质的商品瓜。

二是加强投入品管理，确保西瓜质量安全。购买正规厂家生产的合法农药化肥，不用未经国家登记批准使用的产品，大力推广应用嫁接苗、农业防治，应用防虫网覆盖、杀虫灯、色板、昆虫性引诱剂等先进适用病虫害防控技术，合理使用并严格控制高效低毒农药和植物生长调节剂的使用量、使用浓度和使用次数，不违规使用投入品，杜绝施用国家明令禁止的高毒高残留农药，不使用激素催熟瓜，不生产、采摘、经销产品质量安全不达标、不符合要求的瓜。

三是诚实守信，合法经营。不以次充好、以假乱真，不生产、销售质量不符合要求的西甜瓜，不生产、销售生瓜、催熟瓜和冒牌瓜。不欺行霸市，不哄抬价格，维护消费者的正当权益。

安徽省蔬菜产业形势与趋势分析

张其安* 方 凌 严从生 江海坤
王朋成 王明霞 王 艳 田红梅
（安徽省农业科学院园艺研究所 安徽合肥 230031）

摘 要： 蔬菜产业是安徽省的主导产业之一，其产值仅次于粮食和畜牧业，成为农业增效、农民增收的重要途径。本文从安徽省蔬菜产业形势与趋势以及安徽省蔬菜产业在全国的地位入手，分析了安徽省蔬菜产业发展的目标和前景，并提出了今后的发展建议。

关键词： 蔬菜产业 产业形势 产业趋势 发展建议

1 安徽省蔬菜产业形势与趋势

1.1 产业形势

1.1.1 生产规模基本稳定，设施面积逐年增加

安徽省是蔬菜大省，蔬菜（含西甜瓜、食用菌）播种面积排全国前十位，其中西甜瓜居前三位。蔬菜已成为安徽省农业经济三大支柱产业之一。“十二五”期间，年播种面积基本稳定在 1 500 万亩左右。2015 年，安徽省蔬菜面积 1 540 万亩，产值 630 亿元。其中，设施蔬菜播种面积达 500 万亩，占安徽省蔬菜播种面积的 32.3%，比 10 年前净增 320 万亩。

1.1.2 布局趋于优化，基地建设日见成效

形成了皖北、沿淮、沿江棚室反季节蔬菜，大中城市郊区绿叶类蔬菜，皖南和大别山区食用菌和高山蔬菜，沿江沿巢湖水生蔬菜，黄山和九华山旅游区蔬菜五大特色优势产区。在优势产区内建设了一批蔬菜生产重点县和重点基地，截至 2015 年，安徽省蔬菜面积大于 10 万亩的有 42 个县（区）、大于 20 万亩的有 21 个县（区）、大于 30 万亩的 6 个县（区），50 万亩以上的有 3 个县（区），优势产区蔬菜播种面积占安徽省的 80%以上。

1.1.3 产品质量明显提高，特色基地成效显著

“十二五”期间，安徽省制定并实施省级蔬菜地方标准 22 项，绿色食品栽培技术规程 20 多项，省级地方标准覆盖了所有的大宗蔬菜。新建 160 个省级蔬菜检测点，每年检测样品数 7 万多个，蔬菜农残抽检合格率保持在 98%以上。设施栽培蔬菜、地方特色蔬菜和高山蔬菜等主要蔬菜产业品牌发展势头强。如和县、阜南的

---

* 通讯作者。

秋延辣椒，砀山、萧县的大棚西瓜，和县的早春中小棚甜瓜，岳西、石台等地的高山蔬菜，亳州的涡阳薹干等特色基地迅速发展，涌现了众多蔬菜品牌，逐步形成了蔬菜产业的新亮点。

1.2　产业趋势

1.2.1　生产趋于区域化、集约化、标准化

生产从一家一户的分散经营向区域化、集约化、标准化转变，辣椒、番茄、西瓜、茄子等逐步形成区域化、规模化、品牌化，如和县、阜南的大棚早春和秋延辣椒，亳州、淮北、宿州的日光温室黄瓜、番茄，阜阳、涡阳的早春大棚茄子，肥东、舒城的大棚绿叶菜，长丰、埇桥区的大棚春冬莴笋等优势特色基地，形成了“梅桥”大青豆、“中埠”番茄、“宿州莴笋”、“清河”茄子、“皖江”辣椒等众多蔬菜品牌和原产地地理标志。

1.2.2　分工专业化、社会化分工越来越明确

蔬菜生产过程的专业化分工越来越细，将传统上由农民直接承担的蔬菜生产环节越来越多的从蔬菜生产过程中分化出来，发展成为独立的新兴涉农经济部门或组织，如专业化种子公司、专业化育苗和专业化统防统治等，并通过部门之间的商品交换形成稳定的依赖关系。

1.2.3　承接产业转移的任务越来越大

面向长三角承接成果与技术转移。安徽蔬菜基地成为华东地区大菜园的趋势越来越明显。安徽各地都可以根据各地消费需求，集中建立蔬菜生产基地，产品销往外地市场。

2　安徽省蔬菜产业在全国的地位

2.1　安徽省是重要的商品蔬菜供应基地

安徽省是蔬菜大省，蔬菜（含西甜瓜、食用菌）播种面积排全国前十位（2014年，全国蔬菜播种面积 2 041.48 万公顷，安徽省蔬菜播种面积 103.06 万公顷），其中西甜瓜居前三位（2014 年，全国西甜瓜播种面积 229.12 万公顷，安徽省西甜瓜播种面积 15.96 万公顷）。蔬菜已成为安徽省农业经济三大支柱产业之一。

2.1.1　数量大

安徽省是商品蔬菜生产与输出基地，每年生产的蔬菜 50%销往 10 多个省市，如和县秋季辣椒、早春甜瓜，萧县、砀山的春季西瓜，淮北的冬春温室番茄，涡阳薹干等。

2.1.2　区位优势明显

安徽省南北跨越 5 个纬度、2 个气候带，有多种类型的生态与土壤，适宜多种蔬菜生长。安徽省处于中部偏东，近海临江，适合与长三角“无缝对接”，在西部大开发战略中具有独特的承东启西、连南接北的区位优势，这为安徽省未来的发展提供了很大空间。交通便捷，处于中国水陆空立体交通网较为有利的位置，便于将

产品输往国内和国际两个市场。安徽省周边省份人口稠密，市场广阔。安徽与江苏、山东、河南、湖北、江西、浙江六省接壤，以安徽为基地，向周边省份覆盖的人口约5亿人，占全国人口的38%。

2.1.3 种类丰富

安徽省以淮河为界，北部为暖温带半湿润季风气候、南部为亚热带湿润季风气候，全年平均气温14～17℃，地形地貌复杂多样，平原、丘陵、山地、江河湖泊相间排列，适宜各类蔬菜生产。主要有茄果类蔬菜、瓜类蔬菜、十字花科蔬菜、豆类蔬菜、根茎类蔬菜、水生蔬菜和其他蔬菜等。其中，播种面积前十位的蔬菜有辣椒、番茄、黄瓜、莴笋、茄子、菜青豆、芹菜、西葫芦、花椰菜和韭菜。

2.2 安徽省是重要的研发中心

2.2.1 育种水平先进

“十二五”期间，安徽省共取得蔬菜育种成果50多项。其中，获安徽省科学技术奖一等奖2项，获农业部中华农业科技奖一等奖2项，省部级二等奖以上成果20多项。安徽省累计选育出具有自主知识产权的番茄、辣椒、茄子、乌菜、西瓜、甜瓜、黄瓜、丝瓜、甘蓝等新品种100多个，均通过省级、国家级审定或鉴定。先后有20个品种被评为安徽省主导品种。“皖粉”系列番茄，“皖椒”系列辣椒，“皖杂”系列小型西瓜以及“丰乐”“江艺”的瓜菜品种在省内外大面积推广应用，产生了显著的社会效益和经济效益，蔬菜育种与种业水平进入全国先进行列！

2.2.2 技术领先

研究了一批先进、实用的生产技术并在生产上得到大面积推广应用。重点开发推广了以工厂化穴盘育苗、设施蔬菜优质高效栽培等为主的蔬菜反季节生产技术；以防虫网覆盖栽培、嫁接增产和病虫害综合防控等为主的无公害蔬菜生产技术；以微喷灌和膜下滴灌为主的节水技术。先后有15项技术被评为安徽省主导技术。蔬菜基地先进实用技术推广普及率达到90%以上，科技贡献率达65%以上。

2.3 安徽省是重要的制种基地

2.3.1 西甜瓜制种基地

西甜瓜杂交制种始于20世纪80年代初，以合肥为中心，辐射带动芜湖、六安、阜阳、淮南等10多万亩，年制种量占全国总量的60%。近年，制种基地北移后，当地的制种面积有所下降，但制种总量与供应量仍居全国第一位。

2.3.2 辣椒制种基地

萧县、砀山承担国内外近百家种业公司、科研院所的辣椒杂交制种任务，基地面积达万亩以上，规模、效益均居全国第一位。

2.3.3 十字花科蔬菜制种基地

乌菜、白菜、萝卜和甘蓝等十字花科蔬菜制种基地分布在安徽省10多个县（区），规模效益逐年增加。

3　发展目标与前景

3.1　总体目标

坚持以稳定增收调结构、提质增效转方式为主线，优化结构布局，突出科技引领，夯实发展基础，挖掘生产潜力，做强基地和园区，提升质量和效益，保障蔬菜产品质量安全，努力实现生产与环境协调、现代与生态同步，全力打造面向长三角乃至全国的蔬菜生产和供应基地，实现蔬菜产业的现代生态、绿色防控，从而达到产出高效、产品安全、资源节约、环境友好的目标。为此，要“实施一大战略，树立一大理念，突出四大重点”。

“一大战略”，就是新形势下，国家农产品质量安全战略。

“一大理念”，就是树立“菜篮子”安全和菜园子高效理念。

“四大重点”，就是选育与引进一批优质多抗、适应性强的蔬菜品种；研发一批安全高效、操作简易、成本低廉的高新技术和种植模式；建造一批以标准园为核心的规模化、标准化、现代化、生态化、相对稳定的蔬菜生产基地；新增一批储藏保鲜与深加工龙头企业。

3.2　发展前景

由于蔬菜是全球性的、日常的、重要的营养食品，是现代生态农业中三大效益最为显著的、首选的高效经济作物，所以具有广阔的发展前景。

第一，蔬菜是其他任何食品无法代替的功能营养型食品。人们膳食结构的变化与生活质量的提高，对蔬菜的需求量越来越大。

第二，蔬菜特征特性与生产特点决定了洋菜进不了中国人的菜盘，中国人吃的菜靠自己。不仅如此，还有独特的优势为外国人生产蔬菜产品。

第三，安徽蔬菜基地成为华东地区大菜园的趋势越来越明显。安徽各地都可以根据各地消费需求，集中建立蔬菜生产基地，产品销往外地市场。

第四，蔬菜的增产增效潜力很大，是农民增收的重要经济作物。

第五，蔬菜是现代生态农业重要的组成部分。其生产周期较短，投入风险较小。

第六，蔬菜还是都市或休闲观光旅游业中不可缺少的观赏植物。

由此可见，蔬菜的发展前景十分广阔！

4　发展建议

虽然安徽省蔬菜产业取得一系列的成就，总体水平在全国处于前十位，技术水平在全国处于先进水平。但与先进发达省份相比，仍然存在资金投入不足，基础设施较差，专业技术人才不够，新技术集成度低，采后商品化处理率不高，加工技术落后，推广体系不完善，现代化手段与生态环保技术结合不够明显，产业链向两端延伸有难度，难以适应现代生态蔬菜产业化发展的需要。因此，需要以现代生态农业产业化为总抓手，努力转变生产方式、经营方式、资源利用方式和管理方式等产业发展方式，拓宽视野，以市场化为导向、以全球化眼光、绿色化观念和网络化意识，开展蔬菜生产资本化运作，挖掘蔬菜产业集群化、品牌化、组织化、信息化和共赢化内涵，打造蔬菜全过程生产经营产业链、价值链、主体链、创新链和利益链。为此，提出以下几点建议：

4.1 增加资金投入，改善生产环境

一是对基地规划、沟渠路水电等大幅度增加固定的专项资金，改善蔬菜生产必须的立地条件。

二是对优化棚室结构，推广标准化单体钢架大棚、节能日光温室、连体温室大棚、采后处理与加工设备等大幅度增加研发与奖补资金。在稳定总面积的前提下，适度增加设施蔬菜面积，提升蔬菜设施水平，增强菜园抵御自然灾害的能力，提高资源利用率，增加产出率，实现提质增效保安全。

4.2 建立“专业智库”，增强服务功能

以安徽省蔬菜产业技术体系为核心，进一步整合安徽省各级各类蔬菜专业技术人才 100 名、培育和引进各类新品种 100 个、集成实用新技术 100 项，建立蔬菜全产业链的“专业智库”，为安徽省蔬菜产业提供人才与技术保障。

4.3 摸清地方品种，加强保护与开发

安徽各地都有十分丰富的蔬菜品种资源。淮北的临涣包瓜、宿州的水果萝卜、亳州的涡阳薹干、阜阳的界首青萝卜与荆芥、蚌埠的菊花心、淮南的黄心乌与酥瓜、六安的黑心乌与松菇、合肥的包河无丝藕与四叶椒、滁州的大红袍萝卜、马鞍山的芦蒿、芜湖的高干白、铜陵的生姜、池州的圆白萝卜、安庆的桐城水芹、黄山的大白黄瓜与鸭掌芹、宣城的野生芹菜，还有皖南山区、大别山区、江淮丘陵地区的各类野生蔬菜。这些资源历史悠久，有的还是历史名菜，对人民的生活和环境保护作用重大。由于人为采摘过度或生物学混杂严重，导致有些资源濒于灭绝，有的面目全非，亟待采取措施建立资源库和保护区加以保护。同时，要采取科学合理的手段进行开发，一方面，利用这些资源创制新种质与新品种；另一方面，通过科学化、规范化种植，生产出有机生态型蔬菜供应市场，推进地方品种产业化。

4.4 集成示范新品种新技术，提高产量与效益

以省蔬菜产业技术体系综合试验站为主体，以标准园为平台，在安徽省 16 个市建立“多样化品种及提质增效技术”核心示范基地，示范各类蔬菜新品种、土壤改良、水肥药一体化、微喷微滴供水技术、连作障碍治理技术、集约化育苗技术、水旱轮作、茬口模式、绿色防控、无土栽培、有机栽培、秸秆利用、采后处理与加工、机械化、信息化等多项技术集成应用，为蔬菜全产业链提供生产技术与模式。

4.5　推进标准化生产，创建蔬菜品牌

一是推进生产技术标准化。继续引导种植大户、返乡农民兴办蔬菜专业合作社和家庭农场，大力培育蔬菜产业化联合体，着力在基地建设、市场培育和利益联结机制等方面取得新发展。制定生产技术标准，选建规模化园地，集成标准化技术，开展多层次、多形式技术培训和指导服务，加快蔬菜技术操作规程推广应用，为提高安徽省蔬菜标准化生产覆盖率提供技术保障。

二是提升采后加工水平。积极推进蔬菜采后商品化处理和清洁化加工，逐步建立从田头到市场的蔬菜“冷链”系统。加快建设皖北脱水蔬菜和罐装蔬菜、皖江速冻蔬菜和腌制蔬菜、皖南和皖西南食用菌及森林蔬菜（竹笋等）三大加工区，扶持龙头企业加速技改和新产品研发，发展蔬菜汁、蔬菜粉、蔬菜脆片、冻干蔬菜、调理蔬菜和膨化蔬菜等精深加工，提高市场竞争力。

三是开展蔬菜品牌创建，实现绿色增效，品牌引领。加大“生态品牌”“原产地品牌”“区域公用品牌”和绿色、有机蔬菜品牌创建，培育和县“皖江”牌无公害蔬菜、岳西“大别山”牌茭白、宣城“华阳”牌香菇、滁州“华怡”牌出口蔬菜等知名品牌。支持蔬菜企业参与国内外展销展示，提高皖菜品牌的知名度。

总之，要以绿色增效为目标，建立健全运作机制，在“政产学研推”联盟中扮演模范角色。利用现有团队，实施人才开发战略，对专业技术推广人员、蔬菜种植能手、农村致富带头人以及蔬菜产销经营主体中的骨干人员等实用人才进行培训，编织安徽省蔬菜技术研发与技术服务网络，提高技术到户率和到田率，提升蔬菜产品质量安全水平。使生产者在“网络”覆盖下产生效益，让消费者在“网络”保护下食用放心菜。

“互联网+高校农技推广”模式探讨

雷　颖　陈　巍　李玉清

（南京农业大学新农村发展研究院办公室　江苏南京　210095）

摘　要：2015 年全国两会上，李克强总理首次在政府工作报告中写入“互联网+”，掀起了全国推动新一代信息技术与现代产业跨界融合的浪潮。在此大形势下，本文将“互联网+”运用到高校农技推广当中，衍生出农技推广中的“互联网+指导”“互联网+教育”“互联网+医疗”的转变模式，将高校科技服务转向 O2O 的大市场，实现远程培训、实施诊断、在线指导答疑，与高校专家直接接触，满足新型农民需求，使得农民遇到问题有处可询，更使高校教师接地气，实现农业技术推广的“最后一公里”。

关键词：“互联网+”　高校　农技推广

1　“互联网+”及其应用

国内“互联网+”理念最早提出是在 2012 年 11 月 14 日，由易观国际董事长兼首席执行官于扬在易观第五届移动互联网博览会的发言中提出，他认为“在未来，‘互联网+’公式应该是我们所在的行业目前的产品和服务，在与我们未来看到的多屏全网跨平台用户场景结合之后产生的这样一种化学公式。”2015 年 3 月 5 日，第十二届全国人大三次会议上，李克强总理在政府工作报告中提出“互联网+”行动计划，他指出，新兴产业和新兴业态是竞争高地。要实施高端装备、信息网络、集成电路、新能源、新材料、生物医药、航空发动机、燃气轮机等重大项目，把一批新兴产业培育成主导产业。制订“互联网+”行动计划，推动移动互联网、云计算、大数据、物联网等与现代制造业结合，促进电子商务、工业互联网和互联网金融健康发展，引导互联网企业拓展国际市场[1]。总理的一席话，掀起了全国上下推动新一代信息技术与现代产业跨界融合的浪潮。

到 2014 年底，我国 13 亿人口中网民达 6.49 亿人，互联网普及率为 47.9%。5 亿人的智能手机用户，通信网络的进步、互联网、智能手机、智能芯片在企业、人群和物体中的广泛安装[2]，为“互联网+”的实现奠定了坚实的基础。目前，已有部分产业与“互联网+”结合起来了。例如，滴滴打车、滴滴专车等打车软件可视为“互联网+交通”的示例，不仅给出行者带来了便利，减少资源浪费，而且给交通行业从业者带来了利润。再如“互联网+医疗”的应用——春雨医生等预约挂号软件，解决了挂号就诊难的问题。

2　“互联网+”应用于农村科技服务的必要性和重要性

高校作为集“培养人才、科技创新与服务社会”为一体的社会重要组成部分，其最终目的就是服务社会。因此，应大力发展高校在广大农村地区引导、建立和培育农民合作社的体系，从而达到提高农民的收入和维护农民的利益，满足农民多元需求的目的。高校的农技推广是指整合高校的人才资源和学科资源优势，通过与基层政府和社会团体合作，建立专门进行农技推广、进行新农村建设的服务站。然后，高校农业推广以专家通过服务站下到县乡进行技术指导、优秀科技成果推荐、现场培训等方式进行。以南京农业大学“科技大篷车”“双百工程”为例，多次受到各级领导表扬，受到媒体的认可和赞赏，同时也推动了学校农业科技成果转移转化。但在互联网迅猛发展的现在，利用互联网、大数据等新兴技术，可以改善专家科技下乡中的一些问题：

一是路途奔波耗时长，将老师的大部分精力、经费都消耗在来往路途中。

二是讲解培训时间较短，治标不治本。目前，大部分高校教师同时承担着教学与科研任务，所以在社会服务方面投入精力有限，导致高校教师下乡时间较少，能够指导农民解决当前遇到的问题，但不能对农民的种植、养殖过程进行一个长期的指导。同时，讲课时间较短，在加上方言限制，农民接收的内容较少。

三是千百年来一家一户的小农生产从业人员数仍然占我国农业人数的80%以上，并且在短时间内很难改变，而农技推广人员与农民的比例约为1∶200，推广人员较少，远远不可实现农业技术推广的“最后一公里”。

纵观上述问题，加上目前我国的农业生产模式由一家一户的小农生产模式逐渐转换为大户承包制，变为新型专业农民，科学的种植养殖、食品加工对其生产生活至关重要。所以，需将高校的新技术、新品种、新资源通过互联网、信息网络、物联网、大数据等新技术传播指导到新型农民，使其科学管理，获取盈利。所以，将“互联网+”运用到农技推广中具有必要性和重要性。

3　“互联网+”高校农技推广模式的构建

综上所述，结合李总理提到的“互联网+”行动计划以及高校的农技推广，形成“互联网+农技推广”，是充分利用移动互联网、大数据、云计算、物联网等新一代信息技术与农技推广的跨界融合，创新基于互联网平台的现代农技推广的新模式与新业态。以“互联网+农技推广”驱动，搭建跨校、跨地区的资源整合与共享平台，构建高等学校服务新农村建设的信息化体系。

3.1　“互联网+指导”将科技服务转向为O2O的大市场

互联网搭建高校与农户之间的一个桥梁，并整合高校与农户之间的供需，让高校专家直接面对农户需求，并通过互联网、大数据、物联网、空间定位等技术对农民进行实时服务。例如，高校专家可分析市场大数据、行业政策等，定时对农民种植养殖规模进行指导，避免供大于求、销售不出去，供小于求、供不应求的问题。高校直接面对农民，不仅节省了高校教师来回奔波的交通费、时间，最重要的是减小了农民种植养殖跟风的风险，将科技服务带入了高效输出与转化的O2O服务市场。再加上在线评价机制、评分机制，会让参与的高校教师更接地气。

3.2 “互联网＋教育”实现远程培训

近两年，慕课、微课的盛行，给传统教育带来了一定的冲击，尤其是慕课，其理念是：“任何人在任何地方、在任何时候，能学到任何知识”。解决了目前中国教育的一些问题，如教育公平、学生创造力不够。同时，也可以利用慕课和微课解决高校农业推广中的问题。例如，可以将种植养殖、食品加工中的某项技术录成慕课或者微课，并建立网络课程课程库，供农民下载、观看学习。这样农民可以根据自己的学习接收能力调整播放速度，甚至于重复播放，实实在在地将一项技术转化为农民自己的能力。

3.3 “互联网＋医疗”实现农业科技服务的“最后一公里”

此处的医疗为农业领域的医疗，即为农民所种植养殖的植物、动物进行诊断。随着“互联网＋”的兴起，传统的科技服务专家问诊迎来新的变革，演变为利用互联网的实时问诊、互动。高校专家利用互联网、大数据、物联网、空间定位等技术，通过手机APP、网站或智能终端获取农民在实际种植养殖过程中的问题，利用本身学科知识为农民排忧解惑，解决了农民有问题无处可解决的困难。而农业医疗的未来，大数据和移动互联网、农业数据管理将改变农业种植养殖的模式，转向更加专业的种植养殖。例如，在种植前进行测土配方，在植物生长过程中采集植物的信息，进行施肥、打药，有效地减少资源的浪费以及保证食品的安全；在动物生长的过程中，采集其身体指标，定量喂养，并在其发病的时候第一时间发觉，可以有效地减少疫情。

目前，南京农业大学新农村发展研究院顺应时代的潮流，将“互联网＋农技推广”进行了实际运用，搭建了“南农在线”V1.0科技服务平台，具有专家咨询、远程指导和培训指导等功能，初步探索了“互联网＋”高校农村科技服务模式。

参考文献

[1] 汤国辉，田雄，汤梦玮．高校培育农民技术合作社以推进新农村建设的研究［J］．科技管理研究，2008（11）：144.

[2] 浦徐进，明炬．新农村发展研究院建设的主要内容［J］．中国高校科技，2012（4）：7.

二、现状与思考

江苏省小白菜设施栽培类型、品种应用现状及市场分析

宋　波　徐　海　陈龙正　袁希汉

（江苏省农业科学院蔬菜研究所　江苏南京　210095）

摘　要：小白菜属十字花科（Cruciferae）芸薹属芸薹种白菜亚种的一个变种。学名：*Brassica campestris* L. ssp. *chinensis*（L.）Makino var. *communis* Tsen et Lee；又称：白菜、普通白菜、不结球白菜、青菜、油菜。古名：菘。小白菜起源于我国长江中下游地区，是我国长江流域各地普遍栽培的一种蔬菜。其种类和品种繁多，生长期短、适应性广、高产、省工、易种，可周年生产与供应。在南方占全年蔬菜供应量的30%～50%，成为全年蔬菜播种面积最大的蔬菜之一。小白菜产业是江苏省蔬菜产业的重要组成部分，近年来以小白菜为主的夏季叶菜“保供”也成为政府主管部门主要工作之一。为了配合农业部公益性行业（农业）科研专项“长三角地区设施蔬菜高产高效关键技术研究与示范”项目的实施，江苏省农业科学院蔬菜研究所针对江苏省小白菜设施栽培类型、主要品种应用情况及市场价格进行了初步的调研，为小白菜新品种选育和推广应用提供参考和指导。

关键词：小白菜　栽培类型　品种　市场

1　江苏省小白菜设施栽培类型与方式

1.1　主要设施类型

江苏省小白菜设施栽培主要有大型钢架或水泥立柱防虫网棚、钢架大棚、连栋温室和日光温室等。其中，以钢架大棚设施栽培最为普遍，一方面，其在江苏省分布面积最大；另一方面，其可灵活结合防虫网覆盖、顶膜避雨等栽培保护措施获得较好的栽培效果。利用钢架或水泥立柱防虫网棚和连栋温室开展小白菜设施栽培在企业经营的规模化生产基地较为常见；日光温室小白菜设施栽培主要分布在江苏北部地区。

在各类型的设施栽培中，喷灌设备的使用都得到了极大程度的普及，降低了频繁人工拖管浇水产生的人工成本。江苏省小白菜设施栽培中一般采用设施顶部喷灌和铺于地面的喷灌带浇水为主，地面喷灌因其使用灵活机动深受广大菜农青睐。地

面喷灌可根据实际需求来选择喷灌带，大口径喷灌带浇水覆盖面积大，但价格较高；价格较低的普通的滴管带也可做喷灌使用，但需适当增加铺设密度。

1.2 小白菜标准化设施栽培方式

利用喷灌等设施结合“两网一膜”无公害生产技术，衍生出不同的小白菜标准化设施栽培方式。

1.2.1 钢架大棚结合防虫网、遮阳网覆盖，辅以喷灌浇水

1.2.1.1 大棚＋全覆盖防虫网＋顶部遮阳网＋喷灌

大棚整体覆盖防虫网，顶部盖遮阳网。该栽培模式防虫效果很好，顶部遮阳网能有效降低内部温度。但因缺少棚膜，不能有效阻隔雨水，易产生湿害。

1.2.1.2 大棚＋全覆盖薄膜＋全覆盖防虫网＋喷灌

该模式保温性能较好，同时起到很好的防虫效果，比较适合春秋茬、越冬茬小白菜栽培，但不适合夏季栽培。

1.2.1.3 大棚＋顶膜＋防虫网侧裙＋喷灌

该模式防虫和避雨效果较好，但通风效果稍差，导致棚内温室较高。

1.2.1.4 大棚＋顶膜＋防虫网侧裙＋顶部遮阳网＋喷灌

该模式防虫和避雨效果较好，但通风效果稍差，顶部遮阳网覆盖可有效降温，适合夏季小白菜生产。

1.2.2 钢架或水泥立柱式防虫网棚结合遮阳网覆盖＋喷灌

四周立柱直立或向外倾斜，与地面呈80°角，并用钢索斜拉固定，中间立柱垂直地面。中间立柱顶部用钢索呈米字形互相牵拉并连接，适当添加绳索托住防虫网，顶部盖上防虫网后再用压膜线固定。顶部和四周分别覆盖防虫网，以便在灾害气候来临时能快速取下顶网。该栽培设施空间开阔，方便各类型农机操作，适合规模化生产，但遇连续阴雨天气易产生湿害，遇冰雹、大雪等防虫网易被压垮损坏，且其防虫网装、卸、修补均较为费时、费工。

1.2.3 大型防虫网室＋钢架大棚＋遮阳网覆盖＋喷灌

钢架大棚置于大型防虫网室内，完全防虫封闭式生产，在网室顶部配备可伸缩的外遮阳设备。防虫效果良好，但因防虫网阻隔空气，夏季频繁地面喷灌浇水，使内部空气湿度偏高，容易滋生病害。

1.2.4 日光温室/连栋温室＋防虫网侧裙＋喷灌

该模式防虫效果较好，夏季栽培，温室通风效果良好，同时阻隔雨水淋湿，减少温室内湿度，一般配备顶部喷灌或地面喷灌。连栋温室设施空间较大，方便农机操作，较适合规模化生产。日光温室主要集中在江苏北部地区，利用日光温室良好的保温性能进行小白菜冬春茬生产。

2 江苏省设施小白菜主要品种应用情况

小白菜性喜冷凉，秋季是其栽培正季，对品种和栽培设施的要求均不高。江苏

省夏季普遍高温多雨，小白菜生产易受热害、湿害和虫害困扰；春季气温前低后高，则易受冻害和未熟抽薹困扰，这两个季节是江苏省设施小白菜生产的关键时期，对品种的要求较高。江苏省夏季栽培应用品种的主要特点是综合抗逆性强、生长速度快，目前主要以华王、夏帝、夏雄等进口品种为主，国内品种如金品 28、烤青等的应用规模则逐年上升。越冬栽培应用品种的主要特点是耐寒、耐抽薹，目前仍主要以四月慢、五月慢、四月白等地方品种为主，金品 50、春油 2 号、春佳等杂交品种也逐渐有一定规模的应用。江苏省设施小白菜品种具体应用情况如下：

2.1　春茬和秋茬品种

2.1.1　矮脚黄类型

2.1.1.1　矮将军

南京绿领种业有限公司研制。矮脚种，植株直立，株型高 17 厘米，开展度 27 厘米。束腰头大，叶片圆，鲜绿色，叶片微皱，叶柄白色、扁平而宽，纤维少，品质好。

2.1.1.2　小矮人

南京理想种苗有限公司研制。棵矮，梗短，洁白如玉，肉肥厚，紧束腰，叶宽，广圆，微皱，叶翠绿，株型美观，挺心，口感清香，略有甜味，纤维极少。该品种适应性强，耐热、耐寒、抗病、品质优良，单株重 350～450 克，亩产3 500～4 000 千克。

2.1.1.3　热矮 001

江苏省农业科学院蔬菜研究所研制。株形紧凑、较直立，束腰性好，叶片近圆形，叶色绿，叶面光泽度好，叶柄宽扁、较短，叶柄色嫩白，商品性好。可做菜秧、漫棵和栽棵菜栽培。食用品质好，粗纤维含量较低，煮食易烂，口感极佳。

2.1.2　苏州青类型

2.1.2.1　矮箕苏州青

上海长征蔬菜有限公司研制。植株较矮、开展度大，株高 18～20 厘米，叶呈匙形，叶脉清晰，叶深绿色，叶面平滑较厚，叶梗肥厚，淡绿色，单株重 500 克左右。

2.1.2.2　油亮苏州青

南京理想种苗有限公司研制。叶片油亮、深绿。矮脚，矮棵，不拔节。抗热，耐寒，耐抽薹。

2.1.3　青梗菜类型

2.1.3.1　华冠

日本武藏野株式会社研制。品种特性：整齐良好、耐热性强的早生品种。叶柄宽，株型较矮。叶长圆，浓绿色。耐抽薹性较差，适宜秋季栽培。

2.1.3.2　东方 18

江苏省农业科学院蔬菜研究所选育的耐热、耐湿青梗菜类型新品种。品种特性：株形紧凑、直立，束腰性好，叶片长椭圆形，叶色绿，叶面光泽度好，叶柄宽扁，叶柄色绿，商品性好。

2.1.3.3 绿星

南京市种子站2001年选育的一代杂种。品种特性：青白梗、绿叶青菜品种，叶片绿色，卵圆形，叶柄绿白色，叶片与叶柄重之比为0.55。菜头大，束腰紧，外形优美，商品性较好。适宜夏、秋栽培。

2.1.3.4 跃华青梗菜

山东德高蔬菜种苗研究所研制。品种特性：叶色淡绿，叶柄嫩绿色。菜形美观，束腰，基部大。耐热耐湿，商品性、风味品质、抗逆性均好。

2.2 夏茬杂交青梗菜品种

2.2.1 夏帝

日本武藏野株式会社研制。品种特性：极耐热耐湿，容易栽培。高温期不会节间伸长，生理障害少。株形紧凑，产量高。头大，株形美观，整齐度高，市场性极好。最适于夏天栽培。

2.2.2 改良金品28

金品28的改良种，福州春晓种苗有限公司研制。品种特性：叶色梗色翠绿，耐热性好。夏季播种不拔节，头部紧，产量高，耐雨性，抗病性突出，是南方地区青梗菜越夏栽培首选品种。

2.2.3 青伏令

南京理想种苗有限公司研制。品种特性：极早熟，生长快速，整齐。叶色浓绿，叶柄绿色，宽厚束腰，株型矮实。耐热，抗逆性强，耐雨性最强，不发黄。品质柔嫩纤维少，味佳。

2.2.4 夏萍

广州绿友种业有限公司研制。品种特性：耐热耐湿突出，叶色绿，叶片紧凑直立，叶梗青绿有光泽，生长快速，长势旺盛，是高温多雨季节理想选择。

2.3 越冬茬耐抽薹品种

2.3.1 四月慢

耐抽薹常规品种，植株直立，束腰，叶片卵圆形，叶色深绿。叶面平滑，较厚，叶柄绿白色，单株重500～700克。抗寒、耐寒性较强，抽薹晚，早春不易抽薹，食用品质较差。

2.3.2 五月慢

耐抽薹常规品种。株型直立，株高25厘米左右，开展度30厘米左右。束腰拧心，叶片近圆形，绿色，叶脉较粗，叶面光滑全缘。叶柄浅绿色。生育期180天，抗性强，耐寒，是白菜中抽薹最迟的一个品种，单株重750克左右。

2.3.3 四月白

耐抽薹常规品种，植株直立，束腰，叶片近圆形，叶色浅绿。叶面平滑，较厚，叶柄白色，抗寒、耐寒性较强，抽薹晚，早春不易抽薹，品质略优于四月慢。

2.3.4 金品 50

耐抽薹杂交品种，福州春晓种苗有限公司研制。株型矮壮，大头束腰，叶色绿，抗病性强，耐寒，耐抽薹性突出。

2.3.5 春油 2 号

耐抽薹杂交品种，京研益农（北京）种业科技有限公司研制。晚抽薹、叶色深绿，束腰，低温生长势较强，品质好。

2.3.6 春佳

耐抽薹杂交品种，江苏省农业科学院蔬菜研究所研制。耐抽薹性极强。株形较紧凑直立，叶片椭圆形，叶色绿且光泽度好。抗逆性强，适应性广，外观商品性和口感品质较传统耐抽薹品种有较大提高，适宜春季栽培。

2.4 鸡毛菜专用品种

2.4.1 耐热 605

常规品种。植株直立，高 26 厘米，开展度 34 厘米、叶片、叶柄浅绿色。叶面平滑，全缘。束腰，基部大。特耐热、抗病强，亦耐寒，商品性佳，适应性广。

2.4.2 火青菜

株型直立，大头束腰，株高 30 厘米，开展度 28～32 厘米，叶面光滑，叶片绿色，广卵圆形。叶柄绿白色，宽厚略凹，叶柄比 2.3。成株采收叶片数 22～25 片，单株 600～700 克，外形优美，商品性好，丰产优质，可周年栽培，比上海青增产30%左右。优势明显，生长快，适应性强，特耐热，耐寒性较强，抗病耐虫。尤在伏天病虫发生期，受害株率显著低于其他品种。

2.4.3 烤青

南京理想种苗有限公司研制。一代交配，大头束腰，株高 26 厘米，开展度28～30 厘米，叶柄绿白色，宽厚略凹，单株重 600～700 克。外形优美，商品性好，丰产优质，可周年栽培，优势明显，生长快，适应性强，特耐热，抗病，耐涝。在伏天病虫发生期，受害株率显著低于其他品种，使之成为无公害蔬菜的优良品种。味清淡略有甜味，纤维少。菜秧栽培，拔节不明显。秧菜以 5～6 叶为佳，生育期 18～22 天，可周年供应，全国各地均可栽培。

2.4.4 东方 2 号

江苏省农业科学院蔬菜研究所研制。株型较高大直立，叶片绿色，卵圆形，叶柄绿白色，束腰紧，外形好，产量高，外观商品性好，食用品质好。以夏季及早秋做菜秧为主。

3 江苏省三大区域小白菜设施栽培品种、茬口、产量以及蔬菜销售流向

在江苏省，根据天气状况全年一般可种植 7～8 茬，根据三大区域的品种消费

习惯，主要分春茬、夏茬、秋茬和越冬茬 4 个茬口进行调查。

3.1 苏南（苏州、无锡、常州、南京）

春茬：播期在 3～5 月，收获期在 4～6 月。漫棵菜一般采用矮箕苏州青、苏州青、东方 18 和夏帝等。亩产约 1 000 千克，鸡毛菜栽培一般采用耐热 605、火青菜等，亩产约 500 千克。

夏茬：播期在 6～8 月，收获期在 7～9 月。漫棵菜主要栽培的品种主要是夏帝和夏雄，生育期一般在 40 天左右。亩产约 800 千克，鸡毛菜主要采用烤青、耐热 605 等品种，亩产约 500 千克。

秋茬：播期在 9～11 月，收获期在 10 月至翌年 2 月。一般选用东方 18、德高跃华青梗菜、矮箕苏州青。栽棵菜亩产约 4 000 千克，漫棵菜亩产约 1 000 千克，鸡毛菜主要采用耐热 605、东方 2 号等，亩产约 600 千克。南京地区种植矮将军、热矮 001 等矮脚黄品种，栽棵菜亩产约 3 500 千克。

越冬茬：播期在 12 月至翌年 2 月，收获期在 3～4 月。漫棵菜一般采用四月慢、四月白等常规品种及耐抽薹杂交品种春佳等，亩产约 600 千克。

南京地区小白菜销售流向主要是销往南京大型的批发市场，如南京众彩农副产品物流中心等。苏州、无锡、常州地区主要销往江苏凌家塘农副产品批发市场、苏州市南环桥市场和江苏无锡朝阳农产品大市场等大型批发市场，同时也销往上海等其他地区。

3.2 苏中（泰州、扬州、南通）

春茬：大棚保护地栽培，漫棵菜以华冠、东方 18、改良金品 28 为主。

夏茬：漫棵菜主要栽培的品种主要是改良金品 28 等。鸡毛菜主要以东方 2 号、烤青为主。

秋茬：一般选用华冠、东方 18、德高跃华青梗菜。鸡毛菜：绿星、东方 2 号等。

越冬茬：大棚保护地栽培，漫棵菜一般采用五月慢、金品 50 以及春油 2 号耐抽薹品种等。

主要销往江苏宜兴蔬菜副食品批发市场、江苏联谊农副产品批发市场等批发市场。

3.3 苏北（宿迁、淮安、连云港、盐城）

春茬：漫棵菜一般采用德高跃华青梗菜、华冠等。

夏茬：漫棵菜主要栽培的品种主要是华王青梗菜、夏赏味等。鸡毛菜主要以耐热 605 为主。

秋茬：一般选用京绿 7 号等京研系列品种、德高跃华青梗菜、华冠等。鸡毛菜选用耐热 605 等品种。

越冬茬：漫棵菜一般采用四月慢、五月慢等品种。

主要销往徐州七里沟农副产品中心批发市场、江苏淮海蔬菜批发交易市场等。

4　泛长三角地区小白菜市场价格对比分析

4.1　2015 年泛长三角地区小白菜主要市场价格趋势

从表 1 可以看出，2015 年福建福鼎地区小白菜平均价格普遍高于其他 3 个地区，杭州、无锡次之，徐州价格最低，福鼎地区价格波动较小。从各大批发市场价格走势来看，价格最高的是 12 月，其次是 7 月，再次之是 4 月，7 月的平均价格 2.95 元/千克，12 月价格高达 3.76 元/千克。

夏季高温高湿，病虫害发生严重，导致种植难度较大，故 7 月的市场价格走高；而进入 12 月以后，温度变低，小白菜受到寒冷天气或极端天气影响，上市量减少，导致价格升高，其中 12 月的最高。价格最低是在 3 月、5 月、9 月和 10 月。5 月小白菜已开始大量上市，价格出现明显回落，5 月价格为 1.82 元/千克，江浙地区 9～11 月温度走低，比较适合小白菜生长，上市量大，价格普遍偏低。而福建地区 9～10 月价格继续走高，这是因为当地气温仍然高居不下，导致价格上涨。

表 1　2015 年泛长三角地区小白菜月均价格表

单位：元/千克

地　点	1月	2月	3月	4月	5月	6月	7月	8月	9月	10月	11月	12月
江苏无锡凌家塘	2.72	2.55	1.83	2.63	0.97	1.87	2.72	1.83	1.33	1.78	1.81	4.42
江苏徐州七里沟	2.88	2.88	1.09	1.91	1.22	1.99	1.8	1.87	1.51	1.61	1.59	2.71
浙江省杭州笕桥	2.53	2.27	1.59	2.41	1.62	1.79	3.23	2.67	2.58	2.56	2.95	3.64
福建福鼎地区	3.94	2.15	3.34	3.61	3.47	3.41	4.05	3.64	4.77	4.76	3.86	4.25

4.2　2016 年 1～5 月泛长三角地区小白菜主要市场价格趋势

从表 2 可以看出，2016 年上半年与 2015 年上半年价格走势基本一致。浙江杭州地区和福建福鼎地区小白菜价格普遍高于江苏无锡地区和徐州地区的价格，徐州地区价格最低，无锡地区价格略高一些。从价格走势来看，价格从高到低的顺序是 2 月＞1 月＞3 月＞4 月＞5 月，5 月小白菜已开始大量上市，价格出现明显回落。无锡地区 5 月小白菜价格低至 0.90 元/千克，福鼎地区价格低至 2.29 元/千克。2 月福鼎地区的平均价格最高，达到 5.89 元/千克，徐州的价格最低，但也达到 2.69 元/千克。这个季节小白菜种植难度较大，上市量少，导致小白菜价格较高。总结 2 年的数据，从 12 月到翌年的 4 月以及 7 月左右上市的价格一般来说较高，若想要在小白菜生产上获得较好的经济效益，就可以考虑选择对应的栽培茬口。

表2　2016年1～5月泛长三角地区小白菜价格表

单位：元/千克

地　　点	1上	1中	1下	2上	2中	2下	3上	3中	3下	4上	4中	4下	5上
江苏无锡凌家塘	3.50	2.20	3.42	3.88	3.12	2.44	2.72	2.88	3.45	2.18	1.20	0.96	0.90
江苏徐州七里沟	2.90	2.03	4.58	3.50	2.73	1.85	1.68	2.08	2.20	2.12	1.50	1.33	1.20
浙江省杭州笕桥	3.90	3.86	5.5	5.25	5.62	5.75	4.10	5.25	5.14	4.50	3.16	2.27	1.67
福建福鼎地区	4.06	3.76	4.13	6.05	6.52	5.10	4.78	5.15	4.77	3.96	4.02	2.94	2.29

注：1上表示1月上旬，1中表示1月中旬，1下表示1月下旬，以此类推。

关于对南京市蔬菜加工业现状及发展对策情况的调研

王　玮

（南京市农业委员会　江苏南京　210095）

摘　要： 2013—2014年，南京市相继成功举办了第二届亚洲青年运动会和第二届青年奥林匹克运动会（以下简称青奥会）。两大具有国际水准的重要赛事的胜利召开，大大提升了南京城市的品牌影响力，彰显了南京市独特的历史文化底蕴。为了适应青奥会果蔬供应与保障要求，南京市众多的蔬菜生产与加工企业也迎来了重要发展机遇，涌现出如南京新农科创等集蔬菜生产、净菜加工、净菜包装与销售于一体的新型现代蔬菜生产经营综合体，同时也暴露出南京市蔬菜净菜加工产业整体仍较落后等问题。对此，笔者对南京市蔬菜加工业现状及发展对策情况进行了调研。

关键词： 南京市　蔬菜加工　现状　对策

1　南京市蔬菜产业发展现状

1.1　南京市蔬菜产销情况

2014年蔬菜播种面积142万亩，蔬菜总产量310万吨，蔬菜总产值52亿元，蔬菜产值占种植业总产值的比重超过1/3。种植品种常年保持在50～60种，地产蔬菜占南京市蔬菜消费的总量约30%，其中地产叶菜自给率约80%。

1.2　南京市地产蔬菜销售模式

据笔者对溧水华成、普朗克、浦口林大、雨发、江宁靓绿、六合润康、宁供等20家重点蔬菜企业（合作社）的调查表明，目前，南京市重点蔬菜基地的销售主要有4种模式：一是团体消费模式，与学校、机关、企事业单位食堂签订协议，直接配送；二是专卖店销售模式，部分规模蔬菜生产企业直接在城区开设蔬菜专卖店，如溧水普朗克有机蔬菜公司，在南京开设了25家门店及销售专柜，其会员已达1万余人；三是“农超对接”模式，部分蔬菜企业的产品经过初步的净菜加工，直接进入苏果、华联等超市销售，如南京润康农业发展公司加工的净菜已经进入华润苏果等超市的30多家门店销售；四是批发销售模式，主要是规模蔬菜基地生产的蔬菜直接进入南京众彩批发市场及其他大型集贸市场进行批发交易。

2　南京市净菜加工产业现状

据统计，南京市共有蔬菜专业加工企业20余家，年加工能力在10万吨左右，年产值近3亿元。主要加工产品有酱菜、脱水蔬菜及出口蔬菜等。南京市净菜加工方面，主要还是以原料净菜为主，即基地（企业、合作社）对蔬菜进行清洗、分级、包装上市销售，而满足大型赛事、高档餐饮要求的更高级的净菜加工生产线（切割净菜）在2014年之前几乎没有，2014年南京市共上马3条净菜加工生产线。南京市蔬菜净菜加工产业发展相对滞后，主要有以下三方面原因：

2.1 地产蔬菜主栽品种以原料净菜加工为主

南京市蔬菜生产主要是以叶菜类蔬菜为主、多品种特色蔬菜为辅的生产格局，叶菜难以长时间保鲜的性质决定了蔬菜加工主要以原料净菜加工为主，即切除根部、清洗泥土以及去除病叶、黄叶等。切割净菜主要适用于豆类蔬菜如豇豆、毛豆、荷兰豆等，根用蔬菜如山药、萝卜、胡萝卜等，茄果类蔬菜如番茄、茄子，瓜类蔬菜如冬瓜、黄瓜、丝瓜等，上述大部分品种在南京市种植面积不大。南京市适合切割蔬菜加工原料较少等也制约了大型净菜加工项目在南京市的发展。

2.2 目前切割净菜市场需求量不大

南京百特市场调研咨询机构近期对南京市主城区净菜消费现状及需求专门进行了调研，分析结果显示：在净菜处理方式的喜好方面，93%的公众选择购买原料净菜（切除根部、清洗泥土以及去除病叶、黄叶），而选择切割净菜的公众只有11%。权威机构调查也表明，大部分公众还是倾向选择购买原料净菜，而非切割净菜。目前市场需求不旺，也是多数蔬菜生产企业不愿上马净菜加工项目的原因。

2.3 大型切割净菜加工项目投入大、成本高

据了解，根据蔬菜品种的不同，净菜加工生产线也不尽相同，若单纯上马一条净菜加工生产线总投入至少五六百万元，如果建设多品种多生产线，全部配套下来要超过一千万元，一次性资金投入太大，企业融资困难。同时，过大的投资也使发展净菜加工具有一定的风险，需要建专门的无菌加工车间、配套的低温车间和冷链物流设备。此外，由于还涉及用地审批等问题，一定程度上影响了部分企业建切割净菜加工项目的积极性。

3 南京市蔬菜加工产业发展对策

随着人们生活质量的提高以及潜在的客观市场需求，笔者认为蔬菜加工业具有广阔的发展前景，有利于提高蔬菜生产的产业化水平，促进蔬菜产业转型升级。为此，应从以下四方面加大对蔬菜加工产业的扶持：

3.1 制订蔬菜产业发展规划

在南京市农业“1115”工程规划建设50万亩标准化菜地的基础上，建设永久性菜地20万亩，共16个“菜篮子”蔬菜生产基地。同时，在充分调研的基础上，

针对市场需求，做好净菜加工产业的发展规划。从南京市的蔬菜生产和城市消费需求的实际出发，优先发展蔬菜原料净菜加工，适当发展切割净菜加工。力争经过3～5年的努力，在南京市建成一批集蔬菜生产、净菜加工、净菜销售为一体的大型蔬菜生产经营企业，不仅确保南京本地净菜市场的充足供应，还可抢占苏南、安徽等周边高端蔬菜消费市场，做大、做响南京市地产蔬菜龙头企业品牌。

3.2　加强规模蔬菜基地建设

按照江苏省“菜篮子”工程蔬菜基地建设的要求，启动16个“菜篮子”工程蔬菜基地建设，到2017年底，南京市要建成20万亩左右的永久性规模蔬菜基地。从2014年起，南京市每年重点建设10个左右的标准化蔬菜基地。按照土地平整、格田成方、沟渠硬质化、道路畅通（其中主次干道硬质化）、百日无雨不受旱、日雨200毫米不受涝等要求，加强基础设施建设。同时，加强蔬菜生产设施建设，每年新增3万亩设施蔬菜，在设施类型上重点以钢架大棚、连栋大棚和防虫网等设施为主，大力推广有利于提高蔬菜生产科技水平的设施装备，推广杀虫灯、粘虫色板、性诱剂、增施CO_2气肥及喷滴灌等装备，形成设施蔬菜生产装备配套技术体系。扶持培育蔬菜生产营销合作组织，鼓励农民“抱团”建立专业合作社，引导合作组织向产前、产后环节合作延伸，在南京市形成一批设施上规模、种植标准化、销售组织化和运营产业化的大型蔬菜原料生产基地。

3.3　加强蔬菜产业政策扶持

一是要充分发挥财政资金的杠杆作用，加大扶持力度，建设蔬菜生产基地，加快建立长效、稳定的蔬菜生产基地投入机制，尤其是加大永久性标准化蔬菜基地的扶持力度，为净菜加工提供充足的原料保证；重点支持蔬菜基地的生产加工项目，要整合项目资金，支持蔬菜加工产业的发展，鼓励蔬菜产业化龙头企业引进国内外先进的蔬菜净菜加工、冷库储藏、冷链运输等设施，通过项目建设补助等方式，支持相关龙头企业积极发展蔬菜精深加工。同时，积极引导、鼓励工商资本、社会资本参与蔬菜净菜加工项目建设，拓宽蔬菜净菜加工产业化的资金投入渠道，加快形成多元化投入机制。二是落实相关优惠政策，对龙头企业免征、减征企业所得税；对蔬菜加工企业建设用地，要通过土地整理，在城乡建设用地增减挂钩周转指标上予以优先和重点保证；对蔬菜加工企业执行农业生产用电价格，对生产用水免征水资源费，其他计划内的用水减半征收水资源费。

3.4　做好蔬菜加工配套服务

一是为开展切割净菜加工做好品种技术配套服务工作。从改良品种着手，大力推广外观形状好、耐储运、货架期长的鲜食和加工专用优良品种，发展标准化生产，提高产品档次。引导大型蔬菜基地建设田头预冷、冷库储藏、冷链运输等设备，建设蔬菜产品清洗、分级、包装等加工设施，推广蔬菜采后商品化处理和储运保鲜，推行净菜上市。改变蔬菜产品“散而次”的现状，逐步实现蔬菜产品包装化、销售品牌化。二是帮助、鼓励蔬菜加工企业加强与国内外相关科研院所、产业化经营主体的合作，加大科技投入，推动集成创新、自主创新，力争建成一流的净菜加工生产线。三是对市民认可度高的净菜品牌，予以保护和培育，切实加强舆论宣传引导，提供优惠、便捷的销售渠道，满足市民更高层次的消费需求，提高企业综合竞争力和影响力。四是要帮助有意向的企业从事净菜加工项目建设。2014 年以来，南京市农业委员会支持南京新农科创、溧水普朗克、溧水华成等公司（合作社）先后建设了蔬菜净菜加工生产线。其中，南京新农科创公司在江宁汤山翠谷农业园建设并投产了一条年产 4 000 吨的净菜加工生产线，成为南京首家实现果蔬全产业链运营的现代化农业龙头企业，并在南京青奥会果蔬供应招标中，一举拿下第二届青奥会唯一鲜切果蔬总供应商资格，圆满完成了南京青奥会果蔬总仓保供任务。青奥会后，企业及时转型发展，先后与南京众彩物流、中食（上海）物流等公司签订了战略合作协议，打通产、加、销关键环节，及时抢占高端净菜消费市场，在提升企业品牌影响力的同时，也有效辐射带动了周边蔬菜生产加工企业（合作社）的发展。

南京市高淳区蔬菜销售模式调查

南京市高淳区农业局园艺蔬菜科

（江苏南京　211300）

摘　要：蔬菜销售是蔬菜产业链中的重要环节，不仅直接影响农民的收入，还会影响到城市居民的生活。蔬菜销售环节出问题往往会导致农民手中的蔬菜滞销，而城市居民却要花高价买菜。摸清蔬菜终端销售模式，发现销售环节中存在的问题，研究应对策略，提出切实可行的建议，完善蔬菜流通体制，才能在产业发展中抢占先机，实现农民增收和市场保供双赢。

关键词：高淳区　蔬菜　销售模式　调研

蔬菜是人们日常生活的必需品，国家“十二五”规划纲要指出全国人均蔬菜年消费量为 140 千克。高淳区地处南京市的最南端，传统蔬菜生产以自给为主，随着城市化进程的加快，城镇周边菜地面积减少，城镇人口的增加对蔬菜的需求量增加，蔬菜生产以建设生产基地为主，高效设施蔬菜得到较快发展。高淳区规模蔬菜基地主要分布在漆桥镇、固城镇、桠溪镇、淳溪街道办事处、东坝镇和阳江镇等地。到 2013 年，高淳区蔬菜种植面积达到 8.81 万亩，产量达 26.08 万吨。

1　高淳区蔬菜主要销售模式

高淳区蔬菜销售以农户或中小基地为主体的传统销售模式为主，近年来，随着消费者对蔬菜品质要求的不断提高，涌现出了一些蔬菜生产企业，加速了新型蔬菜销售模式的发展。通过对农户及各个蔬菜基地、企业的调查，高淳区现有的蔬菜销售模式主要有以下几种：

1.1　市场批发模式

在这个销售模式中，通常是以有一定蔬菜生产规模的种植大户、蔬菜合作社或蔬菜生产企业为主体，依托蔬菜批发市场，由生产者将蔬菜集中到批发市场由批发商收购，再通过零售商卖给消费者。以高淳区漆桥镇荆溪蔬菜专业合作社为例，合作社以种植叶菜类蔬菜为主，种植面积达 200 多亩，各个农户生产出的蔬菜产品通过合作社检测合格后统一发往高淳天河农贸批发市场，利用品牌效应解决农户销售难的问题，同时也保证了消费者能够买到质量安全的放心菜。这样的方式使蔬菜的销售半径明显扩大，单位物流成本明显降低，是高淳区各蔬菜基地的主要销售方式。而一些特色蔬菜（如固城镇的芦笋，阳江镇的莲藕、芡实）主要通过批发商销往外地批发市场。

1.2 地头批发模式

批发商到地头收购农户或蔬菜基地生产的蔬菜，再通过零售商进行销售。这种销售方式可以使农户节省运输成本，但因为农户不能及时获取蔬菜价格信息，而由批发商定价，使农户在交易中处于弱势，利益经常受到损害。例如，高淳的食用菌在采收季节，主要由外地客商驻点收购，再销往江浙沪各大批发市场，收购价由客商销售以后再定，菇农只管生产，虽不愁销售，但价格上没有优势。而食用菌生产企业则自己在各大市场设点组织销售，如南京高固食用菌科贸有限公司，在南京、常州、上海等各大市场均设有销售点，销售效益提高。一些比较偏远的蔬菜基地也有部分实行地头批发，如桠溪镇蔬菜生产基地和溧阳相邻，除在高淳区和桠溪镇农贸市场批发销售外，一部分由溧阳批发商到地头收购销往溧阳等地。

1.3 配送销售模式

随着人们生活品质的提高，人们对蔬菜的品质和安全性有了更高的要求，蔬菜配送应运而生。如南京青蓝农副产品有限公司主要从事蔬菜配送，在固城镇三陇村有 100 多亩蔬菜和食用菌生产基地，每天为南京市机关、学校、企业和养老院等团体进行蔬菜配送服务。江苏归来兮生态农业开发有限公司是一家有机蔬菜生产企业，在桠溪镇永庆村建立了有机蔬菜生产基地 60 多亩，实行会员制净菜配送销售，走高端销售路子，目前有会员 300 多个，每天公司将新鲜蔬菜清理干净，经过一系列商业化加工和处理后，按照营养比例将蔬菜直接送到会员家里，实现了田头到餐桌的零距离。蔬菜配送销售具有提高蔬菜质量、减少城市污染和食用方便等多项优势，是现代蔬菜供应的必然要求。这种新型蔬菜销售模式在高淳区乃至全国都还处于起步阶段，由于蔬菜品质要求高，加上后续加工处理，生产成本比较高，短期效益不高，处于发展初期。

1.4 订单直销模式

由基地和机关企（事）业单位订立蔬菜销售合同，蔬菜生产者和消费者存在契约关系，必须共同遵守。订单中规定的蔬菜收购数量、质量和最低保护价，使双方享有相应的权利义务和约束力，不能单方面毁约。在蔬菜种植前签订订单，既保证了种植技术全程跟踪服务，又解决了销售难的后顾之忧。另外，农民通过订单可以减少生产的盲目性和价格波动的不利影响，使其生产的蔬菜有比较稳定的销售渠道，获得较好的收益。销售没有中间环节，销售成本低，但价格一般比较低。如固城镇漕塘蔬菜生产基地紧邻江苏省监狱，蔬菜以大路货生产为主，主要销往监狱，效益不高。

1.5 零售直销模式

即以“农户＋消费者”的销售模式。高淳区传统的蔬菜种植以一家一户为单位，种植规模较小，在自给自足的基础上，将剩余的蔬菜就地销售或销往附近地区，销售形式比较灵活，没有中间销售环节，效率高，农民可以直接面向终端消费者。所以，销售成本低，可以参照市场价格按较高的销售单价进行销售。由于农户是单体进行销售，其设备及资金规模有限，导致销售范围较近，一般仅局限于集镇周围散户和生产基地，销售数量有限，数量不稳定，扩大销售规模困难。这种蔬菜消售模式多以散户为主，虽不是主要的销售方式，但对其他销售模式起到了巨大的补充作用。

1.6　自由采摘销售模式

随着乡村旅游的兴起，许多城市居民想体验“农家乐”的生活，高淳区在“国际慢城”周边也建起了一些以自由采摘为主题的种植基地。大家通过自己的劳动采摘新鲜蔬果，体验收获的喜悦，还可以在第一时间买到最新鲜的蔬菜等农产品。这种形式的蔬菜销售价格往往比市场价高很多，而且还配套其他消费，农户的收入比较可观。如桠溪基地、荆溪基地、武家嘴科技园和沛桥基地等的草莓采摘，大大提高了草莓的种植效益。

2　高淳区蔬菜销售中存在的问题

高淳区蔬菜销售仍以传统销售方式为主，其中不免存在诸多弊端，虽然也兴起了一些新型销售模式，但还处于起步阶段，也存在一些问题。

2.1　高淳区规模蔬菜基地面积小，且较分散

这样无法形成大规模的市场，无形中增加了物流成本，而且蔬菜也没有办法统一定价，不同基地的同种蔬菜价格差异很大。

2.2　蔬菜生产具有盲目性

当某种蔬菜产品引发较大的经济效益时，便会引起农民盲目跟风，引起特种蔬菜的生产过剩，导致出现“销售难”问题。

2.3　蔬菜生产者素质不高

从事蔬菜生产的农民大多由从事大田生产的农民转化而来，年龄偏大，文化程度不高，接受新事物的能力不强，不能及时获取最新的蔬菜销售消息，解决问题缺乏有效性和预见性，重生产轻销售现象普遍。

2.4　交通仍是“瓶颈”

高淳区位于南京市的最南端，距大城市相对较远，对外大交通的格局尚未形成，蔬菜销售物流成本相对较高，一定程度上制约了都市型蔬菜产业的发展。

2.5 蔬菜销售环节的基础设施建设薄弱

缺乏储藏保鲜及加工设施相应的配套设施，物流技术落后，难以承担起蔬菜对其较高的需求。由于蔬菜的含水量高，保鲜期短，极易腐烂变质，会大大限制运输距离和交易时间，因此对运输效率和流通保鲜条件提出了很高要求。为了降低生产成本，高淳区拥有冷链物流设备的蔬菜基地很少，而且只在食用菌上应用，如此导致蔬菜品质下降，销售价格不占优势。

2.6 传统蔬菜销售模式中间环节多

每一个环节都有各自主体的利益要求。农民处于销售模式的最底层，也是最薄弱的环节，其蔬菜产品要满足不同级批发商的利益要求，必然会大大削弱农民自身的收益。

2.7 新型蔬菜销售模式规模小，形式单一，缺乏销售模式创新

高淳区虽然开始发展蔬菜配送等新型销售模式，但还处于起步阶段，投入的生产成本高，回报率小。新型蔬菜销售模式是蔬菜销售产业发展的趋势所在，目前高淳区的新型销售模式单一，缺乏多样化，没有“农超对接”、蔬菜电子商务等平台的建设，新型销售模式的发展还比较滞后。

以上种种问题导致在蔬菜种植产业中，经常会出现增产不增收、销售信息不畅、销售渠道窄和销售手段落后等情况，造成蔬菜价格低、销售面窄，致使广大农民并没有从蔬菜种植中得到实惠。

3 高淳区蔬菜销售的发展思路与发展建议

蔬菜产业关系国计民生，涉及保供和农民增收。近年来，各级政府都高度重视蔬菜产业的发展，要准确把握农业现代化建设的现状和趋势，科学决策，果敢应战，充分发挥高淳区生态条件优越，依托特色蔬菜产业，加大政策扶持力度、工作推进力度和科技创新力度，努力开创蔬菜销售新局面。

3.1 以蔬菜质量为核心，提高市场竞争力

无论是传统的销售模式，还是在新型的销售模式下，蔬菜的质量始终起着关键的作用。高品质蔬菜才能有市场竞争力，销售价格才能提高。通过强化技术培训，有计划、有步骤地对蔬菜技术人员和菜农进行培训，加大科技入户、农民培训工程的推进力度，实施新型农民培训工程，提高农民生产经营的本领，培养一批懂技术、善经营、会管理的科技带头人，通过提高种植技术来提高蔬菜质量。另外，充分发挥已有农产品检测中心的作用，蔬菜进入市场前必须进行检测，严把蔬菜安全质量关。以质量促销售、以销售为动力带动蔬菜质量的整体提升，实现质量与效益的全面升级。

3.2　大力发展蔬菜合作社，提高蔬菜生产销售的组织化程度

以“合作社＋基地＋农户”的方式为主，把生产环节交给农户去做，而技术指导和销售环节由蔬菜合作社去处理。这样既能够利用合作社的品牌效应增加蔬菜产品的销售渠道和销售量，又可利用农户现成的生产设备，减少生产成本，达到双赢的效果。合作社带基地、基地连农户、农户连合作社，形成产、供、销一条龙的专业性生产经营体系。在这一体系中，蔬菜专业合作社可以在组织和引导农民进入市场过程中发挥中介作用。

3.3　实施品牌战略，开拓蔬菜销售市场

农产品贸易全球化的今天，蔬菜产品创立品牌、走品牌营销之路已经成为当今蔬菜销售的大趋势。名牌产品对于扩大销售量、提高产品附加值和衍生家族品牌都将起到重要作用。而销售过程又和品牌的树立存在直接的关系，所以各销售主体应树立全局意识，共同树立和维护本地蔬菜品牌。首先，要保证产品质量，不要为了眼前利益和局部利益销售劣质产品而损害长远利益和全局利益。其次，突出产品特色，只有具有特色的产品才能在市场上站稳脚跟，各销售主体应协调行动，共同宣传本地特色蔬菜。最后，注重品牌保护，由政府出面建立全过程的品牌管理体系，做好品牌名称决定、商标保护等。

3.4　加快蔬菜冷藏和冷链物流的发展

长期以来，蔬菜产后损失非常严重，在流通中的腐损率达到20%～30%。同时，由于受保鲜储运能力制约以及生鲜蔬菜上市集中、销售困难等因素的影响，时常出现农民增产不增收的情况。今后要加大科技投入力度，大力开发并推广使用蔬菜产后低温包装和保鲜技术，推进冷藏链设备完善和提高。要对冷冻冷藏方式和技术不断进行革新，加快引进先进技术，尽快普及各种冷藏保鲜新技术。发展蔬菜冷链物流，既可以减少蔬菜产后损失，又可以带动蔬菜跨季节均衡销售，促进农民收入增加。

3.5　加大科技创新力度，开拓蔬菜销售新模式

传统销售模式存在诸多弊端，发展新型蔬菜销售模式势在必行。“农超对接”、电子商务等新兴销售模式更符合现代农业发展的潮流。高淳区超市销售的蔬菜都是从外地购入，这使高淳区蔬菜销售失去了很大一部分市场，今后要加快推进“农超对接”工作，开拓蔬菜销售的新局面。另外，要加大科技投入，创建蔬菜网络营销平台，试点蔬菜电子商务，利用现代信息技术解决销售难的问题。

3.6　建立蔬菜信息平台，指导蔬菜生产和销售

要解决当前蔬菜销售中一系列难题，建立市场信息畅通、规范、高效的农产品流通信息体制刻不容缓。利用先进、便捷的技术，搭建农业信息平台，在网络上实

施蔬菜的交易。充分利用现有条件，发挥电视、报纸和互联网等多种媒体的作用，多方收集筛选信息，掌握市场动态，指导蔬菜生产。建设把信息作为服务性的公益事业，向农民无偿提供服务。并且要采取有效措施，提供资金与技术支持，协调多方关系，增加媒体的信息量，使各种媒体渠道畅通，促进高淳区蔬菜生产由基地迎合市场向市场拉动基地转变。

3.7 重视产品的宣传工作

高淳区的优势特色产业有食用菌、水生蔬菜等，具有良好的产业发展基础。但对这些品牌蔬菜的宣传力度却远远不够，关于品牌蔬菜的广告更是少之又少，导致品牌蔬菜的知名度不高。品牌蔬菜生产企业要利用自己的特点，如利用传统文化、地域文化来宣传自己的产品，注重开发新品牌，挖掘传统品牌，既要抓品牌宣传，又要抓品牌质量。宣传工作做好了，能让更多的人认识和认可高淳区的蔬菜产品，为蔬菜销售拓宽道路。

苏州市蔬菜产销现状及发展对策

何建华　黄裕飞

（苏州市农业委员会　江苏苏州　215000）

摘　要：“菜篮子”工程是一项系统工程，涉及生产、流通和营销等多个环节，在稳定和提升蔬菜生产水平的同时，优化流通环节、健全流通体系、构建新型高效的产销模式，直接关系到农业增效和农民增收、关系到农产品价格、关系到市场保供、关系到经济社会的稳定。为此，笔者开展了蔬菜产销模式调研，基本掌握了苏州市蔬菜产销现状，分析了当前蔬菜产销环节中存在的突出问题，提出了相关意见和建议，以期为决策提供参考。

关键词：苏州市　蔬菜　产销现状

1　蔬菜产销发展现状

1.1　蔬菜生产现状

近年来，苏州市积极推动省级“菜篮子”工程永久性蔬菜基地建设，加大政策和资金投入，蔬菜生产设施比例不断提高，产能和效益保持稳定。2014 年，苏州市常年蔬菜地 34.8 万亩，播种面积 131 万亩，总产量 283 万吨，总产值 48.5 亿元。从区域布局来看，蔬菜生产主要集中在沿江常熟、太仓、张家港等主产区，总产量 210.8 万吨，占苏州市的 74.5%；吴江、吴中、相城、高新区等市区总产量 51.3 万吨，占苏州市的 18.1%。从分季度产能来看，苏州市一季度蔬菜播种面积 23.7 万亩，产量 49.9 万吨；二季度播种面积 46.5 万亩，产量 100.3 万吨；三季度播种面积 28.5 万亩，产量 42.8 万吨；四季度播种面积 32.3 万亩，产量 90 万吨，传统的春淡和伏缺现象比较明显。从分品种产能来看，苏州市地产蔬菜种植包括茄果类、叶类菜、瓜类、根茎类等八大类 30 多个单品种，2014 年产量 10 万吨以上的品种有：普通白菜（青菜）32.5 万吨、大白菜 27.7 万吨、黄瓜 16.9 万吨、萝卜 15.4 万吨、莴笋 14.3 万吨、包菜 11.9 万吨、番茄 11.6 万吨、辣椒 10.1 万吨，产量 10 万吨以上的品种累计产量 140.4 万吨，占总产能的 49.6%。此外，苏州市水生蔬菜年产能在 7.5 万吨左右。从生产规模来看，苏州市 8 亩以上蔬菜规模种植户总数为 1 950 户，涉及面积 9.83 万亩，占常年菜地的 28.2%，面广量大的蔬菜生产还是以农户分散经营为主。

1.2　蔬菜消费现状

按苏州市常住人口 1 300 万人每人每天消费 0.6 千克毛菜，再加上流动人口测算，苏州市蔬菜年需求总量约 320 万吨，生产总量占需求总量的 88.4%。但是，地产蔬菜由于品种结构、种植习惯、大市场大流通等，自供比例约占 37%（100 万吨），其余 180 万吨左右销往市外（主要为上海、无锡、常州等周边地区），而苏州市场每年客菜输入量 200 万吨左右，主要来源地有山东、福建、广东、海南和浙江等。

1.3 蔬菜营销现状

从目前蔬菜营销模式来看，主要有农贸市场零售、基地直供、批发直供、电子商务等多种模式。

1.3.1 农贸市场零售

批发市场集中交易、农贸市场零售是目前苏州市蔬菜营销的主要渠道。目前，苏州市区共有各类农贸市场 64 家，市区批发市场主要有南环桥批发市场、新区长江路批发市场、相城区中绿批发市场三家。其中，南环桥批发市场是苏州市最大的“菜篮子”批发交易场所，2014 年，市场实现综合交易量 202 万吨，交易额 200 亿元，其中蔬菜年交易量在 100 万吨左右，绝大部分通过经营户批发进入农贸市场零售，约占市区蔬菜供应量的 85%左右。

1.3.2 基地直供

近年来，一些设施水平高、生产能力强、质量控制严、市场影响大的蔬菜基地，如张家港常阴沙农场、常熟田娘农场、太仓仓润蔬菜产销合作社、昆山玉叶蔬食产业基地、吴江五月田有机农场、吴中区东山雨花绿蔬菜专业合作社、相城区御亭产业园、漕湖农业园等在市区设立直供直销门店（点）30 余家，全年累计销售地产农产品 8 000 余吨，为拓宽地产农产品销售渠道、提高市场影响力、满足市民消费需求起到了积极作用。

1.3.3 批发直供

2011 年起，苏州市南环桥配送有限公司在市场批发交易基础上，进一步拓展流通渠道，延伸服务范围，建立起以“预约订购、定量包装、净菜配送、社区直供”为特征的农产品社区直供模式，实现了批发市场、零售市场的无缝对接，减少了农产品流通环节，降低了流通成本，方便了市民。截至目前，已在苏州城区建成农产品社区直供站 45 家，销售种类包括蔬菜、豆制品、冷冻素食、家禽、冷冻海鲜、保鲜猪肉、大米、水产、水果等 9 大类 220 余个单品。其中，蔬菜品种在 70 个以上，年蔬菜销售量在 7 000 吨以上。

1.3.4 电子商务

随着农产品营销信息化、便捷化需求的增加，一些企业借助电子商务平台，通过基地直供和品牌供应商采购，开展网上定菜、定时配送，实现了农产品从生产基地到居民餐桌的无缝对接，成为市民购买农产品新渠道，如江苏随易信息科技有限公司食行生鲜农产品电子商务网上销售平台（www.34580.com），现已在市区设立食行直投站 132 家，市场已拓展到上海，近年计划在上海开设 400 家站点，发展势头很好；常熟常客隆家易乐生鲜直投站（www.csckl.com），在常熟市区已发展到

35家；昆山家常客直投站（www.jck360.com）已在昆山市区建立52家直投站。此外，农产品集中配送等新型营销模式业务量也逐步扩大，苏州三港农副产品配送有限公司、江苏骏瑞食品配送有限公司、苏州江澜生态农业科技发展有限公司等企业承担了吴江区中小学食堂配送任务，现在配送范围已延伸到苏州工业园区、相城区和姑苏区，取得了较好的社会反响。

2　蔬菜产销环节面临的主要问题

2.1　生产环节

2.1.1　生产经营方式还比较落后

蔬菜小规模零散种植的方式还没有真正改变，小生产难以应对大市场。现在，在农产品生产、流通和销售等环节成立了许多专业合作社，但这些组织往往是挂名的多、形式上的多，真正以利益为纽带实质性运作的很少，还缺乏能将生产者联结起来，实现专业化和社会化服务，共同应对大市场的竞争和挑战的真正意义上的合作组织或龙头企业。

2.1.2　标准化生产技术普及率低

由于蔬菜生产规模小、以散户居多，生产管理水平参差不齐，加上种植的蔬菜品种多达四五十种，有些地方一个大棚种四五个品种，给技术指导，特别是病虫害的综合防治带来很大麻烦，也很难实行标准化生产管理。

2.1.3　布局不合理，结构性矛盾比较突出

区域间产能不平衡，常熟、太仓、张家港等沿江地区产能充足，而南部地区蔬菜生产量还不能满足消费需求。此外，由于本地蔬菜品种结构与消费结构的差异以及大市场大流通客观存在，本地蔬菜自供比例不高。

2.1.4　劳动力紧缺、机械化水平低、生产成本高、市场竞争力不强

蔬菜是劳动密集型产业，目前，蔬菜生产技能型人才紧缺，生产用工老龄化、兼业化问题越来越突出。一些基地设施水平上去了，但是没有人种，管理跟不上，空茬率高，生产效益不稳定，很难留住人才。此外，由于蔬菜生产品种多、规模小，专业化、标准化种植水平不高，定植所需工作量较大、采收环节机械化难以突破，导致生产成本高，市场竞争力不强。

2.2　流通环节

2.2.1　产销对接不畅，流通环节多

农产品流通主要还是通过经纪人收购、批发市场交易和农贸市场零售这些传统方式，生产基地、批发市场和农贸市场等几个关键节点是割裂开来的，没有形成一个顺畅的产品流通体系，环节多，中间成本高。最前端的生产者和最后端的消费者在价格上没有话语权，只能被动接受。

2.2.2　农贸市场经营体制不健全

农贸市场私营为主，且经营者大都是外地人，除了需要支付摊位费外，他们在

销售农产品时，很自然地要将其生活成本打入到菜价中，导致批零价格差大，特别是在农产品供求关系紧张时，零售市场价格上涨明显。但是，当收购、批发环节菜价低时，价格传导性不强，零售环节降价不明显。

2.2.3 冷链物流体系还很滞后

近年来，虽然农产品物流业有了一定的发展，但是冷链物流还比较滞后。由于冷藏保鲜措施不到位，蔬菜流通环节的损耗高达30%以上，导致农产品成本高，最终还是体现在消费环节零售价提升上。

3 提升蔬菜产销科学水平的重点举措

3.1 生产环节上

3.1.1 提高蔬菜生产设施化水平

2015年，苏州市将通过财政资金投入，加快提升蔬菜生产设施化水平，提高防灾减灾能力，在苏州市范围内新建或改建提升4 000亩设施蔬菜基地，其中市区新建1 000亩。至2017年，在苏州市范围内认定4万亩与城区市场紧密对接的高标准市属蔬菜基地（市区2万亩、县级市2万亩）。今后，市区2万亩基地财政重点在生产设施、基础设施上进行投入，重点发展优质安全叶菜周年生产、高效经济作物生产；县级市2万亩基地财政重点在市场流通、产销对接环节上进行扶持，提高产品供应城市的能力。

3.1.2 培育农产品营销主体

针对蔬菜生产经营组织化程度低的“瓶颈”，着力研究解决制约生产力发展的生产关系，大力培育具有较强市场竞争力，利益共享、合股连心、风险同担、抱团合作真正意义上的专业合作社、龙头企业等新型生产经营主体，积极发展“合作社＋农户”“龙头企业＋种植大户”的生产经营模式，探索小生产和大市场有效对接的机制。扶持生产基地建设产地配送中心，通过基地联合、货源互补，直接参与市场营销，减少流通环节和损耗，提高生产端的效益。

3.1.3 优化区域布局和品种结构

在设施水平提升、新型生产经营主体培育的基础上，不断优化蔬菜生产区域布局和品种结构，积极发展特色、高效、优势蔬菜产业带（如沿江、城郊蔬菜产业带），走规模化、集约化和品牌化发展之路，逐步改变蔬菜品种多、乱、杂的局面，进一步挖掘夏季耐热叶菜、苏州青、香青菜、“水八仙”等地方特色蔬菜品种。针对一些本地生产成本高、市场竞争力不强的常规蔬菜品种，探索在苏北、山东、浙江、海南、福建等主产区建立稳定的产销合作关系，保障市场供应。

3.1.4 推行优质化、标准化生产

在提升蔬菜生产组织化、规模化和设施化水平基础上，要按照绿色、无公害生产标准，在病虫害综合防控、投入品的减量和科学使用、茬口的衔接、栽培管理、采收和储存等环节提高优质化、标准化生产技术的普及率和到位率，从而提高产品的标准化水平和市场竞争力。

3.1.5　发展蔬菜生产适用机械

重点研究、示范叶菜耕整地、播种、开沟、植保、施肥、收获和加工包装等全程机械化生产技术，逐步提高蔬菜生产机械化水平，减轻劳动力成本，提高地产蔬菜竞争力。

3.2　流通环节上

3.2.1　扩大产销对接和订单生产

积极鼓励和支持大型零售商贸企业、农产品营销企业自建基地，构建以销定产的订单式营销模式，使生产更具有计划性和针对性，使生产更贴近市场、融入市场，实现生产与市场的互促和共赢。

3.2.2　有序发展新型流通业态

按照市委、市政府总体工作部署，加快整合城区四家批发市场，即苏州市肉食品批发市场、苏州市弘德隆果品批发市场、苏州市德合水果批发市场和苏州南环桥农副产品批发市场，新建农产品现代物流园。积极发展产地直供、产销对接、社区配送、集中配送和电子商务等新型农产品流通业态，缩短流通环节，让生产者与市场有效对接，缓解“卖菜难、买菜贵”的矛盾。在零售终端业态提升上，要大力推广邻里中心生鲜超市、标准化农贸市场设立地产专营区的模式，支持生产基地、合作社和企业直接入场经营，减少流通环节，降低营销成本，打造“永不落幕的农交会”。

3.2.3　加快学校等团体单位集中配送

在现有基础上，发挥集约化配送优势。2015 年，重点扩大中小学食堂定点采购和集中配送范围和比例，同时鼓励专业化配送企业与本地生产基地实行对接，参与其他企事业单位的集中配送。

3.2.4　加强冷链物流体系建设

配合市发展和改革委员会制订苏州市冷链物流体系建设规划，加快具有集中采购、跨区配送的农产品配送中心建设，积极发展冷藏运输，提高城市农产品冷链配送能力。鼓励农产品批发市场、生鲜超市和流通企业建设冷藏保鲜库，购置预冷、低温分拣加工、冷藏运输工具等冷链设施（设备），培育具有一定规模的农产品冷链物流服务企业，降低农产品损耗。

3.3　应急保障上

3.3.1　建立保险和储备制度

落实蔬菜应急储备制度，委托南环桥批发市场按照市区常住人口 5～7 天消费量标准，动态储存耐储蔬菜 1 000 吨左右。如遭遇极端灾害性气候、蔬菜日上市量低于 1 400 吨情况下，可启动保供应急预案。此外，探索农业保险新机制，在张家港、昆山等地前期工作基础上，2016 年将在市区范围内推出叶菜价格指数保险，当纳入保险的品种市场销售价低于前三年平均值时，启动保险理赔，使菜农能达到保本和微利。

3.3.2 搞好产销对接信息服务

2015 年，苏州市农业委员会建设农产品产销对接信息平台，及时掌握“菜篮子”产品产销动态，及时发布市场供求信息、价格信息，指导优化品种布局，合理安排茬口上市。在生产关键季节、重大节假日、极端气候变化和价格出现大幅波动等情况时，及时发布生产信息和市场信息，正确引导舆论，促进蔬菜有序流通。

扬州市蔬菜流通模式的现状及建议

陈志明　袁　霖

（扬州市农业委员会　江苏扬州　225000）

摘　要：蔬菜流通销售是连接生产者和消费者的桥梁，它对蔬菜零售价格高低和产品质量好坏起到了关键性的作用。近两年，针对蔬菜销售流通环节过多、销售成本较高的问题，扬州市高度重视，并采取了相应的措施。

关键词：扬州市　蔬菜　流通模式　现状

目前，扬州市的蔬菜流通模式以生产-批发-零售为主体，辅之部分蔬菜直销、蔬菜配送、蔬菜直通车和网上销售等。扬州市现有蔬菜批发市场 9 个，占地面积 26.35 万平方米，年成交量 611.86 万吨，成交金额 110.21 亿元。其中，江苏联谊农副产品批发市场是龙头，该企业创建于 1988 年，目前占地面积 13.32 万平方米，年成交量 600 万吨，成交金额 98.8 亿元。扬州市农贸市场 180 多个，其中市区农贸市场 60 多个，是蔬菜零售的主要形式。

1　蔬菜流通模式发展现状

1.1　领导高度重视

就蔬菜流通销售问题，2012 年 12 月 25 日，时任扬州市市长朱民阳在贯彻落实《省政府关于加强“菜篮子”工程蔬菜生产基地建设的意见》上批示：请丁一副市长阅，并提出如何实现从农田到餐桌解决农民放心种植、市民放心食用的“菜篮子”问题（要从源头上减少流通环节，保证合同叶菜收购，控住物价等关键环节，解决问题）。此事拟在 2013 年 1 月末确定。2013 年 1 月 6 日，朱市长在《2013 年度绩效管理项目基本情况表》上批示：此投入不拟投入种菜硬件，主要用于市民如何方便购得有机菜、平价菜、新鲜菜，市区售卖载体，主要用于同菜农谈定收购菜价和数量、补贴价差和收购量，主要用于田头到餐桌的物流补贴。请研究提出可行性议案。由丁一副市长负责。

1.2　制定相关政策

一是认真组织外出调研，学习外地成功经验。围绕如何减少蔬菜流通环节，2013 年 1 月上旬，扬州市农业委员会组织人员赴上海、南京，调研了上海祥德农贸市场、“都市菜园”生鲜连锁公司及门店、南京众彩物流农副产品进小区以及产业标准化方面的经验做法，形成了初步思路。2013 年 4 月下旬，市政府副秘书长许林灿又带领农委、商务、物价等“菜篮子”领导小组成员单位负责人赴南京众彩物流农副产品批发市场有限公司，再次学习考察蔬菜进社区的经验做法。二是结合本地实际，制订实施方案。通过考察，扬州市农业委员会形成了《上海、南京等市生鲜连锁网络及农贸市场调研报告》和《扬州市促进蔬菜生产发展减少流通环节保供应实施方案》，提出了“五个推进”，即推进生产基地组织化程度、推进配送分销（电子商务配送）体系建设、推进农产品“超市＋基地”对接、推进生产基地、种植大户与销售市场对接、推进缺期蔬菜生产价格保险和市场补贴。

1.3 多种形式并举

一是电子商务配送体系。目前，市区已有专营蔬菜农副产品的电商 3 家，兼营的 3 家，配送取货点 100 多家。由沙头园区与江苏惠生活电子商务股份有限公司合作开展的蔬菜电子商务配送项目目前已签署了合作协议，将由沙头园区代表市财政出资 500 万元，与南京的江苏惠生活电子商务股份有限公司共同注册 2 000 万元，成立扬州惠生活电子商务股份有限公司，开展蔬菜农副产品电子商务配送，2013 年 12 月上线运行，已建成配送车间 4 620 平方米、自动分拣线 2 条、冷库 3 000 立方米，购置配送车辆 5 台。到 2014 年底，在市区已建成电子商务配送旗舰店 2 个、配送服务点 17 个，已签约正在建设的配送服务点 8 个，发展会员 3 500 人；配送学校、企业等集体伙食单位 16 个，服务人员 1 万人。江都区积极扶持“宏信龙生活馆”和“米米农资农产品网上超市”开展蔬菜网上销售，帮助它们在吴桥园区落实了蔬菜生产基地。二是蔬菜进社区。从 2013 年起，组织润泽、红月亮、万禾等蔬菜生产合作社开展蔬菜直通车进小区销售活 60 场次，以低于市场零售价 20%左右的价格销售自己生产的蔬菜农副产品。三是“农校、农超、农企对接”。2013 年，扬州市农业委员会联合市教育局，组织蔬菜生产合作社和市直中学召开了蔬菜“农校对接”工作洽谈会。2014 年 4 月，扬州市农业委员会联合市教育局，共同下发了《关于进一步做好蔬菜“农校对接”工作的通知》（扬教发〔2014〕37 号）。通过努力，目前市直中学的蔬菜基本已实现了基地直供，使在校师生能吃上价廉、新鲜和优质的蔬菜。

1.4 加大资金扶持

2012 年以来，扬州市共拿出 700 多万元用于对平价店的支持；与江苏惠生活电子商务股份有限公司的合作，市财政将拿出 500 万元作为政府出资，进行股份合作。2015 年，我们已拟订了《扬州市区蔬菜产销对接奖励扶持办法》，鼓励扶持有一定蔬菜种植面积的生产者进城直营直销。

2 蔬菜直供直销模式及影响因素

目前，扬州市蔬菜直供直销的模式主要有以下 4 种形式：

2.1　农民自产自销

农民生产的蔬菜直接进入农贸市场销售，这种形式主要是生产基地靠近城区，农民进城方便，家庭种植规模不大。如宝应的安宜镇北港村传统的 2 200 亩叶菜生产基地基本是这种模式，每个农户种植规模 2 亩左右，距离城区 4～5 公里。农民直接零售，价格和亩纯收益都较高，消费者也能吃到价廉物美的新鲜蔬菜产品。

2.2　平价直销店

蔬菜平价直销店是近几年新发展的销售形式，目前扬州市有 50 多家，其中江都区的江苏宏信超市连锁股份有限公司，蔬菜生产基地 500 亩，在扬州市区（含江都区）设立 38 个连锁超市门市，年销售蔬菜数万斤。扬州苏合润泽农产品销售专业合作联社由 22 个具有一定生产规模和知名品牌的农业专业合作社组成，目前在市区建有 6 家平价直销连锁店，都被市物价部门列为平价店的示范店，其中心店营业面积不足 100 平方米，年销售额超过 1 000 万元。

2.3　蔬菜进社区

由蔬菜生产合作社组织自己生产的蔬菜等农副产品直接进入社区销售。扬州市农业委员会通过与扬州电广新媒体传播有限公司合作，由其进行宣传，落实社区和场地，由润泽、红月亮和万禾等蔬菜生产合作社组织蔬菜产品进行销售，从 2013 年起，已开展销售活动 60 场次。

2.4　蔬菜配送

由蔬菜生产企业与学校、企业挂钩，签订购销合同，提供蔬菜产品。如超大集团江都分公司与台资企业永丰余集团签订蔬菜供销合同，年供应蔬菜 500 多吨。这种模式的企业有 10 多家；润泽农产品合作联社开展的“农校对接”，配送的学校有 11 个，每天配送蔬菜农副产品约 12.5 吨。

影响蔬菜直供直销的因素主要有：①人才是关键。从事蔬菜生产的人员素质总体不是太高，缺乏经营才能，加之蔬菜生产劳动强度大，用工时间长，由生产者创办直销店、组织蔬菜配送难度较大，成功的也不多。②政策是支撑。过去重视发展生产较多，研究流通不够，政策扶持不多。③衔接是桥梁。前几年扶持发展的平价店，由于不能和生产基地直接挂钩，大多数产品还是来自批发市场，没有太多的价格和产品质量优势，扬州市市区的平价店也由最多时期的 70 多个减少到现在的 50 多个。④距离是障碍。蔬菜生产基地向农区转移后，种植规模扩大，产销距离加大，使大多数蔬菜生产者无法直接进入零售市场。

3 蔬菜流通中面临的问题

3.1 研究扶持不够

近10多年来，计划经济时期建设的蔬菜生产基地几乎全部被城市建设所占用，近年来发展的生产基地大都远离城区，单体种植规模扩大，使过去传统的自产自销方式无法继续。面对现在的流通环节过多、销售成本过大的情况，政府部门研究不多，措施不力，扶持不够。

3.2 投入费用过高

以扬州市平价直销店为例，在一般地段的小区集中居住地，一间50平方米门面费用为2万～5万元/年，另外还有人工工资、装修费用等。开展直通车需要配备车辆、驾驶员；开展网络销售，需要投入网络硬件、仓储设备及物流等成本。可见，与传统的自产自销等模式相比，销售成本的大量投入，制约了直销直营模式的进一步发展。

3.3 专业人才缺乏

发展现代蔬菜流通业态，需要产品分级、包装、物流管理及电子商务等各方面的专业人才。而目前，扬州市从事蔬菜生产销售的人员多为年龄较大、学历不高的农户，缺乏复合型的经营人才，综合管理和抵御市场风险能力不强。

3.4 配套设施不全

冷藏室、储存室等配套设施跟不上，造成流通环节损耗率增加，变相提高了蔬菜的销售成本。据调查，由于缺乏高标准的冷藏、储存设备，部分平价直销店损耗率在10%以上；另外，发展网络销售，需要配套社区物流服务站点、电子触摸屏以及计算机等。

4 相关建议

4.1 加大扶持力度

加大对“菜篮子”基地建设扶持力度，促生产、保供应。生产是消费的基础，应加强蔬菜生产基地建设，提高基地设施化比重，增强蔬菜生产的抗灾能力，缓解蔬菜季节性问题，降低淡季对外调蔬菜的依赖度，增加本地蔬菜的供应率。加大对直营方式的扶持力度，稳价格、惠民生。采取补贴运营、贷款贴息等方式，对其价格和利润提出要求，引导其他蔬菜经营者合理制定价格。

4.2 规范市场秩序

政府要加大力度建设公益性蔬菜流通市场，收回农贸市场个人经营权或对个体经营市场进行严格管理，规范农贸市场摊位费收费行为，强化农贸市场各类收费检查力度，严禁各种乱收费行为的发生。对绿色蔬菜通行费用减免放行，指导和督促蔬菜流通主体健全管理制度，完善服务功能，提高服务水平，创建良好的经营环境和条件，规范有关部门行政事业性收费项目，减轻蔬菜经营者负担，降低流通成本。

4.3 加强服务指导

加大对农民专业合作社、生产基地及种植大户等主体开展农产品直供直销的项目扶持，培育壮大一批农产品直供直销的示范典型，并通过宣传推广，营造良好的推进氛围；把农产品流通作为农民培训的重要内容，加大对合作社成员、种植大户的培训力度，培养储备一批懂经营、会管理的农产品营销人才。合理引导各种资本进入蔬菜电子商务配送领域，避免一哄而上、恶性竞争。

4.4 加强政策扶持

要加大对蔬菜流通新模式的研究和支持力度，鼓励开展蔬菜电子商务配送、蔬菜配送、平价直销店和蔬菜直通车进社区等新型流通销售模式。加快建设产地、集散地蔬菜批发市场和农贸市场、配送中心、冷链物流等基础设施，引导大型流通企业建设冷链物流加工配送中心，加强蔬菜预冷设施、冷藏设施建设，推广节能环保的冷藏运输车辆及配套设备，逐步形成覆盖蔬菜从采摘到零售全过程的冷链系统，降低损耗，延长销售期。加快构建现代流通机制，开展社区物流服务试点建设，做到小区基本全覆盖。鼓励农产品生产企业、合作社开展生产基地认证和诚信建设，提高自身品牌形象，加强与伙食单位的挂钩合作；鼓励引导各种资本、优秀人才参与发展蔬菜流通销售新模式。保障运菜车辆进城方便通畅。

无锡市蔬菜流通模式现状和思考

吴　军　陆　鸣　鲁　超　夏　倩

（无锡市农业委员会农业技术推广总站　江苏无锡　214000）

摘　要： 近年来，随着4万亩市属蔬菜基地的全面建成，无锡市蔬菜流通模式出现了全新的变化。为全面掌握无锡市现有蔬菜流通模式情况，进一步畅通无锡市蔬菜流通渠道，无锡市农业委员会对无锡益家康生态农业有限公司（以下简称益家康）、江苏天蓝地绿农庄有限公司（以下简称天蓝地绿）、惠山区万寿河蔬菜合作社等多家蔬菜生产企业、合作社的蔬菜流通模式进行了典型调研。

关键词： 无锡市　蔬菜　调研

1　无锡市蔬菜主要的流通模式

按照“多模式、减环节、降费用”的宗旨，除了传统的进入批发市场批发、农贸市场自产自销模式外，无锡市在蔬菜流通模式上主要采取建立蔬菜直销店，企事业单位、超市配送，超市联销和网上配送等多种蔬菜流通模式，不仅对平抑菜价发挥了重要作用，也进一步优化了流通环节，保障供应链畅通，降低了蔬菜“最后一公里”流通成本。其中，较为新颖的模式有以下4种：

1.1　建立蔬菜直销店

无锡市的蔬菜企业通过在全市建立社区蔬菜直销店，从而实现生产到零售的无缝对接。直销店蔬菜直接来自生产基地，生产销售双方热情高，流通经营成本低，蔬菜销售价格实惠。例如，无锡市惠山区万寿河蔬菜合作社的部士团自己开办蔬菜直销店，每天供应15～20种平价蔬菜，销售价格均低于市场平均价，蔬菜销售量占企业总销量的30%，直销店享受物价部门对平价商店开办的一次性补贴，补贴金额为10万元。在调查中了解到，虽然直销店的蔬菜价格较低于周边市场零售价格，但是还是高于销往蔬菜批发市场的价格。通过建立蔬菜直销店不仅提高了企业的利润，解决了蔬菜销售难题，也让市民得到了实惠。

1.2　企事业单位、超市配送

蔬菜生产企业通过与企事业单位、超市签订合同，长期供应农副产品，蔬菜供应量大，供货量较为稳定。调查中发现，几家蔬菜生产企业都有各自的定点配送单位和超市，销售量一般占总销量1/3，其中送往单位的蔬菜品种比较固定，虽然价格较低，但是可以按订单生产，供货量大、供货稳定，损耗较少；送往超市的蔬菜品种较多，价格参差不齐，虽然总体销售额较高，但是受单个蔬菜品种的供应量少、损耗量大、“门槛费”高等因素，整体销售利润并不理想。2014 年，益家康、天蓝地绿 2 家生产企业的配送额都达到了 3 000 万元以上。

1.3　超市联销

蔬菜生产企业通过与超市签订协议，在超市设立蔬菜直销专柜，供应平价蔬菜。不同于超市配送，在此过程中超市不收取“门槛费”，而是根据蔬菜销售额按百分点提成，减轻了蔬菜生产企业的负担，降低了蔬菜销售价额，实惠市民大众。目前，无锡市万寿河蔬菜合作社和联合利华超市签订协议，通过超市的联销专柜销售，也为日资生鲜超市礼阁仕提供菜源。

1.4　网上配送

在无锡市采取这种配送模式的单位还不多，天蓝地绿就采用了这样的配送模式。通过登录天蓝地绿蔬菜网上商城（www.yaochicai.com），会员可以根据农场提供的分类菜单，在网上选择自己喜欢的蔬菜品种。完成“点菜”、在线支付后，他们就可以足不出户在家等着享用送上门来的净菜。配送的蔬菜主要以无公害蔬菜为主，价格较高，消费对象以中高收入群体为主，网上配送只针对会员，市民可以登录配送网站注册账号成为会员。目前，天蓝地绿已拥有会员 2 000 多人。

2　蔬菜流通过程中遇到的问题

调研期间，蔬菜生产企业与笔者交流了蔬菜流通模式的先进经验。同时，也反映了一些问题，梳理下来主要有以下三点：

2.1　蔬菜直销店相关优惠政策落实不到位

目前，尽管《无锡市推进平价商店建设稳定“菜篮子”价格实施意见》等文件已经出台了一段时间，但是无锡市的蔬菜直销店使用的还是工业用电、工业用水，尽管市级物价部门一再强调要尽快要将直销店电、水费参照居民用电、居民用水，但是这一政策在落实过程中遇到了操作层面的困难，很多属于“开创先河”，相关优惠政策依然没有落实到位。

2.2　蔬菜冷链系统不完善

目前，无锡市除了益家康等规模较大的蔬菜生产企业外，拥有冷藏库、冷藏车的蔬菜生产企业并不多。一些企业还在采用井水浸泡降温等传统方式给蔬菜进行保鲜，保鲜效果也不好，只能维持 2～3 个小时；蔬菜运输主要使用普通厢式货车，部分合作社、散户主要使用电瓶三轮车等“五小”车辆。虽然，无锡市已出台对于蔬菜预冷设施、冷藏运输设施的购买，给予购买价格 50%的补贴政策，并落实了一批预冷设备和冷藏运输车辆，但是与大规模应用的要求还是有一定的差距。

2.3 有机蔬菜、无公害蔬菜的理念宣传不到位

目前，在北京、广州、深圳、郑州和洛阳等许多城市也都出现了无公害蔬菜专营区或专卖店，而无锡市的蔬菜消费群体大多还停留在价格决定销量的阶段，超市里出售的无公害蔬菜价格高、销量低，蔬菜“优质优价”落实比较困难，有机蔬菜、无公害蔬菜的理念宣传力度还有待于加强。

3 进一步完善蔬菜流通发展模式的思考

3.1 继续稳固批发市场的主渠道作用

蔬菜生产相对分散，这就决定了必须存在批发这一流通环节，将分散的产品集中传递给零售商和消费者，发挥集散作用，才能形成大生产、大流通、大消费的格局。目前，多种流通模式的推广虽然在一定程度上降低了批发的作用，但从实际情况来看，目前我国70%～80%的生鲜农产品的销售是通过批发市场完成的。因此，批发市场依然是蔬菜流通的主渠道，必须进一步稳固批发市场的主渠道作用：一是将蔬菜批发市场建设列入城市发展总体规划，本着适度超前、经济适用的原则，合理确定市场的位置、建设规模和标准，并以蔬菜商品流向和交通便利为主要依据合理组织好配套交通规划，降低交通物流成本。二是加大财政资金投入力度，用好价格调节基金等财政资金重点投入市场基础设施建设，确保批发市场的公益性同时明确市场享受扶持的责任和义务，为市场降低管理费奠定基础，物价部门在准确核算市场经营成本、正常利润基础上，明确市场管理费收费标准。三是引入市场举办的竞争机制，在不重复投资减少浪费的基础上，鼓励其他主体公平竞争，避免一家独大和变相垄断现象的产生。四是加强监管，制定市场规则，创造公开、公正、公平的市场竞争环境，打击“欺行霸市”等不正常垄断经营行为，建立正常的批发市场秩序。

3.2 大力推进自产自销配套措施的落实

农贸市场是城镇居民必备的基本生活配套设施，也是菜农自产自销的主要场所。城市中较早的农贸市场，一般由房地产开发公司按照城市规划布局要求，在商品住宅小区建设时按规划比例配套建设，建成后交政府统一管理，以满足地区居民基本生活需要，其建设成本作为公摊费用分摊到建成区的每个购房者，折合在房价中。因此，农贸市场的公益性本质属性显而易见。近年来，随着我国经济市场化步伐的加快，原有的管理体制发生较大变化，开发商配套建设的农贸市场，已不再作为公建配套移交政府，而由开发商自行经营管理；原属于政府管理的一部分农贸市场，也通过转制、整体出售或者出租，转移到一些经营者手中。经营者以谋求经济利益为第一要务的出发点与农贸市场建设的初衷相背离，各项收费相应提高，尤其是以前农贸市场中为了方便农户自产自销都设置自产自销区域，对进入该区域销售的农户免收或者减收管理费，在方便农户销售的同时能降低蔬菜价格，直接让利给

消费者。但随着农贸市场私营或者承包经营后，公益性的缺失直接导致了很多农贸市场取消了自产自销区域，即使设置了也没有给自产自销农户予以摊位费的优惠，迫切需要地方政府加以干预。

具体而言，可以在以下几个方面着手发挥作用：一是明确农贸市场公益性，对政府投资建设的市场或者由政府控股的市场按照法定程序将摊位费纳入政府定价目录，实行政府指导价或政府定价管理，按照保本微利的原则核定收费标准。二是加强农贸市场等的收费管理。根据投资主体的不同，对私营或承包经营的农贸市场，在清理高额经营权承包费或者提供政府补贴的前提下，明确市场收费标准，推动市场投资主体降低摊位费标准。对摊位费标准过高的，要及时采取引导、劝诫、公布参考收费标准、公开曝光等多种手段，推动降低收费标准。必要时，对农贸市场的建设运营成本和收费情况进行调查，并公开成本情况。三是立法保障农贸市场中农民、农民专业合作组织的权利，划定专门区域方便自产自销，做好产销衔接。

3.3　鼓励蔬菜产供销一体化模式发展

蔬菜产供销一体化模式是包括农业生产龙头企业、超市在内所采取的一种较为普遍的经营模式，涵盖了“农超对接”“农批对接”“直营直销”等多种形式。在这个模式下，企业直接参与蔬菜的生产、流通、销售全过程，是蔬菜产品以最少的环节直接进入批发、零售，在合理运作、市场经营风险有效控制的情况下，能真正减少蔬菜流通环节，使蔬菜流通达到便捷、高效的目标，同时保证蔬菜的质优价平。尽管这种模式现在的市场份额不大，但是也代表着今后的一个发展方向，应该在政策上加以鼓励支持，确保摸索出一套适合我国国情的操作模式，为加快蔬菜产销体系建设提供一个有效途径和选择。现阶段，重点要落实好《市政府办公室关于印发无锡市推进平价商店建设稳定“菜篮子”价格实施意见的通知》相关政策。

具体要落实好以下几个方面：一是进一步完善蔬菜企业、农民专业合作组织运输鲜活农产品及加工品发放“绿色通道”通行证政策，对持证车辆免收所有收费公路通行费，对配送货车免费发放特别通行证，允许日夜进城通行和停靠。二是对涉及平价商店（直销店）经营管理的各种收费进行全面清理，降低部分收费标准。三是凡符合规定的资质条件新开办平价商店（直销店），视情况给予一次性的经济补贴。四是对平价商店（直销店）及冷藏设施的用电实行与非普工业用电、用水实行与居民生活用水同价政策。

镇江市区蔬菜流通模式现状及对策研究

王传友

（镇江市农业委员会园艺处　江苏镇江　212000）

摘　要：创新蔬菜营销模式是蔬菜产销管理工作的一项重要内容。根据江苏省农业委员会《关于蔬菜园艺转型升级与提质增效调研工作的通知》要求，镇江市农业委员会组织人员，通过座谈、访谈、查阅资料等形式，对镇江市区蔬菜流通状况进行调查，针对存在问题，提出进一步完善蔬菜流通模式对策建议。

关键词：镇江市　蔬菜　流通模式　调研

镇江市地处江苏省西南部，国家历史文化名城，长江下游重要港口、工贸、风景旅游城市。镇江市区吃菜人口（消费人口）约为100万人。按人均日消费500克水平，全年蔬菜消费量为18.8万吨。市区现有常年菜地3万亩，人均拥有菜地面积20平方米。年产地产蔬菜9.8万吨，蔬菜自给率50%左右。20世纪80年代中期，市区蔬菜产销计划管理方式被打破，实现“三多一少”流通模式。90年代末，随着流通体制改革进一步深入，实行“国退民进”，市区国有蔬菜经营企业实行改制，蔬菜流通体制实现多种经济成分、多种经营业态、多条流通渠道并存格局。目前，镇江市区已建立了较为完整的蔬菜流通体系，形成以市区农产品批发市场为中心，以万方、旅游等超市为骨干，以传统菜市场为终端的蔬菜流通网络。但蔬菜作为特殊农产品，具有消费量大、保鲜要求高、不耐运输的特点，由于近年来城郊菜地大面积被征用以及流通环节多等因素，在遇到灾害性或极端性天气情况下，市区菜价容易出现较大幅度波动，成为影响居民消费价格指数的重要因素之一。

1　市区蔬菜流通主要模式

通过调查，市区蔬菜流通模式复杂多样，但主要流通模式有以下几种：

1.1　生产者直销模式

主要是指生产者农民和消费者直接见面，即菜农通过当地的农贸市场或通过送货上门的方式直接把其生产的蔬菜售卖给消费者，或消费者直接去菜农那儿购买或订货。目前，市区现有常年菜地3万亩，蔬菜生产基地20多个，自产自销菜农1 000多人。年自产自销蔬菜约2 700万千克，占市区蔬菜销售总量的15%左右。这种自产自销模式，流通环节少，流通损耗少，但是交易成本大，形不成规模效应，市场规模份额不大。

1.2　中间商经销模式

主要是指生产者不直接和消费者见面，而是通过一个中间商或企业将其所生产的蔬菜售卖出去，从而实现所有权的转移。该模式通常由菜贩及其他经营商、龙头企业或合作组织主导。目前，市区有经营商 80 多人、经销企业 40 多家、合作组织 43 个，年经销蔬菜 3 000 多万千克，占市区蔬菜销售总量的 20%左右。这种模式流通环节少，流通损耗少，能形成规模，物流成本相对减少，效率提高。但是，农户处于相对弱势地位，农民利益容易受到损害，对农民的收入提高益处相对不大，所占市场份额也很小。

1.3　批发市场流转模式

这种模式主要是指通过批发市场实现商品流转，虽然有多种流通形式，但以农户-批发市场-零售市场-消费者为最常见，主要表现为批发经营商收购农户的蔬菜后，经批发市场再进入零售市场出售给消费者。这种模式占市场份额较大，约占市区蔬菜经营总量的 1/3 以上，是蔬菜流通的主渠道。目前，市区有 2 个蔬菜批发交易市场，即农产品批发市场、冷冻食品批发市场。其中，冷冻食品批发市场年蔬菜交易量约 4 400 万千克，农产品批发市场年蔬菜交易量约 1 900 万千克。相对前两种流通方式而言，这种主渠道模式，流通环节相对较多，蔬菜的损害率高，虽然可形成规模效应，但流通费用较高，信息流不通畅，农民利益容易受损害。

2　市区搞活蔬菜经营重点举措

随着经济社会发展，城市居民生活水平提高，传统农贸市场逐渐被新的经营业态取代，涌现出超市化菜场、量贩式连锁经营市场、业主公司化运作菜场、社区商业综合服务体系菜场、小型蔬菜便利店和农产品基地直销菜场等。市区搞活蔬菜经营重点举措有以下几方面：

2.1　推进菜市场升级改造

制订《镇江主城区菜市场规划》，规定新建菜市场服务半径达 800～1 000 米，服务人口达 3 万～5 万人的，按 2 000～3 000 平方米标准配置；服务半径达 500 米以内，服务人口达 0.7 万～1 万人的，按 1 000～2 000 平方米标准配置。2011 年，市政府把菜市场升级改造列为十大民生工程之一，下达主城区菜市场建设管理目标任务，确定 21 个城区菜市场的建设目标任务。其中，菜市场升级改造项目 7 个，新建小区配建菜市场 9 个，启动实施露天菜市场综合开发和市场过渡项目 5 个。市主管部门还制订《镇江市区菜市场建设规范》，规定市场必须设置农民自产自销交易区（直销区），且不得低于总摊位数的 20%～30%，满足地产叶菜供应需要，保证蔬菜生产自给率达 50%以上。目前，市区菜市场改造升级目标任务已全部结束。

2.2 加强主营超市建设

市区万方连锁超市有限责任公司前身是国营蔬菜公司，计划经济时期是市区蔬菜流通主渠道。20 世纪 90 年代末企业改制，在市政府积极扶持下，该公司把原以蔬菜经营为主的菜场，改造成以生鲜为主兼营其他各种日用生活品的综合超市。由于经营结构调整，经营范围扩大，方便群众购物，受到广大市民欢迎。目前，该公司有网点 30 多个，遍布市区街道、社区，年销售各类蔬菜 4 000 多万千克。旅游连锁超市有限责任公司是一家成立于 20 世纪 90 年代的民营企业，在流通体制改革过程中，参照万方超市经营方式，不断扩大企业经营阵地。目前，该公司有网点 50 多个，年销售种类蔬菜 2 000 万千克以上。为扩大地产蔬菜销售，鼓励商家直接到田头收购，市财政安排专项资金，用于地产菜直采奖励。按照“定期上报、部门核实、汇总计分、量化考核”办法，市农业委员会负责具体考核。按每吨 50 元标准，给予蔬菜直采考核奖励。市主管部门还为两家公司发放 40 多张“绿色通道专用通行证”，使蔬菜进城更加快捷方便。

2.3 开创新型营销方式

原味生活幸福超市是一家新近兴办的商贸服务企业。该企业创办以来，积极开拓农业电子商务阵地。通过和本地蔬菜生产基地合作，运用电子服务平台，以会员制营销方式，每日为百余户市民供应有机蔬菜，年销售地产优质蔬菜达 3 万余千克。该超市锁定目标市场，以优质产品、优惠价格、优质服务，赢得部分特定消费群体欢迎。生产基地为消费者提供质量安全承诺，商家每月委托江苏大学检测，并出具质量安全检测报告，使消费者更加放心满意。该超市计划按市区人口 5%的发展目标，建设更具规模的现代农业电子商务企业。目前，该超市发展计划正申请市级“菜篮子”项目，以争取获得市级财政扶持。

2.4 开拓周末直销市场

2011 年 9 月下旬和国庆节期间，市农业委员会先后在“我家山水”“阳光世纪”和“香江花城”等社区，牵头组织开展地产农产品进社区的活动。两次活动共组织地产蔬菜 1 万千克、水果 1 250 千克、鸡蛋 100 多千克，定点屠宰企业加工的鲜猪肉 500 余千克。以低于市场价 15%～20%的价格，通过“大篷车”直接向市民销售。每次活动不到 2 小时就销售一空，共计实现销售 6 万余元。同时，市农业委员会还通过“场厂挂钩”“场地挂钩”等形式，帮助蔬菜生产基地与市区商场超市、流通企业建立长期稳定、互利合作的产销关系。2011 年 8 月下旬，召开镇江市地产“放心菜”进万家产销对接座谈会，20 多家地产蔬菜生产基地、合作社、超市、集伙单位、配送供货商代表等参加会议。市农业委员会印制《市区蔬菜产需双方信息表》，注明生产基地种植面积、日上市量、供应品种、联系方式等。经过供需双方对接和协商，会上 8 家供需单位现场签订年销约 1.9 万吨的蔬菜产销对接协议。

2.5　开设平价直销店

市物价部门发挥职能作用，运用市场调节基金，平抑市场菜价。从 2011 年以来，先后对三批蔬菜平价商店授牌，目前市区蔬菜平价商店已发展到 64 家。平价商店属于一种新型业态，在政府引导下，以市场为主导，通过产销对接，实现产销一体化，以相对稳定、低于市场平均菜价，使老百姓得实惠。平价商店所销售的平价蔬菜价格一般都低于同类蔬菜市场平均零售价格的 15%～20%。同时，为确保平价商店所售蔬菜真正平价，物价管理部门还将平价商店纳入价格部门的价格监测网络，对其销售价格进行监测，并将平价品种蔬菜的每日全市平均市场零售价格在销售区域进行公布，供消费者进行监督。目前，平价商店成为许多消费者买菜的重要选择，每年受惠群众超百万人次以上。

3　市区蔬菜流通存在问题

3.1　农产品批发市场作用未得到很好发挥

农产品批发市场是现代市场体系的重要组成部分，是连接城乡供需之间的桥梁和纽带。目前，市区有 2 个蔬菜批发交易市场，即农产品批发市场、冷冻食品批发市场。由于缺少统一规划和资源配置，未能形成区域性的集散、调节中心，市场功能和作用未得到很好发挥。蔬菜经营商普遍都到常州和南京进货，市区蔬菜市场为凌家塘和众彩色农产品批发市场所覆盖，市区蔬菜流通呈现“边缘化”趋势。与周边城市相比较，由于流通环节多、运输成本大，容易出现蔬菜损毁率和蔬菜价格偏高的情况。

3.2　流通主体组织化程度不高

市区蔬菜流通的主体除少数原国有企业外，基本都是随着蔬菜产业发展，从生产领域分离出来专门从事蔬菜经纪和经营的菜农及农村富余劳动力。在蔬菜批发环节，大多数经销商是自然人，即使是法人，基本也是合伙制和家族制企业，没有完善的法人治理结构。在零售环节，除了超市和个别直营店外，在农贸市场，基本都是个体商贩。蔬菜流通组织化程度低，使蔬菜流通经营主体抗风险能力差，流通效率低、费用高。

3.3　市场菜价波动频繁

由于蔬菜生产需要一定生产周期，且又具有鲜活易腐、不易储存的特点。这种特有的商品属性，决定了蔬菜均衡化上市的难度非常大。特别是“冬缺”和“伏缺”期间，地产蔬菜产量减少，特别是叶菜上市量下降，更容易导致菜价波动。另外，零售环节负担重也是一个原因。零售是蔬菜流通各个环节中加价幅度最大的一个环节，其主要原因在于菜贩销售量小，而需要摊销的摊位费、管理费、运输费和人工成本等刚性费用太大。

4 搞活市区蔬菜流通对策

4.1 加强农产品市场体系建设

根据市区农产品流通现状，尽快制订农产品市场体系建设规划。拿出市区农产品批发市场整合方案，根据镇江城市和人口规模、区位和交通条件，建设一个集展示展销、采购、交易拍卖、冷链物流、仓储、加工配送、检验检测和电子商务等多功能于一体的区域性现代化农批市场，以服务本市生产生活为主，同时也辐射周边城市，打造百亿级流通商贸企业，培育新的经济增长点。

4.2 培育现代蔬菜流通主体

提高蔬菜流通组织化程度，加强蔬菜经纪人、经销商和运销户队伍建设，逐步实现公司化、规模化、品牌化经营，做大做强，提高产业集中度。在鼓励有条件的农民合作社从生产领域向流通领域延伸的同时，鼓励蔬菜流通企业和组织向生产领域延伸，通过“公司＋合作社＋农户”的模式，推动蔬菜流通企业与农户建立紧密型利益联结机制，形成利益共享、风险共担的新型产销关系。

4.3 发展新型流通业态

继续推动订单农业、“农超对接”、“农校对接”、“农批对接”、“农企对接”、产销链条等各种蔬菜流通模式，通过合同和契约等形式，将原来简单的买卖关系变为上下游供货商关系，形成生产与市场的良性互动，构建产销之间、经销商之间利益共享、风险共担的利益共同体，提高市场风险防御能力，稳定市场供求关系和价格。大力培育电子商务等新型流通业态，促进新型蔬菜流通业态的健康发展。

4.4 建立高效信息服务体系

信息化是农产品流通现代化的重要内容，镇江市蔬菜流通市场的信息化还处于起步阶段，特别是随着规模化生产基地建设，由于很难掌握准确市场信息，容易出现盲目种植，导致菜农利益受损情况发生。因此，要建立高效信息服务体系，建设信息主导型的批发市场，通过网络将蔬菜生产、流通、消费连接起来，及时了解区域市场销售状况，掌握市场价格信息，指导农业生产，稳定市场菜价，满足城市居民消费需要。

连云港市蔬菜商品化处理现状与发展对策

连云港市园艺处

（江苏连云港　222002）

摘　要：“米袋子”“菜篮子”问题，是关系到保障和改善民生的重要问题，历来受到各级政府的重视。本调研以连云港市蔬菜生产的主要环节（基地、合作社、营销公司、批发市场和超市等）为研究对象，通过了解目前全市蔬菜商品化处理的发展和技术应用情况，包括连云港市蔬菜商品化处理率（商品化处理量/蔬菜总量）、蔬菜采后损失率（蔬菜采后储运过程中的损失量/蔬菜总量）、冷链技术的应用、商品化处理技术的应用、商品化处理蔬菜的产销情况等，综合分析连云港市蔬菜商品化处理的发展和应用中存在的问题，并提出对策建议。

关键词：连云港市　蔬菜　商品化　调研

农业部于1988年提出建设“菜篮子”工程，到20世纪90年代中期，“菜篮子”工程重点解决了市场供应短缺问题。进入21世纪以来，随着高效设施农业的快速发展，连云港市蔬菜产业作为产业结构调整的重点，极大地改善了蔬菜的均衡供求状况。

1　连云港市蔬菜商品化处理发展现状

1.1　基本情况

据统计，2014年连云港市蔬菜市场的蔬菜种类达200多种，全年蔬菜播种面积11.17万公顷，总产量577.14万吨，外销量483.34万吨左右，其中出省272.22万吨，出口11.78万吨；总产值96.33亿元，平均亩产量3.45吨，平均亩产值5 750元；连云港市现有各类蔬菜交易批发市场30多个，蔬菜生产的标准化体系和市场体系已初步建成，蔬菜流通渠道呈多元化发展趋势。

蔬菜流通渠道多元化主要分以下几种（图1）：生产者生产的产品通过社区直营或者网店的形式直接提供给消费者；生产者以订单的形式，直接通过超市、饭店、宾馆、学校、企事业单位等集团客户提供给消费者；生产者经过批发市场进入超市、饭店、宾馆、学校和企事业单位等集团客户，然后提供给消费者；生产者将产品出售给批发商或者零售商，再经过批发商或者零售商提供给消费者或者经批发商或者零售商进入超市、饭店、宾馆、学校和企事业单位等集团客户，然后再提供给消费者；生产者通过产地销售批发市场，经由运销商，进入消费地批发市场，再通过零售商提供给消费者。

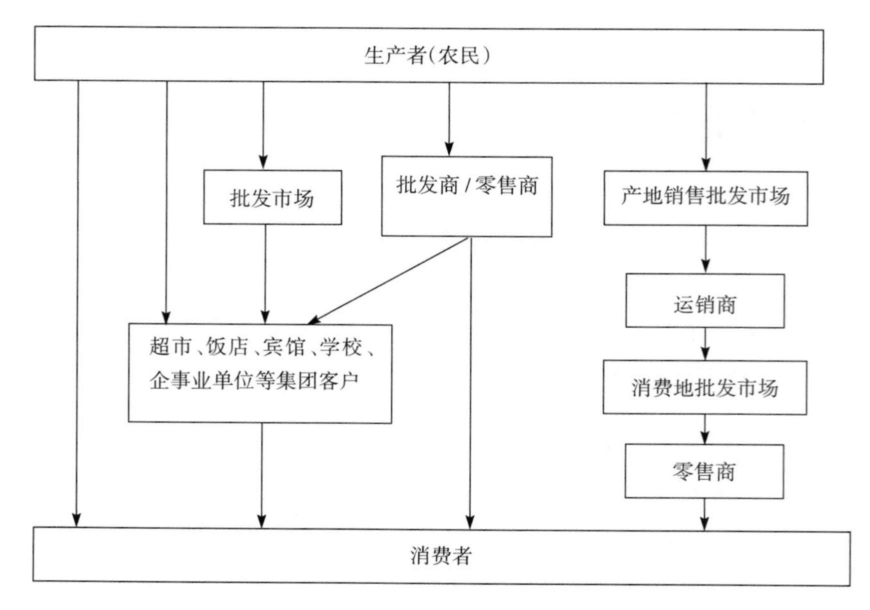

图1 连云港市蔬菜流通渠道多元化流程图

长期以来，蔬菜生产者和相关部门只重视蔬菜的种苗培育和生产技术问题，更多的是追求蔬菜产量的提高，而对事关蔬菜品质的商品化处理没有予以足够的重视。目前，连云港市绝大多数蔬菜还是以初级产品的形式直接进入市场销售，散装菜占蔬菜总量的90%以上，蔬菜总体的商品化处理率还很低，采后损失居高不下，平均损耗率达到15%以上，每年有80多万吨的蔬菜在运输、搬运等过程中损耗掉，大大影响了蔬菜的产量和品质，对蔬菜从业者造成了巨大的经济损失（表1）。

表1　主要蔬菜的采后损耗率

类　别	品　　名	损耗率（%）	平均损耗率（%）
叶菜类	绿叶菜（青菜、菠菜等）	20～25	22
	大白菜	20	
	结球甘蓝、紫甘蓝、花椰菜等	18	
根茎类	牛蒡	10	13
	萝卜	12	
	莴笋	13	
	芦蒿	15	
茄果类	辣椒	13	14
	番茄	15	
	茄子	11	
豆类	菜豆	15	15
	豇豆	15	

（续）

类　别	品　　名	损耗率（%）	平均损耗率（%）
葱蒜类	大葱	30	23
	韭菜	30	
	洋葱	15	
瓜菜类	黄瓜	13	15
	西葫芦	13	
	丝瓜	20	
食用菌类	杏鲍菇	18	17
	香菇	20	
	蘑菇	18	
	金针菇	15	
	海鲜菇	15	
水生蔬菜	藕	13	13

蔬菜损耗形式主要为自然损耗和人为损耗。自然损耗是由于蔬菜的生理作用、环境因素和微生物污染等造成的新鲜度降低和腐烂变质所形成的损耗，这类损耗率平均为10%左右，夏季叶菜类蔬菜的损耗可达到30%以上。人为损耗是由于搬运、分拣、包装、摆放操作和消费者挑选等人为因素造成的蔬菜损伤和品质下降所形成的损耗，人为损耗会加剧自然损耗的发生。蔬菜损耗加速了蔬菜外观的变化，如绿叶菜菜叶发黄，根茎类、茄果类蔬菜软化等，这些都势必影响蔬菜的商品属性和商品价值，进而大大影响蔬菜的销售。随着人们消费水平的提高、购买能力的增强，人们对于蔬菜产品的安全、卫生、包装和新鲜度等越来越关注，这就为洁净卫生、包装精美的商品化处理蔬菜的推广和普及提供了契机。

1.2　商品化处理的布局与类型

蔬菜的商品化处理主要在蔬菜生产基地、专业合作社和营销企业进行处理，生鲜超市处理量非常少，而农产品批发市场则作为一个农产品集散地，基本不对蔬菜进行商品化处理。以下分别以雅仕农场有限公司和云台出口蔬菜基地为蔬菜生产基地代表、以北芹蔬菜专业合作社为蔬菜专业合作社代表、以四季农产品交易中心为营销企业代表，按照不同类型来分析目前连云港市蔬菜商品化处理的现状。

1.2.1　蔬菜生产基地

1.2.1.1　雅仕农场有限公司

有蔬菜基地3 000亩，年销售量达1万吨。主要蔬菜种类有叶菜类、茄果类和根茎类（番茄、芹菜、辣椒、甘蓝、西蓝花、草莓、马铃薯等），客户类群为门店自营、商超专柜、大客户（餐饮企业、学校、企事业单位等）专供等，分别占总量的10%、20%、70%。蔬菜送到自营店和商超专柜之前，将蔬菜进行称重、包装、扎捆，并贴上价格标签，送到店面后，不需要再进行称重即可直接销售。大客户的配送标准较低，一般不需要进行分级、包装，只要保证蔬菜农残不超标，蔬菜无污染即可（图 2）。

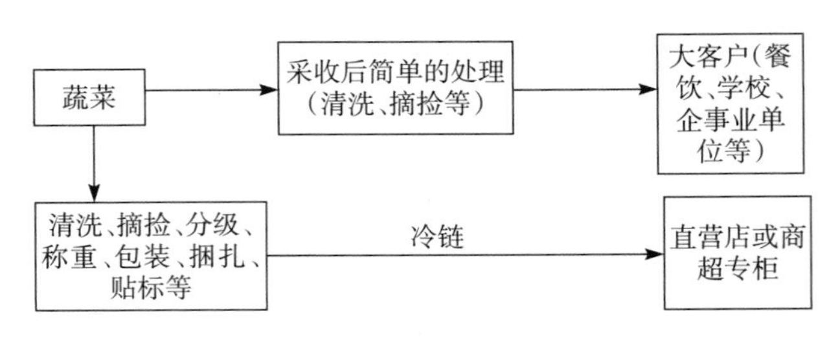

图 2　雅仕农场有限公司商品化处理蔬菜

1.2.1.2　云台出口蔬菜基地

有蔬菜面积 12 000 亩，年销售量达 2.6 万吨。主要蔬菜种类有茄果类（番茄、辣椒等）、根茎类（萝卜、牛蒡、莲藕等）等，主要客户群类型为出口（日本、韩国、欧美等）、超市（酒店）、配送中心和农贸市场，分别占总量的 70%、10%、10%和 10%。出口蔬菜按照按照出口国要求采收，在田间进行简单整修清理后装入周转筐后运至处理车间，根据客户需要进行分级、清洗、预冷、包装和贴标，通过集装箱发往出口国；超市、酒店及配送中心主要按照订单要求，进行生产、加工，然后送往指定地点；农贸市场的蔬菜，只需进行简单整理或包装（图 3）。

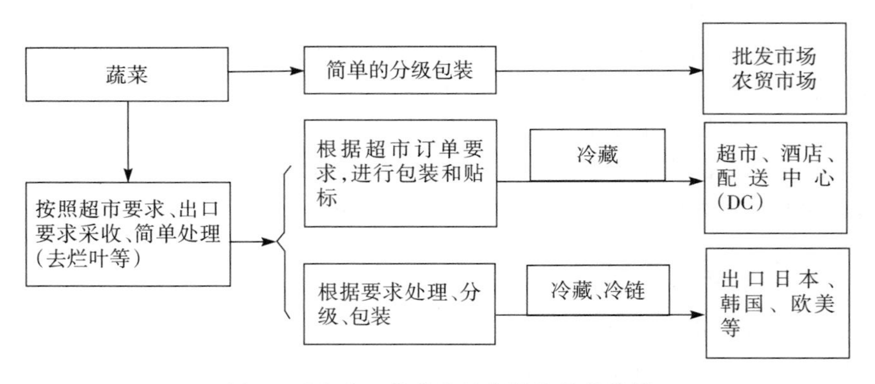

图 3　云台出口蔬菜基地商品化处理蔬菜

1.2.2　蔬菜专业合作社

北芹蔬菜专业合作社自身建有蔬菜交易大厅，蔬菜种植面积 14 000 多亩，以日光温室大棚为主，占地 10 000 多亩。主要种植西葫芦、番茄、茄子、丝瓜、黄瓜等茄果类、瓜类和部分叶菜类、根茎类蔬菜，产品主要销往山东、安徽、上海、浙江和苏南等地。

合作社通过“产业党建联动区＋合作社＋基地＋市场”的蔬菜产销体系，对农户生产出的产品进行统一销售。农户把种植的蔬菜经过简单的清洗、摘捡、包装等处理，运到交易大厅，由合作社根据质量、等级等进行分级、捆扎、包装，由运（经）销商运往消费地市场。农户也可直接与运销商对接，销往消费地市场。

1.2.3　营销企业

四季农产品交易中心每天的蔬菜类销售量达到700吨，销售品种300多个，其中茄果类、根茎类和叶菜类各占销售量的1/3。主要销往超市、社区店和各类农贸（菜）市场、零售商。

四季农产品交易中心在蔬菜送到超市或社区店之前，通常要将蔬菜进行清洗、摘捡、包装和捆扎等简单的处理，送到超市和社区店后直接销售。而对各类农贸市场、零售商的配送标准较低，一般不进行处理，由零售商进行清洗、摘捡和分级等处理。

1.3　蔬菜商品化处理技术的应用现状

1.3.1　整理和清洗

目前，连云港市大多蔬菜基地、企业和合作社都对蔬菜进行简单的整理和清洗，如去掉叶菜类的老黄叶、根菜类的须根等不能食用部分；清洗主要是洗掉表面的泥土、杂物和农药等（图4）。但该过程大都是通过手工完成，究其原因，主要有以下两点：一是蔬菜种类和形状千差万别，目前市场上的整修、清洗和挑拣器械大多是针对一种类别或一种形状的蔬菜而设计的，能够同时满足多种蔬菜的器械还很少；二是该过程技术含量不高，而人工操作具有效果好、过程细致、能适应不同品种和形状的蔬菜要求等优点。

图4　蔬菜的整理和清洗

1.3.2 分级

蔬菜分级是发展蔬菜商品流通、提高市场竞争力的需要，有利于优级优价，减少浪费，便于包装运输。目前，连云港市蔬菜的分级几乎都是靠手工进行，主要根据产品的品质、色泽、大小、成熟度、清洁度和损伤程度来进行分级，尚缺乏统一的标准和相关的分级设备（图 5）。造成这种情况的主要原因是蔬菜的特性导致其分级标准的复杂和对分级机械的要求很高，主要根据不同的消费习惯和市场需要来进行；并且分级机械成本一般较高，农业企业和合作社难以承担这部分费用。相较于机械，人工分级的灵活性大、对蔬菜的损伤较小。

图 5　蔬菜的分级

1.3.3 包装与贴标

包装与贴标是蔬菜商品化处理的重要一环，对保证蔬菜商品的质量有重要的作用。目前，连云港市蔬菜产品的包装与贴标主要采用手工方式进行；部分采用的是半机械化的方式，由工人操作机器完成（图 6）。

蔬菜商品包装主要分为运输包装、销售包装和保鲜包装三大类。目前，连云港市流通的蔬菜运输包装主要有塑料箱、泡沫箱、尼龙网袋和纸箱等；塑料周转筐的使用寿命长，是目前最主要的运输包装。销售包装主要有托盘、保鲜膜（袋）、网兜、扎带和塑料盒等（图 7）。保鲜包装（如气调包装）的应用几乎没有。

1.3.4 保鲜

目前，连云港市蔬菜的保鲜主要依靠冷库储藏和冷链运输来实现，表面涂剂、

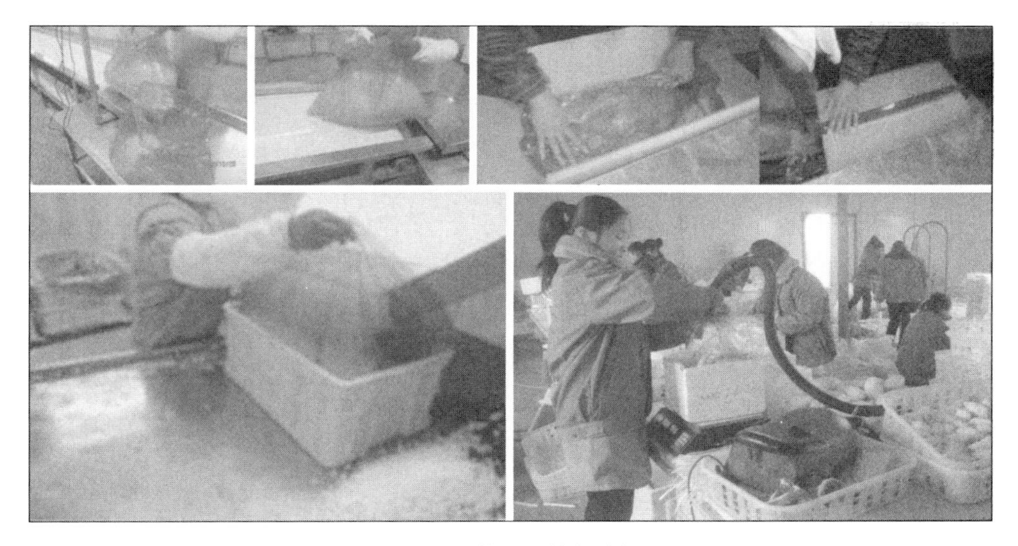

图 6　蔬菜的包装与贴标

图 7　蔬菜的运输包装、销售包装和保鲜包装

辐射处理、化学试剂处理等保鲜技术的应用非常少。

首先是预冷，通过人工制冷的方法迅速除去蔬菜采收后带有的大量田间热量，以延缓蔬菜的新陈代谢，保持新鲜状态（图 8）。目前，连云港市通常采用的预冷方法有冷风预冷、真空预冷、水预冷和接触冰预冷等，主要以冷风预冷为主。

其次是冷藏运输，通过运输工具（汽车、火车、飞机、轮船、集装箱等）在低温下从一个地方完好地输送到另一个地方，既可有效保持蔬菜产品的质量，又可以延长产品货架期。连云港市除部分出口蔬菜产品外，冷藏运输应用较少，主要通过汽车快装快运，控制在 1 000 公里以内、24 小时内到达销售网点，及时卸菜整理销售（图 8）。

据调查了解，连云港市部分大型公司和企业已经配备有自己的冷库和冷藏运输车。

图 8　蔬菜的预冷和冷藏运输

以雅仕农场有限公司为例，保鲜蔬菜占公司总销售量的 80%左右，基地建有 1 个冷库，为单层建筑结构，分为 3 个冷藏区域，最低温度为 0℃，总面积达 3 000 平方米，总承重量为 3 000 吨，具体情况见表 2。公司配有冷藏车 28 辆，额定总载重 538 吨；其中 15 米长厢式货车 20 辆，9.6 米长厢式货车 6 辆、7.2 米长厢式货车 2 辆，主要用于中短途运输。

表 2　雅仕农场有限公司冷库情况

项　目	仓库序号		
	1	2	3
温度控制（℃）	10	0	3
仓储面积（平方米）	800	1 400	800
承重重量（吨）	400	1 800	800
主要仓储物品	辣椒、番茄、黄瓜、茄子等不耐低温蔬菜	甘蓝、大白菜、萝卜等蔬菜	马铃薯、青豆角等蔬菜

以云台出口蔬菜基地为例，冷冻蔬菜占公司总销售量的 75%左右，公司共有 10 个冷库，为单层建筑结构，其中 6 个为冷藏库，4 个为保鲜库，总面积达7 000 平方米，总承重量为 5 100 吨（表 3）。冷藏库用于产品速冻储存，保鲜库用于蔬果原料储藏。公司配有菜篮子车 2 辆。

表 3　云台出口蔬菜示范基地冷库情况

项　目	仓库序号									
	3	4	5	6	7	8	10	11	北 3	北 4
温度控制（℃）	0～4	0～4	0～4	0～4	−19±1	−19±1	−19±1	−19±1	−19±1	−19±1
仓储面积(平方米)	500	500	500	600	800	800	800	800	800	900
承重重量（吨）	800	800	800	900	300	300	300	300	300	300
主要仓储物品	保鲜	保鲜	保鲜	保鲜	冷冻	冷冻	冷冻	冷冻	冷冻	冷冻

2　连云港市蔬菜商品化处理发展存在的问题

2.1　机械化程度较低

在蔬菜商品化处理过程中，整修、洗涤、分级和包装过程是耗费劳动力的主要环节，目前连云港市只有部分蔬菜企业采用半自动包装机，其他环节主要还是人工，配套的机械设备缺乏，机械化程度低。分析其原因主要有：一是蔬菜种类繁杂，颜色、形状、品质等各异，其商品化处理方式也千差万别，而目前市场上大多是针对一种或几种蔬菜设计的机械，实用性不高；二是机械技术水平较低，如分级机械主要是通过重量或体积来分级，无法区分蔬菜的颜色、质地等品质，因此难以满足企业的要求，而人工处理具有处理效果好、能适应不同品种蔬菜的要求等优点。

2.2　商品化处理标准不够完善

针对各类蔬菜的商品化处理还没有相应的国家或地方标准。蔬菜生产营销企业对蔬菜的商品化处理主要依据订单要求或市场需求，没有统一规范的预冷、清洗、分级、包装、加工、储运和保鲜等产后商品化处理分级标准。蔬菜在采收储运和销售过程中损伤、挤压和腐烂较为严重，严重影响了蔬菜的品质和商品性，制约了蔬菜商品增值和生产者、经营者效益的增加。

2.3　全程冷链程度不高

连云港市部分企业虽然建有冷藏库和冷藏车，但数量和规模还相对较小，大部分企业还缺乏冷库和冷藏车。此外，生鲜超市的蔬菜冷柜销售量不大，蔬菜从田间种植、采摘、预冷、加工、冷藏、配送直至到消费者手上的全程冷链体系还不健全。

2.4　电子商务发展缓慢

目前，连云港市蔬菜电子商务的应用水平还比较低下，由于受传统观念和文化水平不高的影响，大多数蔬菜生产和销售从业者思想意识仍然停留在传统的交易方法，认为蔬菜具有特殊商品属性，电子商务离自身还很遥远，不敢创新，对新型的电子商务交易模式不敢尝试。

3　发展连云港市蔬菜商品化处理的思路与对策

3.1　大力开展蔬菜标准园创建工作

大规模开展蔬菜标准园创建是确保蔬菜质量安全、提高产业素质和效益的有效途径。按照蔬菜标准园“五化”工作内容，即规模化种植、标准化生产、商品化处理、品牌化销售、产业化经营，抓好落实标准、培育主体、创响品牌、整合资源、强化服务五项工作，进一步强化行政推动，加强指导服务，推动蔬菜标准园创建上规模、上层次、上水平，辐射带动周边地区蔬菜生产基地的标准化生产，全面提升蔬菜产业竞争力。

3.2 建立健全蔬菜产品标准化体系

尽快研究制定完善的蔬菜商品化处理标准体系，相关部门应加强对国内外蔬菜商品化处理技术标准的研究，加快对连云港市蔬菜商品化处理技术标准的制定和完善，使得各主体在生产、处理及运销过程中有标可依，推动连云港市蔬菜的商品化、标准化和产业化发展，提高竞争力。加强农业标准化队伍的建设，以农业科研、农技推广机构为依托，抓紧建立蔬菜标准化处理的管理和推广工作队伍，广泛宣传和推广示范蔬菜商品化处理的经验和做法，加强对从业人员的培训，提高其业务素质和工作水平，促进蔬菜商品化处理技术的科学管理。

3.3 加快技术创新和成果转化步伐

要加大对商品化处理技术和配套设施研究的投入，抓住关键技术，集中攻关，重点推广，不断总结经验，及时提供简单易行的采后处理和储藏保鲜技术及操作规程。要积极引进技术含量高、工艺先进的蔬菜商品化处理技术和方法，广泛试验示范，用新型的采后处理技术如基因工程技术、辐射保鲜技术、气调保鲜技术、临界低温高湿保鲜技术、涂膜保鲜等替代传统的采后处理方法。

3.4 加强生产的信息化程度

加快建立完备的蔬菜产销信息网络平台，包括信息传输体系、预测预报信息体系、专家系统和科技信息体系，利用信息系统引导生产。依靠信息传输体系，及时准确了解国内外的市场信息，以帮助蔬菜生产和营销企业明确判断市场供求关系；依靠预测预报信息体系，研究蔬菜产销发展趋势，开展主要蔬菜品种产销形势的预测预报，有效规避风险；依靠专家系统和科技信息体系，及时掌握相关科技信息，并对蔬菜生产经营过程中遇到的问题由专家提供指导性意见，提高科技成果的转化和利用率。

3.5 大力发展电子商务

加强对电子商务知识的宣传和普及，鼓励农民通过合作组织尝试农产品电子商务，使农民得到切身的利益，进而改变思想观念推动蔬菜电子商务的发展。对农民进行信息技术和电子商务知识培训，教会农民如何从网络上检索到需要的信息以及在网络上进行交易。制定出台优惠政策，引导大型电商和有关专业人才介入，推动商品化蔬菜电子商务发展。

东台市工厂化育苗中心发展现状及对策建议

王　华　张小锋　吴　敏

（东台市农业技术推广中心　江苏东台　224200）

摘　要：东台市既是江苏省瓜果蔬菜生产大县（市），也是国家级现代农业示范区，又是省级农业现代化试点县（市）。近年来，东台市坚持把加快发展高效设施农业作为优化农业产业结构、转变农业增长方式、促进农业转型升级的战略重点，明确主攻方向，加强产销对接，加大政策扶持，强化服务指导。目前，东台市工厂化育苗技术日趋成熟，商品化育苗企业逐年增多，瓜菜产业已逐步由传统生产方式向专业化、规模化、工厂化生产方式转变。

关键词：东台市　工厂化育苗　调研　对策

2014 年，东台市高效农业总面积达到 142 万亩，其中高效设施农业面积 64.5 万亩，位居江苏省首位。随着高效设施农业面积不断增加，农业规模化经营程度不断提高，瓜菜育苗方式也随之由传统的营养钵火炕加温分散育苗逐步向以穴盘轻基质电热线加温工厂化育苗方式发展。

1　工厂化育苗的现状

工厂化育苗是在人工可控环境条件下，运用机械化、自动化手段，采用科学化、标准化技术及现代企业的管理方法，按一定的生产工艺流程组织和安排秧苗生产的现代农业经营方式。这种方式使蔬菜育苗部分或完全地摆脱了自然条件的束缚，改变了蔬菜生长发育环境和操作者的工作条件，大幅度提高了资源利用率和劳动生产率，具有鲜明的现代农业特征[1]。东台市的工厂化育苗在江苏省内属于发展比较早的县（市）之一。近年来，随着东台市设施瓜菜栽培管理水平的不断提高，工厂化集约育苗在东台市瓜菜主产区迅速发展，具体表现在以下三个方面：

1.1　工厂化育苗企业明显增多

自 2008 年东台市建立东台市华盛种苗中心以来，先后涌现出了一批育苗水平较高、规模较大的工厂化育苗企业，创出了一些有益经验。截至 2014 年底，东台市工厂化育苗企业达 7 家，全年供应各类商品种苗达 3 亿株，销售总额超亿元，工厂化集约育苗数量、质量和规模均得到了长足发展。东台市仙湖现代农业示范园内的粒粒丰农业科技有限公司是目前江苏省建设规模最大的现代化种苗企业。固定资产总投入达 3 600 多万元，建成钢结构育苗车间 1 800 平方米、标准移动育苗床

35 000平方米、水生育苗床 2 000 平方米、连栋温室大棚 50 000 平方米、组培车间 650 平方米，年生产种苗能力超过 2 亿株。全部实行订单生产，全年生产供应西瓜、甜瓜、芦笋、西蓝花、松花菜、白花菜、紫甘兰、番茄、茄子、青椒、包菜、大白菜等瓜果蔬菜和三色堇、矮牵牛、一串红等 20 多个花卉种苗品种。公司以立足东台、服务江苏、辐射华东为销售目标，生产的各类种苗不仅服务于本地生产，而且供应到江、浙、沪等地，有的远销到新疆和西藏，成为江苏省工厂化育苗行业的佼佼者。东台市三仓现代农业产业园的兴山种苗中心，占地面积 60 多亩，温室大棚育苗面积达 3.5 万平方米，年生产各类蔬菜瓜果种苗 4 000 多万株（表 1）。兴山种苗中心生产的西甜瓜和青花菜、大白菜、包菜等种苗，不仅解决了三仓镇及周边地区的农户种苗需求，而且吸引了越来越多的外地客户。在 2015 年销售的西瓜种苗中，40%销售给本地农民，60%销往海安、阜宁、如东、连云港等地，甚至远销到重庆、四川、浙江、云南等地。

表 1　东台市主要种苗企业基本情况表

育苗企业名称	地　点	育苗设施类型	占地面积（亩）	育苗品种	年育苗能力（万株）	年销售额（万元）
东台粒粒丰农业科技有限公司	东台市仙湖现代农业示范园	连栋温室	100	各种瓜菜苗、花卉苗	20 000	6 210
三仓镇兴山种苗中心	三仓现代农业产业园	连栋温室和钢架大棚	60	西甜瓜苗、青椒、茄子、西蓝花等蔬菜苗	4 000	2 300
三仓镇桂桃西瓜育苗中心	三仓镇一仓村	钢架大棚	30	西瓜嫁接苗、直生苗、甜瓜苗	1 200	800
许河镇业旺种苗中心	许河镇三直村	钢架大棚	10	西瓜嫁接苗	230	210

1.2　商品化种苗应用效果显著

实践证明，工厂化育苗技术与传统的育苗方式相比，具有以下三个明显优势：一是移栽后缓苗期短，恢复生长快。商品化种苗由于穴盘根系发达，吸收水分养分能力强，并且为带坨移栽，定植后不伤根，恢复生长快，成活率高。二是秧苗素质高，抗灾能力强。工厂化育苗所用的穴盘基质都经过了严格消毒，有效减少了苗期各种病害的发生，减少了自然灾害的威胁，减轻了农户分散育苗风险，提高了秧苗的抗逆能力。三是用种量少，经济效益显著。普通育苗一般采用人工播种，用种量大；而工厂化育苗采用机械穴播，单株繁育，不浪费种子，植株生长空间大，杂草易清除，有利于节约成本，提高经济效益。工厂化育苗这一种苗供应方式已越来越得到广大瓜农和菜农的认同。

1.3　工厂化育苗技术日臻完善

近年来，东台市工厂化育苗企业通过不断试验探索和总结提高，育苗技术不断完善，先后引进了国际、国内一流的全自动化播种生产线，实现了填基质、上塑盘、点播种全程机械化。育苗温室大棚配套建设了湿帘、风机、外遮阳、内保温、雨水收集灌溉和锅炉加温、电热线加温等较为先进的系统。目前，东台市粒粒丰农业科技有限公司已拥有自主知识产权技术 7 项，并研发制定了 15 种园艺作物工厂化育苗的技术规程和种苗商品标准，其育苗技术在国内处于领先水平。公司建成了从引种示范、筛选推荐、观摩推广、合同预约、购种播种、苗床管理、炼苗出圃、售后服务一条龙的经营管理体系，保证了种苗质量。三仓现代农业园区的兴山种苗中心全面应用西瓜嫁接换根技术，引进应用西瓜专用砧木——“京欣砧王”，采取穴盘基质、人工嫁接、电热线加温、温湿度调控等科学管理措施，西瓜苗的嫁接成活率达 96.5%，抗病增产效果极其显著。

2　存在问题

2.1　投入成本上升，利润回报偏低

一般工厂化育苗企业的建立，需要涉及土地租用、设施建设、流动资金周转等诸多因素，一次性投入较大，加之目前各方面的成本都在上涨，育苗企业成本明显上升，利润下降。一是固定设施投入成本增加。据初步调查，育苗企业所需的温室大棚钢架、棚膜以及机械设备、湿帘、风机等价格都有不同程度上涨。育苗企业固定设施投入较前几年明显上升。二是土地租用价格上升。目前，东台市一般农田的土地租金每亩都在 1 100 元左右，高的在 1 200 元以上，而且还有 3 年随粮价上涨递增机制。所以，土地租用费用比 5 年前要增加 30%以上（表 2）。三是人工工价成本上升。现在一个劳动力工价正常在 100 元/天，用工高峰时达 150 元/天。根据东台市部分种苗企业用工情况调查，三仓农业产业园区的兴山种苗中心 2014 年平均用工工价达 110 元/天，比 5 年前 2010 年的 60 元/天增长了 83.3%。粒粒丰农业科技有限公司 2014 年用工平均工价为 100 元/天，比 5 年前 2010 年的 50 元/天增加一倍（表 3）。

表 2　2010—2014 年东台市土地流转价格调查情况表

项　目	年份				
	2010 年	2011 年	2012 年	2013 年	2014 年
流转土地租金（元/亩）	800	850	980	1 000	1 100
较 2010 年增长（%）	0	6.25	22.5	25	37.5

表 3　2010—2014 年东台市主要种苗中心用工工价调查情况

项　目	2010 年平均日工价（元/日）	2011 年平均日工价（元/日）	2012 年平均日工价（元/日）	2013 年平均日工价（元/日）	2014 年平均日工价（元/日）
粒粒丰农业科技有限公司	50	60	70	80	100
较 2010 年增长（%）	0	20	40	60	100
三仓镇兴山种苗中心	60	70	90	100	110
较 2010 年增长（%）	0	16.7	50	66.7	83.3

2.2 供苗品种偏少，生产时间较短

东台市各类种苗企业大多依赖订单生产，订单越多，育苗量就越大。本地多数种苗中心以培育西甜瓜种苗和西蓝花、甘蓝、白菜、青椒等蔬菜种苗为主。由于受农时季节的限制，种苗企业生产种苗时间相对较短，有的西瓜、甜瓜种苗企业，全年生产时间只有 3 个多月，大的种苗企业，全年生产时间也仅有 6 个多月。由于受订单的限制，大多数种苗企业一年有一半甚至大半年的空闲时间，利用率较低。

2.3 扶持政策不多，应急灾害风险乏力

种苗不是一般的商品，而是用于扩大再生产的生产资料，在冬季遭遇持续低温阴雨寡照天气影响的情况下，农户分散自主育苗往往经常容易出现低温冻伤损苗，难以保证生产季节。但在目前各级财政对种苗企业的扶持政策比较少的情况下，种苗企业只能按照订单生产，没有多余的种苗来应对自然灾害给农户自主育苗造成的风险。

3 对策建议

3.1 加强种苗中心效能建设，发展多品种种苗

实践证明，只有增加育苗品种和数量，才能充分挖掘企业潜力，发挥育苗企业的最大社会效应。因此，改变多数种苗企业育苗品种较少的状况，实现由只供育西甜瓜苗或瓜菜苗向集瓜果蔬菜苗、花卉苗等多品种发展，以减少空档期，提高种苗中心设施利用率。

3.2 制定激励扶持措施，增强抵御灾害能力

要从政策、资金等方面，对工厂化育苗企业进行扶持。特别要扶强、扶优，尽快支持打造一批信誉好、技术和工作基础好，年育苗量达 3 000 万株以上的大型育苗企业，以提高产业化水平，带动种苗产业的健康发展。要增加对蔬菜种苗企业的备灾种苗的财政补助，以充分发挥种苗企业支持农户抗御自然灾害的作用，解决农户受灾损苗造成的苗源不足，影响设施生产的问题，要像扶持粮食生产一样，将蔬菜种苗列入政府补贴的范围，扩大工厂化商品种苗推广应用的覆盖面。

3.3 加强育苗技术研究，提高种苗质量

要针对不同品种育苗要求，对其种子处理技术、播种技术、快速催芽技术进行深入探索研究；筛选适宜的营养基质和最适宜的穴盘规格；探讨其精准肥水控制技术、补光控温技术、病害防控技术、嫁接换根技术、成苗储运技术，实行产学研联合，组织协作攻关，加速育苗技术创新、技术集成与推广应用，不断提高工厂化育

苗技术水平。

参考文献

[1] 尚庆茂，张志斌．构建工厂化育苗网络　促进现代蔬菜产业发展［J］．中国蔬菜，2008（6）：1-4.

江阴市蔬菜种子种苗应用现状与分析

张秋萍　王凤祥　季　芳

（江阴市蔬菜园艺指导站　江苏江阴　214400）

摘　要：蔬菜生产是江阴市传统的农业产业。近年来，江阴市委、市政府全面贯彻落实国家、江苏省和无锡市有关发展蔬菜生产、保障市场供应的要求，坚持以市场为导向，着力提升江阴蔬菜产业，加强蔬菜基地建设。近期根据江苏省农业委员会的要求，江阴市蔬菜园艺指导站对江阴市蔬菜种子种苗的来源及选择应用情况做了抽样调研，重点对产量和效益都较高的早春茄果类栽培的种子种苗做了具体调查分析。

关键词：江阴市　蔬菜　种子种苗　调研

江阴市常年蔬菜基地面积达到 6.6 万亩，加上季节性菜地等，蔬菜面积已近 10 万亩。常年种植的蔬菜种类已超 50 种，各个种类的品种更是五花八门、琳琅满目。但是，俗话说："好的壮苗是成功的一半，健壮发达的根系比'枝繁叶茂'更重要。"由此可见，种子种苗的质量对蔬菜生产起着决定性的作用，培育健壮优质的秧苗是蔬菜生产的首要任务，而要培育好的秧苗首先要有好的种子。

1　应用现状

由于蔬菜品种的多样性、复杂性，此次调研根据江阴市蔬菜生产实际，通过重点走访、抽样调查和详细了解的形式，按地区分别遴选了城郊、城南和城东 3 个蔬菜基地的蔬菜专业合作社和 1 家专业育苗的农户及位于农产品批发市场的几家农资公司（选其中 1 家作为代表），对他们最近 2 年使用的茄果类品种进行了专题调研，具体情况见表 1。由于品种较多，无法一一列出，只能用数量表示。

表 1　番茄等茄果类蔬菜主栽品种情况

项　目		海陆种养殖合作社	滕国俊阳庄菜业合作社	红光蔬菜合作社	农户杨文伟	友农农资公司
番茄	品种数（个）	4	4	5	3	2
	国产数（个）	2	2	5	3	2
	比例（%）	50	50	100	100	100
	进口数（个）	2	2	0	0	0
	比例（%）	50	50	0	0	0

（续）

项目		海陆种养殖合作社	滕国俊阳庄菜业合作社	红光蔬菜合作社	农户杨文伟	友农农资公司
樱桃番茄	品种数（个）	8	5	5	6	3
	国产数（个）	7	1	3	2	3
	比例（%）	87.5	20	60	33.3	100
	进口数（个）	1	4	2	4	0
	比例（%）	12.5	80	40	66.7	0
茄子	品种数（个）	7	5	5	2	2
	国产数（个）	5	3	4	0	2
	比例（%）	71.4	60	80	0	100
	进口数（个）	2	2	1	2	0
	比例（%）	28.6	40	20	100	0
辣椒	品种数（个）	18	3	7	4	3
	国产数（个）	10	1	7	4	3
	比例（%）	55.5	33.3	100	100	100
	进口数（个）	8	2	0	0	0
	比例（%）	44.5	66.7	0	0	0
黄瓜	品种数（个）	3	3	7	3	7
	国产数（个）	2	2	5	3	7
	比例（%）	66.7	66.7	71.4	100	100
	进口数（个）	1	1	2	0	0
	比例（%）	33.3	33.3	28.6	0	0

2　结果分析

从调研中得知，3家蔬菜合作社都是自行购买种子，自行育苗；海陆种养殖合作社和滕国俊阳庄菜业合作社由于面积较大、设施齐全、建设时间不长，请来山东寿光等地的蔬菜种植户来公司担任技术员，因而，他们使用的种子除了少部分在本地及附近种子店购买，大部分都由技术员每年从寿光带过来。因为寿光有较大的种子市场，种子品种丰富，加上这2个蔬菜基地本身对蔬菜产量和质量要求高，所以使用进口种子的比例要高一些，尤其是番茄和辣椒；红光蔬菜合作社主要调研了集体种植的面积部分，由于属于村集体种植，种子经常是由市、镇农技推广部门赠送做试验以及少量在附近种子店购买，所以虽然使用品种较多，但以国产品种为主；杨文伟是一个多年为周边农户育苗的蔬菜种植户，主要培育茄果类种苗及瓜苗，年育苗超60万株。他使用的品种除了樱桃番茄及茄子是进口品种外，其余都是国产品种；另外此次调研了几家农资公司，发现种子都不是他们主要的经营种类，种子的销量都很少，尤其是茄果类。原因是由于江阴市主要蔬菜基地的蔬菜种植户以外来人员承包种植为主，大部分老家是安徽、山东、河南以及江苏北部等地，种子也由他们从各自老家带过来或网上或其他代购渠道得来，很少到江阴农资店购买，而农资店也因为需求关系，销售的也是以价格低廉的国产种子为主，主要供应本地非专业蔬菜种植户或面积不大的零散户。所以，销售的茄果类品种较少，以销售豆类、叶菜类为主，而且几家农资店种子的总体销量都不是很大。另外，从此次调研中得知，进口品种的产地主要集中在荷兰、日本和中国台湾等地。而在国产品种中，江苏本地的品种很少，大部分是国内其他地方的品种。如番茄，以西安、上海的品种较常用，黄瓜则以天津的为主，但都很分散，没有形成主推品种，显得五花八门、纷繁复杂。但总体上看，还是以使用国产品种为多。以陆南种养殖合作社为例，此次共统计了 69 个品种，含茄果类、瓜豆类、叶菜类等，进口品种包括中国台湾地区的有 24 个，占比 34.78%；国产品种占比 65.22%。在本次调研中，发现早春茄果类、瓜类的种苗基本是采用基质穴盘育苗方式，改变了过去传统的营养钵育苗方式，变得更简单方便，种苗质量也大大提高。虽然还是以自行育苗为主，但育苗方式已大大进步。

3 讨论建议

通过此次调研，发现农户在选购使用种子上存在一定的盲目性，信息渠道不畅，不知道有哪些优良品种，也不知道到哪里购买优良的品种。而农资公司由于销量低，也不愿意花时间和精力去引进优良的品种，来满足种植户的需求，从而进入了恶性循环。

3.1 加强蔬菜综合展示基地的建设

作为农技推广部门，有责任把新品种、新技术的信息及时传达给农户和基地。应加大新优品种的引进和试验示范工作，通过建立蔬菜综合展示基地或其他方式，进行试验示范，选出适合江阴种植的优质、高产、稳产、抗逆性强的优良品种，并加大培训、宣传等推广力度，让农户知道最新的品种信息，并能购买使用，改变目前无组织、无规划的局面。

3.2 加强与本地科研院所的联系与沟通

在本次调研中，虽然大部分使用的是国产品种，但江苏本地培育选育的种子使用量很少。事实上像江苏省农业科学院蔬菜研究所，也有不错的蔬菜品种，如苏椒系列、苏粉番茄系列、金陵樱桃番茄系列、苏崎茄系列以及叶菜、丝瓜等品种，但在市场上却很难寻觅，在农户中的知名度不高。所以，科研院所应及时把自己培育的新品种推向市场，把好品种质量关，并广泛宣传，让本省农户有机会了解并使用。

3.3　加强现代化种苗中心的建设与育苗工作

一方面，现代化的种苗中心由于拥有良好的设施集中育苗，不仅降低育苗成本，提高种苗质量，并且可以起到试验示范新品种及推广的作用；另一方面，农户可以更加直观地了解到品种特性，并省去了自己育苗管理的工作，专心做种植，提高了工作效益。同时，也规范了种子种苗的使用，形成规模化种植，提高主推品种的入户使用率。所以，各级政府应加大对种苗中心建设的扶持，改变过去“家家种菜，户户育苗”的不适应当前蔬菜生产的需求，尤其是产业化生产要求的落后方式。虽然江阴市海陆种养殖专业合作社有一个现代化的育苗温室，但是，该育苗中心现在仅仅处于自给自足的状态，只给自己的蔬菜基地育苗，并不对外培育秧苗；滕国俊阳庄菜业合作社也刚刚建立了育苗中心，但还没有开始运营。所以，一要充分利用现有种苗中心，加快现代化工厂化育苗方式的推广应用；二要在有条件的乡镇扶持建设育苗中心，让农户就近购买种苗，节约运输成本，保障秧苗质量；三要加强宣传，改变农户自己育苗的落后方式，从而使优良品种的普及率大大提高，避免因为种子质量问题造成的损失。

江阴市蔬菜园艺机械应用现状与分析

张秋萍　王凤祥　黄　珂

（江阴市蔬菜园艺指导站　江苏江阴　214400）

摘　要：蔬菜产业已成为调整产业结构，实现农业增效、农民增收、促进农村经济发展的特色产业。但随着农业劳动力人口老龄化、劳动力紧缺、人工工资不断增加等各种问题的出现，导致蔬菜生产成本居高不下、效益偏低，严重制约了江阴市蔬菜产业化发展步伐。近期根据江苏省农业委员会的要求，通过重点走访、抽样调查、集中座谈等形式，江阴市蔬菜园艺指导站对江阴市蔬菜园艺农机应用现状做了专题调研，发现蔬菜规模化、设施化、标准化、机械化的发展应用将是解决上述难题的唯一出路。

关键词：江阴市　园艺　机械化　调研

随着市场经济的发展、人们生活水平的不断提高以及产业结构调整步伐的加快，江阴市蔬菜产业规模不断扩大，综合生产能力不断增强。至2014年底，江阴市蔬菜复种指数面积达到了15.659 9万亩，产量37.12万吨，产值59 390万元。现将农机调研情况总结如下：

1　应用现状

此次共抽样调查了江阴市10家具有代表性的蔬菜园艺专业合作社，为了调查的科学性及合理性，在江阴市各个片区，根据企业或合做社规模分别做了遴选，调研情况见表1。

表1　农机具的品种和数量

基地名称	基地面积（亩）	中耕机械（台）	植保机械（台）	喷、滴灌（亩）	育苗播种机械（台）	施肥收获机械（台）
海陆种养殖专业合作社	450	7	20	450	1	无
阳庄蔬菜专业合作社	3 500	10	30	2 500	无	无
圣爱华发果蔬专业合作社	350	5	15	300	无	无
伟峰蔬菜专业合作社	70	2	2	50	无	无
东支农产品专业合作社	150	2	10	100	无	无
神宇果蔬专业合作社	600	3	5	500	无	无
红豆村农业专业合作社	300	5	10	200	无	无
红光蔬菜专业合作社	1 500	5	20	20	无	无
邓阳蔬菜农民专业合作社	500	10	35	300	无	无
滕国俊阳庄菜业专业合作社	600	3	10	500	1	无

从表1看出，抽样调查的蔬菜专业合作社，土地中耕、植保、灌溉已或多或少实现机械化作业全覆盖，尤其是节水灌溉，除了红光蔬菜专业，主要种植叶菜为主，喷滴灌设施较少之外，其余基地合作社喷滴灌设施比例达到70%以上。但是，中耕机械仅局限于单一的土地翻耕机械，没有配套中耕、平整、开沟、覆膜等一体的机械；植保机械也仅有静电喷雾器、走动式植保机等，比稻麦等大田作物用的植保机械少很多，更别说其他新型的无人驾驶小飞机和喷杆式植保机了；在海陆种养殖专业合作社和滕国俊阳庄菜业专业合作社，因为都有1个育苗中心，所以各拥有一套播种机；而其他的作业环节如移栽、施肥、收割等机械的使用则基本处于空白状态。江阴市其他蔬菜合作社、蔬菜基地农机应用情况基本类似，机械化程度都偏低。

2　原因分析

2.1　蔬菜品种繁多，规模化作业难以实现

从抽样调查的10个合作社情况来看，蔬菜种植品种主要是番茄、茄子等茄果类；黄瓜、豇豆等瓜豆类；韭菜、青菜等叶菜类，共30多个品种。同一基地、同一时间、同一品种，除了韭菜、丝瓜等品种在某些基地上能达到50亩以上，其余的品种都在20亩以下；江阴市目前规模最大的2家蔬菜企业海陆种养殖专业合作社和滕国俊阳庄菜业专业合作社，种植品种都达到20个以上，根据其面积，则每个品种平均规模在20亩以下；从全市看，总的蔬菜种植面积已超10万亩，但单一品种在同一基地种植规模达到100亩以上的却很少。虽然品种的多样化丰富了市民的“菜篮子”，但是，对于企业来说，却面临着专业种植技术缺乏、管理困难、成本较高、效益低下等问题，各种农业机械应用成本偏高。

2.2　人才紧缺、年龄老化、文化程度低等严重制约了农机的推广

从表2看出，抽样调查的10个蔬菜合作社的202人中，文化程度在大专及以上的人数只占11.4%，高中和大专及以上的一共只有32.7%；从年龄结构看，40岁以下的不到10%，50岁以上的则占了74.3%（而且外来人员的比例达到总人数的33%）。人员年龄老化、文化程度偏低，对新农艺、新技术的学习能力低，接受、创新能力弱，囿于传统的、老的种植方式以及农机手短缺，制约了大量的新农艺、新农机的推广应用。

2.3　农机与现实状况的不匹配

在蔬菜生产的农机使用过程中，发现农机本身存在的一些问题，如价格较高，导致投入成本提高；或者操作不方便，与实际的地块、蔬菜品种等不匹配。如最常使用的耕作机械，功率大的“大棚王”等由于体积高大，在有些单体大棚中很难耕作；而功率小的“田园管理机”在较板结的地块就无法使用，效果不理想，使用很

费力；或者有些农机质量较差，容易损坏，经常需要维修，增加了使用、管护的烦恼等。

表2 蔬菜种植基地文化程度及年龄

项　目	文化程度			年龄		
	大专及以上	高中	初中及以下	50岁以上	40～50岁	40岁以下
人数（人）	23	43	136	150	32	20
比例（%）	11.4	21.3	67.3	74.3	15.8	9.9

3　对策建议

3.1　创建专业农机合作社

针对各个蔬菜企业、基地的种植情况，有条件的镇或村有必要建立专业的农机合作社，由合作社统一购买、统一管理、统一出租的形式，服务各个蔬菜基地或蔬菜种植户，实现中耕、播种、育苗、定植、管理、病虫害防治、灌溉、收获、包装、运输等作业环节的机械化。一方面，扩大了农机使用面积，分摊降低了投入成本及其他各种管理维护成本；另一方面，合作社及农户不需要花费时间和金钱去培养专门的农机手，减少维修管护费用，大大降低了成本。

3.2　增加农机补贴种类和补贴力度

在实际生产过程中，农户反映有些需要的农机不在国家财政补贴范围之内，而有些农机的补贴力度不够大，综合考虑投入产出比，导致农户缺乏足够的积极性愿意购买农机，尤其受使用面积及使用时间等多方面限制的情况下。建议政府增加农机补贴种类，让农户有更多选择。同时，增加财政补贴力度，减轻初期投入成本，让他们有更多积极性提升工作环境和效率。

3.3　农机和农艺部门要全力协作，研制和改进适合蔬菜生产的农业机械

在现实阶段，江阴市农机和农艺不在同一部门，沟通不够、了解不够，使得推广力度不高。而农机研制部门更是对蔬菜园艺的生产现状了解不够，导致现有农机常常操作困难、不实用、不经用、维修率高。所以，农机农艺等各部门要全力协作，一方面，农艺推广部门要加强引导企业和农户进行标准化种植，包括田块平整规范合理等；农机推广部门要经常深入蔬菜园艺生产现场（之前更多的是围绕稻麦等大田作物），掌握生产实际需求，告知农机生产研制部门实际信息，做好农机培训、示范等工作，从而推广实用新型的农机给蔬菜园艺生产者。另一方面，农机设计与制造部门要联合农艺、农机推广部门，设计生产符合蔬菜园艺生产实际、先进实用、操作简便、价格合理的农业机械，来满足蔬菜生产的需求。

靖江市蔬菜种源产业现状与发展对策研究

韩　利

（靖江市农业委员会经作站　江苏靖江　214500）

摘　要： 蔬菜产业是靖江市种植业中农民自主投入较多、经济效益较高、发展速度较快的产业之一。良种是蔬菜生产最基本、最重要的生产资料，是提高蔬菜产品质量、提升蔬菜产业竞争力和增加农民收入的最佳途径。本文从调查靖江市蔬菜种植结构、品种来源和工厂化育苗的现状入手，了解靖江市蔬菜种植品种发展动态，全面分析靖江市蔬菜种植结构、种子种苗供应模式中存在的问题，旨在为靖江市蔬菜种源产业发展提出相应对策和合理化建议，加快蔬菜品种更新换代，提高蔬菜品种与市场需求吻合度，促进靖江市蔬菜产业的持续健康发展。

关键词： 靖江市　蔬菜种子　调研　策略

1　靖江市蔬菜种植品种现状

1.1　靖江市蔬菜种植品种结构

根据2014年靖江市蔬菜种植品种调查结果，全市蔬菜累计播种面积96 037亩。从种植品种和结构看，其中白菜类（主要包括大白菜、小白菜、甘蓝等）、绿叶菜类（主要包括苋菜、芹菜、莴苣）、茄果类（主要包括茄子、辣椒、番茄）、菜用豆类（主要包括毛豆、豇豆）和瓜菜类（主要包括黄瓜、西葫芦）占据了主要部分，这五类蔬菜种植面积合计58 430亩，占总种植面积的60.84%；此外，靖江市菜粮兼用的特色农产品“香沙芋”种植规模也较大，种植面积27 000亩，占总种植面积的28.11%；其余瓜果类（主要包括西甜瓜、草莓）、葱蒜类（主要包括大蒜、葱、韭菜）、特菜类（主要包括芦笋、水生蔬菜）、块根块茎类（主要包括萝卜、胡萝卜、马铃薯）等种植面积合计10 607亩，占总种植面积的11.04%（图1）。靖江市蔬菜种植结构呈现大路菜为主、地缘蔬菜为辅、高效益蔬菜瓜果兼有的态势。

1.2　靖江市蔬菜种植品种应用格局

近年来，随着蔬菜种植规模化、组织化、标准化和品牌化水平的不断提高以及电子商务的不断发展，靖江市蔬菜品种引进渠道增多，逐步形成了本省、外省市和国外品种在不同蔬菜上各有优势的蔬菜品种应用格局。根据靖江市34个蔬菜主要生产基地用种情况的调查（表1），靖江市蔬菜品种应用情况主要包括以下四类：

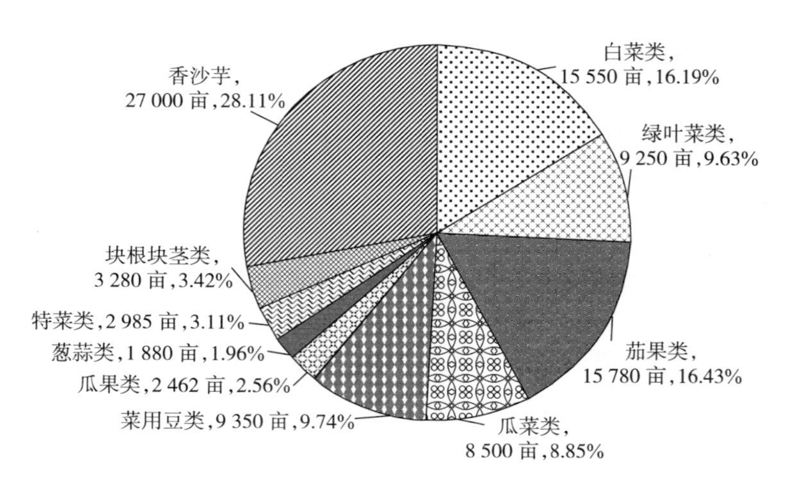

图 1　2014 年靖江市蔬菜种植品种结构图

1.2.1　省内品种

省内品种在甘蓝、辣椒、茄子、毛豆、豇豆等蔬菜上的优势明显。这些蔬菜品种符合本地消费习惯且具有丰产、早熟等生产特性，因此在靖江市栽培面积上处于领先地位。如江苏省农业科学院培育的苏椒系列，符合本地居民对薄皮微辣型嫩辣椒的消费需求，也符合生产基地设施早熟栽培的需要，在本地栽培面积比例达到80%以上。

1.2.2　外省市品种

大白菜、小白菜、本芹、莴苣、苋菜、番茄、黄瓜、西瓜等，主要以栽培外省市品种为主。第一，大白菜、本芹、苋菜、黄瓜这四类蔬菜的外省市品种应用率达到了 100%。以黄瓜为例，靖江市黄瓜生产基地均采用的是天津培育的津研系列、津绿系列和津优系列等品种；大白菜主要以山东品种和浙江品种为主；苋菜以重庆大红袍、上海红圆叶、上海大圆叶为主，其中重庆大红袍应用面积最广，栽培面积占总面积的 85%以上。第二，在本地西瓜各生产基地上，种植户只选择上海的早佳 8424 和日本的早春红玉两个品种，且早佳 8424 的种植面积达到了90%以上，具有绝对的品牌优势。第三，小白菜品种上除抗热小白菜外，外省市品种应用比例略高于本省品种，本省培育的苏州青和上海培育的上海青、新夏青、新四季等品种应用都较多。第四，莴苣中的茎用莴苣以四川品种为主，如种都系列、春秋二白皮、耐热二白皮等。第五，番茄品种中上海的合作系列、浙江的浙粉系列、北京的中研系列合计在靖江市的应用比例要大于江苏农业科学院培育的苏粉系列。

1.2.3　国外品种

国外品种主要集中在抗热小白菜、西芹、叶用莴苣、白萝卜、芦笋和草莓等优势明显、效益高的园艺作物上。目前，国外的品种在这几种园艺作物的生产上占据了绝对的主导地位，如抗热小白菜品种有日本的华冠、华王、华帝；西芹有美国的文图拉、佛罗里达 638；叶用莴苣有意大利生菜；长白萝卜主要是韩国品种，有白玉春、韩玉春、白玉大根 F_1 等；芦笋和草莓 100%采用国外品种，芦笋品种是美国的格兰蒂，草莓品种是日本的章姬和红颜。

1.2.4　本地农家品种

本地农家品种主要是集中在特色农产品香沙芋上。作为靖江市极具地域特色的优良地方品种，红芽密节型香沙芋质地细腻，品味独特，种植历史悠久。目前，在香沙芋生产基地上采用的品种均为此农家品种。

表 1　靖江市蔬菜生产基地品种应用情况调查表

种类	调查基地主要应用品种	合计品种数量（个）	品种来源数量占比(%)		
			省内	省外	国外
大白菜	胶白 8 号、秋宝、改良青杂 3 号、鲁白 1 号、浙白 6 号、夏阳	9	0	100	0
小白菜	苏州青、上海青、新夏青、华冠、华王、春油系列	17	35.3	47.1	17.6
甘蓝	苏甘系列、博春、春丰、冬春 2 号	7	85.7	14.3	0
芹菜-本芹	津南冬芹、津南夏芹、津南实芹系列	7	0	100	0
芹菜-西芹	佛罗里达 638、美国文图拉	2	0	0	100
莴苣	茎用莴笋：种都 3 号、二白皮；叶用莴笋：意大利生菜、申选一号	11	0	72.7	27.3
苋菜	大红袍、大圆叶、红圆叶	3	0	100	0
番茄	合作系列、浙粉系列、苏粉系列、中研系列	13	30.8	69.2	0
辣椒	苏椒系列、康大 601	6	83.3	16.7	0
茄子	青冠、长野墨玉、无锡绿茄、郑研早紫茄、布丽塔	8	75	12.5	12.5
毛豆	台湾 75、苏豆系列、通豆系列、淮豆系列	9	88.9	11.1	0
豇豆	正邦、之江系列、宁豇系列、扬豇系列、帮达系列	16	68.7	31.3	0
黄瓜	津研系列、津绿系列、津优系列	10	0	100	0
萝卜	白玉春、韩玉春、白玉大根 F_1、一点红	4	0	25	75
西瓜	早佳 8424、早春红玉	2	0	50	50
草莓	红颜、章姬	2	0	0	100
芦笋	格兰蒂	1	0	0	100
香沙芋	本地农家品种	1	100	0	0

2　靖江市蔬菜种植品种需求趋势

针对现有蔬菜品种应用情况，为了摸清种植户对蔬菜品种的需求趋势，对靖江市主要的 34 个蔬菜基地进行了走访调查。根据调查结果，目前靖江市蔬菜种植户对蔬菜品种需求主要集中在以下几个方面：耐低温弱光品种、抗病虫品种、耐寒品种、越夏品种、优质品种、丰产品种、稳产性好的品种和耐储运品种，如抗热小白菜、耐寒青花菜、越夏番茄等。这些品种能丰富淡季蔬菜市场，错位竞争优势明显，可以取得良好的经济效益和社会效益，因此种植户对具有这些特性的蔬菜品种需求迫切。

3 靖江市蔬菜品种存在问题及发展对策

3.1 存在问题

3.1.1 品种结构与消费需求矛盾

目前靖江市蔬菜生产上，大宗蔬菜品种多，特色蔬菜品种少；高产品种多，优质品种少；普通品种多，名牌品种少。大宗蔬菜产品出现了结构性、阶段性过剩，造成菜难卖、菜贱卖和菜农收入低的问题。

3.1.2 外地引进品种多，省内自育品种少

从生产基地种植蔬菜品种应用情况的调查结果可以看出，目前靖江市生产上应用的蔬菜品种中省外和国外品种较多，省内自育品种所占比例少，说明省内的品种繁育能力不强，市场营销能力较差，市场竞争力较弱。如黄瓜品种、大白菜品种，100%都是从省外引进，芦笋、草莓品种100%都是从国外引进。

案例1

靖江市东兴镇圣绿蔬菜专业合作社专业种植青花菜，种植面积120亩。孙宇是该合作社负责人，2014年他根据市场行情的分析，从浙江引进了耐寒青花菜品种“寒秀”错季种植，8月下旬播种，9月中旬移栽，12月下旬开始上市，成功抓住苏北青花菜下市之后、浙江青花菜上市之前的市场空档期，当年即取得了良好的经济效益。亩产量1 100千克，批发价4元/千克，亩纯收益2 600多元。

3.1.3 蔬菜品种更新较慢

在国外发达国家，农作物品种一般3～5年就更换一次，相比之下靖江市蔬菜品种更新较慢。目前，有些品种在本地种植年代较长，如华王青菜、合作系列番茄等，已在本市种植了十多年，由于多年种植，蔬菜产量和品质都得不到提高，部分蔬菜品种还出现了品质退化、病害发生严重等问题。造成品种更新慢的原因是多方面的。一是种植户种植观念较为保守，往往一种蔬菜种植一个品种表现较好后，几年内都很难再试种其他的品种，只有在看到别人确实成功的情况下，才可能改用其他品种；二是人们的消费习惯制约了品种的更新，对新引进的蔬菜品种短期内尝试率和认同率均较低。例如，靖江市农业委员会经作站曾做过上海紫青菜的引种试验，该青菜品种产量和品质均较好，但在本地市场上却乏人问津；三是优良品种尤其是国外品种价格昂贵，用种成本的增加也在一定程度上制约了品种的更新换代。

3.1.4 品种引进渠道多，种子质量难以保证

蔬菜生产技术推广部门引进蔬菜新品种，一般都要进行试验、示范，再进行推广，基本上能保证种子的质量、适应性和种植效果。随着蔬菜产业的发展和电子商务的繁荣，蔬菜品种引进渠道大为增加，而这其中也出现了不少问题：一是盲目引种，没有经过当地的适应性试验；二是网络购种时种子经营主体资质难以辨别，种子质量参差不齐；三是蔬菜种子包装标签标注不规范，部分散装种子仍然在市场销售；四是种子经销商偷梁换柱，蔬菜品种名称五花八门，同一个蔬菜品种出现多个

名称。蔬菜品种出现的多、杂、乱现象，难以完全保证种子的质量和种植效果，同时加大了农业技术部门为农服务的难度。

根据对各生产基地的调查结果，除地方农家品种、无性繁殖品种外，关于商品用种的购买渠道主要有以下5种：①到农技部门推荐的种子门市购买；②随意性选择本地种子门市，看品种说明合适就买；③外地有知名度的蔬菜品种，直接到外地门市购买或邮寄购买；④根据品种介绍，网上购买；⑤与蔬菜科研院所直接联系购买。不论采用哪种购种渠道，如果不经过常规的试验、示范而直接大规模引进，一旦出现问题，势必会给种植户带来不小的损失。

3.1.5　传统农家品种有待商品化供应

靖江香沙芋深受本地和周边地区消费者青睐，市场需求量较大。一直以来是通过自留种的方式进行生产，种性退化较严重，产量、品质有所下降，但受县级农技部门科研力量薄弱所限，提纯复壮工作开展较慢，至今还没有建立健全香沙芋种芋集中快繁商业化体系。

案例2

靖江市绿谷鑫丰蔬菜专业合作社负责人杜秋，直接与郑州市蔬菜研究所联系，在她的生产基地陆续引进了该所的郑研紫茄、郑研鼎厦菠菜、河南寒绿王韭菜、郑研冬久2039甘蓝等蔬菜品种。研究所对其进行了一定的种植技术指导和培训。

3.2　发展对策

3.2.1　更新优化大宗蔬菜品种，避免菜贱伤农

靖江市大宗蔬菜种类如大白菜、小白菜、番茄、茄子、黄瓜等种植比例较大，对实现菜农增收具有重要作用。但随着蔬菜市场的竞争越来越激烈，大宗蔬菜产品容易出现结构性、阶段性过剩，影响菜农收入。因此，需要围绕目标市场，更新优化这些大宗蔬菜的品种，提高产品质量，合理布局上市时间，增强市场竞争力，促进蔬菜产业健康发展。有条件的生产基地，可以根据自身特点，筛选出优良稳定的大宗蔬菜品种，增强区域化单一品种的规模优势。

3.2.2　加强省内蔬菜品种的育种能力和营销能力

加强省内蔬菜育种单位的育种能力和种子经销公司的营销能力，做到既能育出好种、也能卖出好种是提高省内蔬菜品种市场占有率的必要条件，也是加快靖江市蔬菜品种更新的有效途径。因此，对省内优质的蔬菜育种单位和销售单位，需要在政策、贷款、科研、技术等多方面给予支持，培育一批品质优良的蔬菜品种，培养一批营销能力强的种子销售单位，扩大省内自育品种在蔬菜种植品种的占有率，促进江苏省蔬菜种业快速发展。

3.2.3　适度宣传引种成功案例，引导品种更新进程

引进推广优良品种是一项最经济有效的农业措施，积极引进适合本地生产的新优品种，并做好栽培管理方法的配套，可以充分发挥良种的特性，取得最大限度的经济效益。要打破种植户较为保守的种植观念，蔬菜技术推广部门需要对本地和周

边类似生态环境地区新品种引进的成功案例进行归纳总结和适度宣传，引导品种的更新进程。

3.2.4 规范蔬菜种子市场管理

针对目前蔬菜品种的多、杂、乱现象，种子管理部门、工商部门应加强蔬菜种子市场的规范管理：一是在蔬菜种子生产和流通领域，加强普法宣传，营造依法经营、依法管理蔬菜种子的氛围；二是强化品种管理，规范蔬菜种子引进、示范、推广行为；三是狠抓市场监管，惩治违法经营行为；四是实行蔬菜种子的生产经营许可制度，强化质量管理，落实蔬菜种子品种登记备案制度；五是制订网络蔬菜种子销售管理办法，明确网络种子经营主体，切实维护购种者的合法权益。

3.2.5 加强对传统优良农家品种资源的保护

优良农家品种是经过长期人工选择和自然淘汰的产物，高度适应本地区的生态环境、耕作制度和老百姓消费习惯，具有独特的产品品质，并在本地区和省内外拥有较高的知名度，要做好传统农家品种的种质资源的保护和提纯复壮。例如，目前在靖江市生产上大面积种植的香沙芋，利用现代生物技术培育壮苗，提高优质品种覆盖率和统供种苗覆盖率，对发展靖江市香沙芋产业，提高产品市场竞争力具有重要意义。

4 靖江市蔬菜工厂化育苗现状和发展对策

培育健壮的秧苗是蔬菜生产的重要环节。工厂化育苗是在人工创造的最佳环境条件下，采用科学化、机械化、自动化等技术措施和手段，以草炭、蛭石、椰子皮、珍珠岩等轻基质做育苗基质，用穴盘做育苗容器，进行批量生产优质秧苗的一种先进生产方式。工厂化育苗体系育出的秧苗素质高、整齐度好、根系健壮完整、便于移栽、缓苗期短、成活率高等，在发达国家和我国的北京、上海、广州等大城市得到了越来越广泛的应用。随着靖江市蔬菜生产的不断发展，蔬菜品种增多、复种指数提高，要实现蔬菜产业效益的不断增加，蔬菜传统育苗方式必须进行改革，实施蔬菜工厂化育苗是蔬菜生产发展的必然选择。

4.1 蔬菜育苗现状

目前，靖江市种植的蔬菜中常规育苗的品种主要有西瓜、甜瓜、黄瓜、丝瓜、茄子、番茄、辣椒、豇豆、白菜、花椰菜、甘蓝、莴苣、芦笋、草莓、香沙芋等，除香沙芋从2012年起联合江苏省农业科学院开始进行香沙芋脱毒组培苗试验研究外，靖江市还没有出现真正意义上的工厂化育苗。根据对靖江市蔬菜种植大户育苗情况的调查（表2），靖江市蔬菜育苗基本上以自育苗为主，占到种植基地的82.35%，育苗方式包括秧田育苗、营养块育苗、营养钵育苗、营养杯育苗和穴盘育苗等，在设施或露地条件下进行；请他人代育苗或从种苗公司购苗的种植基地合计占到17.65%。

表 2　靖江市蔬菜生产基地育苗情况调查表

育苗情况	指　标	数　据
自育苗	基地数（个）	28
	所占比例（%）	82.35
代育苗	基地数（个）	4
	所占比例（%）	11.76
向种苗公司购苗	基地数（个）	2
	所占比例（%）	5.89

4.2　工厂化育苗发展前景

工厂化育苗技术与传统的育苗方式相比，具有用种量少，占地面积小；能够提高育苗生产率，缩短苗龄，节省育苗时间；能够尽可能减少病虫害发生；减少个人育苗风险性，提高菜苗抗逆性能力等优点，可以加快对“名、特、优、新”蔬菜品种的开发利用，加快优良品种推广，减少假冒伪劣种子的泛滥危害，并对蔬菜生产规模化、机械化、无害化和农民增收具有重要意义。根据对主要蔬菜基地的调研情况来看（表 3），在生产上愿意购买和可以尝试购买工厂化种苗的种植基地占到 79.41%，只有 20.59%种植基地表示不会购买工厂化种苗，可见工厂化育苗的市场前景良好。

表 3　靖江市蔬菜生产基地购买工厂化种苗意愿调查表

购苗意愿	指　标	数　据
愿意购买	基地数（个）	12
	所占比例（%）	35.29
可以尝试购买	基地数（个）	15
	所占比例（%）	44.12
不会购买	基地数（个）	6
	所占比例（%）	20.59

4.3　工厂化育苗发展对策

多年来，靖江市工厂化育苗发展缓慢的原因是多方面的，主要包括认识不够、蔬菜生产规模小、技术力量不足和资金缺乏等因素。因此，要加快发展工厂化育苗，需要从以下几点出发：

4.3.1　加强舆论宣传、提高生产者认识

工厂化育苗对实现蔬菜生产的规模化、产业化、持续高效发展以及实现农民增收、农业增效等方面具有十分重要的意义。因此，应强化舆论宣传，不断提高生产者的思想认识，把蔬菜工厂化育苗作为新时期蔬菜增收新的增长点，促进蔬菜业更快更好发展。

4.3.2 加大政策扶持、培育龙头企业

随着蔬菜产业结构调整的不断深入和蔬菜种植向规模化、现代化发展的不断加快，蔬菜工厂化育苗已成为必然趋势。目前，靖江市蔬菜工厂化育苗还处在起步阶段，基础薄弱，需要各级政府部门加大资金投入和政策扶持力度，把蔬菜工厂化育苗建设落到实处，鼓励龙头企业投资和发展工厂化育苗中心，带动产业发展。

4.3.3 降低硬件成本、培养专业人才

工厂化育苗一次成苗，需要从基质混拌、装盘、压穴到播种、覆盖、喷水等一整套作业机械设备，一次性投资较大。因此，需要加快设备研发工作，将科技成果快速转化为生产力，降低硬件成本，从而降低种苗的生产成本，以利于种苗产业的发展和大面积推广应用。同时，工厂化育苗需要一批素质好、技术全面、经验丰富的专家负责管理种子生产的全过程。只有软硬件都配套，才能把工厂化育苗中心建设好。

4.3.4 开拓市场空间，转变生产者观念

蔬菜工厂化育苗市场广阔、商机无限。市场决定生产，没有市场的生产只能是浪费人力、财力和物力短命的生产，蔬菜工厂化育苗的发展也一样离不开市场。因此，需要加大力度开拓工厂化育苗市场，通过宣传和示范，做好售前、售中、售后工作，使生产者转变观念，接受并愿意购买工厂化育苗的种苗。

如皋市规模设施蔬菜生产现状与思考

沙宏锋

（如皋市农业委员会蔬菜办　江苏如皋　226500）

摘　要：近年来，如皋市蔬菜生产紧紧围绕农业增效、农民增收的总体目标，以发展设施栽培为突破口，以规模园区建设为重点，强化配套服务与关键生产技术指导，如皋市蔬菜生产不断调整优化种植结构，表现为蔬菜品种趋于多元、结构进一步合理、“三新”技术推广加快、市场衔接力度加大。

关键词：如皋市　蔬菜　规模化生产　调研

1　规模设施蔬菜园区发展与效益情况

2014年如皋市30亩以上规模设施果蔬园区116个、面积3.68万亩。其中，搬经绿野农业园区、石庄镇以及如城、城北、长江等万顷良田区的设施蔬菜面积均在千亩以上。

1.1　2013—2014年26家定点蔬菜园区效益统计情况

如皋市26家规模设施蔬菜园区连续两年效益统计表明，2014年整体效益保持较好的园区有20家，占总数的76.92%；整体效益达到微利至保本水平的园区有4家，占总数的15.38%；有2家园区因为管理和资金问题及缺少技术人员等因素导致亏损，约占总数的7.7%（表1）。

表1　2013—2014年部分规模设施蔬菜园区效益情况统计表

年度	指　标	好	中	差
2013	园区个数（个）	16	5	5
	占比（%）	61.54	19.23	19.23
2014	园区个数（个）	20	4	2
	占比（%）	76.92	15.38	7.7

注：2013年、2014年跟踪调查26家规模园区，面积7 573.67亩。

统计还表明，规模种植效益较好园区净效益在0.25万～1.2万元/亩，效益差的仅有0.08万元/亩左右；同时，种植效益好的园区主要集中在50～300亩规模。从一个种植年度种植情况来看，由于园区上半年种植安排较到位、设施大棚利用率较高，加之上半年蔬菜价格往往高于下半年，因而大部分园区上半年种植整体效益能保持盈利，盈利水平在0.2万～0.9万元/亩；但不少园区因7～8月高温、技术管理水平较差等因素导致下半年园区难以种植到位、设施利用率不高，因而有部分园区下半年种植整体效益仅处于微利或微亏状态。

如皋市设施蔬菜生产经过近几年的发展淘汰，部分投入、管理和技术等不到位的园区，先后退出蔬菜生产领域，但仍有部分蔬菜园区生产效益不好。这也表明蔬菜生产中，既有内部的多样性、复杂性，也有外在的自然灾害风险、市场风险以及投资与效益回收的长期性。

1.2　2014 年三种不同规模类型典型园区调查情况

近期对如皋禾盛现代农业科技发展有限公司、如皋市复兴庄园区和如皋市振国农场三种类型典型园区调查，2014 年度三家园区主要产品为瓜果类、茄果类、叶菜类，种植规模分别为 1 000 亩、320 亩、80 亩，亩产值分别为 5 709 元、9 625 元、20 470 元，亩成本分别为 4 910 元、6 625 元、8 470 元，亩净收入分别为 799 元、2 600 元、12 000 元（表 2）。

表 2　2014 年度典型蔬菜基地生产效益情况分析表

项　　目		长江镇禾盛公司	北开区复兴庄园区	北开区振国农场	平均
蔬菜面积（亩）		1 000	320	80	467
年生产能力（吨）		3 000	1 500	1 000	1 833
亩产值（元/亩）		5 709	9 625	20 470	11 934.67
成本合计（元/亩）		4 910	6 625	8 470	6 668.33
农资投入等（元/亩）	种子	100	400	400	300
	农药	100	40	150	96.67
	肥料	200	240	500	313.33
	机耕费	80	200	300	193.33
	水电费	60	15	20	31.67
	辅助材料	300	450	500	416.67
	小计	840	1 345	1 870	1 351.7
人工费用（元/亩）		2 000	3 100	2 000	2 366.7
管理费用等（元/亩）	销售费用	150	120	1 000	423.33
	管理费用	100	50	1 000	383.33
	财务费用	20	10	20	16.67
	小计	270	180	2 200	883.33
土地流转（元/亩）		600	1 000	1 400	1 000
折旧等（元/亩）		1 200	1 000	1 000	1 066.7
亩净收入（元/亩）		799	2 600	12 000	5 133
主要销售渠道		商贩上门收购	直售如皋本地批发市场	直售南通批发市场	

2　规模设施蔬菜园区调查情况分析

2.1　基础设施对经济效益的影响

传统的城郊蔬菜基地在逐步退出蔬菜生产，取而代之的是近年来新发展的规模设施蔬菜生产基地，但是基础设施，特别是排水、灌溉等设施还难以配套到位。不同园区的设施等条件不同，抗御自然灾害的能力也就不同。因此，在同一年景下不同园区的蔬菜产量、产值和效益高低差距较大。

2.2　管理与技术的差异影响园区经济效益

如皋市不少蔬菜园区在规模扩大后，生产管理和技术仍停留在过去小规模生产阶段，调整不够及时、准确，难以保证生产效率，“三新”技术引进少，即使引进也难以掌握，不能发挥其应有的效应，促进园区增效增收等方面仍明显不足。调查发现，部分规模蔬菜园区面临人才缺乏困境，原有人员素质跟不上规模化生产的要求，突出表现为管理人员缺乏大规模生产管理经验、技术人员对规模生产技术掌握有限，明显限制了规模效益的充分发挥。技术水平的高低与管理的差距共同决定了产出和效益的高低。

2.3　用工成本在园区生产中比例较重

近年来，蔬菜生产面临劳动力紧缺的制约，不仅用工工价增长较快、导致蔬菜生产成本加大，更主要的是影响蔬菜生产计划的有序实施。劳动力紧缺问题已成为不少园区特别是规模较大园区的设施和土地利用率不高的主要因素之一。而园区在农业机械的配套上存在较大矛盾，缺少大棚内作业机械，从而增加了用工量。由表3可见，三家典型园区平均劳动力成本为2 366.7元/亩，占生产总成本的35.49%；土地租金及设施折旧为2 066.67元/亩，占生产总成本的31.00%；农资支出等1 351.7元，占生产总成本的20.27%。

表3　三家园区农业机械情况调查表

序号	机械名称		长江镇禾盛公司（1 000亩）	北开区复兴庄园区（320亩）	北开区振国农场（80亩）
1	大棚王旋耕机	马力	30	14	30
		台（套）	2	5	1
2	开沟机	马力	12	0	0
		台（套）	1	0	0
3	免耕机	马力	12	0	12
		台（套）	2	0	1
4	微耕机	马力	5	0	0
		台（套）	2	0	0
5	运输车辆	（辆）	8	4	1

注：园区反映生产中急需起垄覆膜一体机、移栽机械等。

2.4 科技创新能力运用不够

调查发现，有的园区种植作物种类多而杂；同时又表现为“三多三少”，即大众露地蔬菜品种多，稀有特色蔬菜品种少；低成本、低效益的蔬菜品种多，高投入、高效益的蔬菜品种少；简易栽培的蔬菜品种多，充分发挥设施作用的蔬菜品种少。由于生产技术与经验积累跟不上，导致生产出的产品在市场上没有竞争力；由于产品规模跟不上，导致抗御市场风险能力较差。

此外，不少园区新技术、新材料和新装备应用不够。如新材料方面，防虫网、诱虫板等应用不够。

3 规模设施蔬菜园区发展的思考

3.1 加强新型主体培育力度，促进设施农业可持续发展

设施蔬菜园区的组织形式今后应以家庭农场为重点，通过加大对家庭农场技术、资金等扶持力度，在其稳定成熟与发展的基础上，再来组建合作社。这样设施农业的发展才能做到扎实、持久。

3.2 种植品种相对集中，实施标准化生产

长久的发展要靠产品与品牌的支撑。建议园区蔬菜种植品种要根据园区面积合理配置，栽培种类要相对集中，既便于技术实施与用工管理，也有利于推进标准化生产与品牌创建。同时，建议100亩以上的基地每年要拿出2%左右的面积进行“三新”技术的引进示范，在实践中总结探索，为下一年度种植规划和产品营销奠定基础。

3.3 突破农机具限制，推进设施农业规模发展

设施农业属于高投入、高产出和劳动密集型的产业，设施园区所需的配套作业机具不足已成为制约设施农业发展的重要障碍之一。在现有设施农业机械没有明显突破的状况下，园区面积应以100～300亩为宜。

3.4 加大政策扶持力度，促进园区健康发展

一是上级项目资金重点要做好沟、渠、路、水、电、绿化等基础设施建设，减少蔬菜生产受自然条件的影响，同时搭建好蔬菜产销信息及技术服务平台。二是地方政府要加大配套资金力度，尤其是加大设施农业机械的补贴，减少农业劳动用工成本，提高设施农业的竞争能力。三是要积极开展“三新”技术试验示范，通过加强“三新”技术的运用，促进和推动设施农业的高效发展。

海门市蔬菜产品销售模式调研报告

海门市蔬菜站

（江苏海门　226100）

摘　要： 近年来，海门市大力扶持蔬菜基地建设，有效地推动了蔬菜产业的发展。2014 年，海门市蔬菜播种面积 58 万亩次，建有大棚 10.5 万亩。其中，200～500 亩 19 个，500～1 000 亩 46 个，1 000 亩以上 7 个。蔬菜业已从一个不起眼的小产业壮大为海门市农业的支柱产业，成了农业增效、农民致富的新亮点。

在蔬菜基地发展的同时，海门市委、市政府也采取多项措施推动蔬菜产销对接，实现蔬菜产销畅通。为挖掘高效蔬菜园区销售优秀典型，根据江苏省农业委员会文件精神，海门市农业局组织人员深入海门市蔬菜生产重点基地实地调研。

关键词： 海门市　蔬菜　销售模式　调研

1　订单生产价格平稳，蔬菜种植效益稳定

近年来，海门市部分蔬菜生产基地为应对市场多变对生产的冲击，与蔬菜收购企业签订订单，组织安排蔬菜生产，很好地避免了盲目生产。如海门市强盛农副产品有限公司、海创农产品开发公司、大地辉旺食品有限公司等单位的蔬菜生产基地同肯德基、麦当劳等西餐厅签订产销协议，按照协议确定种植品种、播种季节、种植面积及田间培管，蔬菜产品按保护价销售，规避市场风险。球生菜、番茄、黄瓜、青菜分别以 2.8 元/千克、4.5 元/千克、4 元/千克、2.5 元/千克收购，基地年亩产值稳定在 1.5 万元左右，亩效益万元以上。保障性的收购激发了生产基地扩大种植规模的热情，强盛农副产品有限公司在正余镇的 300 亩大棚蔬菜基地难以满足业务需要，又在海门高新区的万倾良田区新建 1 000 亩蔬菜生产基地。海创农产品开发公司、大地辉旺食品有限公司经过近几年发展也已建成了千亩大棚生产基地。

同时，海门市冷冻加工龙头企业采取“企业＋基地＋农户”的方式进行订单生产，促进了四青作物的发展。如位于四甲镇的江苏中宝食品有限公司，有大型冷藏库 4 座，冷藏量达 2 万吨，与周边乡（镇）5 万亩洋扁豆、西蓝花、荷兰豆、青毛豆、青蚕豆、青豌豆、青玉米（四青作物）种植户签订供求协议，保护价收购。目前，海门市拥有规模化农产品冷冻龙头企业 6 家，冷冻容量 8 万多吨。

2　建设蔬菜保鲜冷库，调节蔬菜供应

蔬菜保鲜冷库储藏是抑制微生物和酶的活性、延长商品蔬菜货架期的一种储藏

方式，降低病源菌的发生率和果实的腐烂率，还可以减缓蔬菜的呼吸代谢过程，从而达到阻止衰败、延长储藏期的目的。海门市在规模蔬菜园区建立保鲜冷库，调节蔬菜供应。如海门市悦海农业科技有限公司在蔬菜基地建立3个容量600立方米地头保鲜冷库，在蔬菜行情不好时进保鲜库储藏，有效地调节蔬菜供应，规避市场风险。悦海农业科技有限公司种植的300亩松花菜在2014年11月采收时因集中上市而滞销，价格在0.7元/千克左右，而经分级整理后进入冷库，待12月露地花菜田间采收结束后，价格升到2元/千克，经冷储藏后亩净增近3 000元，且产品供不应求。目前，海门市农产品保鲜库30多个，实现了蔬菜周年上市，提高了蔬菜市场竞争的能力。

3 设立直销直营门店，减少流通环节

近年来，海门市委、市政府对龙头企业和合作社等市场主体在沪、宁、杭及海门本地设立的农副产品直销专营门店进行了扶持，激发了基地设立直销直营门店的积极性。如海门市苏合专业合作联社联合海门市12家专业合作社，统一规划、统一销售、统一创立品牌，在海门市区及南通农副产品物流中心建设了5个连锁直销直营店，让海门市优质的农产品直接对应消费者，店内建立蔬菜平价销售区，蔬菜产品新鲜安全且价格较市场零售价低20%～30%，深受消费者青睐，年销售额上亿元，且生产企业种植效益比一般供应给经营者增加效益20%以上，带动了海门市蔬菜发展。

4 开展蔬菜配送服务，实现产销对接

南通龙图农业科技有限公司与南通大学等单位形成固定的配送关系，公司对基地生产的蔬菜进清洗、精选、去皮、切割后净菜配送，日配送量10多吨，日营业额2万元左右，带动了500亩蔬菜生产。海门味之原有机农场基于社会的使命感生产健康安全的有机农产品，直接向消费者配送农场的有机蔬菜，让放心安全的新鲜蔬菜从基地采摘、分拣后，在12小时内直接从基地配送到消费者手中。味之原农场的配送对象覆盖至上海、南通、海门等地，目前，配送服务对象近1 000户。由于蔬菜新鲜且不使用任何化学合成的农药、化肥，遵循自然规律和生态学原理生产出的优质、健康、安全的有机农产品，价格是普通农产品的5～10倍，且产品一直供不应求。

5 抱团进大市场批发，增强市场竞争

海门市规模化生产基地均建立起菜农自主经营、自负盈亏、自我服务、民主管理的蔬菜专业合作社，减少了生产销售的后顾之忧，促进了蔬菜生产的发展。如余东镇长圩村通过建立欣乐露地蔬菜合作社，变农户分散经营为组织化、集约化经

营，使土地向高效农业园区集中，已拥有成员 220 户，成员基地面积 2 000 多亩。合作社以“风险共担、市场共闯、利益共创、实惠共享”为理念，与成员签订收购合同，通过合作化经营、市场化运作、专业化生产，将农户分散的蔬菜产品集中销往上海曹安、江桥等农产品批发市场，解决了农产品分散供给与市场集中需求的矛盾，降低了市场风险，激发了农户种植的积极性，在合作社快速发展的同时，实现了农民的发家致富。在合作社的带动下，每亩净增收 5 000 余元，农民人均收入突破了 18 000 元。

6　电商交易扩大销售，增大销售渠道

顺应海门蔬菜发展形势，海门市农业局牵头建立了“海门携农网”，通过百度投放的关键词数量约 78 个，目前已有注册会员 638 人，网站平均每天有近百位客户进入浏览，海蜜甜瓜、草莓、芋艿、洋扁豆、香芋及速冻四青作物等海门市特色农产品点击率较高。“海门携农网”成为蔬菜生产者与消费者纽带与桥梁，促进了海门市农产品的生产销售，提高了农业经济效益。海门市旺盛农副产品有限公司采取了电商销售，通过几年来的网络推广以及开设淘宝店、在天猫商城等平台进行宣传推广，网络订单络绎不绝，加上线下开发的各类批发零售和配送网点，2014 年实现网络销售额 1 200 万元。

总之，海门市蔬菜通过多渠道销售，呈现产销两旺的态势，实现了生产者与消费者双赢。

关于发展启东市蔬菜产业的思考

黄陆飞

（启东市农业技术推广中心蔬菜站　江苏启东　226200）

摘　要：本文从启东市蔬菜产业的发展现状、存在问题和工作举措等方面进行了介绍。

关键词：启东市　蔬菜产业　发展思路

启东市近年来组织有关人员开展了蔬菜产业专题调研活动，现将启东市蔬菜产业发展情况总结如下：

1　发展现状

1.1　蔬菜产业加快发展

启东市在农业结构进入战略性调整的过程中，坚持以市场为导向，按照“发挥各自优势，培育主导产业，形成区域特色”的总体要求，不失时机地调整优化种植结构，以青蚕豆、青毛豆、青豌豆、青玉米为主的四青作物面积进一步扩大，逐步形成了规模化生产和区域化布局，总面积达50多万亩次，总产量28.81万吨，总产值3.64亿元。在启东市特色蔬菜中，大葱种植规模快速提升，从原来的不足千亩3年内发展到3万多亩，韭菜、西蓝花、绿叶菜、雪菜等特色蔬菜面积稳中有升，持续发展；以出口蔬菜、启东小辣椒、香沙芋、洋扁豆、香芋、本地山药等为主的土特产作物面积发展到20多万亩。通过优势产业的辐射，进一步拓宽了启东市蔬菜的发展渠道，为启东市高效规模农业的发展增添了后劲。

1.2　高效模式不断涌现

根据启东市耕作制度、土壤、气候等生态条件，在大量调查研究、总结经验的基础上，通过季节安排、品种搭配、资源综合利用和栽培技术的集成，对原传统种植模式进行重新改进和组装，原一年三熟制改为四熟制，充分利用夏熟作物蚕豆行间预留春播空幅中增种一季速生性蔬菜，同时又不影响春播。利用秋熟作物玉米、青毛豆、瓜类等收获后至秋播前这段空闲时间内增种一季秋豌豆、秋刀豆、西蓝花、生菜等晚秋作物，同时又不影响秋播。原低效作物改为高效作物，传统模式中经济效益较低的赤豆、大豆等作物，改为种植经济效益高的洋扁豆、白扁豆和小辣椒等。原收干作物改为收青作物，收干蚕豆、大豆、玉米等作物改为青蚕豆、青毛豆、青玉米。纯作棉改为棉花间（套）作蔬菜作物，充分利用杂交棉花单株增产潜力和边行优势，按规格扩大大行距，在大行距内间（套）作香芋、芦稷、韭菜等，基本上不影响棉花产量，又增加了蔬菜效益。通过研究创新完善，形成了共计五大类 20 多种蔬菜高产种植模式。优化了茬口，提高了复种指数、温光利用率、土地利用率和单位面积产出率，增产增效显著。

1.3　产业化水平逐步提高

把工作重心放在抓市场流通、摸清市场购销动态和行情走势，建立起较为稳定的直线流通渠道，形成流通促生产、生产推流通的良性循环。一是寻找订单农业占领市场。启东市 11 个蔬菜直供基地和上海江桥市场、上海蔬菜总公司、上海北市农副产品交易市场、龙阳食品冷冻保鲜公司等多家企业签订了蔬菜订单合同，建立“基地＋企业（公司）”模式。二是发展优质产品挤进市场。在新的形势下，消费者对农产品需求已由过去简单化转为多样化，对品种、质量、口味倍加挑剔。通过引进优质高产新品种，强化品牌意识，利用设施栽培制造时间差，拓宽产品上市时间，以优质无公害和独特风味赢得市民的青睐，迎合了时代的发展思路。三是建立营销队伍抢占市场。在市场经济新形势下，建好营销队伍，通过多种销售渠道，帮助农民及时销售产品，成为农民种植蔬菜的坚强后盾。以农业经济合作组织为龙头，发展了农民经纪人队伍，长年奔波在大江南北，在上海、浙江和江苏的南京、苏锡常等地巩固和开辟了农副产品营销阵地，承担着启东市蔬菜的销售任务，为蔬菜销售提供保障。

2　存在问题

2.1　传统的低效种植方式不合理

由于原有的种植习惯和固有的思想观念，启东市仍大面积种植蚕豆、玉米等低效作物。尽管一年种植多熟，但由于某一熟的亩效益太低，而影响全年综合亩效益，不科学长期种植品种单一作物，对高效规模农业的发展带来了一定的难度。

2.2　对高效规模农业的认识不充分

由于农民综合素质相对较低，思想意识滞后，所处的环境不同，加上大部分从事农业生产人员年龄偏大，存在怕苦怕累、不想办法、不敢创新等弊端，对高效农业存在认识偏差。由于目前市场产业化发展仍处于初级阶段，部分种植户诚信不足和流通及加工龙头企业的唯利思想，在一定程度上也影响了高效规模农业的发展。

2.3　市场机制尚不完善

目前，启东市虽然建立了较为松散型“龙头企业＋基地＋农户”的产业化开发模式，但还存在着品种多而不新、品质优而不特、品牌杂而不强等问题，存在着基础建设多而分散，规模效应难于显现，实施订单生产较难兑现，产业链条松散不紧，产业开发亟待提高。

3 工作举措

3.1 围绕优势产业，推进规模发展，着力做强三大产业

3.1.1 引进开发土特产业

启东市已初步形成了小辣椒、香芋、香沙芋、本地双胞山药、黑黄豆、黑芝麻、绿豆等传统土特产业，要积极引进、培育新品种，变零星为集中、变小面积为规模种植，逐步形成新的亮点。通过引进、转化等方式，将最新的农业科研成果和最新的技术逐步渗透到启东市农业规划布局中，创造新的增长点。

3.1.2 巩固提高名特优产业

启东市的韭菜、大葱、西蓝花、绿叶蔬菜、速生菜有一定知名度，今后要进一步改善品种、提高产量、降低成本，按照市场化、特色化和品牌化的思路组织生产。

3.1.3 培育壮大四青产业

四青作物作为启东市的一大主导产业，已逐步成为启东市的当家种植品种，形成了启东市农业结构调整的一个品牌。今后在四青作物的保鲜、加工、品牌上进一步发展壮大，延伸周边地区，扩大辐射面。同时，要继续争取订单农业，发展优质产品，建立营销队伍，拓展市场份额，使启东市的四青作物优势产业进入健康、有序的发展轨道。

3.2 围绕科技增收，推广高效种植，着力做实三项工程

3.2.1 品种优化工程

对特色品种进行不断开发，大力引进、推广实用优质品种，重点推广启豆5号、苏玉糯2号、紫玉糯、辽鲜1号、95－1、天鹅蛋、中豌6号等四青作物品种，规范质量标准，加强无公害管理，逐步形成具有本地特色的产业品牌。

3.2.2 设施增强工程

利用大中小棚、地膜栽培等制造时间差，在“早”字上下功夫，争得主动权。在蔬菜生产中，设施栽培面积进一步扩大，“两网一灌”要有大的突破，使蔬菜产量、效益有显著提高。

3.2.3 间套提效工程

启东市间套复种技术应用早、基础好、发展空间大，要进一步利用土地资源和空间优势，增种、套种高效、高产作物，优先发展冬季间套作模式，提高土地利用率，通过不同间作物的科学搭配和茬口衔接，提高农作物的综合效益。在已经形成的高效种植模式基础上，继续提出更多、更新型、更高效的立体种植模式，不断开发三茬以上的种植方式，力争年亩产值逐年递增。

3.3 围绕营销主体，实行订单生产，着力做优三个网络

3.3.1 龙头企业带动

要充分利用启东市20多家食品加工厂、冷藏保鲜公司等农业龙头企业，进一

步培育先进的农产品加工流水线，建设一批加工能力强、生产规模大、产品档次高的农业龙头企业，带动周边地区，形成规模生产基地，做大蔬菜产业。

3.3.2　合作组织推动

农民专业合作社是蔬菜产业发展的另一支重要力量，通过组建农民专业合作社，可以帮助更多的农民发展高效农业，促进优势产业、特色产业的区域化布局，规模化生产。要进一步提高入社农民和带动农户的比例，扩大合作社优势产业和基地农户的覆盖面。

3.3.3　农贸体系联动

加快形成农产品批发市场、专业市场、农贸市场和季节性田头市场相配套的市场网络，大力培育新型合作经济组织、种植协会、养殖协会等各类流通主体，支持和鼓励营销公司、农民经纪人搞活农产品流通，使各类流通主体真正办成服务企业、联系农民的中介组织，在蔬菜产业发展中发挥桥梁纽带作用。

启东市农业接轨上海工作及发展情况

董友磊

（启东市农业技术推广中心蔬菜站　江苏启东　226200）

摘　要： 随着2011年底崇启大桥的建成通车，启东市进一步紧密了与上海市场的联系，在保障农产品供应、扩大市场消费、维护市场运行稳定等方面广泛开展了形式多样的合作，确保广大人民群众“菜篮子”的丰富多彩。本文从落实农业接轨上海工作的措施和成效、进一步做好农产品接轨上海的工作打算、农业接轨上海工作特点和思路等方面进行了介绍。

关键词： 启东市　农业　接轨上海　举措　思路

随着2011年底崇启大桥的建成通车，启东市进一步紧密了与上海市场的联系，在保障农产品供应、扩大市场消费、维护市场运行稳定等方面广泛开展了形式多样的合作，确保广大人民群众“菜篮子”的丰富多彩。尽管受2015年总体经济增速回落影响，扩大消费、保证市场供应形势严峻，但启东农产品进入上海的发展势头良好。2015年以来，春节、五一、中秋、国庆等重要节假日对扩大消费、拉动内需带来了有利时机，也为启东市蔬菜、肉、蛋、乳制品、水产品等农产品进入上海市场创造了新的机遇，启东市更是加强了与上海多个大型农贸批发市场的合作，并取得积极成效。

1　落实农业接轨上海工作的措施和成效

1.1　做好启东市商品蔬菜的调查

通过开展了对启东市范围内特色农产品生产销售情况、启东市露地及设施蔬菜（在田以及全年规划）种植情况的调查统计工作，进一步掌握了启东市商品蔬菜的生产供应能力，为更好地制定相关发展对策提供有力的依据。

1.2　加强与上海市农业委员会、农业科研部门的交流与合作

通过往来考察、学习、引进上海新品种与新技术，进一步开展相关合作，建立互惠互利、稳定的交流机制。

1.3　努力开拓上海市场

为进一步加快启东市农产品接轨上海步伐，加大新鲜蔬菜供沪力度，从2015

年起，采取了多种途径和方法，在探索中找路，在实施中求径。

1.3.1 建立农产品供应基地

积极联系和督查各乡（镇）建立接轨上海基地［市政府要求每个乡（镇）建设一个以上种植规模超过300亩的接轨上海农产品供应基地，并将这项工作列入政府考核］，目前近海的阳升果蔬基地、合作的多吃点基地、启隆乡的嘉仕有机基地等农产品生产供应基地相继建成，为启东市优质农副产品进入上海市场开了一个好头。

1.3.2 加大“农超对接”力度

鼓励企业和基地在上海及启东、南通多家大型超市和农贸市场、农副产品物流公司（如乐天玛特、农工商、华润苏果、联华、大润发、五洲市场等）设立蔬菜产品便民服务区，加大蔬菜等农产品的“农超对接”力度。

1.3.3 大力度发展农产品在沪直销店

为加快启东市农产品进军上海市场步伐，市政府鼓励并大力扶持本地农产品生产、加工及经销企业、农民合作组织直接在上海设立农产品直销门店，市政府文件规定在启东和上海设立以销售启东农产品为主的直销门店给予一定补助。设立直销门店，目的是通过直销，减少流通环节，降低交易成本。这不仅丰富上海市民的“菜篮子”，为上海市民提供物美价廉的新鲜蔬菜，有利于促进上海农产品的稳定供应，平衡产销关系，稳定农产品价格，同时也使启东市蔬菜等农副产品种养基地实现产品与市民的直接对接，进而造福两地百姓。目前，启东市已在上海设立直销门店十余个，如位于上海市杨浦区的苏合·启东农副产品直营店、上海市闵行区的阳升果蔬直营店、上海世纪联华和大润发的嘉仕农机蔬菜分销店、上海双林第六要素果蔬分销店、上海闸北区卫东农产品直销店等。

1.3.4 探索上海农贸市场建立启东农产品直销点和超市

由启东京升农产品配送有限公司牵头，与上海市两个农贸市场管理公司签订长期供应蔬菜瓜果的协议，在上海农贸市场内设立启东农产品专销区，公司为各个蔬菜销售网点进行配送。公司从一开始的单设摊位到现在的摊位与超市相结合，经营模式在不断的优化。截至目前，公司总共在上海28个农贸市场设立了启东农产品直销点，其中摊位销售20个，超市形式的8个。为启东农产品种植基地直销上海，开辟了崭新的天地。

1.3.5 帮助企业或农民经纪人直接进入上海农产品批发市场销售搞好服务

青瓦园果蔬专业合作社、能新果蔬专业合作社、南通恒昌隆食品有限公司、丰泽园蔬菜生态种植专业合作社等果蔬种植基地通过与上海市江桥批发市场经营管理有限公司建立长期稳定的供应合作关系，将启东市优质农产品源源不断地输入上海市场；此外，帮助启东市农民经纪人，在上海七宝蔬菜副食品批发市场、上海东方国际水产中心（军工路市场）、上海市蔬菜公司北蔡副食品批发交易市场（浦东市场）、上海罗店蔬菜批发市场、上海真北蔬菜批发市场、上海五洲农副产品批发市场经营管理有限公司等大型农贸批发市场销售农产品提供必要的价格信息、物流运输等服务。

2 进一步做好农产品接轨上海的工作打算

随着崇启大桥的建成通车，为启东市蔬菜等产品进入上海市场创造了新的机遇。在机遇和挑战并存的大好形势下，应努力在“一平台，三接轨，一保障”上下功夫、勤探索、出成效。

2.1 建设好“一个平台”

要加强与上海的对口交流，开展整体性的农产品展销、推介活动。充分利用上海作为世界会展中心这一平台，一方面，组织相关的农业龙头企业、农产品基地等，到上海定期举办有组织、有声势、有规模的招商会、洽谈会、展销展示会，扩大启东农产品的知名度和外向度；另一方面，广泛与上海市农业委员会、市商务委员会、蔬菜公司全方位的接触，沟通情况，互通信息，达成多方合作意向，特别是种养品种、基地规模、种养时间、价格信息和政策扶持等有一个稳定有效的对话机制。此外，通过加大招商引资力度推进启东市农业接轨上海工作，充分利用一年一度的启东-上海农业招商会，做好农业接轨上海工作，通过招商引资，吸引各类投资主体来投入。在招商引资过程中，要在项目包装、项目推进和项目论证上下功夫。同时，大力组织各类农业招商活动，吸引国内外各类资金投入农业接轨上海中去。

2.2 完善好“三个接轨”

2.2.1 市场接轨

做好启东农产品接轨上海大市场这篇大文章，要坚持树立“双销”和“双牌”意识。所谓“双销”，就是“直销”和“批发销售”相结合，努力探索适应大生产、大流通的新经营模式，大力度开办直销店、农产品配送中心，以代理、代销、联购等方式建立经销网络，使农产品源源不断流向上海。所谓“双牌”，一是有品牌意识，要从种子种苗抓起，实行标准化生产，以优质产品打开上海农产品市场；二是有名牌战略，选择2～3个具有优势的拳头产品，统一品牌名称，在上海市场形成名牌效应。

2.2.2 智力接轨

启东农产品接轨上海的定位不同于山东寿光等地区的大众产品，应发挥区域地理、交通便捷的优势，大力发展高品质的启东特色的中高档蔬菜产品。而启东蔬菜整个产业基础薄弱，技术人才短缺，因此智力接轨很重要。下阶段着重做好三件事。

第一，加大引进智力的力度，建议政府出台引进农业智力的特殊优惠政策，重点引进上海或江苏省农业科研院所的高级人才智力，指导启东蔬菜。利用他们的技术、信息扶优、扶强启东蔬菜产业。

第二，更新农技人员的知识，与上海或江苏省科研院校联办农业技术研修班，帮助市级农技干部更新知识；与上海或江苏省科研院校联办农技培训班，帮助各乡（镇）农技人员提高技术水平；与上海或江苏省科研院校联办农业产业化培训班，帮助市、乡（镇）农技管理人员，包括各乡（镇）分管农业的领导，提高面向上海的意识和智力基础。同时，大力推广先进实用种养技术。重点在产品的保鲜、加工、储藏等产后技术上加强研究与应用，要吸引内资、外资兴办加工型农业龙头企业，提升启东农产品的档次。

第三，信息接轨。市场形势千变万化，信息机遇稍纵即逝。在接轨上海的过程中，信息是整个经营活动的发生剂和原动力。一要加快农业信息网络建设。启东市农业信息网延伸到各乡（镇）农技站，延伸到启东市所有科技示范户、种养大户、农业龙头企业和专业合作组织，并与上海农业信息网联接，如上海农产品中心批发市场、上海农业网、上海市农业科学院、上海农业技术网等网站建立密切合作，加快两地农业信息传递与交流。二要建立定期信息交流制度。由启东市农业委员会牵头，定期召开两地农业科研、推广机构、农产品市场联席会议，加强合作，建立农业信息绿色通道，在蔬菜等农产品新品种、新技术、新模式的推广应用，农副产品价格实时查询共享，随时掌握农产品供销信息变化动态等方面做好信息接轨工作。三要定期发布上海农产品信息。建议启东市报纸、电台、电视台等新闻媒介及农业委员会设施农业协会定期发布上海农产品需求信息、价格信息及各类种养新品种、技术信息，建立好完整的农业信息技术工程体系。

2.3　落实好“一个保障”

针对启东市农业接轨上海组织体系尚未健全，要强化农业接轨上海重点工作的组织领导工作，明确牵头部门，把农业接轨上海工作作为农业工作的重点之一，抓紧抓实，确保完成全年目标任务。当务之急是集聚必要的人力、物力、财力，要整合力量。建议组建专门班子，明确接轨上海的总体思路和目标要求，分设“沪办”“物流办”“基地办”，建立“三办”既合作又分工的工作机制，各负其职、各尽所能。

“沪办”即在上海设立办事机构。加强对接轨上海、融入“长三角”的战略研究，进一步了解上海市场的特点，特别是消费者对农产品的消费需求；掌握上海农产品市场准入制度的有关政策和条件，分析上海市场的农产品产销构成情况、质量安全标准要求和具体的操作办法；服务和促进上海各营销网络点的建设，协助各投资主体直销点的选址、证照办理、规范化门店的装修，协调上下、各方关系，使营销网络正常运行；同时，要提出进沪农产品各季种养品种、标准质量和热销农产品的建议性意见。

“物流办”即是服务于配送公司的机构。建议市政府出台扶持政策，鼓励农产品加工企业、种养企业主、农民经纪人及各方有识人士组建农产品配送公司。要通过各种关系，拓宽营销渠道，营销网络必须从单纯的零售（直销点、超市、摊位）延伸到定销（高校食堂、大型企业食堂、网购和大型餐饮企业）。“物流办”的职能就是要通过招商引资，物色投资主体兴办农产品配送企业，协助投资主体搞好交通运输、农产品储藏保鲜、停驻场地和各种证照的办理等工作。

“基地办”即是本地种养基地的服务机构。“基地办”的主要职能是规划布局、技术服务和质量监督。规划布局体现在三个方面：一是根据“沪办”提供的种养方案，结合启东实际，在现有的基地安排好种养品种、面积和茬口。二是对规模和特色产业，要制订好发展规划，分年度按规划实施。三是建立新品种引进、繁殖基地，缩短培育期。技术服务也体现在三个方面：一是要加大对三新工程的试验示范和普及应用力度，以满足农业生产发展的需求。加大先进实用技术的集成、示范、培训力度，提高三新工程、科技入户工程等项目农业成果转化率。二是要依托培训工程开展各种技术培训工作。三是增加《金土地》和《金色大地》节目的录制期次，增加播出频率，加大宣传和推广力度。同时，要推行全程质量控制体系，确保农产品安全、正常供给。四是要通过加大品牌建设力度提高启东农业及农产品的知名度。要加大名特优农产品的培育力度，要通过强有力的行政推动，努力使名特优农产品形成区域化布局、规模化生产、组织化运作、产业化经营，全面提升启东市农业发展整体水平。着力加强农产品的包装、推介和保护力度，加快农产品商标注册，强化农产品原产地认证工作，努力形成地方特色品牌。力争四青作物和王鲍芋艿获国家地理标识；认定省级名牌产品 2 个、南通市级名牌产品 3 个。此外，在努力开拓上海市场的同时加快发展启东市农业龙头企业。争取培育国家级农业龙头企业 2 家、省级农业龙头企业 3 家、南通市级农业龙头企业 6 家。加快发展农产品流通业。要在进一步提高农产品质量的基础上，全力做好农产品流通工作，重点培育 100 家农产品直销门店，壮大 100 个农业专业合作经济组织。建立农产品交易市场。要在现有启东城东农产品批发市场的基础上，规划建设一个占地 1 000 亩的农副产品批发市场，以此来带动启东市农产品流通业的快速发展。

3 工作特点和做法

3.1 农业接轨上海，各部门通力协作，加大力度务求实效，努力做好接轨上海的各项工作

2012 年启东市委农村工作办公室多次组织召开上海招商会，由市供销社牵头在上海组织展示展销，市农业委员会、市旅游局等部门也通过在上海组织名特优农产品展销会，使启东的名特优农产品直接走进社区，进入上海广大群众的“菜篮子”；此外，通过招商引资加大农业项目建设，推介启东市的优质农产品，扩大了启东农业接轨上海的影响，产生了良好效果。

3.2 农业接轨上海形式多样化

不仅有种养企业，还有农业龙头企业、农产品加工，更有流通农业企业等相关组织的积极参与，农业接轨上海发展态势呈现平衡发展状态。

3.3　农业接轨上海已成为政府行动

启东市委、市政府明确提出“江海联动、桥港互动、接轨上海、走向世界”和“领跑沿海、融入上海、包容四海”的响亮口号，这为启东农业接轨上海指明了方向。新时期“开拓、包容、创新、争先”的启东精神更加激发全市上下加快转型升级、全力抢抓桥港时代发展新优势，推进农业接轨上海各项工作迈向新台阶。

4　存在问题

4.1　农业接轨上海组织体系尚未健全

启东市还没有明确的单位和组织，负责启东农业接轨上海的工作。存在农口部门各自为政的状态。

4.2　农业接轨上海还没有龙头带动

启东市还没有真正能产值超亿元的农业龙头企业，启东市接轨上海的项目农业的实施主体带动能力还不强。启东市农业委员会将及时发挥自身多方面的资源优势，掌握启东市农业接轨上海重点工作的典型，不失时机地采取直接有效措施配合市政府及其他相关部门，抓好典型宣传，积极努力工作，充分发挥农业部门在启东市农业接轨上海工作中的探索创新和先锋模范作用。

启东市特色农产品基本情况

杨　芳
（启东市农业委员会　江苏启东　226200）

摘　要：近年来，启东市大葱产业取得了突飞猛进的发展，“地产三宝”、韭菜、青花菜、芦笋等蔬菜也得到稳步发展，洋扁豆、青皮长茄等特色农产品也正积极申报地理标志农产品，进一步扩大启东市地方特色农产品的影响力，通过项目带动和政策扶持，为启东市发展品牌农业的可持续发展提供了机遇。本文从启东市特色农产品发展的产业基础、制约因素、优势条件和建议意见等方面进行了介绍。

关键词：启东市　特色农产品　基本情况

1　产业基础

近年来，随着启东市农业结构战略性调整的进一步深入，重点实施了“五改”措施，即收干改收青、二熟改三熟、纯作改夹种、传统改特色和零星改规模，以青蚕豆、青毛豆、青玉米、青豌豆、青刀豆、青洋扁豆、青花生等为主的鲜食菜用作物发展势头强劲，形成了四青、“特经”为主导的特色种植业，是启东市年产值10亿元以上的农业优势产业。现有种植规模已达52万亩。近年来，启东市大葱产业取得了突飞猛进的发展，“地产三宝”、韭菜、青花菜、芦笋等蔬菜也得到稳步发展，洋扁豆、青皮长茄等特色农产品也正积极申报地理标志农产品，进一步扩大启东市地方特色农产品的影响力，通过项目带动和政策扶持，为启东市发展品牌农业的可持续发展提供了机遇。从近两年发展趋势分析，特色农产品又呈现出带动性扩展，一方面，农民省工增效意识不断增强，生长周期短、见效快、减种棉花、改种青毛豆现象比较普遍；另一方面，保鲜加工企业的快速崛起，为特色农产品产后提供了广阔的市场。

2　制约因素

2.1　规模化经营推进缓慢

农户种植面积依然偏小且分散，大面积连片规模难于形成，由此造成商品量低、生产成本高和标准化生产难实施等状况。

2.2　组织化程度仍较低

大部分农业龙头企业和农民之间联结松散，利益关系还不紧密，难以形成农产品大生产、大流通、大市场的格局。

2.3　市场波动较大

特色农产品价格年度间很不稳定，挫伤了农民的生产积极性。

2.4　农业产业链延伸不够

由于精深加工比重较小，鲜食农产品多以原料和初级产品形式直接进入市场，制约了农产品质量标准和市场占有率的提高，导致农产品附加值低。

3　优势条件

3.1　具有较好的区位优势

启东市位于南通市的东端，东临黄海，南靠长江，是长三角的黄金地段，特别是和上海一江之隔，具有上海经济向北延伸的巨大市场空间。在建的沪崇启大通道使交通更为便捷，时鲜产品销售更加通畅，为鲜食特色产业发展提供了契机。

3.2　具有优越的耕作方式

启东市旱粮多熟制的耕作制度是四青产业发展的基础条件，茬口灵活、作物多样、品种丰富、模式先进、产出高效；棉花、玉米等传统作物面积逐年下降，间套夹种模式不断优化，改种、增种收青作物比较普遍，短期增效开始凸现，四青产业呈现出较快的发展趋势。

3.3　具有良好的发展环境

目前，各地还建立了有各自特色的“企业＋基地＋农民经纪人＋农户”的模式，启东市专门从事农产品销售的农民经纪人达数万人，他们在上海、苏南等地开辟和巩固了农副产品营销阵地，承担着启东市特色作物的销售任务。随着产业化步伐的加快，为启东市特色产业的发展增添了强劲的动力。

3.4　具有较强的技术条件

经过多年的试验和摸索，通过积极实施种苗工程，选育了本地特色品种，引进和推广了一批优良新品种，在特色作物的肥水运筹、防病治虫等关键技术措施上，初步形成了高产高效配套栽培技术；试点无公害农产品生产基地；制定标准化栽培技术规程；逐步建立生产、加工质量体系，保证了鲜食绿色产业进入健康的发展轨道。

4　建议意见

4.1　强化特色产业组织领导

优势农业产业开发是一项长期而复杂的系统工程，通过建立一整套的组织和实施机构，充分发挥政府和相关职能部门对优势农产品合理、高效、可持续开发的综合协调，制定优势产业发展规划的扶持政策、考核目标，并抓好落实、加快推进，促进特色产业的健康持续发展。

4.2 实施产业升级发展战略

通过在品种上进行提纯复壮、更新换代，进一步优化品种结构，提高产品品质。针对启东市农产品整体加工程度低、覆盖面小、技术层次不高等突出问题，在优势农产品集中区，建立特色农产品加工聚集区，引导和鼓励加工龙头企业引进和开发先进的保鲜加工技术、工艺和设备，提高农产品附加值。启东传统的“四色豆”（黄豆、赤豆、绿豆、白扁豆）、“地产三宝”（启东香沙芋、双胞山药、富硒香芋）、青蚕豆、青花生、豌豆等是长寿食品特色品牌，在江苏省乃至全国都有一定的知名度，要加以广泛宣传，做好长寿之乡品牌。利用绿源基地和本地种质资源培育优质高产品种，针对启东伏花生、青蚕豆、香沙芋等品种退化现象，要逐年进行品种改良，防止品质下降，保持特色品牌品质的延续。启东市农业委员会目前正在申报本地洋扁豆、青皮长茄农产品地理标志，扩大其影响，不断挖掘启东特色产品的可持续发展潜力。

4.3 着力做强三大产业

4.3.1 开发土特产业

启东市的小辣椒、“地产三宝”、洋扁豆、青皮长茄、青花菜、韭菜、黑芝麻、黄赤豆等传统土特产业，要逐年扩大规模，实行间套夹种，调优作物布局，创造新的增长点。

4.3.2 提高“四色豆”产业

今后要进一步改善品种、提高产量和降低成本，按照市场化、特色化和品牌化的思路组织“四色豆”产业。

4.3.3 进一步培育特色作物产业

今后要在特色作物的新品种研发、配套技术包括轻简栽培方面深化研究，加快示范推广，在特色农产品的保鲜、加工和品牌上进一步培育壮大，扩大辐射面，使启东市的特色优势产业进入健康有序的发展轨道。

4.4 实施标准化管理和无害化生产

启东市多年来一直致力于以“三品”工作为抓手，大力推进农业标准化，大力培育优质安全农产品品牌，稳步发展无公害农产品，拓展绿色食品，挖掘有机食品，严格按标准申报，保证质量，强化认证产品监管，不断加强相关资金的扶持力度，形成了像“嘉仕有机”“多吃点绿色食品”等以“三品”认证为基础的自主品牌，在市场中得到了广泛的认可，也成为了游客们争相购买的绿色农产品。今后将继续以“三品一标”工作为抓手，培育发展启东市的农产品品牌。主要在以下三个方面开展工作：一是大力培育优质安全农产品品牌，稳步发展无公害、绿色、有机农产品，严格按标准申报，保证质量；二是强化认证产品监管，通过严厉打击假冒品牌行为、大力推行农产品质量追溯管理体系等手段，维护品牌的公信力，打响启东市的长寿农产品品牌；三是积极推进企业诚信体系建设，通过在启东市选择规模较大、基础较好的单位进行试点，鼓励、扶持、督促农产品生产企业构建农产品诚信体系。积极推行生产加工全程标准化管理，加快农产品质量安全检测体系建设，落实农产品质量监督检查制度。

4.5　完善提升营销网络

通过龙头企业带动，发展规模生产基地，巩固"企业＋基地""企业＋基地＋农户"生产模式，拓宽品牌农产品的销售渠道。重点培育具有较强竞争力、带动能力强的龙头企业，积极培育有一定组织规模、对农业结构调整和区域优势农产品发展具有促进作用的专业协会、农村合作经济组织和产销联合体。专业合作组织推动是品牌农业发展的一支重要力量，通过组建农业专业合作社促进优势产业、特色产业区域化布局，规模化生产，扩大合作社优势产业和基地农民的覆盖面，促使特色优势农产品生产从散户经营向集约化、规模化转变。农贸体系联动，利用上海直供门店平台，搭建营销基地，探索"超市＋基地"营销方式，打响启东农产品品牌，培育合作经济组织、种植协会、养殖协会等流通体系，充分发挥农民经纪人的产销优势，在品牌农业中起到桥梁纽带作用。逐步建立农产品质量标准体系，在质量、规格和包装等方面实行标准化，向分级收购、包装和销售过渡，使进入市场的农产品呈现出启东的特色品牌。

启东市大葱产业调研

季松平　顾协和　黄陆飞　董友磊

（启东市王鲍镇农业综合服务中心/启东市启隆乡农业综合服务中心
启东市农业技术推广中心蔬菜站　江苏启东　226200）

摘　要： 启东市的大葱畅销北京、河北、河南和新疆等地，大葱不但在北方地区市场销量大，而且在南方市场也十分畅销，经济效益显著。本文介绍了启东市发展大葱种植的条件及优势，对种植大葱的成本、效益以及露地大葱创造出较高效益的原因进行了剖析。

关键词： 启东市　露地大葱　种植　基本情况

近年来，随着政府刺激内需政策效应的逐渐显现以及国际经济形势的好转，大葱产业进入新一轮景气周期，从而带来大葱产品市场需求的膨胀，大葱产品行业的销售回升明显，供求关系得到改善，行业盈利能力稳步提升。

2012 年上半年，以大葱为代表的蔬菜作物打出了一记“葱击波”，在大葱价格领跑带动下，近几年启东市大葱的种植面积出现较大增幅。目前，启东市大葱种植面积超过 30 000 亩，全市商品大葱年总产量达到 12.8 万吨以上，总产值超过 2 亿元。启东市大葱生产主要集中在王鲍镇，包括合群村、聚星村、三岔店村、安良村、大生村、元北村等。此外，还有汇龙镇的正诗村、东海镇的建民村、合作镇的曹家镇村等地也有发展。大葱的规模化发展离不开市场的引导和制约，启东市大葱规模化发展的推动力量就是源自对市场前景的准确把握。

大葱营养丰富，作为时令蔬菜上市，北方市场对其需求和消费数量庞大，尤其是在元旦到“五一”期间，随着北方大葱上市数量的逐渐减少，启东市生产的大葱成为市场供应的抢手货。启东市大葱畅销北京、河北、河南和新疆等地，大葱不但在北方地区市场销量大，而且在南方市场也十分畅销，经济效益显著。

1　启东市发展大葱种植的条件及优势

1.1　发展大葱种植的重要意义

近年来，启东市农业紧紧围绕“农业增效、农民增收”这个农村工作方针，坚持以市场为导向，按照“发挥各自优势，培育主导产业，形成区域特色”的总体要求，不失时机地调整优化农业种植结构，加大了蔬果生产的发展力度，农民收入步步走高，产品供求关系、农业增长方式、运行机制和市场竞争关系发生了很大的变化，形成了具有启东特色的高效农业结构。同时，在国家“十二五”规划和产业结构调整的大方针下，大葱产品面临巨大的市场投资机遇，大葱行业有望迎来新的发展契机，完全符合启东市产业政策、行业和地区发展规划。大葱病虫害较少，耕翻壅土、施肥灌溉和采收等均可采用机械化作业方式进行，对促进生态条件的改善和提高机械化水平具有重大意义。

发展大葱产业，能充分发挥本地区独特的自然资源和社会经济区位优势，提升农业产业化水平，紧紧抓住沿海开发及桥港建设机遇，在锁定上海和国际农产品中高端市场、发展壮大大葱产业链前伸后延主导产业以及合作社培育和建设等方面均将发挥积极的推动作用。同时，打破了传统农业生产格局，农民土地流转后可加入合作社，既拿工资又有土地分红，增加了农民收入，还辐射带动周边地区大葱生产，使周边地区农民共同富裕。

1.2　发展大葱种植的有利条件

启东市基础条件优越，与北方大葱种植区相比具有更大的优势。一是气候条件优越。启东市属海洋性季风气候，四季分明，日照充足，年日照 2 196 小时以上，全年大于 10℃以上的活动积温 4 658℃，气候温和，热量丰富，无霜期长，全年平均降霜仅 56 天，雨量充沛，常年降水量 1 031 毫米。大葱在冬季也能正常生长，从 10 月开始上市直至翌年 4 月，直接从大田采收上市，根本不需要储藏。启东市生产的大葱产量高、品质优，在北京市场价格比北方生产的大葱高 0.5 元/千克。二是土壤条件优越。启东市地处长江入海口，滨江临海，地势平坦，沟河纵横，排灌方便，雨天不会出现涝灾；土地流转方便，易于规模连片，通过多年的农田设施建设，河道宽畅，沟河相通，灌溉系统完善，水源多且水质好；加之土地肥沃，农耕发达，其得天独厚的自然资源优势，是大葱生产的理想之地。三是地理位置优越。启东市滨江临海，与国际大都市上海仅一江之隔。特别是崇启大桥的建成通车，与上海往来的交通条件更加便利，启东的区位和资源优势得到不断放大，真正融入上海一小时都市圈，具有接轨上海市场的巨大优势。四是启东农村道路建设水平较高，路网体系较为完善，为蔬菜的运载提供了便捷的条件。此外，启东市农民勤劳淳朴，具有精耕细作的优良传统，种植经验丰富，劳动力充裕。

1.3　发展大葱种植的优势

在《启东市现代农业发展规划（2010—2020）》中提出，要努力将启东市建成现代都市农业产业区，为了实现农业结构的提档升级和发展模式的转变，大力示范并推广种植大葱在启东市具有较好的发展前景，主要表现在如下几点：一是顺应了启东市农业发展形势的要求，大葱在启东市已形成较大种植规模，在培育特色蔬菜产业方面具有较好的基础。二是发展大葱产业具有较好的效益，与启东市传统的粮棉油等露地种植农作物相比，每亩大葱产值能够达到 8 000 元甚至更多，大葱生产的比较效益非常明显。同时，大葱集约化、机械化和规模化种植进一步减轻了劳动强度，降低了劳动成本，具有省工节本的突出优势。三是种植大葱具有广阔的市场前景，由于在启东种植的大葱冬天仍能露地生长（即可以顺利越冬），利用这一特性，在北方市场（尤其是山东）大葱即将销罄时，再开始本地大葱的上市销售，避开了与北方大葱同期上市的问题，与山东等主产区打了一个“时间差”。因此，启东市大葱上市后一路畅销，而且价格较高，同样每亩大葱（按照每亩产 5 000 千克计算），与北方市场相比，收入就可以实现成倍增长。

2 种植大葱的成本及效益分析

启东市引进了元藏、天光一本等日本优质高产大葱品种，每亩产量 4 000～5 000千克，每亩的毛收入近 1 万元，去除每亩成本 3 000～4 000 元，净收入能达到 6 000～7 000 元。

2.1 种植大葱的成本分析

种植大葱的成本主要包括种子、农药和化肥等农资支出，浇水灌溉、机械培土、机械采收农机具使用及保养，田间日常管理及人工等。每亩成本在 3 000～4 000元，根据雇佣人工的多少有所不同。

根据 2013 年大葱市场行情来看，总体上大葱的批发价格在 2.0 元/千克左右，据此按照 4 000～5 000 千克/亩计算，毛收入在 8 000～10 000 元，去除成本每亩净收入能达到 6 000～7 000 元。

2.2 种植大葱的效益分析

昔日在北方市场广受欢迎的大葱如今在启东市也有了大作为，近年来，启东市大葱的种植面积持续快速增加，在为启东市种植农户带来了可观的经济效益的同时也开创了北菜南种、南种北销的又一高效种植模式。大葱露地种植具有高效、省工的突出特点，露地大葱创造出较高效益，主要得益于以下几个方面的原因：

2.2.1 品种优良

选择优质高产的元藏、田光一本等大葱新优品种。选择植株紧凑、抗病虫害，叶肉厚、叶色深绿、蜡粉层厚，假茎洁白、质地致密，不易弯曲、不易折断的优良品种。他们生产中使用的品种多以日本进口品种为主，包括元藏、田光一本等。

元藏、田光一本等大葱品种对启东市土壤的适应性强，地域性广，丰产性好，极耐储藏，它的耐储存性有着其他品种所不可比拟的优势。这两个大葱品种在启东市都可以种植，只要在大葱生长过程中保障有充足的水分供应，亩产就可达到 6 000千克左右。大葱在启东市可做周年栽培，生长期 180～210 天。耐热、耐旱、耐涝性均较好。

2.2.2 茬口合理

在生产中总结并推广了大葱/青蚕豆、大葱-小麦高效种植模式，使得露地大葱的规模种植模式能够得到优化。

大葱/青蚕豆这一模式为一年二熟制高效种植模式，该模式有利于特粮特经作物连片种植，规模生产，形成“公司＋基地＋农户”的产业化开发。大葱 3 月上中旬育苗，5 月中旬移栽，青蚕豆于 10 月中旬播种，套播在大葱行间，翌年 5 月中旬青蚕豆采摘上市。该模式平均亩产青蚕豆荚 800～1 000 千克、大葱 5 000 千克，年亩产值 12 500 元左右，亩效益 7 500 元。

大葱-小麦模式同样为一年二熟制高效种植模式，小麦是启东市重要的商品粮，也是弱筋小麦的产区，大葱后茬种小麦（小麦于 11 月中旬播种，采用机耕机播）。由于大葱收获以后土壤疏松肥沃，有利于小麦高产。平均亩产小麦 500 千克、大葱 5 000 千克，年亩产值 12 000 元左右，亩效益 7 000 元。

2.2.3　机械省工

随着大葱育苗技术、大葱病虫害综合防治技术、大葱机械化耕作、壅土和采收技术的不断推广应用，露地大葱种植不断采用机械化作业的方式进一步节省了人工，使得大葱的比较效益更加明显。此外，合作社与相关的农机专业合作社进一步合作，在采收季节合理调度农机具，进一步提高了采收效率。

以培土和采收为例。大葱在生长过程中要及时做好培土工作，一般培土 3～4 次，每次培土厚 3～5 厘米。通过控制好大葱种植的行距，合理调整和安排相关农具的配置，采用机械培土的方式大大提高了劳动效率。机械化采收通过大马力拖拉机配合农机具将大葱根部附近土壤旋耕疏松，使得大葱的采收上市更加方便快捷。

2.2.4　上市灵活

由于在启东市种植的大葱冬天仍能露地生长（即可以顺利越冬），利用这一特性，在北方市场（尤其是山东）大葱即将销罄时，再开始本地大葱的上市销售，避开了与北方大葱同期上市的问题，与山东等主产区打了一个“时间差”。因此，启东市大葱上市后一路畅销，而且价格较高，市场竞争优势更加明显。

启东市大葱产业的崛起，能够促进启东市大葱规模化生产、产业化开发，提高农民的大葱种植水平，从而提高产量和品质，适应市场农业的需求，作物产品有销路、有市场，有营销队伍，形成了生产、流通和销售产业化链式开发，提升了启东市大葱市场竞争力。

大力发展蔬菜版块经济，着力打造优势特色产业

陈爱山

（南通市海安县林果技术推广站　江苏南通　226600）

摘　要： 通过调研海安县蔬菜发展现状，本文针对目前面临的发展空间受挤压、劳动力缺乏、采后产业落后等问题提出了建议。

关键词： 海安县　蔬菜产业　调研　对策

1　海安县蔬菜生产现状

近年来，在省、市等各级高效设施农业产业政策的引导和各项支农措施的推动下，海安县蔬菜生产得到快速发展。至 2014 年底，海安县蔬菜播种面积为 33 万亩次，产量 57 万吨，总产值 75 000 万元，比 2013 年同期增加 12 000 万元。以海安县农副产品批发市场、角斜镇、李堡镇蔬菜批发市场等为重点的 8 个蔬菜专业批发市场 2014 年总交量达 30.7 万吨，总成交额达 41 000 万元，以江苏觊乐食品公司为主的 4 家蔬菜加工企业，全年实际工各类蔬菜产品 10 000 吨，加工产值 4 500 万元，出口蔬菜产值 50 万美元，蔬菜产业产值达 10 亿元。海安县近 8 万户农户专业从事蔬菜种植、或套种蔬菜、或参与蔬菜加工和蔬菜流通领域。

2014 年，蔬菜设施栽培面积 7.5 万亩（新增设施栽培面积 19 400 亩，含各类架构栽培），海安县设施蔬菜总产量达 28 万吨，比 2013 年增加 3 万吨左右，设施蔬菜的产值达 48 000 万元，比 2013 年增加 8 000 万元。李堡镇、角斜镇已建成 2 个相对连片万亩的设施栽培基地；近几年在扩大各类设施种植面积的同时，重点发展了档次较高的钢架大棚和温室大棚。海安县钢架大棚种植面积已近 12 000 亩，建有连栋钢架温室大棚 3 处，各占地 200 亩；新建工厂化食用菌企业 4 家，工厂化栽培面积达 3 万平方米。设施蔬菜种植的硬件设施有了提高。据统计，海安县设施蔬菜面积占蔬菜播种总面积的 31.3%，设施蔬菜的产量约占蔬菜总产量的 49%，产值约占总产值的 64%。竹架大棚每亩成本 0.3 万元，种植蔬菜收益每亩可达 0.55 万元；钢架大棚每亩成本 0.85 万元，种植蔬菜收益每亩可达 0.65 元，亩产万元菜的典型也不少数，李堡镇光明村被江苏省农业委员会评为江苏省 22 个高效设施园艺示范种植园，亩产 10 吨菜、亩产值超万元。

蔬菜生产已成为海安县农民增收的重要途径之一，正成为海安县农业优势产业，现就如何大力发展蔬菜版块经济，着力打造优势特色产业做如下探讨：

2　制约海安县打造蔬菜优势特色产业的因素

第一，海安县支柱农业产业挤压蔬菜板块的发展空间，畜牧、蚕桑是海安县农业的传统优势项目，发展基础较好，广大农户养鸡和栽桑养蚕方面积累了丰富的实践经验。根据海安县多年来的实践，养鸡的效益总体上好于蔬菜生产。蚕桑生产的总体效益虽不及蔬菜生产，但不需为产品销售犯愁。因此，与蔬菜生产相比，养鸡等畜牧业和栽桑养蚕项目更易被广大农民接收。农民在生产项目的选择、资金、劳力投向上更易向畜牧、蚕桑倾斜。畜牧、蚕桑两大支柱产业的发展壮大使农民得到了实惠，促进了地方经济的发展。但也存在着与蔬菜产业争劳力、争投入和争耕地等一系列的矛盾，挤压着蔬菜产业的发展空间。

第二，劳务输出及建筑业的发展造成了高素质劳动力缺乏，对蔬菜产业发展的影响逐步显现。现在，很少有青壮年在农村从事农业生产，他们大都通过以下渠道脱离了农业：一是升学。现在，升学率越来越高，加上本地入学率高，教学质量好，升学率就更高，每年都有大批学生考入大专院校，这批人极少有回农村当农民。二是通过职业技能培训出国或到上海、苏南等发达地区打工。三是文化层次低一点的青壮年跟着建筑企业或自己出去打工。劳务输出及建筑业的发展，使得大批的外出务工人员和建筑工人赚回了大把大把的钞票，但另一方面也造成了本地青壮年劳动力的缺乏，尤其是高素质劳动力缺乏。这对技术要求较高、劳动强度较大的蔬菜产业的发展是十分不利的，其影响已开始显现。

第三，加工、储藏、出口型龙头企业发展滞后，蔬菜的储藏、加工、出口一直是海安县的弱项，近一二年虽然有所发展，但规模小，有的仍是小作坊式的经营。出口也刚刚起步，出口量微乎其微，品种单一。缺乏龙头企业强有力的拉动，蔬菜产品销售缓冲的余地较小，市场风险增大，不利于蔬菜生产的可持续发展。

第四，技术体系不健全，海安县虽然形成了县乡技术服务网络，但仍不能适应设施种植业发展的要求。一是技术推广力量薄弱，县、乡（镇）两级园艺技术人才不足 10 人，人手不够，工作上处于被动应付状态，而乡（镇）级林果员都要站门市创收，解决吃饭问题，面对上级要求发展的巨大压力，技术服务不能到位，而且海安县设施种植起点不高，科技含量低，园艺栽培管理技术体系尚属经验型，距现代农业精确要求还相差甚远。二是专业人员的知识面较窄，难以回答和解决设施栽培中出现的方方面面的问题。三是知识老化，难以满足设施种植业发展的需要。四是青壮年劳动力外出务工，在家种田的基本都是老人和妇女，而设施种植为技术含量较高的劳动密集型产业，若大面积发展，有设施种植经验的劳力从何而来。

第五，蔬菜生产的立地条件日趋恶化，在老菜区特别是大棚种植区长年种植蔬菜后，土壤的盐渍化程度严重，病虫害发生较重，蔬菜的产量和品质都有不同程度的下降，调茬比较困难；再加上近几年水利建设欠账较多，菜田水利设施年久失修，抗御自然灾害的能力较差。海安县李堡镇、角斜镇等堤北片地区设施大棚马铃薯近 3 万亩，已有 20 多年的历史，由于马铃薯效益较高，农民不愿改种其他作物，所以年年种，连作障碍已经影响了马铃薯的生长，造成产量下降、田间缺株较重。老菜区特别是大棚种植区长年种植蔬菜后，土壤的盐渍化程度严重，病虫害发生较重，蔬菜的产量和品质都有不同程度的下降，调茬比较困难；再加上近几年水利建设欠账较多，菜田水利设施年久失修，抗御自然灾害的能力较差。近几年，新发展设施栽培多以种植西瓜为主，如不及时调田或改种其他蔬菜，也极易产生连作障碍。

第六，从投入产出的效益来看，设施蔬菜种植效益波动加大且有下滑趋势。随着设施蔬菜生产规模全国性扩大，设施栽培效益虽然比常规露地栽培要高，但比设施栽培发展初期效益有所下降。加上近年来石油价格不断上涨，造成的农药、薄膜等生产资料价格上涨，设施种植的成本大幅提高。而且，设施生产的蔬菜已呈现买方市场，易出现结构性、季节性和地区性的过剩。而海安县零散农户的设施种植的蔬菜效益高，主要是农户起早贪黑田间劳作，以不计用工成本才取得的。像规模种植园区，要顾佣农力进行种植，如果扣除用工成本、生产资料成本和土地成本，效益所剩无几。

第七，规模发展设施蔬菜土地流转难，大棚生产中无论是连片规模种植，还是轮作换茬都迫切需要土地流转。特别是大棚西瓜、甜瓜、茄子、番茄和菜椒等作物，经几年种植后病害严重，产量明显下降。农户想轮作换茬、想扩展、想调田，但很难。之所以调田难，一是由于承租权的妨碍，不好调；二是土地划分零碎，地块狭小，要调地牵动人家较多。再加上现行的土地承包及免缴农业税、种粮有综合农资补助政策，江苏南通地区工业不及苏南发达，人均土地又不及苏北多，农民对土地的依恋度较高，土地流转难成为制约海安县设施蔬菜发展的一个重要因素，目前海安县每亩土地流转费已经高达每亩 1 200 元。

第八，设施蔬菜种植劳动用工有冲突，每年 5 月是海安县蚕桑生产、夏收夏种的关键时期，规模设施蔬菜种植园区的劳力要回家养蚕、收麦，在此期间有 10～15 天难以找到用工，而此时也正是茄果类、瓜类蔬菜大量上市期，影响了设施蔬菜的经济效益。2011 年 5 月，雅周镇富雅设施栽培园 300 亩大棚蔬菜，最少时只 5 个人在田间管理，跟不上生产管理的需要。

第九，存在设施蔬菜栽培管理技术滞后现象。设施蔬菜生产技术要求较高，尤其对肥水管理、病虫害防治及温光气调控技术要求精细。而海安县不少新发展的设施蔬菜种植区，生产者原来都是长期种植水稻、小麦等作物，虽然通过参加培训和农技员的指导掌握了一些大棚蔬菜生产技术，但未能完全掌握设施蔬菜生产相应的栽培技术。一旦遇到一些突发事件就感到束手无策，无法处理，导致设施栽培的优势难以充分发挥，容易出现导致早熟栽培不早收、增产不增效的现象。

第十，设施结构简易不规范，近年来，海安县发展了不少高标准设施蔬菜园区和生产基地，但大多数农户由于资金的原因仍主要采用简易竹架、水泥塑料大中小棚，设施简陋、空间小、环境控制水平低。

第十一，设施蔬菜种植结构、模式简单。据抽样调查，海安县春季种植马铃薯、冬瓜、西瓜面积占总调查面积的 44.6％；秋季海安县规模蔬菜园区多以大白菜、包菜、白萝卜和胡萝卜等常规蔬菜种植为主。这里面既有追求短期效益因素，也有因为用工省、便于生产管理与采收销售等因素。部分规模园区还存在茬口安排不合理、土地利用率不高等问题，整体规模效益未能有效挖掘。

第十二，基础设施建设滞后。近些年，大量设施蔬菜用地是由城郊向农区转移建成的，农区的水利设施适应水稻生产，但不适应设施蔬菜生产的高要求，一旦改种蔬菜，排灌设施不足，致使蔬菜单产不稳；大棚设施建设标准低、不规范、抗灾能力弱，容易受雨雪冰冻灾害影响。2010 年、2011 年 7 月 10～15 日海安县连降 300 毫米大暴雨，客水倒灌，导致大公镇蔬菜生产基地受淹严重，在今后发展应引以为鉴。

3　打造海安县蔬菜优势特色产业有利条件

第一，种植蔬菜比较效益高，在种植业项目中，蔬菜生产的效益明显优于粮、棉、油和蚕桑生产。海安县蔬菜年平均亩产值 5 000 多元，露地蔬菜年均亩产值也在 3 500 元以上，均高于粮、棉、油和蚕桑的年均亩产值。设施栽培蔬菜的产值效益则更高，小棚栽培年均亩产值 4 500 元左右，大棚栽培年均亩产值 6 000～8 000 元。李堡镇的光明村、角斜镇的来南、汤灶村等蔬菜专业村近年来的年均亩产值都在 5 000 元左右。由于效益较高，蔬菜生产仍是农业增效、农民增收的重要途径，不少农民仍把发展蔬菜生产作为脱贫致富奔小康的重要手段，这对蔬菜产业的发展是有利的。

第二，发展潜力较大，蔬菜产业有较大的发展潜力，主要表象在：一是自然资源利用潜力大。蔬菜生产可借助于大棚、温室等设施的保护进行提前、延后促成栽培，实施集约化、工厂化生产，使土壤、光照等自然资源得到充分利用。二是增值、效益潜力大。大棚蔬菜搞得好的年均亩产值可超万元，即使是露地栽培也不乏年均亩产值 7 000～8 000 元的典型，只要茬口安排科学、技术运用得当、培管措施到位，蔬菜的产值、效益将在现有基础上得到大幅提升，发展空间很大。三是蔬菜加工、出口潜力大。蔬菜的加工、出口不仅拓宽了蔬菜产品销路，其附加值极大地提高了蔬菜产业的经济效益，惠及当地农户和地方经济。海安县的蔬菜加工、出口还刚刚起步，要是蔬菜加工达到蚕茧加工的规模，蔬菜产业达到茧丝绸的产业化水平，海安县的蔬菜产业将会出现令人鼓舞的局面。四是蔬菜套夹种潜力大。蔬菜生长周期短，栽培方式灵活，可与大田农作物、果树、桑园进行套种、夹种进行立体种植，海安县现有 15.3 万亩桑园和近万亩成片果园，以前桑园的冬季（10 月初至翌年 4 月初）大都是休闲，少量套种绿肥或蔬菜，经过近几年的宣传推广，海安县桑园套种蔬菜面积达到 6 万亩，套种桑园平均每亩增值 300 多元。桑园套种的潜力很大：一是海安县还有近 10 亩的桑园冬季未得到充分利用，如套种蔬菜，就按每亩 300 元计算，每年就是 3 000 万元；二是目前桑园套种的水平还较低，有的甚至未形成商品生产，桑园套种得比较好的，年套种蔬菜收入达 600～800 元，城东镇高庄村 2 组江省山等十几户蚕农桑园套种蔬菜的收入相当栽桑养蚕的收入，每亩达到2 000多元。要是海安县桑园套种每亩增加200元，又能增加3 000多万元。

第三，区位优势明显，海安县地处长三角，不仅气候等自然条件优越，而且区位优势十分明显。海安县距上海、南京、苏州、无锡、常州、镇江、扬州、南通等大中城市只有100～200公里的路程，运距短，运输成本相对较低，很短时间内可到达目的地。而且交通十分便利，新长、宁启铁路和328国道、204国道均在海安交汇，沿海高速和苏通长江大桥进一步拉近海安与上海及苏州、无锡、常州等城市的距离，为海安蔬菜的销售提供了更加便捷的通道。加上紧靠南通、上海港，蔬菜及加工制品的出口也较为便利。

第四，发展基础较好，近年来，农业结构调整促进了海安县蔬菜生产的发展。一是海安县蔬菜面积逐年稳步增长，生产水平不断提高。由过去的分散型小规模生产向集中连片基地化生产发展，形成了李堡、角斜和大公、农场两大蔬菜生产“板块”；生产由粗放型向集约化方向发展，蔬菜设施栽培发展较快；新品种、新技术进一步普及推广，海安县蔬菜生产基本上实现了良种化，良种覆盖率达到了90%以上。二是广大菜农商品经济意识、质量效益意识和心理承受能力显著增强，从干部到农户、从消费者到生产者、从市场到农民经纪人，关心产品质量安全和进行无公害生产的氛围正在逐步形成。三是流通网络初步建立。四是蔬菜加工业开始起步。尤为重要的是，各级领导对蔬菜产业的重视和支持，县委、县政府已把蔬菜产业列为海安县优势特色农业予以扶持发展，同时对蔬菜设施栽培、蔬菜基地、园区和加工龙头企业建设经常进行督查和考核，开展了“蔬菜第一镇”评比奖励活动，为蔬菜产业营造了良好的发展氛围。

4 蔬菜产业的目标定位

大力发展高效蔬菜产业，重点发展设施蔬菜栽培，积极扩大蔬菜生产规模，着力提高西甜瓜生产水平，进一步拓展蔬菜产业功能，建设具有较高水准的集高效、生态、观光为一体的海安县沿海绿色旅游农业片区和海安县万顷良田现代农业综合示范园。到2015年，蔬菜播种达36万亩次，蔬菜产量产量达70万吨；设施蔬菜栽培面积16万亩；蔬菜生产产值12亿元，蔬菜加工和流通产值达18亿元，蔬菜产业群总产值达30亿元，建成一个国家级标准蔬菜示范种植园，建成苏台农创园500亩精品蔬菜展示园和雅周万顷良田现代农业园1 000亩蔬菜现代化生产展示基地，建成6个省级标准蔬菜高效示范园，建成一个规模达12 000亩的永久性蔬菜生产基地。

5 打造优势特色蔬菜产业基地总体布局

第一，建设两个精品蔬菜种植示范园。在位于滨海新区角斜镇台创园的顾陶村建设500亩以种植台湾瓜果蔬菜为主，采用台湾品种，应用高新技术，标准化生产；在雅周现代农业园区，建设1 000亩设施蔬菜现代种植示范区，建设蔬菜研发及公共服务中心、蔬菜质量检测体系、建立质量可追溯系统、蔬菜加工配送中心、蔬菜工厂化育苗中心、示范物联网技术智能调控、采用两网一膜覆盖、物理防治、生物农药防治等无公害生产技术。

第二，积极发展出口创汇蔬菜，以出口日韩为主，扩大美欧市场，使海安县加入沿海重要的出口加工蔬菜产业群。以滨海新区角斜镇、李堡镇和南莫镇等为重点，主要种植青毛豆、青蚕豆、青芋头、草莓、青花菜、大叶菠菜和小菘菜等，建设出口蔬菜基地8万亩，培育出口蔬菜创汇100万美元以上的蔬菜加工出口龙头企业2家，力争将江苏觊乐食品公司培育成出口蔬菜创汇1 000万元以上的蔬菜加工出口龙头企业。

第三，大力发展设施蔬菜，以扩大大棚春提早、秋延后设施栽培为重点，发展高效设施蔬菜基地，建设高效设施蔬菜基地10万亩，以滨海新区角斜、李堡、大公、高新区海安镇4个镇为发展设施重点，新增设施5万亩，以生产春早熟茄果类、西甜瓜，秋延后蔬菜为重点。大力发展钢架大棚，提高钢架大棚在蔬菜设施栽培中的比例，提高蔬菜生产设施抗灾能力。在李堡镇、角斜镇、海安镇、白甸镇和大公镇等创建6个省级设施蔬菜高效示园。

第四，扩大露地蔬菜优势种植区域，以角斜、李堡、大公和雅周等镇为中心，生产豆类茄果类蔬菜等耐储运蔬菜、地方特色蔬菜为重点，建立番茄、马铃薯、茄子、辣椒和豆类等特色蔬菜基地5万亩，建立优质安全绿色大白菜、甘蓝菜和冬青菜生产基地5万亩，做成长三角大中城市“菜篮子”生产基地。

6　打造优势特色蔬菜产业政策建议

第一，加强对发展蔬菜农户的培训和指导。目前，海安县从事蔬菜生产农户以文化水平和科技素质不高的妇女、老人为主，简称“3860”部队，青壮劳动力外出打工，已成为影响蔬菜整体水平提高的“瓶颈”。因此，要结合海安县实施江苏省农民培训班工程、农民创业培训工程项目，重点开设蔬菜班，每年培训5 000人次，加强对现有蔬菜种植大户的培训与指导，提高他们的素能。同时，还要结合以省级、部级蔬菜标准园创建为抓手，辐射带动周边的广大菜农学习集约化育苗、标准化生产、采后商品化处理设施等技术，提高技术装备水平，推进海安县蔬菜规模化、标准化和产业化经营。

第二，增强蔬菜全程专业化服务功能。海安县已与2011年开始推广蔬菜全程专业化服务工作，工作已经起步，但距完全的专业化服务还有不少差距。针对海安县蔬菜专业合作组织运行的现状，要优先在蔬菜相对集中的地区引导农业经营户组加入合作社，支持农民蔬菜合作组织开展技术、生产资料采购、农艺管理和蔬菜产品销售等方面的合作，提高设施农业规模化、组织化经营水平，切实解决一家一户小规模分散生产与大市场、大流通的矛盾，组团出击，便于生产管理、技术推广、质量监管和产品销售，提高市场的竞争力。

第三，大力推进设施与农艺协调发展。首先，要确定适合海安县发展设施蔬菜茬口类型是：春提前、秋延后、夏遮阳；要实施蔬菜生产设施的更新换代，大力推广标准钢架大棚逐步取代原来的竹木、水泥大中小棚。其次，以供应沪宁线各大中城市为立足点，选用高产、优质、抗逆、适宜南通地区种植的设施栽培蔬菜专用品种。最后，重点推广双层大层栽培技术、地膜覆盖高垅栽培技术、膜下滴灌技术、穴盘育苗技术、高效低毒农药技术、长季节栽培技术、黄板与频振式杀虫灯物理防治技术，从而达到农艺与设施的最佳结合，达到优质、高产的目的。

第四，加强蔬菜产销对接服务。围绕蔬菜生产发展目标，重点抓好产销信息、技术和培训服务。引导大型连锁超市、农产品流通企业直接对接产地农民专业合作社发展订单生产和“农超对接”，建立直采基地和配送中心，加强城市消费市场和农产品生产基地之间的对接，发展产销直供、连锁配送，提高蔬菜流通效率，降低费用，增强市场保障能力。建立健全蔬菜营销信息网络，定期搜集国内外市场产品供求信息和价格信息，利用海安县农业信息网及时向种菜户、园区发布设施蔬菜生产和销售等方面的信息。对蔬菜品种选择、栽培要求等技术进行全方位培训，提高蔬菜生产的科技含量，增强产品的市场竞争能力。海安县已于 2011 年开展了蔬菜专业合作社与苏果超市对接，效果良好。

第五，加大对蔬菜生产的投入。对发展露地蔬菜喷滴灌也应给予补助；为了确保到 2015 年，海安县设施农业占比达 20%以上，近年来，除了省、市财政项目资金的支持外，海安县财政每年支持设施农业的资金逐年加大，2011 年为 1 200 万元，2012 年为 1 800 多万元。其具体政策为：对新建 50～100 亩、100～200 亩、200～400 亩、400～600 亩，每亩分别补助 1 500 元、2 000 元、2 500 元、3 000 元；600 亩以上的实行个案奖励。老基地新扩建的连片标准钢架大棚，总面积达到上述档次要求的，新增面积的补助标准按相应总面积档次标准计算。对新建钢架连栋大棚、日光温室、玻璃温室、喷滴灌或防虫网等设施，视规模和档次实行个案奖励。

第六，着力解决设施连作障碍问题。近年来，海安县通过加入江苏省设施蔬菜重大项目攻关协作组，对海安县大棚马铃薯通过试用美国亚联微生物菌肥来改良土壤，防治连作障碍已经取得很好的效果，亩增产达 25%以上，目前正在全县推广；发挥海安县水稻种植优势，着力推广水稻-蔬菜轮作的茬口模式，目前已在全县建起了多个示范区，大力实施“千斤粮万元菜”粮菜轮作模式工程。对全年种菜的设施栽培基地，通过使用亩施“庄伯伯”30 千克，进行高温闷棚，半个月后揭膜通风定植，同时又是一种缓效肥，已逐渐被广大设施种植户接受，今后大力推广。

第七，做好技术保障工作。一是要加快蔬菜名特优新品种的引进、示范和推广力度，采用工厂化育苗等先进的育苗设施和技术；二是加快设施栽培、无公害栽培、标准化生产等优质、节本、高效栽培技术的示范和推广；三是建立有效的科技推广机制，充分发挥大专院校的技术专长，采取政府购买服务的方式，为园艺园区提供技术支持；四是开展园艺科技入户工程，让园艺种植大户在品种、栽培等技术方面得到普及；五是充分发挥园艺各类园区及种植大户的载体作用，利用这个平台集中进行园艺新品种引繁和新技术示范，带动辐射。

太仓市蔬菜种源产业发展的现状及展望

太仓市作物栽培指导站

（江苏太仓　215400）

摘　要：通过对太仓市蔬菜种业和工厂化育苗现状的调查，分析了太仓市蔬菜种业和工厂化育苗存在的问题，并提出了加快发展太仓市种业和工厂化育苗的合理建议。

关键词：太仓市　工厂化育苗　现状　前景

蔬菜是人民日常生活中不可缺少的重要农产品之一。改革开放以来，随着我国农村产业结构的调整和“菜篮子”工程的实施，蔬菜产业在新品种、新技术、新模式以及产业化道路方面做了众多的探索和研究，并取得了长足进步。1990 年，全国蔬菜播种面积近 1 亿亩，总产量近 2 亿吨，人均占有量 170 千克。2011 年，全国蔬菜播种面积 2.95 亿亩，总产量 6.79 亿吨，比第二位的粮食多 1 亿多吨。到 2012 年，全国蔬菜播种面积已达 3.05 亿亩，总产量 7.09 亿吨[1]，人均蔬菜占有量 482 千克，为 1990 年的 2.8 倍、世界平均水平的 3.9 倍。蔬菜在社会中的角色和位置也在不断变化，由昔日的副食品，逐步成为人民生活中不可或缺的重要农产品；由昔日的“家庭菜园”，逐步成为农业农村经济发展的支柱产业；由昔日的创汇农产品，逐步成为平衡农产品国际贸易的主要农产品；由昔日的“一碟小菜”，逐步成为关系社会稳定的重大民生问题[2]。

新时代，新常态。当今的农业正处于由传统农业走向现代化农业的转型期。新时代，对新农业有了更高的要求。蔬菜产业，要适应新常态，谋求新发展，实现新作为，就要自我剖析，客观对待当前格局。只有了解自我，才能突破自我，取得新的成绩。下面，就太仓市蔬菜种源产业的发展状况进行分析，并提出相关建议。

1　太仓市蔬菜种源概况

在国家的大力支持和太仓市农业委员会的领导下，太仓市蔬菜产业发展迅速，近年来更是稳步向前。2014 年，太仓市全年蔬菜种植面积 29.28 万亩次，总产量 75.69 万吨，较 2013 年增加 4.3%，总效益 10.97 亿元，较 2013 年增加 6.6%。太仓市蔬菜平均单产 2 585.1 千克/亩，比全国平均单产 2 324.6 千克/亩（为 2012 年的数据，暂无 2014 年数据）高出 11.3%。

由表 1 可知，太仓市蔬菜种源主要来自省外，如河北、山东、河南、上海以及四川等地区，占 66.9%；进口种子占 19.5%，主要来源于日本和韩国，蔬菜种类主要集中于花椰菜、结球甘蓝、萝卜以及大白菜等；省内种源仅占 13.6%，其中大蒜品种主要是本地的太仓白蒜。

表 1　太仓市蔬菜种子来源调查

蔬菜	品种来源所占比例		
	省内（%）	省外（%）	国外（%）
大白菜	35	25	40
普通白菜	25	50	25
结球甘蓝	0	25	75
花椰菜	0	12.5	87.5
萝卜	7	33	60
胡萝卜	0	100	0
黄瓜	20	80	0
西葫芦	0	100	0
冬瓜	25	75	0
番茄	0	100	0
辣椒	18.8	81.2	0
茄子	4	70	26
豇豆	0	80	20
菠菜	0	81.7	18.3
芹菜	0	100	0
莴笋	10	90	0
大蒜	100	0	0
韭菜	0	100	0
合计	13.6	66.9	19.5

2　太仓市蔬菜新品种推广模式

当前，新品种推广模式主要有政府主导型、农业科学院及农业高校主导型、农业合作组织主导型、“企业＋农户”定向订单型以及专业性种子公司主导型等。目前，太仓市蔬菜新品种推广模式主要是政府主导型和农业合作组织主导型。具体做法是：在蔬菜生产区选定生产技能好、种植水平高、乐于助人和具有一定影响力的400户农户作为科技示范户，形成“大户带小户、农户帮农户”的示范辐射网络，示范带动周边蔬菜种植户运用新品种、新技术。近年来，太仓农业以粮食、蔬菜、水产和生态养殖为主导产业，积极实施农业内部一、二、三次产业联动发展战略，以高效设施农业规模化、生态休闲农业集聚化以及科技创新农业载体化为重点，高起点、高标准和快速度地推进现代农业建设，形成了“1＋7”（1个市级农业园区，7个镇级农业园区）园区化推进现代农业发展特色。在此基础上，优中选优，在8个园区内确立了5个蔬菜基地，进行高效接茬模式、新品种、新技术试验示范及推广，2014 年引进了 19 个蔬菜新品种，包括豆类新品种 2 个：通鲜 2 号蚕豆、龙翔全能冠豇豆；叶菜类新品种 14 个：华王青梗菜、豫南一号青菜、上海矮抗青、香菇芥蓝、速生四季西芹王、四季抗热耐抽薹生菜、苦叶生菜、罗马生菜、花叶生菜、紫叶生菜、日本长杆茼蒿、泰国抗高温芫荽、南通大叶黑塌菜、绿宝石甘蓝；其他新品种 3 个：美果一号甜玉米、苏玉糯 5 号、苏糯 102 玉米。在 5 个基地进行示范展示种植，示范面积达 200 多亩，进而推广辐射面积达 10 000 亩以上。

3　太仓市蔬菜工厂化育苗现状

由表 2 可知，除浮桥镇、开发区外，其他乡（镇、街道办事处）均已建有一定规模的工厂化育苗（秧）中心。但大多为水稻育秧专用，少部分为水稻、蔬菜兼用。生产中，除太仓市禾丰种业专业合作社工厂化育苗基地、太仓市满篮绿粮蔬产品专业合作社、太仓市绿阳蔬果专业合作社、太仓市祥和蔬菜专业合作社、太仓市仓润蔬菜专业合作社生产基地等蔬菜专业合作社以及其他部分蔬菜生产基地和蔬菜大户，基本实现工厂化育苗外，大部分蔬菜生产中种苗供应仍为传统育苗。

表 2　太仓市工厂化育苗（秧）中心建设统计

乡（镇、街道办事处）	育秧大棚数量	占地面积（亩）	用　途
璜泾	10	45	稻菜兼用
城厢	8	50	水稻专用
沙溪	5	10	水稻专用
娄东街道办事处	3	6.75	稻菜兼用
双凤	1	25	水稻专用
浏河	1	16	水稻专用
合计	28	152.75	

4　关于太仓市蔬菜种源产业发展的讨论

4.1　关于种业发展的讨论

农业是立国之本，种业则是农业之先导。种子作为农业最基础的生产资料，其生产水平和质量与农产品产量和质量息息相关。自加入 WTO 后，我国蔬菜种业面临国外同行的激烈竞争。目前，有超过 60 家国外种业公司抢占国内市场，其中包括经济实力、全球知名度较高的美国圣尼斯公司、日本米可多株式会社以及韩国首尔种苗和东原种苗等。我国地级以上国有农业科研机构超过 1 100 个，而从事蔬菜新品种选育并有一定影响力的育种机构还不足 50 家。在研究方法上，仍以传统手段为主，生物技术、信息技术、空间技术等高新技术还处于初期阶段[3]。例如，分子辅助育种技术逐渐成为引导全球作物育种革新的关键技术，从全球分子育种技术发展的水平来看，我国起步较晚，依然落后于美国等西方国家[4]。我国是农业大国，农业常年用种量在125万吨以上，成为继美国之后的全球第二大种子市场。蔬菜常年用种量约4万多吨。2013年，我国蔬菜种子进口总量约1.2万吨，较2012年增加11.5%，较2003年增加近50%。其中，绿叶菜类、芥菜类和茄果类种子进口量明显增加，根菜类、甘蓝类和葱蒜类等种子进口量波动性下降。进口主体主要集中在北京、山东以及广东等沿海地区[5]。本次调查发现，太仓市蔬菜种源有接近20%来自国外，其中白菜类、甘蓝类和根菜类（主要是萝卜）等蔬进口种源占比较大。这说明，在我国蔬菜种业蓬勃发展的同时，还存在些许不足。因此，要加大国内可替代进口种源蔬菜新品种的研发，提高国际竞争力，为我国蔬菜种业发展大动脉注入新鲜血液。

2015中央1号文件提出“必须将农业尽快从主要追求产量和依赖资源消耗的粗放经营转到数量质量效益并重、注重提高竞争力、注重农业科技创新、注重可持续的集约发展上来，走产出高效、产品安全、资源节约、环境友好的现代农业发展之路。”新常态下，蔬菜产业面临新的挑战。在国际市场竞争日益激烈、国内市场需求日益多样化的趋势下，蔬菜产业正向更高产、更优质、更安全和更环保的方向迈进，这也促使蔬菜种业的发展向品质更优、专用性更强、多抗性更高、耐储性更好和更具特色的新目标前进。

我国蔬菜栽培历史悠久，蔬菜种类繁多，在长期的农业实践中，已选育出大量的特色品种。另外，我国地理条件优越，南北跨约50个纬度，气候和地势的多样性为我国育种的多元化提供了良好的基础条件。但我国种业发展存在众多问题。例如，我国育种机构相对较小而分散，综合实力较低，抗风险能力差；科技投入较少，高新技术较为落后，农业科技成果转化效率较低（为40%左右，发达国家在80%以上）；种子质量、品质相对较低；种子市场较为混乱，政府监管力度有待加强；人才流失较为严重等多方面问题[4]。因此，要实现我国种业的重大突破，并非一朝一日，而是要多方合作，有计划地实现宏伟蓝图。

4.2 关于工厂化育苗的讨论

4.2.1 太仓市工厂化育苗现状和存在的问题

蔬菜工厂化育苗，是利用一定的设施条件，采用科学化、标准化、机械化、自动化等技术措施和手段，使蔬菜育苗达到优质、高产、高效的一项新技术，可显著改善育苗条件，提高秧苗质量，达到种优苗壮、整齐度高、无病虫害、根系健壮完整、易于移栽、成活率高、丰产早熟的目的，是现代育苗技术发展到一定程度的育苗方式，是未来蔬菜产业发展的必然趋势。它具有传统育苗不可比拟的优越性[6,7]。

目前，太仓市蔬菜种植规模化、集约化、机械化程度较低。蔬菜种植散户较多，蔬菜种苗供应大部分仍以传统育苗为主。但传统育苗全程基本由手工完成，劳动强度较大，费时费工、效率低下，用种量大、成本较高，出苗率、成苗率和壮苗率无法保证，对恶劣天气的适应能力较弱，种苗的质量和数量易受影响。这与当今太仓市蔬菜产业发展要求极不相符，已成为太仓市蔬菜产业健康快速发展的限制因素之一。2008 年，太仓市在江苏省率先启动工厂化育苗工作，合作社高效育苗平台、自动灌溉等现代农业设施一应俱全。禾丰种业专业合作，经过多年的摸索和实践，其工厂化育苗技术越来越成熟，现在不仅可以为本地的种植大户开展订单式育苗服务，还可以为常熟、南通等地的客户提供规模化育苗服务。合作社共建有 3 个智能化温室育苗大棚，总面积 4 500 平方米，年育苗量在 2 000 万株左右，可以供大田种植近 2.0 万亩次，90%的苗供应太仓市场。工厂化育出来的菜苗长势整齐划一，不仅质量好，而且栽种相当省事，每亩地比自行育苗节省人工钱 100 多元。

尽管太仓市工厂化育苗进程有了很大进步，但仍存在一些不足之处。第一，政府支持力度不够。近几年，政府在蔬菜产业新品种、新模式、新技术的推广应用方面给予了大力支持，但在忽略了蔬菜种植关键环节——种苗供应。只有部分蔬菜合作社和蔬菜种植大户，受利于工厂化育苗。大多农户蔬菜生产中仍旧使用传统育苗方式获取种苗。第二，2015 年江苏省科技厅公布了第四批江苏农村科技服务超市名单，太仓市东林村经济林果产业便利店和泰西村设施蔬菜产业便利店榜上有名。到目前，太仓市省级农村科技服务超市已有 7 家，说明太仓市在农村科技服务建设方面取得了长足进步。但在工厂化育苗的宣传、科技示范和推广等方面的工作还需进一步提升和加强。

4.2.2　对太仓市工厂化育苗的发展几点建议

第一，加大宣传力度，提高公共认知。一直以来，传统育苗在太仓市蔬菜产业发展中有着不可或缺的地位，众多农户在长久的实践中已形成了自有的经验做法。虽然对工厂化育苗存有一定认识，但还未达到“不得不”的程度。因此，在今后的工作中，还应通过多种手段、多种途径，如培训、讲座、各种媒体以及通过农村科技服务超市，进行全方位宣传、示范和推广，让农户充分认识到工厂化育苗的优越性和必要性，让农民成为工厂化育苗的最终受益者。

第二，加大科技投入，提升工厂化育苗水平。工厂化育苗是一种科技化投入和机械化投入较高的节约化、规模化的现代育苗技术。对工厂化育苗的科研创新有更高的要求，无论现有蔬菜品种工厂化育苗的优化，还是新品种工厂化育苗的环境控制，都要一丝不苟、科学严谨。因此，要加大工厂化育苗的科技投入，全面提高工厂化育苗的综合水平，生产出更加优质、更加可靠的蔬菜种苗。

第三，加强职业培训，塑造高素质队伍。工厂化育苗是一项科学技术集约化的育种方式。因此，需要一支懂科学、懂技术、懂管理、懂经营的综合素质较高的队伍，为工厂化育苗注入鲜活力量。

第四，加强政策支撑，推进工厂化育苗进程。为提升工厂化育苗企业供苗和蔬菜种植物购苗的积极性，政府可对工厂化育苗企业的建设提供一定的技术、机械和资金等方面的支持；对蔬菜种植户给予一定的购苗补贴。制定相关政策法规，有效保障种苗供应和种苗购买两者的利益，全面推进工厂化育苗进程。

参考文献

[1] 农业部 .2012 年全国各地蔬菜、西瓜、甜瓜、草莓、马铃薯播种面积和产量 [J] . 中国蔬

菜，2014（1）：94.
[2] 李建伟．我国蔬菜生产发展的现状与对策措施［J］．湖南农业科学，2013（16）：7-11.
[3] 张永强．我国蔬菜种子产业发展对策研究［J］．种子世界，2011（6）：1-3.
[4] 胡亮，司龙亭，关晓溪．我国蔬菜种业现状浅析及前景展望［J］．江苏农业科学，2013，41（3）：401-403.
[5] 段韫丹，司智霞．2013年我国蔬菜种子进口情况分析［J］．中国蔬菜，2015（2）：6-9.
[6] 毛久庚，唐懋华，魏猷刚，等．南京市蔬菜工厂化育苗的现状及展望［J］．江苏农业科学，2011（1）：190-191.
[7] 陈坤，张庆，社闫妞，等．对济源市蔬菜工厂化育苗的思考［J］．现代农业科技，2014（10）：127-128.

创新销售模式 促进产业化经营

常熟市蔬菜销售模式调研

高 蓉

（常熟市农业委员会 江苏常熟 215500）

摘 要：随着江苏省“菜篮子”工程蔬菜基地建设、三新工程、省级高效设施农业、国家大宗蔬菜产业体系等项目的实施推进，常熟市的蔬菜种植品种不断丰富、种植技术不断创新、加工外贸不断发展，蔬菜产业已成为常熟市的优势产业。至2014年末，常熟市常年蔬菜地面积11.5万亩，季节性蔬菜面积3.5万亩，播种面积41万亩次，总产量115万吨，总产值达13.3亿元。同时，设施栽培面积不断扩大，大棚和防虫网室面积达3.5万亩，喷滴灌灌溉面积达6万亩。与此同时，常熟市蔬菜销售模式也从传统的农产品批发市场向现代销售模式不断进行着创新。

关键词：常熟市 蔬菜销售 创新模式 调研

1 常熟市蔬菜销售模式调研

1.1 以农产品批发市场为主的传统销售模式

近年来，农产品批发市场一直是常熟农产品流通的主要渠道，覆盖了所有农村、市郊农产品集中产区，基本形成了以城乡集贸市场、农产品批发市场为主导的农产品营销渠道体系，构筑了贯通常熟与苏州、上海以及全国各地的流通网。蔬菜批发市场发展的规模化、现代化，对加速农产品流通、增加农民收入、满足城镇居民每日新鲜蔬菜的消费需求发挥着积极作用。常熟现有农产品批发市场5个，其中大型蔬菜批发市场有常熟市农副产品交易市场、梅李蔬菜批发市场、董浜曹家桥农产品批发市场等。2014年，常熟专业批发市场批发蔬菜总值达9.45亿元，约占常熟蔬菜销售总值的70%，总批发量约84万吨。

1.1.1 优点

一是销售集中、销售量大。批发市场将分散的农户集中到一起，蔬菜品种、数量形成规模，特别是对于分散性、地区性、季节性强的农产品，蔬菜批发市场无疑是一个不错的选择。二是市场信息反馈快。批发市场连接着农户、基地与小商贩、超市、餐馆等，将需求信息直接反馈给生产者，便于农户根据市场行情变化合理安排生产品种。三是便于集中运输、储藏和保鲜。借助其规模化的优势，常熟市曹家桥农副产品交易中心配有蔬菜冷链配送中心、农资配送中心，将蔬菜基地的蔬菜清洗、分拣、包装后配送到常熟乃至苏州的各个配送点，让市民每天都能吃上本地新鲜菜。

1.1.2 问题

一是信息通过商贩之间互相传播，没有信息共享平台，存在片面性，蔬菜的价格随着供需不稳定而变化很大。二是管理水平低下，很难充分发挥商品集散、信息传递和安全保障等市场基本功能，只是承担着提供交易场所的作用。三是由于缺少农产品批发市场的准入、退出机制，农产品批发市场恶性竞争事件频发，不仅给竞争双方造成较大的经济损失，而且对农产品的稳定供应产生不利影响，从市场波及上下游农产品经销商、消费者和生产者等多个环节。

1.2 以配送超市、学校、公司等为主的订单式销售模式

以配送为主的订单式销售模式随着常熟市民的生活水平逐渐提高而发展势头迅猛。2014 年，常熟市蔬菜订单购销达 3.38 亿元，占蔬菜销售总产值的 25%（图 1），总订单量为 30 万吨。江苏省常熟现代农业产业园区、常熟市碧溪新区现代设施农业科技示范园区、梅李镇高效设施蔬菜产业园区三大蔬菜基地生产的蔬菜配送超市、企事业单位、学校、餐馆等。常熟市董浜镇东盾合作社产品直供苏州大学等大专院校；常熟市梅李镇海明园艺场与 13 个大润发超市分店对接的基础上，积极摸索、大胆尝试跨区域对接流通，近年来已先后与苏州绿天企业、千仞岗公司、郎慧批发市场、南环桥批发市场、中小学校、部队以及蔬菜加工厂等多个企事业进行“农超对接”“农商对接”“农校对接”。

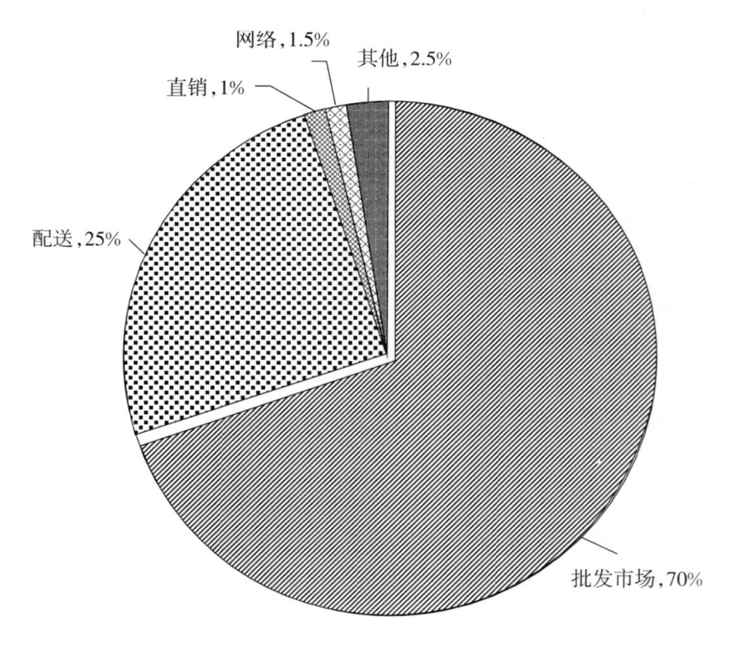

图 1　常熟市蔬菜不同销售模式比例

1.2.1 优点

一是食堂、超市、企业等由于其统一采购、统一配送，与工业生产企业、农副

产品基地直接挂钩，统一进货，规模经营，确保产销衔接密切，降低因产销脱节而造成的农产品损耗浪费，有利于降低进货成本，增强企业竞争能力。二是配送能有效提高农产品质量，推进优质安全农产品的标准化和产业化生产、加工。同时，生鲜农产品是超市店面的形象中心和利润中心，也是消费者选择商店的重要标准，正逐步成为超市获取竞争优势的重要手段。三是提前签订订单保证了配送这一方式为消费者提供价格合理、安全可靠的农产品，特别是冷链配送，与一般配送相比，更是保证了蔬菜从田间到餐桌的新鲜度。

1.2.2　问题

一是门槛高。高额的进场费和庞大的资金周转压力，让许多经销商、生产企业对农产品超市望而却步。二是成本高。订单配送与农贸市场相比，人工费高，而且还有冷藏保鲜和包装加工等环节，因而形成了价格上的劣势。三是我国农产品产销对接模式发展还不够成熟，经营管理不够规范。产销双方达成合作意向后，签订的协议对双方行为的约束效力还不够强。在面临千变万化的市场行情时，具有信息优势的一方很容易违约，以追逐更大的利益，损害了处于信息劣势一方的利益。

1.3　农产品平价直销店

农产品平价直销店是一项政府保障百姓“菜篮子”的民生工程，蔬菜基地通过成立直销点来保证稳定的销量，自己生产，自己销售，通过产销对接，减少销售中间环节，从而降低农副产品价格，既利农，又惠民。常熟市从2011年设立农产品平价直销店以来，现已增至33家，主要有海明农业、碧溪农产品平价直销店、田娘农场和横塘蔬菜专业合作社报慈直营店等。这些平价直销店每天确保有15个以上的蔬菜品种低于市场平均价20%以上，1元以下品种不低于5个。2014年1～4月，常熟市33家农产品平价商店共向市场销售平价蔬菜500吨，累计减少市民支出300多万元，实现农民增收59万元。

1.3.1　优点

一是价格实惠。常熟政府对新开设的直销门店一次性补助2万元，以期保供、稳价、惠民，每天15个以上的蔬菜品种低于市场平均价20%以上，保证了价格的亲民。二是新鲜。直销门店的蔬菜都是当天从生产基地采摘、分拣、清洗后直接配送过来，保证了市民每天都可以吃上放心菜、新鲜菜。

1.3.2　问题

一是规模偏小。与农贸市场、卖场相比，目前常熟的平价蔬菜店营业面积普遍较小，一般仅在50～80平方米。由于面积有限，供应量自然也就小，所以难免陷入“店越小菜越少，买菜人更少”的恶性循环。二是货源欠稳定。平价店的蔬菜来自蔬菜种植基地，品种一般季节性、地域性强，导致供货品种、供货数量变化大，特别是冬季时蔬较少时发挥不了平价直销店的优势。三是管理尚不健全。由于平价直销店模式尝试起步阶段，管理人员水平参差不齐，各个平价店之间经营状况差别较大。四是惠民与利润间的矛盾。政府一次性补贴后，平价店要长期保持每天15

个以上的蔬菜品种低于市场平均价20%以上还持续盈利挑战很大，惠民与利润的矛盾将长期存在。

1.4 农产品电商模式

2014年中央1号文件提出了“加强农产品电子商务平台建设”，农产品电商将是未来营销的重要形式。常熟市也对蔬菜网上营销进行了大胆的尝试，2014年，常熟市曹家桥冷链物流有限公司、常熟市海明现代农业发展有限公司、横塘蔬菜专业合作社、江苏阿里山食品有限公司、常熟市神农果业专业合作社、江苏君轩园玫瑰科技有限公司、常熟市天狼月季基地、常熟市新欣生态园有限公司等多家农产品电子商务示范点通过为天猫旗舰店、淘宝网、阿里巴巴、1号店、江苏省放心吃网站、微信和公司自主网站等销售平台进行线上营销，年销售额为7 833万元，主要产品为绿色蔬菜、果品、禽蛋、炒货、干果和果树树苗等。近年来，常熟市常客隆连锁超市集团开发了“家易乐”电商平台，完善了物流配送体系，对接园区、基地、社区，实现了农产品“产地直供、冷链配送、全程检测、新鲜到家”的配送服务。目前，常熟市多家农业龙头企业正在抓紧筹备或建设电商事业部，以加快发展线上交易。

1.4.1 优点

一是网络信息传递量大、信息交互性强。通过互联网可以使各地客商充分了解本地区农产品信息，包括农产品的产地、种类、价格、数量和质量等，从而促使购销行为发生，为大幅提高农产品销售量提供了可能。二是网络营销可以为农产品买卖双方节约交易费用。一方面，买家不必为了解行情，亲自来到农产品产地了解农产品情况，为其节约费用；另一方面，农产品卖方也不必为搜集信息东奔西跑，节约销售成本。三是网络营销还能有效地解决时间和空间上的矛盾，克服农产品易腐、储藏周期短、损耗大等自身特点所引起的流通问题。

1.4.2 问题

一是对于习惯线下交易、不熟悉网购的农户来说，需要克服技术和观念上的障碍。虽然常熟电商在网络、微信等平台上的农产品销售体系已初具雏形，但要让广大农户都参与进来，还需要不懈的努力。二是网络平台开发、在线购物体验日渐成熟，但目前市场潜力还没有开发出来，消费者的购买习惯还没有形成，类似常熟市常客隆超市“线上订购、社区配送”的新形式还有待市场的进一步检验（图2）。三是蔬菜保鲜任然是一个困扰着电商的难题，冷链物流、社区冷鲜配送前期投入成本较高，压缩了利润空间。

1.5 出口加工体系

目前，常熟市出口创汇蔬菜种植规模达2万亩，成为江苏省叶菜、豆类蔬菜出口的最大基地。同时，一批蔬菜保鲜、速冻类加工龙头企业快速发展，形成了“公司+基地”的产销运行模式，推进了常熟蔬菜规模化、标准化生产，取得了极为显

图 2　常客隆“家易乐”社区配送点

著的社会效益和经济效益。以台太兴业（常熟）食品有限公司、常熟市新港农产品有限公司为主体的出口加工流通体系提高了蔬菜产品附加值、增强出口创汇能力，消耗了蔬菜原料，缓解了蔬菜销售压力，带动一些列关联产业，提供了就业机会。主要产品有大叶菠菜、小松菜、食叶萝卜、西蓝花、春包菜、甜玉米、日本大葱、地刀豆、甜豌豆和荷仁豆等，年产达 6 万吨。

1.5.1　优点

一是现代化的蔬菜生产流程、包装流程以及规范化的运作模式，使生产出的蔬菜品质好、安全性高，出口的蔬菜需经过农药残留检测、检验检疫，保证了蔬菜的品质。二是订单式生产保证了蔬菜销路稳定，错开茬口保证了蔬菜的供应源源不断。

1.5.2　问题

一是种植基地的创建需要政府统筹规划，投入较高的基建成本。此外，现代化的管理体系、检测体系、检验检疫对一般农户乃至种植大户而言难度较大。二是出口要求品种数量多，而目前大部分种植户种植的蔬菜品种比较少甚至单一，往往是市场需要什么就生产什么，什么销路好就卖什么，与出口需求对接不畅。

1.6　休闲农业

引导发展休闲农业是拓展农业功能、增加农民收入、推进美丽乡村建设、满足人们现代休闲消费需求、构建和谐社会的重要途径。目前，常熟市规模在 50 亩以上的休闲农业点共有 40 多家，休闲项目主要有农业生产的种养展示、农事体验的果蔬采摘、鱼类垂钓、农业科普的参观培训、农家生活的品茶就餐、乡土文化的节庆娱乐、经销购物的时令特产、美丽乡村的闲趣观光等。常熟市蔬菜的销售借力休闲农业，虽然还不到蔬菜销售总量的1%，但每年增长速度不断加快也为蔬菜销售提供了新思路。蒋巷村、宝岩生态园、梨花邨等一批较为成熟的休闲农业典型为常熟休闲农业起到了很好的示范作用。海明蔬菜园艺场内的佛肚湾生态农庄不仅为游客提供品农家菜、赏农家景的服务，还可以进行时蔬采摘、礼盒选购。2014 年，顾客在该园艺场通过生态园品尝、选购消费了 1 600 吨蔬菜，占年销量的 4%。

1.6.1 优点

一是将农事体验与蔬菜销售相结合，为市民提供了一个休闲度假的好去处，在忙碌的工作之余给身心放个假，体会乡间美景、美食。二是消费者主动上门为企业节约了流通成本，带来额外的利润，休闲农业不啻为传统农产品销售模式一种很好的补充。

1.6.2 问题

一是缺少法律政策及规划引导，发展带有自发性、盲目性，分布不够均衡，发展经营不够规范。二是缺少文化特色，同质化现象较为严重，体验度不高，没有将人文情怀与乡土风情很好的结合。三是缺少人才和宣传推介，管理人才缺失致使目前休闲农业的档次不高，企业和政府的宣传运作不够也使部分休闲农业点的知晓率不高。

2 思考与建议

经过多年发展，常熟市各主要蔬菜生产区形成了各有特色的生产经营模式。董浜镇设施蔬菜生产以常熟市现代农业产业园区发展有限公司为主导，发展合作社经营为主体，对接蔬菜批发市场和冷链配送中心；梅李镇设施蔬菜以龙头企业管理为主导，以示范推广设施时令蔬菜为主，对接超市、直销店，实现精品、品牌运作的模式，建立与完善包装加工、储藏保鲜及运输、销售渠道配套的专业化蔬菜生产经营模式；碧溪新区设施蔬菜生产以碧溪新区人民政府控股的常熟市滨江农业科技有限公司为主导，基地生产为主体，集体农场为依托，对接出口加工蔬菜企业。

2.1 提档升级传统蔬菜批发市场销售模式

我国农产品批发市场在经历了十几年高速增长和规模扩张后，现正逐步实现从数量扩张向质量提升的转变之中，流通体系上规模，市场硬件设施明显改善，商品档次日益提高，市场运行质量日趋良好。农产品批发市场的功能要由单一服务变为综合服务。一方面，要不断完善配套措施，提供完备服务，兴建储藏、保险设施，建立质量监测中心等。董浜镇携两家骨干企业与董浜东盾村和里睦村合作建办了曹家桥农产品交易中心暨冷链配送中心，项目总投资 3 500 万元，总建筑面积 6 000 平方米，年加工配送农产品 2 亿元以上。另一方面，农产品销售企业要配合政府加强市场信息化建设，建立高度集中的农产品批发市场信息网络，广泛搜集、准确发布农产品信息，从而提高效率，降低农产品流通成本。

2.2　大力推进现代订单式销售模式

我国农产品产销对接模式发展还不够成熟，经营管理不够规范。产销双方达成合作意向后，存在一个主要问题是签订的协议对双方行为的约束效力还不够强，若能健全农产品产销对接的管理机制，明确各方的责任和义务，通过法律约束等增大合作者的违约成本，将有利于规范产销双方的行为、维护健康的产销合作关系，从而发挥产销对接的作用。在推进农产品产销对接模式建设中，应发挥农民专业合作社的作用，组织农业生产经营、农产品流通，谋求成员共同利益的职能，促进其为成员提供农产品销售、加工、运输、储藏及相关技术和信息服务。以农民合作社为基础建立“订单＋信贷＋统一”模式，通过引入金融资本盘活资金周转、统一生产和品牌服务，同时解决农业投入短缺、农产品销售困难的问题。

2.3　探索创新流通方式

随着城市现代化、世界一体化进程的加快，生产-销售对接的农产品平价直销店、国内-国外对接的出口加工基地、线上-线下对接的电商营销和生产-消费对接的农事体验模式等给原本单调的农产品销售市场注入了新的活力，消费者也由去菜场买菜变成了网上选购、休闲度假村采摘。利用电子商务平台进行网上洽谈、订货和交易等，可以拓宽农产品的销售渠道，通过远程销售还可以缓解农产品结构性、区域性不平衡问题。有技术水平和管理能力的合作社、农业公司可以先行试点与示范，将多种创新农产品流通方式结合，根据自身特点选择合适的营销方式，继而带动更多的农户分享新型蔬菜销售模式的红利。

2.4　提高定位标准、提升品牌创建

品牌是消费者信心的基础，是市场影响力的保证，农产品品牌化有助于提高市场竞争力。对生产者和消费者，高端农产品都是紧俏货，而高端主要是绿色、有机以及高营养附加值的产品。目前，我国的高端农副产品管理缺位，导致生产销售渠道受到很多限制，甚至在品牌定位方面，高端农副产品销售也与普通农副产品销售战略存在类似性。生产和销售脱节、市场定位不准、缺乏政府引导，区域性高端农副产品资源整合缓慢等，都制约了高端农产品的市场扩张和消费者认可。常熟市蔬菜生产大户和生产基地在走亲民路线的同时，也可以提高定位标准，生产绿色、有机蔬菜，打造自己的品牌，选择更有市场竞争力的高端路线。

2.5　积极推进蔬菜产业化经营

农业产业化经营是提高农业竞争力的重要举措。常熟市的蔬菜产业需要将生产、加工、销售环节联结起来，以科技进步为支撑，围绕支柱产业和主导产品，优化组合各种生产要素，对农业和农村经济实行区域化布局、专业化生产、一体化经营、社会化服务、企业化管理，形成以市场牵龙头、龙头带基地、基地连农户，集

种养加、产供销、内外贸、农科教为一体的经济管理体制和运行机制。整合常熟市蔬菜品牌优势、资源优势和政策优势，将分散经营的农户联合起来，提高农业生产的组织化程度；将农产品质量标准引入农业生产加工、流通的全过程，打造自己的品牌；将社会参与积极性充分调动起来，争取更多的金融资本投入，提高农业的经济效应，多措并举促进常熟的蔬菜产业化经营。

昆山市蔬菜采后商品化处理现状与发展对策

冯均科　李　辉

（昆山市农业委员会经作站　江苏昆山　215300）

摘　要：蔬菜采后商品化处理是蔬菜产销的重要环节，是减少采后损失和提高附加值的重要手段。由于昆山市耕地面积的限制，本地菜数量无法进一步增加，因此提高蔬菜的商品化水平、优化包装和提高品质，才能使昆山本地菜在市场上立于不败之地，而准确掌握昆山市蔬菜采后商品化处理现状、发现存在的问题则显得尤为紧迫和重要。本文通过实地走访、企业座谈、发放调查问卷和调查表格等形式对昆山市7个商品化处理技术应用程度较高的蔬菜生产基地进行了细致调研，并进行了客观分析，剖析存在的一些现实问题，探寻提升改进措施。

关键词：昆山市　蔬菜　商品化处理　现状　策略

1　蔬菜商品化处理技术应用现状

1.1　调研基地产品商品化处理基本情况

随着“菜篮子”工程建设的推进，昆山市蔬菜规模化程度不断提高，目前全市百亩以上的蔬菜基地达到23个。但与生产设施建设不断提档升级相比，昆山市蔬菜采后商品化处理整体情况不容乐观，全市近一半的基地未应用商品化处理技术或只应用其中某个环节。调研的7个蔬菜基地的基本情况及商品化处理技术应用情况如表1所示。

表1　基地基本情况及商品化处理技术应用情况

基地名称	基地面积（亩）	蔬菜年销售量（吨）	主要蔬菜品种	生产投入/采后处理投入	商品化处理环节
昆山市城区农副产品实业有限公司	450	15 000	叶菜类、瓜类、茄果类、根茎类、豆类等	11月2日	整修、洗涤、预冷、分级、包装、冷库储藏、冷链运输
昆山益谊现代农业科技有限公司	650	4 160	绿叶类、瓜类、茄果类、根茎类、甘蓝类、白菜类等	5月1日	整修、洗涤、分级、包装、冷库储藏、冷链运输
昆山鼎丰农业科技发展有限公司	150	300	叶菜类、果菜类、根菜类、特菜等	7月3日	整修、洗涤、预冷、分级、包装、冷库储藏、冷链运输
昆山市花桥镇天福蔬菜专业合作社	400	800	叶菜类、茄子、辣椒、黄瓜等	6月1日	整修、洗涤、分级、包装、冷库储藏、冷链运输

（续）

基地名称	基地面积（亩）	蔬菜年销售量（吨）	主要蔬菜品种	生产投入/采后处理投入	商品化处理环节
江苏神骥感知农场农业科技有限公司	698	250	叶菜类、茄果类、根茎类、瓜类等	4月1日	整修、洗涤、预冷、分级、包装、冷库储藏、冷链运输
欧耕尼克（昆山）农业科技有限公司	300	180	叶菜类、根菜类、果菜类等40多个品种	5月2日	整修、洗涤、预冷、分级、包装、冷库储藏、冷链运输
淀山湖镇德得蔬菜农民专业合作社	204	500	30多个品种	7月2日	整修、洗涤、分级、包装、冷库储藏

1.2 机械化

调查表明，昆山市蔬菜的商品化处理机械化程度整体不高，机械应用主要集中在包装环节，而且多是是半机械化的包装方式。商品化处理的整修、洗涤和分级过程主要靠手工完成（表2）。

表2　基地产品商品化处理机械情况

基地名称	机械名称	处理的蔬菜种类	处理效率（吨/天）	生产国	价格（万元）
昆山市城区农副产品实业有限公司	包装机	叶菜类、瓜果等	1	中国	0.04
	扎带机	叶菜类	1.5	中国	0.02
	自动包装机	叶菜类、瓜果等	25	日本	30
	清洗机	豆类、芽菜类	10	中国	15
昆山益谊现代农业科技有限公司	比泽尔制冷机	各类瓜果蔬菜	12	德国	
昆山鼎丰农业科技发展有限公司	包装机	根菜	0.5	中国	0.2
昆山市花桥镇天福蔬菜专业合作社	包装机	叶菜类、茄果类等	1	中国	0.05
江苏神骥感知农场农业科技有限公司	包装机	叶菜类、茄果类等	1	中国	0.04
欧耕尼克（昆山）农业科技有限公司	包装机	全部蔬菜种类	5	中国	0.05
	真空包装机	全部蔬菜种类	0.5	中国	1
淀山湖镇德得蔬菜农民专业合作社	包装机	各类瓜果蔬菜	1	中国	0.05

1.3 包装

对蔬菜生产基地的调研表明，大多数的蔬菜以初级产品形式销售，散装菜占蔬菜销售总量的60%以上。销售包装主要有托盘加保鲜膜、保鲜膜/袋、网兜、扎带和塑料托盘/盒等，不同蔬菜依照其形状、大小等特性选择不同的销售包装。运输包装材料主要有塑料周转筐、泡沫箱、编织袋和纸箱，塑料周转筐是目前最主要的运输包装。包装蔬菜损耗率比较高，在10%以上（表3）。

表3　基地产品包装情况

基地名称	包装蔬菜占比（%）	主要包装材料	包装蔬菜种类	运输包装材料	包装蔬菜损耗率（%）
昆山市城区农副产品实业有限公司	30～50	托盘+保鲜膜 塑料托盘/盒 普通薄膜/袋 保鲜膜 编织袋/网袋 扎带	辣椒、刀豆、马铃薯 青菜、菠菜、韭菜 芹菜 黄瓜、茄子、萝卜 樱桃番茄、菱角 青菜、芹菜、韭菜	周转筐 泡沫箱 编织袋 纸箱	10
昆山益谊现代农业科技有限公司	10以下	托盘+保鲜膜 塑料托盘/盒 普通薄膜/袋 保鲜膜 真空保鲜袋	青椒、茄子、黄瓜 青菜、蕹菜 青菜、菠菜、芹菜 萝卜、莴笋、花椰菜 玉米	周转筐 泡沫箱 纸箱	15
昆山鼎丰农业科技发展有限公司	80以上	托盘+保鲜膜 保鲜膜 编织袋/网袋	马铃薯、小番茄、南瓜 莴笋、萝卜、胡萝卜 小青菜、杭白菜、米苋	周转筐 泡沫箱 纸箱	20
昆山市花桥镇天福蔬菜专业合作社	10～30	托盘+保鲜膜 普通薄膜/袋 编织袋/网袋 扎带	黄瓜、茄子、辣椒 胡萝卜、大白菜、甘蓝 马铃薯、毛豆、芋艿 生菜、青菜、芹菜	周转筐	15
江苏神骥感知农场农业科技有限公司	80以上	托盘+保鲜膜 普通薄膜/袋 保鲜膜	胡萝卜、小萝卜、番茄 叶菜、芹菜、黄瓜 莴笋、甘蓝、白萝卜	周转筐 泡沫箱	20
欧耕尼克（昆山）农业科技有限公司	80以上	托盘+保鲜膜 真空保鲜袋 扎带 食品级塑料袋	芋头、扁豆、荷兰豆 卷心菜、萝卜 蒜薹、大葱	周转筐	10
淀山湖镇德得蔬菜农民专业合作社	10～30	托盘+保鲜膜 塑料托盘/盒 普通薄膜/袋	茄子、辣椒、水果黄瓜 苋菜、茼蒿、金花菜 大白菜、娃娃菜、甘蓝	周转筐 纸箱	10

1.4　整修洗涤、分级、保鲜

调研的所有基地都对蔬菜进行整修和洗涤，大白菜、青菜、甘蓝、莴苣、花椰菜等除掉过多的外叶并适当留有少许保护叶；萝卜、胡萝卜、甘蓝修掉顶叶和根毛；芹菜去根，有些还要去叶；马铃薯、藕还要除去附着在产品器官上的污垢。目前，该过程都是手工完成（表4）。

目前，昆山市蔬菜的分级都是靠手工进行，缺乏相关的分级设备（表4）。造成这种情况的主要原因是蔬菜的特性导致对分级机械的要求很高，因此也就导致分级机械的成本的攀升，农业企业和合作社难以承担这部分费用；相较与机械，人工分级的灵活性大、对蔬菜的损伤较小。因此，蔬菜分级机械难以推广和使用。

保鲜处理主要有表面涂剂、化学试剂处理等，在调查中发现，所有调查的企业都没有这些保鲜处理。目前，蔬菜保鲜主要还是通过冷藏和冷链运输来实现，保鲜剂等保鲜处理的应用基本没有（表4）。

表4　基地蔬菜整修、洗涤、分级及保鲜情况

基地名称	是否整修	洗涤方法	分级方法	保鲜方法
昆山市城区农副产品实业有限公司	是	人工清洗	人工分级	无
昆山益谊现代农业科技有限公司	是	人工清洗	人工分级	无
昆山鼎丰农业科技发展有限公司	是	人工清洗	人工分级	无
昆山市花桥镇天福蔬菜专业合作社	是	人工清洗	人工分级	无
江苏神骥感知农场农业科技有限公司	是	人工清洗	人工分级	无
欧耕尼克（昆山）农业科技有限公司	是	人工清洗	人工分级	无
淀山湖镇德得蔬菜农民专业合作社	是	人工清洗	人工分级	无

1.5　冷链

由于蔬菜保鲜处理的发展滞后，目前昆山市蔬菜的保鲜主要依靠冷库储藏和冷链运输来实现。据调查了解，大部分基地配备了自己的冷库和冷藏运输车，冷库储藏比例在50%左右，冷链运输比例在70%以上。冷链的第一步是预冷环节，调查的大部分基地都会对蔬菜进行预冷。强制空气预冷法是应用最广泛的方法，即在冷库内用高速强制流动的空气，通过容器的气眼或堆码间，迅速带走蔬菜中的热量以降温（表5）。

表5　昆山各蔬菜生产基地冷链设施情况

基地名称	预　冷	冷库储藏		自营或外包	冷链运输	
		冷库面积（平方米）	冷库储藏蔬菜比例（%）		自有冷链运输车数量（辆）	冷链运输蔬菜比例（%）
昆山市城区农副产品实业有限公司	强制空气预冷	30	80	自营	1	80
昆山益谊现代农业科技有限公司	无	300	50	自营	13	65
昆山鼎丰农业科技发展有限公司	真空预冷	90	30	自营	15	100

（续）

基地名称	预　冷	冷库储藏		自营或外包	冷链运输	
		冷库面积（平方米）	冷库储藏蔬菜比例（%）		自有冷链运输车数量（辆）	冷链运输蔬菜比例（%）
昆山市花桥镇天福蔬菜专业合作社	无	65	30	自营	2	40
江苏神骥感知农场农业科技有限公司	强制空气预冷	20	15	外包	0	100
欧耕尼克（昆山）农业科技有限公司	强制空气预冷	120	100	自营	6	100
淀山湖镇德得蔬菜农民专业合作社	无	60	50	自营	0	0

1.6　质量追溯建设

从调查情况来看，本地质量追溯体系建设整体较好，受调查的7个基地都能做到产品可追溯，且大部分都有质量追溯系统，能做到网络、电话和二维码查询。但追溯系统的使用情况不是很高，许多是处于没人打理状态，原因有系统繁琐、顾客需求和功能需改善等因素（表6）。

表6　质量追溯建设情况

基地名称	是否可以做到质量追溯	是否有质量追溯系统	追溯系统应用频率	追溯系统应用中存在的问题
昆山市城区农副产品实业有限公司	是	是	经常使用	追溯信息具有单向性
昆山益谊现代农业科技有限公司	是	是	基本不用	追溯系统与检测系统为两个开发商，某些数据与名称不相统一有脱节
昆山鼎丰农业科技发展有限公司	是	是	基本不用	比较麻烦
昆山市花桥镇天福蔬菜专业合作社	是	是	经常使用	田块编号和茬口布局中不合理性
江苏神骥感知农场农业科技有限公司	是	是	经常使用	无
欧耕尼克（昆山）农业科技有限公司	是	否	-	-
淀山湖镇德得蔬菜农民专业合作社	是	是	经常使用	效率不高

1.7　品牌化销售

调查的基地企业都能做到品牌化销售，销售方式也比较多样化，不少基地拥有自己的专营店和会员以及开展礼品菜配送和观光采摘等，走批发市场和农贸市场低端市场的比较少。销售地区以本地供应和就近供应上海、苏州等周边大中城市为主（表7）。

表 7　品牌化销售情况

基地名称	注册商标	主要客户对象	销售量（吨）	占比（%）	产品主要销售地区
昆山市城区农副产品实业有限公司	玉叶	超市	5 500	36.7	昆山、苏州
		批发市场	5 800	38.7	
		农贸市场			
		直营店	750	5	
		会员配送			
		其他（社区直供、企业食堂）	2 950	19.6	
昆山益谊现代农业科技有限公司	益群	超市	0	0	昆山、苏州、上海
		批发市场	1 800	43.3	
		农贸市场	0	0	
		直营店	360	8.6	
		会员配送	0	0	
		其他（企事业单位配送）	2 000	48.1	
昆山鼎丰农业科技发展有限公司	上膳源	超市			昆山、苏州、上海
		批发市场			
		农贸市场			
		直营店	20	6.7	
		会员配送	280	93.3	
		其他	0		
昆山市花桥镇天福蔬菜专业合作社	天福缘	超市	480	60	昆山、上海
		批发市场	0		
		农贸市场	0		
		直营店	80	10	
		会员配送	0		
		其他（游客、食堂）	240	30	
江苏神骥感知农场农业科技有限公司		超市			昆山、苏州、上海
		批发市场			
		农贸市场			
		直营店			
		会员配送	150	75	
		其他（游客、采摘）	50	25	
欧耕尼克（昆山）农业科技有限公司	欧耕尼克	超市			上海、苏州
		批发市场			
		农贸市场			
		直营店	10	5.6	
		会员配送	150	83.3	
		其他（学校）	20	11.1	
淀山湖镇德得蔬菜农民专业合作社	德得农庄	超市	50	10	昆山、上海
		批发市场	120	24	
		农贸市场	90	18	
		直营店			
		会员配送	240	48	
		其他			

2　昆山市蔬菜商品化处理发展存在的问题

2.1　蔬菜商品化处理占比低，蔬菜损耗率高

长期以来，我国重采前轻采后的传统导致不够重视蔬菜的采后商品化处理，昆山市也不例外，全市23个蔬菜基地60%以上基本不进行商品化处理。参与调查的7个企业生产投入/采后处理投入都大于3/1，基地生产的产品也只是全部进行商品化处理。造成大部分蔬菜产品以原始状态上市，产品不分等级，没有包装，更没有预冷等其他采后处理措施，再加上储藏、运输设备不完善，蔬菜不能实现冷链流通等原因，蔬菜采后损失严重，造成人力、物力和财力的极大浪费。究其原因，一是销售的对象没有这方面需求，二是处理增加成本而销售价格并未同比上升。

2.2　缺乏配套的机械设备，机械化程度较低

目前，昆山市农业企业里一个劳动力的成本在2 500元/月左右，而随着经济的发展，劳动力成本将会更高。因此，机械化是今后的必然趋势。在蔬菜商品化处理过程中，整修、洗涤、分级和包装过程是耗费劳力的主要环节，目前昆山市蔬菜企业除了蔬菜包装采用半自动包装机外，整修、洗涤和分级还是人工，配套的机械设备非常缺乏，机械化程度很低。分析其原因主要有：第一，蔬菜种类繁杂，颜色、形状各异，商品化处理方式也不尽相同，目前市场上的都是针对一种或少数蔬菜设计的机械，单一基地需要处理的蔬菜品种很多，针对不同蔬菜购买不同机械将导致成本的上升；第二，机械技术水平较低，如分级机械主要是通过重量或体积来分级，无法区分蔬菜的颜色、质地等品质，因此难以满足企业的要求，而人工处理具有处理效果好、能适应不同品种蔬菜的要求等优点。

2.3　电子商务发展缓慢

目前，昆山市蔬菜电子商务的应用水平还比较低，全市已有家常客、昆山买菜网两家蔬菜经销电商，但都处于起步阶段，销售情况不甚理想。在调查的这些生产基地中，企业自有网上渠道的很少，他们的思想意识仍然停留在传统的交易方法，认为电子商务离自身还很遥远，不敢创新，对新型的电子商务交易模式不敢尝试。但是，几乎所有的农业实体都对蔬菜电子商务的前景表示看好，也表示有扩展这方面业务的考虑。

2.4　传统蔬菜消费习惯难以改变

蔬菜作为日常生活的必需品，其价格和新鲜度是人们关注的焦点，虽然散装菜的外观不如包装菜精致，但价格优势明显，而且散装菜通常是当天售完，其新鲜度也有保证。因此，绝大多数的昆山市民仍然把农贸市场的散装菜作为第一选择。此外，由于昆山市蔬菜商品化处理技术水平相对较低，因此部分商品化处理蔬菜的质

量不过关，从而抑制了消费者对商品化处理蔬菜需求的增加。

2.5 质量追溯体系尚需完善

整体来看，昆山市的蔬菜质量追溯体系建设情况良好，部分基地还建立了追溯系统，实现了消费终端多形式的查询。但调查发现，一些基地虽然建立了追溯系统，但系统的应用比例却并不高的现象。分析其原因：一是操作繁琐，需要投入大量人力维护；二是一些基地的销售对象对产品追溯不是很关注，降低了其系统应用的积极性；三是一些基地建立了追溯系统与检测系统或是多个追溯系统，多个软件开发商数据不能共享，增加重复劳动。因此，需要对现有的追溯系统进行整合和优化，简化操作。

3 发展蔬菜商品化处理的思路与对策

3.1 大力开展蔬菜标准园创建工作

开展蔬菜标准园创建是确保蔬菜质量安全、提高产业素质和效益的有效途径。按照蔬菜标准园“五化”工作内容，抓好落实标准、培育主体、创响品牌、整合资源和强化服务五项工作，进一步强化行政推动，加强指导服务，推动蔬菜标准园创建上规模、上层次、上水平，全面提升蔬菜产业竞争力。并通过蔬菜标准园的建设，辐射带动周边蔬菜生产基地的标准化生产，最终实现蔬菜产业的规模化种植、标准化生产、商品化处理、品牌化销售和产业化经营。

3.2 加强蔬菜采后商品化处理相关基础设施建设

先进的蔬菜采后商品化处理技术，必须有先进的储藏条件、运输设备和系统的“冷链”环节，这样才能使蔬菜在从农产品转化成商品并进入市场的过程中，保持其新鲜、美观、美味等商品特性和足够长的货架期，按照市场需求有计划、可调控地向市场提供和扩大市场半径。实现这一目标的有效途径是增加蔬菜商品化处理储运设备投入，完善产品的冷链设施建设。因此，要加大政策支持和财政投入，努力推进建设主要生产企业的蔬菜加工储藏中心，并整合“菜篮子”基地建设、高效农业等项目资金，向采后处理环节倾斜，以此来推动昆山市蔬菜的商品化处理、销售品牌化和经营产业化建设，提升地产蔬菜的竞争力，实现优质优价。

3.3 加强对相关技术创新和成果转化

针对蔬菜采后商品化处理过程中存在的技术难题，如品质保持、保质期延长、机械化程度等工艺技术问题，要加大对商品化处理技术和配套设施研究的投入。抓住影响产品品质的关键技术，集中攻关，重点推广，不断总结经验，制定简单易行的采后处理和储藏保鲜技术及操作规程。加强针对不同种类蔬菜商品化处理配套设施设备的研究，加紧开发价格低廉、实用的机械设备。

3.4　加强产销对接，提高综合效益

有了良好的市场支撑，才能带动商品化处理的发展。当前，昆山市不少蔬菜生产企业已开展了超市、专卖店、会员直销和学校配送等新型销售模式，而且销售的基本都是经过商品化处理的蔬菜。对这些新兴的销售模式要积极扶持，努力创造条件为产销双方牵线搭桥，以减少销售环节运营成本，实现生产企业和消费者的双赢。

3.5　大力发展电子商务

加强对电子商务知识的宣传和普及，鼓励生产企业尝试农产品电子商务，通过企业网站、微信公众号、电商平台等开展宣传推介和拓展销售。同时，迫切需要政府职能部门建设集蔬菜产能监测信息、市场价格信息、生产技术培训和产销供需对接等功能的地方综合性信息平台，提升蔬菜生产市场竞争力。

3.6　强化蔬菜产品的商品意识，采取措施引导消费

当前，蔬菜商品化处理程度不高，一方面，是生产者的产后商品化处理观念相对薄弱；另一方面，是消费者的消费观念和消费行为的影响。因此，迫切需要加大宣传力度，强化从生产者到消费者对于果蔬采后商品化处理的认知，倡导健康、安全的生活理念，使优质优价的观点深入人心，从而影响蔬菜商品化处理产业的发展。第一，要提高消费者食品质量和安全意识，加大农产品卫生安全知识的宣传力度，让消费者了解商品化处理的过程和其重要性、科学性，打消他们认为商品化处理的蔬菜产品不新鲜、不健康的误解和顾虑，提高他们的购买欲望。第二，要加强对蔬菜商品化处理的质量监督工作，对加工处理环节的产品质量和卫生加强管理，杜绝不卫生、不合格产品流入市场，保证上市的商品化处理蔬菜产品的质量。

高邮市蔬菜流通现状分析及发展对策

冯　明　张春华　马长青　钟　越

（高邮市蔬菜站　江苏高邮　225600）

摘　要：蔬菜价格的形成与流通方式密切相关，通过对高邮市现有蔬菜流通模式的调研，指出了蔬菜流通中存在的问题，提出了具体的政策建议，以期为更好地解决“卖难”“买难”问题提供理论基础。

关键词：蔬菜　流通　高邮市

1　高邮市蔬菜产销基本情况

高邮市地处淮河下游，属江苏里下河地区，自古以来素有“鱼米之乡”之称。近几年，在高效农业和“菜篮子”工程的扶持带动下，蔬菜产业得到了显著发展，种植品种丰富，产品质量优良。2014 年，全年蔬菜播种面积达 24 万亩，其中，露地栽培面积 18 万亩，设施播种面积 6 万亩，蔬菜总产量达 55 万吨，总产值近 10 亿元；规模种植（30 亩）以上的企业大户达 32 家，初步形成卸甲千亩叶菜生产基地、汤庄千亩番茄、临泽 2 000 亩娃娃菜专业生产基地、界首 200 亩芦笋特色菜生产基地、车逻特平茄果类蔬菜基地、虎头花菜等特色蔬菜生产基地。蔬菜产品除供应本市需求外，部分产品还外销浙江、上海以及江苏南京、镇江、常州、扬州等大中城市，不足部分主要依赖山东、安徽等地调入。

2　蔬菜主要流通模式及发展现状

蔬菜流通销售是连接生产者和消费者的桥梁，它对蔬菜零售价格的高低和产品质量好坏起到了关键性的作用。高邮市蔬菜销售主体主要有：批发市场、菜市场、各种蔬菜摊贩以及平价菜店，超市在蔬菜的销售上也占一定份额，但并非主体地位。按蔬菜流通过程中流通环节的多少，高邮市蔬菜流通主要存在以下几种模式：

2.1　传统批零模式

2.1.1　传统批零模式

该模式在高邮市蔬菜流通中仍占主导地位，市场份额也比较大。“小生产”与“大市场”并存的流通格局，决定了农贸市场在蔬菜零售中的重要地位[1]。目前，高邮市内从事蔬菜批发零售的农贸市场共 31 家，经营品种多是当家菜和时令蔬菜，主要环节和类型为：合作社（企业）→销地批发市场→中间商贩→消费者；合作社→零售商→消费者；农户→消费者。例如，扬州朝晖农业产业公司→上海江桥市场（杭州良渚蔬菜批发市场）→零售市场→消费者；高邮丰盛合作社→扬州东花园批发市场（联谊批发市场）→零售市场→消费者。

2.1.2　传统批零模式的特点

传统农贸市场的优点主要体现在便利性和品种丰富性两方面。不足之处是批发和零售往往在空间上混为一体，没有严格的进场抽查制度，产品质量难以保证；流通环节过多，进场费、物流费、人工费和损耗率都比较高。以高邮丰盛果蔬合作社为例，其要想将基地的蔬菜送至高邮泰山桥农贸市场，仅进场费即为1.8万元/年，再加上装卸费、物流费等，成本居高不下；而且受农贸市场开秤交易时间的限制，菜农必须在凌晨1点之前把上市蔬菜送至批发市场，等候各地蔬菜零售商前来批发，直至天亮交易完毕方可回家。再以朝晖公司为例，蔬菜经采收、加工、包装后运至上海、浙江等地一级批发市场，运输成本主要包括租车费和燃油费，装卸和运输的人工费用，包装箱、塑料袋、胶带和冰块等材料费用，过桥过路费和市场进门费，整个环节下来，蔬菜成本增加20%左右。该模式中农户处于相对弱势地位，农民利益容易受到损害；而且流通环节多，流通损耗高，物流成本相对较大，只适用于种植规模比较大的基地。

2.2　“农校、农企对接”模式

2.2.1　“农校、农企对接”模式发展现状

“农校、农企对接”是指商家与菜农签订意向性协议书，由菜农直接向其供应蔬菜的一种新型蔬菜流通模式[2]。近年来，“农校、农企对接”模式在高邮市蓬勃发展，以扬州瑞康农场、三垛高效农业园、松林蔬果合作社为代表的一批蔬菜种植公司、专业合作社与扬州税务学校、高邮市惠民教育服务公司、市区酒店、包子酱菜厂等大型机关院校、企业签订意向性协议书，由这些基地根据季节和需求量，合理安排种植结构，定期向意向单位供应新鲜蔬菜。目前，该模式蔬菜销售量占总销售量的10%，流通成本降低30%左右。

2.2.2　“农校、农企对接”模式优缺点

“农校、农企对接”模式构建了产销一体化链条，打造了一条安全快捷的产品供应链，达到了商家、消费者、菜农的多方共赢[3]。一方面，该模式能让农户根据市场需要，统一种植、配送农产品，减少了生产盲目性，降低了运输损耗，实现了蔬菜种植的规范化、规模化；另一方面，采用该模式，消费者可以得到价格实惠、安全优质的蔬菜产品，保证了学生、职工食品安全和食堂饭菜价格稳定。根据调研，有菜农和商家反映，采用该模式，虽然一定程度上能够保障种植效益，但实际交易过程中，仍存在一定的问题：一是由于买卖双方的观念不同，加上蔬菜种植风险大的现实，订单农业处于起步阶段，合同内容签订不够规范，责任义务不够清晰。这种订单生产的过程中，仍然存在随行就市的现象，行情好时，对应商家会帮你收掉；行情不好，存在故意刁难菜农、压低价格的行为。二是少量农户诚信度较低，自律性差，生产中为谋取个人私利，不按合同要求进行生产，交售的产品达不

到规定的质量标准，影响合同履行；甚至是违反合同约定，将产品高价出售给非订单单位和个人，侵害了对接企业的合法权益。

2.3 蔬菜平价店模式

2.3.1 高邮市蔬菜平价店建设运营情况

为了稳定“菜篮子”价格，保障居民日常生活，根据上级文件精神，高邮市于2011年拿出专项资金，扶持以合作社为主体的平价蔬菜店创建工作，着重在农民“卖菜难”与市民“买菜贵”之间搭建平台，畅通农产品产销渠道。本着成熟一个、发展一个的原则，目前高邮市城区平价蔬菜店已有12家，各平价店均做到每天平价蔬菜供应品种不少于15个，地产菜价格一般低于市场同类同质蔬菜价格的15%以上，蔬菜日销售量均在300～500千克。这些平价店一头连着生产基地，一头连着市民餐桌，减少了许多中间环节，既保证了蔬菜的新鲜和质量，又降低了流通成本和销售价格，促进了产销衔接。

2.3.2 蔬菜平价店建设中存在的问题

实践表明，开设蔬菜平价店的方式，在稳菜价、安民生和保稳定方面发挥了积极的社会效应[4]。但是，蔬菜平价店由于存在时间较短，经验不太丰富，建设过程中仍存在一定的问题，平价店质量参差不齐，主要表现在：

2.3.2.1 蔬菜品种有限，多样化需求得不到满足

与传统菜市场购菜相比，尽管蔬菜平价店由于减少了中间流通环节，在价格方面有便宜近两成的优势，但由于受季节和种植结构的限制，上市蔬菜品种不及传统菜市场丰富，品相与农贸市场、超市相比也显得差，导致消费者选择余地减小，购买意愿明显下降。因此，平价商店特别是规模较小的平价商店，由于供应量少，就陷入了“店越小菜越少，买菜人更少”的循环。据走访调查，部分店主反映，营业过程中为了种类齐全，进一步满足顾客的多样化需求，经常要在凌晨时分去当地蔬菜批发市场拿菜，一定程度上增加了经营成本。

2.3.2.2 经营成本太大，利润比较低

调研中，一些店主反映，平价店补贴太少，支持力度远远不够，而且政策对菜价、选址布局都有一定要求，造成消费人群有限，为了吸引顾客，必须做到质优和价廉兼顾，才能与超市、农贸市场、马路菜场抗衡。同时，开设平价店，需要前期店铺租金、装修、铜牌、货架（含标价牌）、POS系统和宽带费等支出，再加上平价店由于设置了固定的条形码，必须要雇用年轻人专门操作，每月光工资和水电费也是一笔支出，卖菜成本远远高于菜场小摊贩，导致一些平价店缺少了长期坚持下去的信心，制约了直营直销模式的进一步发展。

2.3.2.3 宣传力度差，产品质量卫生无法保证

民以食为天，食以安为先。在食品安全形势日益严峻的今天，人们追求的不再是吃得饱，而是吃得好、吃得放心。超市的普通蔬菜、大型菜场的蔬菜，之所以受到顾客的青睐，主要是超市的品牌效应和市场的各种规章制度，让顾客可以买得放心。蔬菜平价店模式，还是一个不太成熟的产业，加上宣传不到位，一些市民对此

还抱有怀疑态度，认为这些蔬菜都是零散的农户种植的，没有经过农产品质量检测，尽管价格方面有优势，市民还是有所顾虑。这也是限制蔬菜直供直销模式发展的一大因素。

2.3.2.4　平价作用有限，不能左右菜价涨跌

平价商店的出现，对于消费者尤其是中低收入者来说，多了一些选择，为避免菜价上涨给低收入群体生活带来太大影响发挥了积极作用，同时对商家调价产生了一定制约。但是，从大的市场环境来看，由于高邮市平价店设点太少、分布不均、经营面积小，造成蔬菜销量占比较小，分流消费群体有限。尽管价格优势的确存在，但尚未对农贸市场销售产生太大影响，仍不可能左右物价的涨跌。

3　高邮市蔬菜流通中存在的问题

3.1　"菜贱伤农"、蔬菜滞销问题时有发生

由于受季节影响，再加上种植不科学、信息不对称、结构不合理和冷藏设备不完善等多方面的原因，常常导致蔬菜的集中大量上市。而蔬菜保鲜期短、运输成本提高、蔬菜外运不畅等，进一步加剧了本地蔬菜滞销。2013 年 2 月初，汤庄镇西屏村蔬菜合作社种植的 300 多亩芦蒿再次上演了"菜贱伤农"的情景，由于 2011 年芦蒿的价格持续走高，最高时曾卖到 3.75 元/千克，社长卢爱华动起了种植芦蒿的念头。2012 年，将承包的 200 多亩地全种上了芦蒿，另外 100 亩由村里的农户种植收割后也交与他处理，由于遭遇暖冬天气，芦蒿喜获丰收并提前上市，亩产达 1 500 千克。然而，大量上市的芦蒿在当地及周边市场无法消化，只得发往江西、安徽和湖北等地。以发往江西南昌的芦蒿为例，除去收获采摘需要的人工费，每车需要运费 4 800 元，杂工等费用 9 000 元左右，每发一车芦蒿，成本就达 13 800 元左右。一车能装芦蒿 9 000 千克，每千克 0.3 元，一车芦蒿卖不到 10 800 元，卖一车芦蒿就得亏接近 3 000 元，卖得越多，亏得越多，菜农严重"伤不起"。最后，在当地政府和媒体网站的多方发力下，勉强带他走出芦蒿滞销的困境。

3.2　蔬菜流通加工粗放，产品质量不高

目前，高邮市蔬菜流通加工仍处于粗放型发展阶段，蔬菜加工和保鲜储藏能力不足，全市 32 家规模以上蔬菜企业，配有冷库加工设施的仅有 3 家，大部分蔬菜都是菜农在产地经过简单的清洗、分级，直接装框，然后采用普通的敞篷车或者厢式货车运输到周边蔬菜批发市场；而多数蔬菜批发市场由于基础设施和条件缺乏，不具备冷藏和湿度调节设施，再加上养护措施不完善，蔬菜集中上市时，缺乏可靠的保鲜包装技术，致使产品在流通过程中损失严重，产品美誉度和竞争力不强。

3.3　流通模式复杂，流通环节过多

高邮市蔬菜进入城市市场一般有两种形式：本地菜经过菜农→批发市场→零售商贩→市民，外地菜经过菜农→当地批发市场→外地贩运户→城市批发市场→小

贩→市民。流通中，菜农和消费者之间存在太多环节，蔬菜的利润都被每级的经销商所榨取，加上汽油费、人员工资、车辆维修和摊位费等费用，导致蔬菜价格不断上升，蔬菜流通中仍然存在“两头叫、中间笑”的怪现象[5]。同时，蔬菜流通中的各环节之间关系多数也存在不确定性，供应商和分销商不断变换，蔬菜产品质量安全很难监控，加大了政府监管难度。如何将蔬菜价格降下来，有效控制“最后一公里”的加价幅度，让市民吃上便宜放心的蔬菜，让菜农获得最大的收益，需要各级政府通过正确的方式引导种植，规范市场供应，尽可能减少流通环节，保证市民“菜篮子”不再沉重。

4 促进蔬菜产销衔接的建议和措施

4.1 推进规模生产，提高经营管理水平

针对高邮市蔬菜生产散而不精、难于管理和营销水平低的现实，制定政策建议，把高邮市菜农发动组织起来，探索组建对外统一、对内协调的蔬菜生产营销专业合作联社，进一步推进蔬菜规模化生产销售，努力提高蔬菜合作组织的服务功能和经济功能[6]。同时，当地政府部门要加大对蔬菜合作联社的扶持指导，做好与当地农贸批发市场的组织协调工作，引导批发市场与合作社试点签订《蔬菜产销协议书》，将合作社作为市场的蔬菜基地，对其实行优先优惠政策，扩大当地蔬菜交易量，提高蔬菜自给率。

4.2 建立蔬菜信息服务网络，营造良好产销环境

信息化是农产品流通现代化的重要内容。批发市场信息系统的建立对于批发市场的管理和高效运行以及政府进行宏观调控等方面，都可以起到很好的作用[7]。建议在蔬菜规模化生产的基础上，蔬菜推广部门、商务部门应与大型批发市场建立蔬菜信息互通机制，随时了解高邮市各乡（镇）、大型蔬菜基地、批发市场的生产销售情况，分析供求形势，主动通报蔬菜价格及供求信息。具体做法是推广部门每月初把高邮市蔬菜各品种的在田面积及上市时间、上市量进行采集、加工分析，及时告知批发市场；批发市场借助 12316 短信平台，每周将主要蔬菜品种的最新成交价格、成交量发送给每个合作社、企业和市、乡（镇）主管蔬菜生产的相关领导。

4.3 加大产销衔接力度，提高蔬菜流通效率

建议政府采取补贴运营、贷款贴息等方式，加大对直营方式的扶持力度，稳价格、惠民生。继续扩大蔬菜平价店范围，积极发展“农超、农校、农社、农企对接”、社区菜店、蔬菜直通车等新型流通销售模式，支持大型连锁超市、学校、酒店、工厂等用菜大户与蔬菜生产合作社、龙头企业建立长期稳定的产销合作关系。学习借鉴海南公益性蔬菜批发市场建设中的经验，结合当地实际，取其精华去其糟粕，改革和完善现有农产品批发市场的管理模式，建立健全市场价格监管机制，规范有关部门行政事业性收费项目，杜绝乱收费、乱涨价、欺行霸市等不法行为，减

轻蔬菜经营者负担，降低流通成本。

4.4 建立健全技术服务体系，完善菜农保护机制

组建市、镇、村不同层次的技术员队伍，通过传、帮、带、教的方式，加快对蔬菜新品种、新技术的试验、示范和推广，提高蔬菜种植的科技含量，努力打造自己的商标和品牌，通过品牌效应去占领市场，扩大市场份额。同时，物价部门要积极与当地农业、保险监管部门协调，研究测算基本蔬菜品种种植成本，为合理确定保险费率和赔付标准提供支持。试点开办基本蔬菜品种的价格指数保险，提高菜农应对市场风险的能力，调动和保护农户发展蔬菜生产的积极性，为稳定市场菜价及淡季蔬菜供给提供保障。

参考文献

[1] 任兴洲，邵挺．我国不同蔬菜零售方式的比较分析 [J]．价格理论与实践，2012 (5)．

[2] 李政，李会晓．“农超对接”模式下的蔬菜配送管理研究 [J]．内蒙古农业科技，2013 (3)：52-55.

[3] 周文泉，郑鹏．蔬菜农超对接模式问题与对策 [J]．长江蔬菜，2012 (9)．

[4] 赵阳阳，孙娟，舒欣．扬州市蔬菜平价店管理问题分析 [J]．经济研究导刊，2013 (4)：220-221.

[5] 卢旭，许豪．我国蔬菜流通存在问题研究 [J]．东方企业文化，2012 (2)．

[6] 陈德明．抓好基地稳定蔬菜生产促进流通均衡市场供应 [J]．上海农村经济，2012 (3)．

[7] 崔海龙，张玉梅．新形势下青岛蔬菜流通体系研究 [J]．江苏农业科学，2011，39 (6)：7-9.

淮安市淮阴区蔬菜园艺产品采后商品化处理调研报告

苗 环 袁 玲

（淮安市淮阴区农业委员会园艺科 江苏淮安 223300）

摘 要： 本文介绍了淮安市淮阴区蔬菜采后加工产业的现状、问题与建议。

关键词： 淮阴区 蔬菜 商品化 调研

根据省、市《关于开展蔬菜园艺转型升级与提质增效调研工作的通知》，淮阴区选择“蔬菜园艺产品采后商品化处理”一题，根据问题设计了一份调查表格，实地走访蔬菜园艺生产基地 8 个，通过乡（镇）农技站发放调查统计表，共收回 48 个生产经营主体情况调查表，其中家庭农场 4 个，企业 7 家，合作社 18 个，种植户 19 户。现将蔬菜园艺产品采后商品化处理调研情况汇报如下：

1 蔬菜园艺生产现状

近几年，淮阴区蔬菜园艺业在设施类型、种植品种、科技含量和效益水平上发展较快，智能温室、连栋大棚、日光温室和钢架大棚等设施规模逐年扩大。至 2014 年底，全区蔬菜种植面积 40 多万亩，年产量达 120 余万吨，高效设施农业面积 20.9 万亩，主要有辣椒、西瓜、香菇、黄瓜、番茄、食用菌等蔬菜产品，还有葡萄、花卉、草莓、中药材等园艺产品，形成了以丁集、刘老庄为中心的日光温室黄瓜、草菇生产基地；以袁集、渔沟等乡（镇）为中心的辣椒生产基地；以棉花庄、凌桥为中心的西瓜、甜瓜生产基地；以吴城、码头、老张集等乡（镇）为中心的订单基地。

以蔬菜园艺业为基础的休闲观光农业初具规模，通过举办采摘活动，发放宣传资料，营造园艺业功能拓展的浓厚氛围，不断扩大影响力，吴城冬枣园、渔沟草莓园、火龙果采摘园、刘老庄香园农庄葡萄园以及棉花庄葡萄园每年吸引淮安及周边大批市民前来采摘，园艺采摘业获得良好的经济效益和社会效益。同时，培育了沈渡村、杨庙村、刘老庄村等“一村一品”园艺业特色村，王营镇沈渡村位于黄河故道沿岸，与淮安市两大公园仅一河之隔，凭借地理位置优势，优化品种布局，合理安排茬口，由原来以大棚辣椒为主栽品种转向以草莓为主栽品种，融生产与休闲采摘于一体，农业与服务业有机结合，乡村果蔬休闲采摘红红火火，既为市民提供休闲好去处，又促进了农业增效、农民增收。淮阴区刘老庄乡刘老庄村、码头镇码头村先后荣获“江苏省最具魅力休闲乡村”称号。2012 年，袁集乡李庄村、刘老庄乡刘老庄村被评为江苏省“一村一品”示范村，丁集镇娘庄村被农业部评为“一村一品”示范村。

淮安市台生源农业科技有限公司、淮安市三商农业科技有限公司、淮安市丰润绿色葡萄种植生态园、淮安市皇达花卉有限公司等10多家蔬菜园艺企业先后被评为市级“农业龙头企业”，农民专业合作社40多家，通过认证的无公害蔬菜园艺品牌30多个，杏鲍菇、黄瓜、香瓜、西瓜和冬枣等园艺产品通过无公害认证，因品质优、口感好，成为区内外较有特色的几个蔬菜园艺品牌。

2　产品采后商品化处理调查情况

蔬菜园艺产品是一种具有生命的所谓“皮包水”的特殊商品，它完全不同于一般的工业商品。蔬菜园艺产品具有易腐、易变质、种类多样而不均一的特点。采后处理，就是为保持和改进产品质量并使其从农产品转化为商品所采取的一系列措施的总称。蔬菜园艺产品采后处理过程主要包括整理、挑选、预冷、分级、加工和包装等环节。目前，调查的蔬菜园艺产品大多通过简单的机械或手工作业完成商品化处理过程。

淮阴区参与调查的48个发展规模不等的蔬菜园艺生产基地，总种植面积7 896亩，生产经营主体主要为合作社、企业、家庭农场、种植大户及一般农户，主要种植辣椒、黄瓜、西甜瓜、食用菌、草莓和果树等，产品主要销往安徽、上海以及江苏的南京、扬州、连云港及淮安周边市场。调查统计结果显示，约有1/3蔬菜园艺产品通过无公害认证，主要品牌有淮阴草莓、武梅牌西瓜、凌桥香瓜、闽丰食用菌、刘仙牌冬枣等。蔬菜园艺产品采后经过简单的整理、分级等方式处理，用塑料袋、尼龙网、泡沫箱和纸箱简易包装后进行销售。

辣椒采后主要采取简单的整理，用有孔的塑料袋包装后进行运输；黄瓜采后进行初步分拣，剔除畸形瓜，用纸箱包装进行运输和销售；西甜瓜采后放置田头阴凉处自然降温预冷，大部分用尼龙网包装，少部分用纸箱包装；草莓采后进行整理、分级并用塑料盒或有垫层的平盘运输和销售；葡萄采后剪除小果、烂果和畸形果，整理分拣后用纸箱包装销售。

淮安市闽丰食用菌科技有限公司、淮安台生源农业科技有限公司和江苏宏金源蔬菜加工有限公司工厂化生产的杏鲍菇、金针菇和豆芽均采用分级处理，用纸箱、泡沫箱和塑料袋真空包装销售，3家企业均建有冷库，有操作记录等管理档案，产品质量可追溯。绿源辣椒种植专业合作社、吴城冬枣专业合作社等在农技人员的指导下，建立并逐步规范田间操作记录等管理档案，产品有自己的包装和品牌，质量基本可追溯。

目前，由于农业生产者没有足够重视蔬菜园艺等产品的采后商品化处理，大部分农产品以原始状态上市，不分等级，简单包装，更没有预冷等其他采后处理措施，再加上储藏、运输设备不完善，大部分蔬菜园艺产品还没有实现冷链流通，果蔬采后损失较大。从调查统计情况来看，蔬菜园艺生产基地大部分没有保鲜冷藏设备，仅3家企业基地建有冷库。大部分蔬菜园艺产品采后没有保鲜冷藏设施，主要靠鲜销，特别像草莓、冬枣、葡萄和西瓜等产品属于时令水果，采收后没有保鲜冷藏设备，上市旺季产品竞争激烈，销售价格低，且易腐烂，带来不少浪费，高产未必能达高效。

3 存在问题及建议

也许由于多年形成的习惯，受消费市场影响或受资金方面制约，目前大多数蔬菜园艺产品生产者只注重生产环节，以初级产品上市销售，对采后分等分级、储藏、加工等环节没有引起足够的重视。目前，供应超市的蔬菜园艺产品，在超市能够分等分级，储藏有冷库，运输有冷藏车，最大限度地保持了果蔬产品的品质和货架期；而供应市场的产品最多是简单整理和分拣；供应批发市场的产品更是大小好坏齐上阵。

3.1 生产者大多注重生产，采后商品化处理不够重视

从调查统计的48个生产基地情况来看，淮阴码头国家科技园和刘老庄省级现代农业产业园区入驻企业，有着先进的管理经验，产品供应高端市场，重视产品采后处理和保值增值，如皇达花卉有限公司生产的白色蝴蝶兰，将采下的花茎，通过保鲜液保鲜处理并精心包装可延长花期，出口到日本、韩国等国家和地区，花卉采后经过处理减少了运输成本，延长了供应期。淮阴区大多数蔬菜园艺产品限于生产者自身条件，多以生产出来的初级产品上市，有的采后简单分拣分级和包装。建议在扶持生产设施、建设生产基地的同时，引导生产者重视产品品质和采后处理保值增值。

3.2 采后只是简单的处理，没有形成足够长的产业链

据有关方面数据显示，国外蔬菜采后商品化处理可增值40%～60%，精（深）加工可增值2～3倍，而还有好多环节没有开发，蔬菜园艺产品开发链条较短，精深加工少，品牌开发还不够。例如，葡萄、冬枣等农产品某年采摘期适逢雨水多，避雨栽培上市早、价格高，果品的品质、产量和效益均有较好的体现。但采后没有足够的储藏设施，后期产量并没有获得理想的收入，而令生产者望“果”兴叹。建议适当扶持农业龙头企业、实力强的专业合作组织搞好蔬菜的储藏、加工等，引导蔬菜园艺生产者逐渐注重采后商品化处理。

3.3 采后冷链系统设施设备较少

适当的低温储藏可以降低产品的生理活性，减少营养和水分损失，延长寿命，改善储后品质，减少病害，最大限度地保持果蔬的生鲜品质，低温储藏是保存蔬菜园艺产品的好方法。运输是蔬菜园艺产品产销过程中的重要环节，目前蔬菜园艺产品运输条件还不是很好，低温运输量还相当小，大部分蔬菜园艺产品仍用普通卡车

和货车运输。在规模集中连片种植区，能够示范性地建立田头保鲜冷藏设施和运输冷链系统，实行专业化管理和有偿使用。

通过采后商品化处理，维持蔬菜园艺产品的商品性，最大限度地减少采后损失，保持在市场上的竞争力，达到延缓新陈代谢和延长采后寿命的目的。通过采后商品化处理提高蔬菜园艺产品质量，体现优质优价，延长供应期，提高产出效益。栽培管理只有同适期采收、预冷、储藏、加工、运输、销售等各个环节紧密配合，稳定均衡地供应市场，丰产丰收，才能真正保障生产者的利益，同时为消费者提供安全、优质的蔬菜园艺产品。

徐州市铜山区蔬菜商品化处理现状及发展对策

徐玉冰

（徐州市铜山区农业委员会　江苏徐州　221000）

摘　要： 蔬菜商品化处理是为了保持或改进蔬菜产品质量并使其从农产品转换为商品所采取的一系列措施。针对徐州市铜山区蔬菜产业发展现状，分析了铜山区蔬菜商品化处理的现状和特点，论述了蔬菜商品化处理的意义，提出了铜山区蔬菜商品化处理的思路和对策。

关键词： 蔬菜　商品化处理　对策

1　蔬菜商品化处理的意义

蔬菜是城乡居民生活必不可少的重要农产品，保障蔬菜供给是重大的民生问题，蔬菜生产直接关系城市百姓的“菜篮子”状况，涉及种菜群众的切身利益。铜山区蔬菜产业发展迅速，在保障市场供给、增加农民收入等方面发挥了重要作用。同时，由于蔬菜生产的季节性、地域性和产品的易腐性，给蔬菜的储藏、运输、包装、销售、流通等环节带来很大困难。特别是在蔬菜生产过程中，由于采摘不当、分级处理不适、运输不及时或包装粗放，时而会造成“旺季烂，淡季断，旺季向外调，淡季伸手要”的被动局面。

蔬菜商品化处理就是在蔬菜采摘以后，在田间就地整理，去掉根土、烂叶和不能食用的部分修整干净后再分级、装筐，运往市场销售。据环保部门测定，居民家的生活垃圾，有32%～41%来自蔬菜废弃部分，时令蔬菜特别是毛菜夹杂着泥土、烂根和腐叶。商品化处理以后，蔬菜不但能够适应运销的要求，维持一定的标准，直到进入消费领域，而且减少了蔬菜在批发、运输、零售过程中环境对蔬菜的污染，让人看着舒心、吃着放心，既保护了生态环境，提高了销售价格，抑制了蔬菜腐烂，又提高了菜农的经济效益。

随着生活节奏的加快和生活水平的提高，食品安全意识也逐步深入人心，人们对蔬菜食品的要求也越来越高。蔬菜商品化处理后，价格上比散装蔬菜高出一倍还多，是菜农致富的一条新门路，况且蔬菜作为生鲜食品，从初级农产品进入市场，发展到采后应用技术，形成商品进入流通领域，是农业进入现代化的一个重要标志。而铜山区农产品商品化处理起步较晚，蔬菜产品到蔬菜商品二次性生产还很落后，已经严重影响到经济效益，特别是蔬菜的对外贸易，成为铜山区蔬菜生产急需解决的问题。

2　铜山区蔬菜商品化处理发展现状

2.1　铜山区蔬菜产业发展现状

2014年铜山区种植蔬菜面积126万亩，蔬菜总产量400万吨左右，实现蔬菜总产值70亿元，总效益46亿元。设施总量达到41万亩，设施占比达到26%以上。食用菌栽培投料量达到2.62亿千克，食用菌总产量39万吨，实现食用菌总产值11.5亿元，纯收入6.4亿元。到目前，铜山区500亩以上连片的专业蔬菜基地有80多个，蔬菜残留检测室10余处，19个镇场40多万亩的常年菜田通过江苏省无公害产品认证。铜山区现有各类田头市场50余个、中型批发市场3个，年交易量300余万吨。徐州市区（包括铜山区）常住人口300万人，流动人口近70万人，年蔬菜消费量约为66.6万吨（按人均0.5千克/天菜计算），铜山区供给徐州市民的蔬菜量约为50万吨，其余大部分蔬菜都通过市场流通体系销往外地。种植蔬菜对铜山区农民的人均纯收入贡献额为5 612元，占全年农民人均纯收入的36.1%，蔬菜种植已经成为铜山区种植业中效益最好的产业之一，蔬菜产业已经成为农民增收的支柱产业。同时，种植蔬菜效益的增加不断带动产业的发展，目前铜山区19个镇场全部都有蔬菜产业，正在向规模化、产业化和标准化方向发展。

2.2　铜山区蔬菜商品化处理布局与现状

徐州市铜山区蔬菜商品化处理主要分布在黄集、郑集、棠张、三堡和张集等镇，主要依托徐州市润嘉食品有限公司、徐州久久农业科技发展有限公司、徐州华杰农业科技发展有限公司、江苏清纯现代农业发展有限公司以及徐州飞腾蔬菜专业合作社等。三堡新河村“菜篮子”工程特色蔬菜生产基地内，正积极推进田头预冷设施、冷藏库房以及清洗、分级、包装等设备建设。

2.2.1　蔬菜种植规模和数量稳步增长

到目前，铜山区500亩以上连片的专业蔬菜生产基地80余个，打造了学庄、徐村、运城、双楼等一批千亩以上的专业村，田头市场50余个，中型批发市场3个，年交易量300万吨以上。蔬菜从田间到餐桌，一般经历“种植户-产地商贩-销地批发商-零售商-消费者”几个环节，基地农户蔬菜销售一般以田头市场销售为主，不需要进行清洗、分拣和包装，蔬菜包装以编织袋或纸箱为主，生产基地企业按客户要求进行简单的分级和包装，以纸箱和周转筐为主，蔬菜商品化处理率低。

2.2.2　缺乏分拣、分级及冷链设备

目前，铜山区由于分级包装机械设备及分级包装加工中心建设的缺乏，一般都是由人工完成，效率低、成本高。蔬菜物流以常温物流或自然物流形式为主，冷链物流基础设施建设落后，采后储运预冷库、冷藏周转库等机械设备的缺乏，加之保鲜设施不配套，运输成本大幅提高。蔬菜基地以分散的农户生产为主，规模小，品种单一，且同一地区种植蔬菜的品种相同，很难满足超市的大量需求和多品种需要，而且农户不具备相关“农超对接”知识，实现“农超对接”存在一定的困难。

2.2.3 市场供应、营销能力逐步增强

目前，铜山区全年种植蔬菜面积126万亩，蔬菜总产量400万吨左右，全区已有19个镇场40多万亩的常年菜田通过江苏省无公害农产品认定，有番茄、黄瓜、辣椒、茄子、西蓝花等23个产品通过认证。铜山区虽然注册了“清纯牌”“汇泉牌”“棠溪牌”“润嘉牌”等20多个蔬菜品牌，但真正能叫得响、在江苏省乃至全国有影响力的品牌很少。当前，蔬菜无公害基地认定和品牌申报多由农业部门运作，多数没有真正进入市场，出现技术规程制定多、实际应用少的现象。

2.2.4 蔬菜种植效益不断提高

2014年，铜山区种植蔬菜面积126万亩，蔬菜总产量400万吨左右，实现蔬菜总产值70亿元，总效益46亿元，人均种菜收入5 612元。蔬菜种植已经成为铜山区种植业中效益最好的产业之一。随着人们生活水平的提高，市民对蔬菜供应在质量上又提出新的要求，同时由于部分菜农在交菜质量上有所忽略，出现了重数量、轻质量的倾向，不但使蔬菜的食用价值下降，还损失了一部分的经济效益。

表1 徐州市铜山区蔬菜商品化处理现状

名　　称	徐州润嘉食品有限公司	江苏康华食用菌有限公司	徐州市飞腾蔬菜专业合作社	江苏康盛农业发展有限公司	江苏清纯现代农业发展有限公司
蔬菜种植面积（亩）	8 000	850	1 000	29	235
蔬菜产量（万吨）	8	2.3	0.5	0.5	0.091
蔬菜采后商品化处理量（万吨）	6.4	1.2	0.44	0.5	
蔬菜采后商品化处理率（%）	90	52	98	100	97.5
蔬菜加工品数量（万吨/年）	6.4	1.1	0.44	0	0.089
蔬菜初级产品消耗量（万吨）	1	1.2	0.06	0	
蔬菜加工率（%）	90	52	98	0	97
蔬菜分拣分级情况	人工、机械分拣	人工分拣	人工分拣	人工分拣	人工分拣
产品品牌	润嘉牌	康华	勤恳	康盛	清纯农场

3 铜山区蔬菜商品化处理发展存在的问题

3.1 蔬菜商品化处理机械化程度低

铜山区蔬菜多以初级形式进入农贸市场，散装菜销售占蔬菜销售总量的90%以上，蔬菜的年加工量仅占蔬菜总量的2%左右。以运输包装为主，一般采用蔬菜周转筐、泡沫箱、编织袋和纸箱进行运输。由于分级包装机械设备及分级包装加工中心建设的缺乏，一般都是由人工完成。蔬菜商品化处理率低，机械化程度更低，采后损耗率达到20%以上，叶菜类蔬菜更高。这导致了不能进一步扩大经营规模，积极性不高，制约了蔬菜商品化的发展。

3.2 蔬菜商品化处理标准不够完善

近年来，铜山区蔬菜产品质量始终保持在较高水平，铜山区已经有20个镇场

40多万亩的常年菜田通过江苏无公害农产品认证，有番茄、黄瓜、辣椒、茄子、西蓝花等23个产品通过认证，蔬菜质量总体上是安全、放心的。在蔬菜质量安全水平提高的同时，净菜整理、分级、包装、预冷等商品化处理数量逐年增加，但蔬菜商品化处理标准还不够完善。一般根据不同客户的需要，制定不同分级、包装和贴标，然后进入超市、农贸市场等。

3.3　冷链系统设施建设严重滞后

长期以来，由于对蔬菜采后处理重视不够、投入不足，铜山区蔬菜物流以常温物流或自然物流形式为主。冷链物流基础设施建设落后，采后储运预冷库、冷藏周转库、可移动真空预冷、冷藏保温车、分级包装机械设备等的缺乏，在采摘、运输和储运等物流环节上的损失率高达20%～30%，而发达国家不足5%，与冷链物流相适应的金融结算、物流配送和信息服务等配套服务也严重滞后。

3.4　电子商务发展缓慢，品牌影响力不够

目前，铜山区虽然注册了20多个蔬菜品牌，但真正能叫得响、在江苏省乃至全国有影响力的品牌很少。2014年，铜山区成立了徐州市首家以农产品网上销售为主的电子商务公司，徐州创达电子商务公司成功在1号店特产中国平台建设徐州馆。但由于区委、区政府扶持政策不够，铜山区特色农产品在网上销售缓慢。

3.5　传统的消费习惯难以改变

铜山区蔬菜种植多以番茄、黄瓜、辣椒、茄子和菜花等蔬菜为主，有一定的季节性和区域性。但随着蔬菜市场供应已经实现大流通、大循环，产品已经出现季节性、区域性过剩，加上铜山区蔬菜批发市场设施简陋，经营和交易方式落后，分级、包装和结算等信息系统配套不完善，蔬菜消费还是以初级产品为主。由于社区蔬菜直销店的数量不足，乡（镇）、村级农贸市场以街为市、以路为集的特征仍然出现，居民购菜还是以到农贸市场为主。

3.6　龙头企业、蔬菜合作社充分发挥辐射带动作用

铜山区现有徐州市润嘉食品有限公司、徐州久久农业科技发展有限公司、徐州华杰农业科技发展有限公司、江苏清纯现代农业发展有限公司、徐州飞腾蔬菜专业合作社等市、区级龙头企业和合作社，他们内联千家万户，外接国内外市场，在经营中发挥着连接市场与农户的桥梁纽带作用，它们既是加工销售中心，又是信息筛选中心，还是科技服务中心，龙头企业的辐射拉动作用已经充分体现出来。但由于农户经营过度分散，农民组织化程度和标准化意识较差，只有加快培育一批具有较强竞争力的龙头企业和合作社，才能从根本上提高铜山区农产品的市场竞争力。

4 发展蔬菜商品化处理的思路和对策

4.1 大力发展“菜篮子”工程蔬菜基地建设，加强设施装备提升

坚持“品种调优、规模调大、链条调长、效益调高、产业调强”的原则，大力建设省级“菜篮子”工程蔬菜生产基地，改善基地生产条件，加快设施装备水平的提升。大力发展蔬菜基地的遮阳网、防虫网与喷滴灌“两网一灌”生态栽培、积极发展日光温室、钢架大棚和连栋大棚，普及推广粘虫色板、杀虫灯、环境灭菌等配套设施。加快发展小型耕作、育苗、定植、整枝、采摘等生产机械，推广物联网示范应用。积极推进田头预冷设施，整理分级车间、冷藏库房以及清洗、分级、包装等设备建设，提高产品的档次和附加值。

4.2 建立健全蔬菜质量标准化体系，提升质量安全监管水平

积极培植蔬菜标准化生产基地，大力推广蔬菜标准化生产技术，实行有标生产、品牌销售，巩固提高已建成的无公害农产品生产基地、绿色食品和有机食品基地。重点培植蔬菜、食用菌等园艺作物标准园。在蔬菜基地和标准园，一是建立健全蔬菜标准化体系。按照蔬菜标准化生产的原则，围绕蔬菜加工销售等环节，制定完善新的技术标准和产品质量安全标准。蔬菜生产基地内建立健全产品无公害检测、基地准出制度，产品生产进行定期或不定期的田间检测，产品采收前进行检验，合格产品按照包装要求进行分等分级，包装后进行销售。二是建立健全蔬菜质量检测体系。蔬菜生产基地和标准园配备相应检测室，确保农产品质量安全。三是建立全程质量管理五项制度，按照“五个统一”标准化生产农产品，所有农产品通过基地自检，同时上包装和进行产地编号，实现农产品质量安全追溯。四是强化蔬菜标准园建设，加快先进、实用的蔬菜技术标准的制定和推广应用，促进良种良法配套，实现蔬菜全程的标准化，切实提升蔬菜生产水平。

4.3 搞好市场营销与品牌建设，加强产销对接

一是积极推动相关组织进行“三品”认证，引导分等分级、包装标识，鼓励各专业合作社搞好商标注册，加大宣传力度，打造知名品牌，提升产品竞争力。通过发展经纪人，建设直营直销店，创建名牌产品，提升品牌效益，占领前沿市场。二是通过引进龙头企业，发展合作组织，形成“公司＋基地＋农户”的链条生产模式，引导农户进入市场，做好农户与市场间的有效连接，提高农产品进入市场的效率和效益。三是鼓励依托农民专业合作社，积极培育农民经纪人队伍，提高农民的产品销售规模和议价能力，实现基地生产与当地蔬菜批发市场、大型超市对接。大力发展高档菜配送业务，促使铜山区蔬菜向高端消费市场发展。

4.4　加大扶持力度、扩大龙头企业和合作社规模，增强其辐射和带动作用

由于龙头企业直接从事农产品加工，与城市、工农之间联系密切，能够有效促进农产品和农村劳动力两个资源的转化，对农民的带动和辐射作用明显。龙头企业的发展壮大，能够产生巨大的经济效益，成为促进农民增收的强劲动力。同时，建立农户和企业之间“利益共享、风险共担”的利益联结机制，把农产品的生产、加工、销售三个环节有机地连接起来，使农民分享到加工、流通等环节的利润，增加就业和农民收入。

4.5　大力发展电子商务，采取措施引导消费

一是随着经济的发展，人口的流动性越来越大，蔬菜消费的区域特色逐渐模糊。因此，蔬菜供应应考虑花色品种的齐全，普调众口。二是申请扶持政策，鼓励更多的企业对接1号店徐州馆（铜山主办），拓展农产品销售渠道，将更多的农产品在网上销售。三是各地居民的蔬菜消费习惯是长期形成的，不可能很快改变，可以通过科普宣传、正确的舆论来引导消费，逐步改变居民的消费习惯。四是在蔬菜种类和品种安排时，应立足当地、兼顾全国，加大“农改超”的步伐，以满足不同层次的需求，形成新的消费格局。

徐州市睢宁县蔬菜工厂化育苗的现状及启示

王玲平

（徐州市睢宁县农业委员会　江苏徐州　221200）

摘　要： 蔬菜工厂化育苗技术是现代集约高效农业的标志之一，通过实地走访、现场考察和数据统计等多种方式对徐州市睢宁县蔬菜工厂化育苗产业的发展进行了深入调研。调研结果显示，睢宁县蔬菜工厂化育苗已经具有一定的规模，从育苗能力、当年销售额和年利润来看，都相当可观。育苗用种量可节约 5～6 倍，育苗周期也大大缩短，而且秧苗存活力强、发根好、活棵快。在此基础上，比较了传统育苗和工厂化育苗的特点以及当前睢宁县蔬菜工厂化育苗发展遇到的困难，并分析了发展的对策和建议。

关键词： 睢宁县　工厂化育苗　蔬菜　发展现状

1　引言

工厂化育苗是随着现代农业的发展，农业规模化经营、专业化生产、机械化和自动化程度不断提高而出现的一项先进农业技术，是现代化农业的重要组成部分。这项技术的主要优点是省工、省力、成本低、效率高，便于优良品种的推广和育苗管理的规范；成苗便于远距离运输和机械化移栽，定植后根系活力好，缓苗快；同时，又充分发挥了现代化温室设备的优势，缩短了育苗时间。因此，对实施蔬菜种苗生产的机械化、规模化及持续高效发展具有特别重要意义。

俗话说“壮苗一半收”，就科学地阐明了壮苗内在优质的潜力可以贯穿到作物的一生。而我国农民传统的种菜方式是自己买种子育苗，成苗后定植，由于育苗多是在不适宜生长的季节进行，再加上保护设施差、技术不过关，播后不出苗，出苗后长不好，患病、冻死、形不成壮苗的现象较为常见。工厂化育苗具有高新技术集约、产业带动性强、企业化生产运营、综合效益优化等现代农业特征，发展蔬菜工厂化集中育苗，可以发挥商品秧苗生产销售中心的引领和带动作用，进一步提升蔬菜种植的科技含量和规模化，促进蔬菜产业的现代化。

蔬菜是人们日常生活中不可缺少的副食品，也是种植业中最具活力的经济作物。随着社会经济的发展，人民生活水平的不断改善和提高，人们对蔬菜的需求数量将会越来越大，对质量的要求会越来越高。因此，发展工厂化育苗对于抓好“菜篮子”工程、促进蔬菜产业发展、增加农民收入、改善民生有着重要意义。

2　蔬菜工厂化育苗技术的现状

工厂化育苗是指在人工基质和特定容器中进行的无土育苗生产，这项技术在19世纪60年代诞生于美国，并逐步推广到欧洲、日本等国家，目前已经成为一项成熟的农业先进技术。我国早在1976年已经开始推广工厂化育苗技术，工厂化育苗技术面对日益增长的高质量蔬菜秧苗的需求，有着广阔的应用前景。

2.1　穴盘育苗技术的发展

穴盘育苗技术是实现蔬菜育苗高产、优质的重要方式，工厂化穴盘育苗是以草炭、蛭石、椰子皮、珍珠岩等做育苗基质，穴盘做育苗容器，机械化精量播种，一次成苗的现代化育苗体系[1]。它是在人为创造的最佳环境条件下，采用科学化、机械化、自动化等技术措施和手段，进行批量生产优质秧苗的一种生产方式。穴盘育苗技术中，基质的优劣直接影响到幼苗培育和壮苗指数，基质中气态、液态和固态的比例关系决定了基质的优劣。基质材料应具备以下特点：一是资源丰富、成本较低，不含对作物生长有害的物质；二是持水量大，毛细管和非毛细管孔隙比例适宜；三是阳离子代换量大，保肥性能好；四是容重小，利于根系穿透，能固定根系[2]。

当前，用于蔬菜穴盘育苗的基质有蛭石、草炭、炉渣灰、棉籽壳、珍珠岩、细沙和锯木屑等。开发经济优质的基质非常重要，近年来国内对此展开了大量研究，也取得了很多成果。每种蔬菜作物对基质的要求并不一致，一般基质以多种介质的不同比例混合而成。例如，茄子穴盘育苗的基质配比是草炭∶蛭石=5∶5为佳[3]；黄瓜穴盘育苗的基质配比为椰壳粉∶蛭石=5∶5；而番茄育苗基质的最佳配比为蛭石∶珍珠岩=5∶5。但是，草灰、蛭石、珍珠岩等成本较高、地域性较强，所以以各地本土化、可再生的有机基质为主调配出合理比例的基质，显得尤为重要。例如，将炉渣、玉米秸秆、棉花秸秆、麦秸秆等作为蔬菜育苗基质，均取得了较佳的育苗效果[4]。

此外，为了取得较高的壮苗指数、降低成本，穴盘的材料、规格等也有一定的要求。当前，常用的穴盘为聚苯乙烯制品和聚苯泡沫制品[5]，穴格有不同的形状、直径、深浅和容积等差异，穴孔数由72～800不等。穴孔大小与形状会影响介质理化性的表现。方形穴孔面积较大，穴孔的深度会影响透气性。穴孔大则容积大介质多，通气性较佳，pH较稳定，所需生育期短、耐储运[6]。穴盘育苗应根据作物种类、根系发育等特点，种苗大小和生长速率等因素选择适当规格的穴盘。

2.2　实施蔬菜工厂化育苗的可行性

近年来，我国蔬菜产业在规模化、专业化、集约化和市场化的进程中得到了快速发展，产业结构不断调整升级。睢宁县的温室大棚面积也在逐年增加，温室大棚蔬菜的迅猛发展为实施蔬菜工厂化集中育苗创造了条件。

2.2.1 现代温室产业的快速发展，为蔬菜工厂化集中育苗的实施奠定了坚实的基础

现代温室种植面积的迅速扩大，温室结构和性能的不断完善和提升，使其成为近 30 年来农业种植业中效益最高的产业。睢宁县在温室生产环境控制系统、工厂化育苗技术规范和标准、温室生产技术规范和标准等方面，都开展了实际应用，并且取得了良好的效果。

2.2.2 30 多年的实践，积累了较丰富的工厂化集中育苗的经验

早在 20 世纪 70 年代，我国一些地区就开展了工厂化集中育苗的尝试，虽然育苗规模还很小，只是停留于自给自足的蔬菜种植的需要，但也积累了不少经验。80 年代开始学习、引进、吸收一些农业发达国家工厂化育苗的技术、经验和设备，推动了我国工厂化育苗业的快速发展。目前，工厂化育苗作为高新技术项目，各地纷纷进行探索和尝试，并取得了可喜的成果。因此，多年的实践探索为工厂化育苗的推广和普及创造了良好的条件。

2.2.3 市场对工厂化培育秧苗的需求不断增加

随着我国市场经济体系的逐步完善，蔬菜种植户对工厂化集中培育秧苗的品质有所认识。不仅意识到使用工厂化培育的秧苗可以增产、增收，而且还可以通过各种蔬菜协作或合作组织，拓宽蔬菜的营销渠道，增强蔬菜的市场竞争能力。睢宁县的一些蔬菜种植户对自己传统育苗种植观念开始逐渐转变，这也加大了当地对工厂化集中育苗的需求，为工厂化集中育苗的推广和普及奠定了良好基础。

3 睢宁县蔬菜工厂化育苗情况调研

本文对江苏省睢宁县的工厂化育苗中心情况展开了调查，以期更进一步推进工厂化育苗中心的建设。为了深入了解睢宁县的工厂化育苗中心的建设及运行情况，为该县提出合理和可行的建议，对睢宁县各个乡（镇）进行了调研。本次调研主要分两部分进行：一是对乡（镇）政府相关领导进行访谈，从整体上把握睢宁县的工厂化育苗中心的建设运行的总体情况，从规模上找出差距；二是采取实地走访、现场考察的形式深入育苗中心，掌握真实的运行情况。

经过调研，睢宁县目前共有 4 家育苗中心，分别是睢宁县王波（王行）西瓜合作社、睢宁县瑞克斯旺育苗中心、睢宁县魏集镇洪山西瓜专业合作社、睢宁县百利育苗中心。主要分布在睢宁县双沟镇、魏集镇、梁集镇和农业示范园区。此外，通过实地走访、现场考察等方式，对各个育苗中心的占地面积、育苗设施面积、育苗能力、当年实际育苗量、当年销售额以及年利润等方面进行了统计。蔬菜工厂化育苗中心育苗情况如表 1 所示。

由表 1 可以看出，睢宁县蔬菜工厂化育苗已经有了一定的规模，从几家育苗中心的育苗能力、当年销售额、年利润来看，都相当可观。调研时发现，育苗的用种

量比传统育苗节约用种量5～6倍，甚至10倍；育苗周期明显缩短，番茄可从原来100～110天，缩短到80天左右，辣椒、茄子可从原来130～140天，缩短至90～100天，黄瓜可从原来的50～60天，缩短至40天左右，而且秧苗存活力强、发根好、活棵快。

表1　睢宁县蔬菜工厂化育苗中心情况

育苗中心名称	占地面积（亩）	育苗设施面积（亩）	育苗能力（万株）	当年实际育苗量（万株）	当年销售额（万元）	年利润（万元）
睢宁县王波（王行）西瓜合作社	210.00	180.00	4 000.00	3 600.00	1 080.00	360.00
睢宁县瑞克斯旺育苗中心	200.00	160.00	6 000.00	4 500.00	2 250.00	600.00
睢宁县魏集镇洪山西瓜专业合作社	250.00	100.00	1 200.00	650.00	520.00	156.00
睢宁县百利育苗中心	300.00	260.00	6 000.00	5 500.00	3 221.00	755.00
合计	960.00	700.00	17 200.00	14 250.00	7 071.00	1 871.00

4　蔬菜工厂化育苗与传统育苗的比较

4.1　传统育苗的特点

所谓传统育苗技术是指科技含量相对较低、育苗方式比较简易、长期以来已被人们广泛应用的育苗技术。在农业产业不断升级调整、温室蔬菜迅猛发展的背景下，传统育苗有以下一些缺点：

4.1.1　劳动力短缺，用工费用逐年增加

随着我国城镇化进程的加快和农村富余劳动力向非农产业的转移，劳动力成本将不断提高，蔬菜生产的劳动力成本上升也日益突出。在走访时了解到，睢宁县前几年人工成本不过30～40元/天，但是如今涨到60元/天，还很难雇到技术熟练的壮年劳力。由于育苗移栽用工量大，占蔬菜生产总用工量的40%左右，劳动力价格上涨，直接影响到生产成本。

4.1.2　占地面积大，对土壤生态的危害日益加重

传统育苗大部分采用冷床育苗或大棚营养钵育苗，由于土地得不到立体开发，需占用大面积耕地。传统育苗需要配制育苗用营养土，据测算，每育1 500万株苗就需要大约9 000平方米营养土，相当于1公顷地深挖取土1米。相当于每年全国约有几万公顷的耕层土壤被破坏，如此下去，土壤生态将严重受损。

4.1.3　种子用量大，导致育苗成本增加

好的作物品种不仅产量高、品质好，而且还具有良好的抗逆性和抗病虫害性。这类种子往往价格较高，采用传统的育苗方式，出苗率、成苗率和壮苗率均无法保证，用种量增加，成本加大。种1亩蔬菜大棚约需要2 800株苗，由于传统方式培育出的种苗质量参差不齐，需要繁育3 500～4 200株。这样既造成种子浪费，也浪费人力、物力。

4.1.4　分散育苗，种苗质量难以保证

育苗的时间绝大多数是在自然界不适宜生长的冬季或夏季，要在这样多变的环境下育出壮苗，就必须进行人为保护、调控环境，创建适宜幼苗生长的条件。当前，对绝大多数农民来讲，由于经济实力和技术水平所限，还难以实现这一目标。夏季育苗受高温、暴雨和干旱等因素，冬季、晚秋或早春受低温、霜冻、大雪和弱光等限制，幼苗因温度、水分、光照、土壤、施肥及用药等因素影响，常出现烂种、烂芽、烂根、寒根、沤根、烧根、烧苗、闪苗、老化苗、阳光灼苗、死苗、冻苗、戴帽苗和秧苗徒长等现象，造成成活率低、幼苗质量差和病虫害严重等情况，给蔬菜生产带来了巨大损失。

4.2　蔬菜工厂化育苗的特点

蔬菜育苗作为从种植业中分化出来的一个新兴产业部门，转变了传统的种植观念，树立了现代化的全新理念。蔬菜工厂化集中育苗与传统的育苗方式相比有以下优点：

4.2.1　用种量少，占地面积小，且能保证品种纯度

传统育苗由于受各种条件的限制，往往是以加大用种量来争取全苗。从种业发展趋势来看，种子质量在逐步提高，价格也在不断上涨。目前，一些进口的种子和一些品质好的种子的价格大多是以粒来计价的，一旦育苗失败，菜农的损失较大。而工厂化育苗是在全保护条件下根据幼苗不同生育阶段的需要，提供适宜的温度、光照、水分、气体和养分等条件，使幼苗按要求均衡生长，育成壮苗。而且，育苗工厂的苗床面积小，能够缩短苗龄，节省育苗时间。传统的蔬菜育苗，由于大量使用农药和化肥，对土壤、空气和水产生了较大的污染，且生产周期长。工厂化育苗在苗期则不需要施用化肥、喷洒农药，对环境无污染，而且育苗周期短。

4.2.2　能够尽可能减少病虫害发生

工厂化育苗是通过完全人工控制营养、水分、光照和温度，人为地创造幼苗生长发育最适宜的环境和条件，避免了各种真菌传染源的入侵，防止和减少各种病虫害，可生产出高品质的绿色蔬菜秧苗。同时，工厂化集中育苗是一次成苗，不伤根、叶，蔬菜秧苗没有伤口、没有虫口，减少了各种真菌、细菌和病毒等有害微生物的入侵。因此，蔬菜秧苗健康，防病效果好。

4.2.3　提高育苗生产效率，降低成本

传统的蔬菜育苗，由于是分散育苗，以自给自足为目的。因此，效率低、育苗成本高，需要较多的人力投入育苗工作。工厂化育苗可以使育苗机械化、工厂化和集约化，大大地提高劳动生产率，减轻劳动强度，扩大育苗栽培面积，保证秧苗质量，并且不受季节限制，可以周年育苗。

4.2.4　利于统一管理，推广新技术

工厂化育苗，秧苗集中培育，便于统一管理，统一操作规程，统一技术，便于采用先进技术，提高育苗水平。同时，工厂化集中育苗可以加快对“名、特、优、新”蔬菜品种的开发利用和推广；大型育苗工厂的专业技术服务队伍，可以对种植

户进行从种到收的跟踪服务，便于优良品种和新技术的推广利用。

4.2.5　适合远距离运输和机械化移栽

工厂化育苗一般是以轻基质或营养液做育苗基质，这些育苗基质具有比重轻、保水性能好、营养充足和根坨不易散等特点。因此，缓苗快，甚至于不经缓苗即可迅速进入正常生长，成活率高。而且，在工厂化育苗的生产过程中，蔬菜秧苗是在规格统一的穴盘中培育，健康苗的规格统一，便于包装运输，也有利于机械化移栽。

4.2.6　工厂化育苗的市场需求大，经济效益好

工厂化育苗随着蔬菜生产的产业化、规模化进程的加快，已出现了良好的发展趋势，并且因其大规模、高质量和高技术受到了广大菜农的欢迎。以睢宁县的百利公司为例，2014 年的育苗能力为 6 000 万株左右，而专家估算，睢宁县一季的种苗需求量就在 1 亿株以上。工厂化育苗不仅为种苗工厂带来可观的经济效益，也为菜农带来了实惠。

蔬菜秧苗作为蔬菜生产的关键，蔬菜育苗产业的发展，不仅可以推动蔬菜产业朝着高科技、高效益的方向发展，而且可以带动与蔬菜生产相关联的设施设备制造、储藏运输和加工销售等产业，不断改革创新，增加科技含量，提高经营管理水平，以便更好地满足蔬菜产业又好又快发展的需要。

5　现阶段实施蔬菜工厂化育苗存在的困难

近几年，睢宁县蔬菜工厂化集中育苗得到了长足的发展，推进了当地蔬菜产业的发展。但睢宁县蔬菜工厂化集中育苗还处于起步阶段，与江苏省苏南较先进的地方相比，还有较大的差距，还面临着不少困难。

5.1　引导和宣传不到位，工厂化秧苗普及率低

从调研结果来看，受传统种植观念的影响，大多数人们对商品苗的好处还没有充分认识，习惯于自己育苗，虽然可能比购买优质商品苗花费的还要多，但人们有钱买种，却无钱买苗，致使一些育苗企业销售渠道不畅。因此，需要政府有关部门利用各种渠道加大对种苗业的宣传力度，采取对秧苗价格补贴、对育苗企业低息贷款、对购买秧苗的种植户产品回收等一系列政策和措施，引导蔬菜种植户选用优质蔬菜秧苗，使种植户通过种植商品苗得到增产增收，育苗企业得以运行和发展。

5.2　育苗企业规模小，利润较低

工厂化育苗是一项高投入、高风险和高产出的产业。从走访调研的 4 家工厂化育苗中心来看，受传统经营方式的束缚，育苗企业大而全、小而全依然存在。良种开发、秧苗培育和市场开发等完全由育苗企业独自承担，蔬菜秧苗培育的产业链条没有实现细分。分散经营方式已经不能适应现代化农业发展的需要，发育滞后，小

生产与大市场、大流通的矛盾日益突出。市场组织化程度低，过去一家一户农村市场主体而且分散种植使生产组织、技术推广、质量监管难度大，规模效益差，抗御风险的能力弱，难以发展壮大。因此，必须加快结构调整，优化空间布局，打造新兴的农业产业带和产业群，推进适度的工厂化育苗规模经营。

5.3 现代化温室的性能不完善，科技含量低

从调研的情况来看，目前一家一户的蔬菜秧苗培育绝大多数还停留于自给自足的自然经济状态，育苗设施简陋，抵御风险的能力非常弱。一旦遇到不良的天气和病虫害等自然灾害，难以应对。而一些较大的温室集中育苗中心，由于投入不足，设施、设备的科技含量较低，经营管理不到位，生产效率低，也难以降低育苗成本，培育出优质高产的健康秧苗。

5.4 设备价格高，一次性投资大

多年来，管理部门、生产部门及广大的农民习惯于传统的生产、育苗，由于宣传力度不够，生产者对蔬菜工厂化穴盘育苗认识不足，普遍认为那是国外的东西、是经济发达地区的东西，我们用不着，传统的育苗没有什么不好，足够我们自己生产需要了。陈旧的思想观念，还没有得到彻底解放。

工厂化育苗是集成了设施生物技术、设施工程技术、设施智能控制技术和现代管理技术为一体的综合体。比较大型的育苗工厂所采用的设施、设备大多都是从国外进口，尽管技术先进、质量好，但价格较贵、投资较大。同时，育苗工厂所消耗的水、电等用量大，运营成本高。

5.5 人员素质低，科学管理跟不上

工厂化育苗既是流水线作业，又是集约化生产经营，不但操作技术严紧，工艺流程要求高，而且管理要科学、规范，需要一批有一定专业技术知识和经营管理水平的人员。从走访调研来看，育苗人员大多是来自农村的中老年妇女，受教育程度低，文化科学技术水平及综合素质与现代大生产的要求还有较大的差距。因此，急需建立现代农业企业制度，完善农业企业的运行机制，实现科学化、精细化管理。

6 发展对策的分析

6.1 政府加大扶持力度，培育龙头育苗企业

睢宁县的工厂化育苗还处于起步时期，基础非常薄弱，需要政府加大投入力度，搞好基础建设。通过政府引导，以项目补贴、贷款贴息等多种形式不断加大投入力度。如采取秧苗价格补贴、资金投入和低息贷款等手段，推进了蔬菜工厂化育苗的快速发展。提高设施育苗的硬件配置水平。把工厂化育苗建设落到实处，并抓住重点，通过税收、地租等优惠政策加以扶持，起到为农增收作用，确保工厂化育苗工作健康发展。

按照市场经济规律发展蔬菜育苗产业。蔬菜育苗产业应该走市场经济之路，企业生产出的商品苗从质量、价格到售后服务都需要被农民接受，从而实现良性循环。育苗企业要按照现代企业的管理模式进行运作，加强生产组织管理、市场营销体系的建立和社会化服务，不断提高一体化经营的水平。要实行品牌战略，通过建立商品苗质量标准，建立标准化的生产技术规范，促进育苗技术的不断提高。建立良好的售后服务体系，育苗企业应不断加强售后技术服务工作，在编制统一的栽培技术资料、定期进行田间指导、定期进行技术培训、积极为菜农开发产品销售市场等方面做好售后服务，以消除菜农的后顾之忧。

6.2　加强科研院所与育苗企业的广泛合作，建立行业标准

集科研院所的科技实力和企业的资金优势于一体，可达到资源优势互补，使科技成果快速转化为生产力，加快关键设备的开发，提高设备的作业精度和可靠性。目前，睢宁县也注重加强与南京农业大学、江苏省农业科学院、苏州农业职业技术学院、江苏农林职业技术学院等科研院校的合作。尽快制定地方或行业标准，提高配套设施的互换性、通用性，从而降低育苗移栽的生产成本，以利于种苗产业的发展和移栽的大面积推广应用。

6.3　加强示范和宣传，转变种植者观念

当前，睢宁县的农民文化水平偏低，不愿改变传统的生产观念和生产方式，对蔬菜工厂化穴盘育苗认识不足，大部分农民还没有认识到商品苗的好处。市场决定生产，没有市场的生产只能是浪费人力、财力和物力的短命生产，蔬菜工厂化育苗的发展也一样离不开市场。因此，要加大力度开拓工厂化育苗市场，通过宣传和示范，使生产者真正认识到育苗移栽技术较传统栽植技术无可比拟的优越性。引导农民转变传统的种植观念，让农民通过种植蔬菜商品苗实现增产增收的目标。

6.4　从蔬菜产业链上加强整体推进

优质蔬菜秧苗作为蔬菜产业链中的一个重要环节，要充分发挥其引领和带动作用。应发挥政府在蔬菜产业发展中的主导作用，组织和调动各方面的力量，切实加强适合当地的优质蔬菜育苗品种的研发，培育优质蔬菜秧苗品牌，建立蔬菜秧苗销售网络，规范蔬菜秧苗栽种的技术支持、技术指导和田间管理等，搭建起以育苗企业为中心的蔬菜生产网络；调动蔬菜育苗企业和蔬菜种植户双方的积极性，切实增加蔬菜育苗企业、蔬菜秧苗使用者以及与蔬菜育苗技术专家的交流与沟通。

6.5　树立现代营销理念，实现商品化运营

随着社会主义市场经济体制的逐步完善，传统的一家一户的大而全、小而全的农业耕作思想，已经远远适应不了现代农业的大市场、大生产、大流通的要求。因此，加强农产品市场信息网络建设，培育农民的市场经营观念已成为当务之急。使农民积极获取市场信息，掌握市场动态，分析预测市场供求变化，按照市场需求组

织生产经营活动营销观念是育苗企业从事蔬菜秧苗营销活动的指导思想。其核心是育苗企业如何正确处理社会、蔬菜种植户和育苗企业三者关系，并以此为指导开展营销活动。蔬菜育苗企业要树立起网络营销、体验营销等现代营销理念。

6.6 以市场为载体，加强秧苗基地与蔬菜种植户的对接

政府应通过对育苗企业的扶持和政策倾斜，培育蔬菜育苗的龙头企业，以龙头企业建立起产业化经营、市场化运作模式。要采取“公司＋农户”“公司＋基地”“公司＋专业协会＋农户”“订单农业”等多种形式。以市场为载体，使育苗企业和蔬菜种植户建立起稳定的合作关系，带动千家万户按照市场规律进行专业化、集约化生产。

参考文献

[1] 杨国洪，秦艺，王玉麟．工厂化轻基质穴盘育苗技术初探［J］．上海农业科技，2010（4）：105.

[2] 路美荣．蔬菜工厂化育苗关键技术研究［D］．泰安：山东农业大学，2004.

[3] 陈振德，黄俊杰．混合基质对茄子穴盘苗生长和产量的影响［J］．山东农业科学，1996（5）：28-29.

[4] 吴慧，贾杨，高杰．不同配比棉花秸秆基质对辣椒幼苗生长的影响［J］．北方园艺，2012（21）：1-4.

[5] 耿新丽，张翠环，热萨来提·尼亚孜等．哈密瓜不同穴盘育苗效果的比较［J］．中国瓜菜，2014（6）：31-32.

[6] 孙晓梅．黄瓜穴盘育苗基质、穴孔及施肥技术的研究［D］．杭州：浙江大学，2004.

徐州市睢宁县蔬菜机械化生产现状、存在问题及发展对策

刘　敏

（徐州市睢宁县农业委员会蔬菜办　江苏徐州　221200）

摘　要： 2014年，睢宁县新增设施农业面积4.2万亩，全县设施农业面积31.5万亩。蔬菜种植属于劳动密集型产业，据县劳动部门调查，睢宁县共有劳动力56.7万人，县境外转移就业28万人，境内转移就业18万人，尚在家从事农业劳动力只有10.7万人，劳动力严重不足，农民老龄化趋势明显。另外，劳动力成本逐年上升，蔬菜产业对机械化的需求明显增加。蔬菜生产机械化，可以大大降低种植作业过程中的劳动强度，大力提高劳动效率和生产效率，为蔬菜生产提供更为高效健康的劳动。实现蔬菜机械化生产也是促进睢宁县设施农业现代和机械化的有力保障途径，也是努力实现的方向。

关键词： 睢宁县　蔬菜　机械化　调研　对策

1　睢宁县蔬菜发展机械化生产现状

蔬菜生产机械化，在劳动力紧缺的今日日益重要。近年来，睢宁县成功引进了电动卷帘机、微耕机械、微滴管设备、杀虫灯、微喷带、保温被、频振式杀虫灯等装备。蔬菜生产环节中整体机械化水平不高，不同生产环节间差异较大，机械化程度最高的环节是耕翻整地、灌溉和运输。这些环节适应机械类型很多，通用性强，使用机械水平可达80%左右。机械化育苗、水肥一体化和植保机械水平较高。而在移栽、植株调整和采收环节都是人工操作，基本无机械。

1.1　日光温室大棚卷帘机机械化应用情况

日光温室大棚的草帘卷放是冬季温室蔬菜生产的日常作业，在正常天气情况下，冬季温室的草帘每天要卷放一次。随着近几年日光温室面积的增加及各项新技术的示范推广，目前，睢宁县日光温室大棚电动卷帘机使用率达到40%以上。机械卷放草帘不仅缩短了作业时间，而且能够做到适时卷放，每天延长光照1.5个小时，室内积温和光照相应增加，在同等条件下，蔬菜提前上市，蔬菜的产量和品质均有提高，还有效减轻劳动强度，深受广大农民群众欢迎。

1.2　土地耕整机械化应用情况

目前，睢宁县蔬菜大棚内土地耕地和整地机械化程度较高，机械多、耕地逐步

由微耕机等机具来完成，蔬菜大棚土地耕翻机械化水平已达70%以上。一个内径实用面积为1.2亩的日光温室，如要进行翻地、碎土、整平等作业，需要4个劳动力花费1天时间才能完成。而使用机械只需1.5小时即可完成。节约了劳动时间，也降低了劳动成本。

1.3 蔬菜大棚节水灌溉发展情况

目前，睢宁县蔬菜大棚节水灌溉主要是微喷带、微滴灌，年节水灌溉面积7 000亩。设施栽培蔬菜不能大水漫灌，不仅造成水源浪费，而且还容易造成地温下降快、设施内空间湿度高以及农作物容易发生病害。节水灌溉技术既能节水，又能减轻农作物病害的发生，减少农药的使用量。

2 蔬菜生产机械化发展存在问题

第一，从事农业人员的农业知识层面以及农业技术层面低下，并对农业机械应用认识不足。由于受传统农业生产模式的影响，总认为机械化作业达不到人工作业的质量，不愿接受。

第二，农业机械装置供应不合理，没有根据我国农业生产实际进行农业装置的合理设计或者改造配套相应的农业生产，也没有合理的农业机械培训与完善的农业机械服务提供。这也是导致农业没有能够实现大量机械化的原因。

第三，蔬菜大棚设施不合理。当前，大多数蔬菜大棚两端结构均为固定结构，仅有供菜农出入的小门，大型设备难以进入。即便设备勉强进入棚内，但受空间限制，掉头作业难度大，辅助作业时间长，作业效率也很低，并且大棚两端留有作业死角。

第四，一家一户的蔬菜大棚户自购蔬菜生产机械使用率低。由于菜农自购的多功能田园管理机的使用率太低，投资成本相对较高，在某种程度上影响了菜农的购机积极性。

3 当前蔬菜生产中急需的机械类型、开发方向及推广模式

随着蔬菜种植面积的不断扩大和劳动力的急剧减少，当前蔬菜生产中急需的机械类型有以下几种：一是蔬菜精量直播机械，莴苣、洋葱和萝卜等已经实现精量直播，但直播机械化还处于起始阶段，由于受种子丸粒化、排种精度等影响，蔬菜直播性能还需进一步提升。二是蔬菜育苗机械，蔬菜育苗过程包括基质成型、播种、催芽、苗期管理和嫁接等环节。在蔬菜育苗装备领域，今后应重视包括种子播前处理、精量播种、出苗育苗等环节在内的装备成套性技术以及适应机械化移栽的育苗技术的推广。三是性能优越、价格合理的高速移栽机将是今后蔬菜移栽机的大发展趋势。据调查分析显示，半自动移栽机占据很高份额，且长时间存在。半自动化移栽机虽需较多辅助人员，但其适应较好、使用方便、比较适合当前生产实际。四是

蔬菜收获机械，蔬菜收获是费力最大、耗时最多的一个环节，根据蔬菜收获部位的不同，可分为根菜类收获机、果菜类收获机和叶菜类收获机等。五是蔬菜储藏、保鲜、清洗和加工等机械设备对减少损失、保证供应及减轻劳动强度都具有重大意义。

蔬菜全程机械化的难度较大，整体机械化水平较低，模式处于探索阶段。露地菜机械作业区主要应用于耕整地、育苗移栽和植保环节。设施蔬菜主要用于耕整地、育苗、灌溉、补光、气肥增施和卷帘等环节。存在的主要问题：一是蔬菜的播种、移栽、田间管理、收获和净菜设备在大部分区域还处于试验示范阶段；二是农机化与信息化融合不够，设施大棚智能监控技术基本成熟，但应用面积较少。需建立以政府为核心的政策支持体系，形成多元化发展的农机服务组织和创新型的农机服务模式，加强科研投入和推广，促进蔬菜生产机械化长期稳定发展。

4　提升蔬菜园艺机械化、省力化生产水平的政策措施

第一，科学制订蔬菜大棚和农业机械化发展规划。科学推广，因地制宜，结合睢宁县实际，科学制订农机推广规划，引导农民购置先进适用、安全可靠、节能环保的农机具的同时，做好蔬菜大棚机械引进推广和技术服务工作，大力推广电动卷帘机、滴灌和微喷机械化技术。

第二，农村土地流转，应优先照顾蔬菜大棚用地，并且要形成规模、集约经营，以推动睢宁县蔬菜大棚机械化快速发展。

第三，改善蔬菜大棚设施条件，适应机械化作业要求。新建蔬菜大棚要设计合理，以便于推广机械化作业。新建大棚要取消室内立柱，采用钢架结构，增加大棚内的面积和高度，合理利用土地资源，为机械化作业提供便利条件。

第四，制定优惠政策，加大扶持力度。政府应制定优惠政策，加大对大棚蔬菜生产机械化设备的扶持力度，积极争取各种蔬菜大棚机械化生产机具进入政府补贴目录，加大对农户购买装备机具的补贴力度。围绕蔬菜大棚生产的产前、产中、产后环节，汇集社会资金，为农户提供小额贷款等多种形式，扶持蔬菜大棚机械化的发展。

第五，建立示范基地，实施辐射带动。依托万亩“菜篮子”基地建设项目，引进推广各类新机具，通过机具选型、技术路线探索和技术规范制定，发挥较好的辐射带动作用。在蔬菜大棚示范基地组织召开蔬菜大棚机械化现场会、演示会和观摩会，印发宣传资料，展示蔬菜大棚及机械设备的优越性和先进性。

徐州市睢宁县蔬菜园艺业发展调研

孙超群

（徐州市睢宁县农业委员会蔬菜办　江苏徐州　221200）

摘　要： 通过调研徐州市睢宁县的蔬菜产业，包括种苗产业、采后加工业、销售模式的现状。本文针对面临的问题，提出了发展策略。

关键词： 睢宁县　蔬菜产业　调研　对策

1　睢宁县蔬菜园艺业发展现状

蔬菜生产是技术含量较高、投入劳力密集、栽培设施化程度高、生产周期短和效益较好的种植项目。近年来，随着产业结构的不断优化调整，睢宁县蔬菜连续三年都保持在 20 万亩以上，蔬菜产业总产值 20 亿元，总效益达 14 亿元以上。已经成为睢宁县的主导产业之一，是农民增收的重要手段。为更好发展睢宁县蔬菜特色产业，提升蔬菜产业化水平和发展层次，提高产品的质量和种植效益，近期对睢宁县的蔬菜重点镇和企业自建的蔬菜示范园进行了一次调研。针对各项产业的发展现状、发展前景、一些先进的经验和做法、存在问题等做了一次详细的调查了解，现将有关情况总结如下：

2014 年，睢宁县高效农业面积达 31.5 万亩，其中设施蔬菜面积 16.5 万亩，主要包括大中棚（钢架棚、宽体大棚、竹木棚）面积 11.5 万亩和日光温室约 5 万亩。

日光能温室主要分布在王集、岚山、双沟、梁集和魏集等镇，主要种植越冬黄瓜、番茄、茄子和辣椒。大中棚主要分布在王集、魏集、梁集、庆安、古邳、姚集、凌城和邱集等，主要种植春提早西瓜和秋延迟豆角、辣椒、黄瓜、芹菜和部分叶菜类等。

2　睢宁县工厂化育苗及蔬菜品种情况

随着睢宁县蔬菜面积增长，专业化育苗公司也快速发展起来。目前，睢宁县较大的育苗企业有两家：睢宁县百利农业发展有限公司和睢宁坤特种苗公司，这两家公司的育苗量占到全县的 60％以上，每家公司年育苗能力可达 5 000 万株以上；育苗大户规模较大的主要有魏集的王波、梁集的王启立和农业园区的李维红等，每户育苗量每年都在 500 万株左右。

工厂化育苗可以说是蔬菜可持续发展的总体方向，主要优点如下：一是专业化育苗可为农户节约工本费（农户育苗要建育苗设施）、降低育苗风险（农户有可能育苗失败）、保证育苗质量（集中育苗，便于统一管理）。另外，农户在育苗企业购买的种苗，如有质量或是其他问题，育苗企业都会承担一定的赔偿责任。二是育苗企业生产设施先进，能为蔬菜种苗创造出更良好、适宜的生长环境，可大大提高成活率，节约用种量。如睢宁县百利农业发展有限公司，现有育苗温室 6 栋，面积近 6 000 平方米；育苗连栋棚 3 个，每个面积约 1 000 平方米；育苗温室及连栋棚内都设有自动加温设备、微喷灌等设施，为育苗提供了良好的条件。三是设备齐全，机械先进，可大大节省用工量、提高育苗效率。例如，睢宁县百利农业发展有限公司，有穴盘自动播种机 1 台、自动搅拌机 2 台、自动上料机 1 台、半自动嫁接机 2 台等。四是工厂化育苗，有利于蔬菜优良品种的推广。一家一户种植，品种杂而乱，工厂化育苗，品种易于统一，而且都选择国内外大的种苗公司、优质的蔬菜品种。例如，睢宁县百利农业发展有限公司大部分选用荷兰的品种，茄子主要有布利塔、安德烈、安吉拉和东方长茄等；番茄主要有百灵、百利、格利和福斯特等；水果型黄瓜主要有夏之光、喜旺和迪瑞等；辣椒主要有亮剑、绿剑等。这些品种均是通过育苗公司先示范种植，表现良好、受农户欢迎，公司才会进行推广。当然，由于工厂化育苗属企业运作，追求效益最大化是他们的根本，所以种苗的价格比农户自家育苗要高出很多。一般的蔬菜苗，若农户自育每株平均大概 0.2 元，而在企业购买每株要 0.7～0.8 元，高出 4 倍左右，每亩地按 3 000 株苗计算的话，每亩地种苗成本要增加 1 500～1 800 元。有些农户也想购置商品苗，但考虑到价格都会知难而退。针对此，建议企业可以开展“来料加工”业务，就是农户根据自己需要为企业提供优质种子，企业育好苗后，农户可按照每株 0.2～0.3 元的加工费交给企业。这样既可为农户节省成本，也为企业带来一定利润。

3　睢宁县蔬菜园艺产品采后商品化处理

睢宁县蔬菜产业最缺少的是龙头企业，目前仅有花府苔干、远鸿食品等蔬菜加工注册企业 2 家，也都是家庭作坊淹制蔬菜，年加工能力分别是苔干 35 吨、辣椒和萝卜 50 吨。睢宁县有蔬菜产品 60%左右是农户自产自销，大多是未经分级、未经包装处理直接销往各大批发市场；40%左右是由各类蔬菜营销合作组织销售，他们多会进行分拣分级、统一包装销售。如睢宁县魏集镇西瓜协会、双沟古黄河牌蔬菜协会、梁集镇新天地蔬菜合作社等，都会利用自己的品牌将蔬菜产品装箱销售，提高蔬菜产品的附加值。

4　睢宁县蔬菜产品销售模式探索

由于蔬菜种植是属劳动密集型、较费人工的种植项目，所以睢宁县以种植蔬菜为主的企业较少，大多都从蔬菜生产环节转向销售环节。如双沟瑞克斯旺公司，把自己公司所建的800多亩温室和大棚80％都租给了农户种植，公司专门从事蔬菜产品的收购、包装等。建设经纪人队伍是瓜菜产业发展的保证，瓜菜产品只有步入市场，变为商品卖出去，才能产生效益。这就需要大批的经纪人参与流通，扩大销售渠道。睢宁县蔬菜大商小贩很多，他们头脑灵活、捕捉信息快。对于这些经纪人，一是要把他们组织起来，通过建立瓜菜生产销售协会，如魏集镇的西瓜协会、官山镇的食用菌协会，把他们组织起来以后便于交流联系、实现信息共享；二是给他们一定的优惠政策，如对销售量大的、信誉好的给予奖励，并优先发给其运输车辆用的“绿色通道”证书，让他们感到有荣誉感、使命感，从而更有责任感、更加积极组织生产销售蔬菜；三是提高他们的知名度，对经纪人进行合同法等一些法律、法规培训，同时给他们必要的宣传，提高他们的知名度，并通过广播、电视和报纸等新闻媒体宣传报道他们的经营项目、特点，公布他们的联系电话，便于群众了解和联系。有了这些经纪人做后盾，就可以解决睢宁县蔬菜种植户“卖菜难”的后顾之忧，这样蔬菜面积才能稳步持续发展。另外，还可发展蔬菜直供直销，政府部门帮助蔬菜基地在大中城市蔬菜批发市场设立专供直销点；在大型超市开辟销售专柜；与大型集体伙食单位建立配送关系；积极发展电子商务销售，拓展蔬菜销售渠道，减少中间销售环节，让利于种植户。

5 睢宁县蔬菜产业发展中的主要制约因素

在蔬菜产业蓬勃发展的同时，在调研中也发现了不少制约因素，阻碍了该项产业的发展。一是外出务工人员逐渐增多，农村在家劳动力出现匮乏。蔬菜生产属劳动密集型产业，从调查情况看，在家种菜的大多为50岁以上的中老年人和妇女，30～40岁青壮年大都外出务工，20～30岁的在家寥寥无几，使蔬菜产业显得后继无力，进一步扩大规模有点力不从心。二是连续重茬，病害严重，土地流转不畅。一些老菜区，由于传统习惯，多年连续种植同类蔬菜造成土壤带菌，土传病害严重，防治困难，影响产量效益。魏集西瓜枯萎病、蔓枯病，常有瓜农减产30％～80％。由于土地流转不畅，这也给大面积发展带来了一定的困难。三是政府投资、协调不力，也不利蔬菜产业拓展。蔬菜产业投入成本较大，特别是在水、电、路等配套设施上，睢宁县财政资金都很困难，根本无力投资这些公共基础设施上。沟、渠、路、水、电都不通的话，菜农想种都无法种。像魏集镇徐场村，农户种菜基础较好，积极性也很高，但由于基地内沟渠年久失修，旱不能灌涝不能排，再加上农户种的都是半地下温室，每年夏季汛期，棚内都会积水半米以上。农户经常是连夜在棚内抽水，否则蔬菜都会全军覆没，严重挫伤了菜农的积极性。现在该基地正处于逐年萎缩状态。四是农产品加工企业少、规模小、产品附加值较低；睢宁县蔬菜生产的加工产品尚处于初级阶段，加工企业小而少，精加工、深加工产品更少。档次低、品种单一、加工工艺粗糙，摆脱不了手工作坊式的简单生产模式，没有形成工业化大规模生产。农户种出来的菜效益好坏，只能靠市场行情来决定，没加工储藏能力，就没有抵御风险的能力。

6　保证睢宁县蔬菜产业可持续发展的措施与建议

6.1　加大宣传，形成对蔬菜产业功能拓展的共识

睢宁县的蔬菜产业，经过10多年的改革发展，已成为仅次于粮食的第二大种植业，突出表现为：对发展农村经济，增加农民收入；对增加城乡居民就业，维护社会稳定；对发展经济，出口创汇以及保证人民身心健康和提高生活质量等方面起了不可替代的作用。但是，由于长期以来对蔬菜产业宣传的片面性，导致社会各方面对蔬菜产业发展的重视、支持和保护程度一直提不上来。因此，要实现蔬菜产业的全面、协调、可持续发展，各级农业部门必须在统一和提高对蔬菜产业功能、作用和地位认识的基础上，全方位加大宣传力度，特别是加大对各级政府权利部门的宣传，要让全社会都能了解和认识蔬菜产业的四个不可替代性，形成这样一种共识：我国农产品出口的希望在园艺产品，园艺产品的重头戏在蔬菜。在现实国情下，出口蔬菜就是输出劳务和技术。所以，在基本保证粮食安全的基础上，进一步加大对蔬菜产业的支持和保护力度，做大、做强蔬菜出口产业。

6.2　政府服务到位是蔬菜产业发展的前提

目前，政府行为对产业的发展仍然起决定性作用，因此应加快转变政府职能，做好服务工作。农业特别是蔬菜产业本身就是一个弱势群体，既承担着自然风险又受市场风险影响，政府应加大对蔬菜产业的扶持力度。对一家一户做不了的事情要进行重点扶持，如土地流转、地头通水通电、田间基础设施的建设、交易市场和冷库建设等，都应加大投资，让蔬菜种植户再无后顾之忧。

6.3　坚持常抓不懈是蔬菜产业发展的条件

一个主导产业，从无到有、从小到大、从大到强，要经过艰难曲折的过程。1990年魏集镇西瓜因行情差，丰产而没有丰收；1998年遭受冰雹、风灾危害；2003年发生雨涝灾害，但能通过坚持常抓不懈，蔬菜产业现已逐渐壮大。培育一个主导产业，需要经过不懈努力，领导干部要三忌：一忌一蹶不振、盲目放弃，一朝被蛇咬，十年怕井蝇。二忌朝三幕四，跟在市场后头转，盲目发展。三忌不分主次，多业并举小而全。各镇财力是有限的，集中有限的人力财力，花大力气，做大、做强1～2个主导产业，形成产加销一条龙的产业化经营模式，从而使产业结构调整进一步向纵深发展，使之带动整个地方其他产业的发展，切实达到农民增收、农业增效。

6.4　创建龙头加工企业是蔬菜产业发展的关键

蔬菜市场，尤其是出口创汇蔬菜国际市场风云变幻，加工企业通过深加工不仅能使产品增值，而且遇到市场低谷时，通过低温冷藏、冷冻等方式延长蔬菜供应时间，缓解市场压力，化解种植风险，平定菜价，不至于出现“菜贱伤农”的现象。

以各种方式创建深加工企业，不仅带动瓜菜产业发展，而且同时带动运输、包装和服务等行业发展。

6.5 全面加强蔬菜产业标准化建设

全面推进蔬菜产业标准化进程，促使蔬菜生产从数量规模型向质量效益型转变。一是迅速实施蔬菜无害化生产技术规程；二是科学规划、合理布局、精心组织和实施蔬菜标准化生产示范基地，使蔬菜生产走上区域化、标准化的发展轨道；三是建立和健全大型农贸市场准入制度。建立和配齐睢宁县主要蔬菜生产基地农药残留检测点，从而形成快捷、规范、层次清楚、职责明确、功能和优势互补的质量安全监测体系。

6.6 大力引导农民买投农业保险意识，保障农民利益

蔬菜产业特别是设施蔬菜受自然灾害影响较大。菜农无力承担大风、冰雹和洪涝等自然灾害造成的损失。政府应就农业风险与保险公司协调，制订科学合理的农业险种，并积极宣传和引导农民，尤其种养大户提高投保农业险的意识，使得他们在大灾之年收益有保障，让农民吃上定心丸，也给蔬菜生产提供一个保障。如果政府有能力的话可以对投保的农户给予适当补贴，像小麦保险一样，做到蔬菜保险全覆盖。

三、统计报告

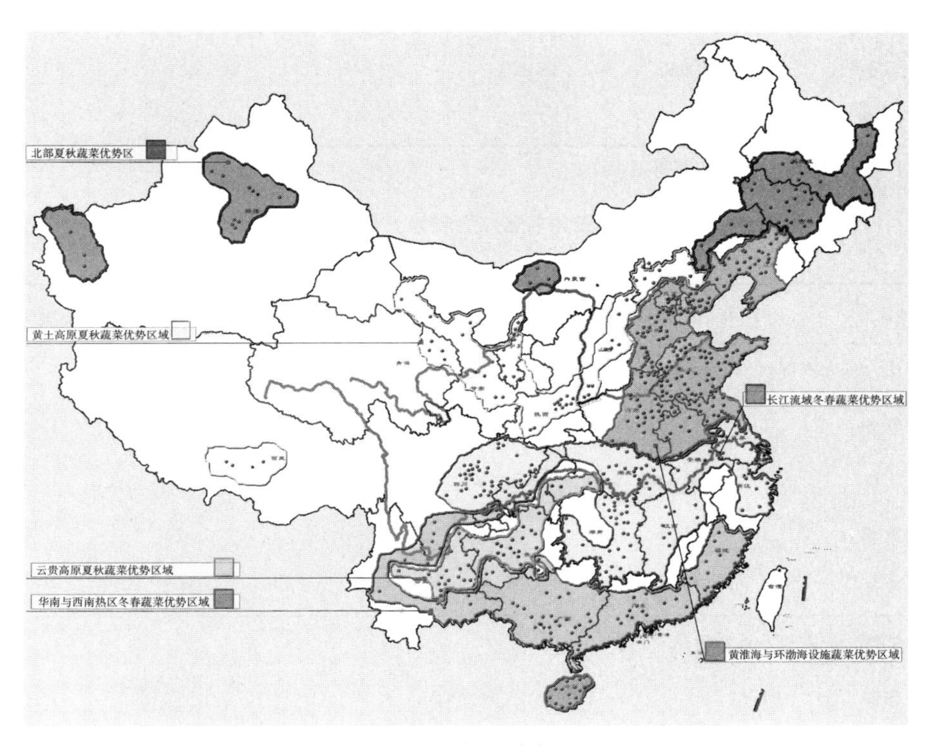

蔬菜生产优势区域布局图

注：摘自全国蔬菜产业发展规划（2011—2020年），本图未标注我国南海诸岛领土范围。

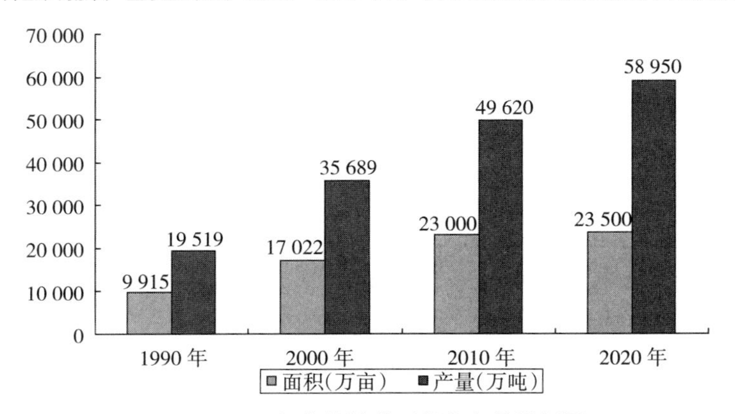

1990—2020年蔬菜播种面积和产量规划图

注：摘自全国蔬菜产业发展规划（2011—2020年）。

2010—2014 年泛长三角各省（直辖市）农业就业者收入水平

单位：元/年

地区	2010 年	2011 年	2012 年	2013 年	2014 年
上海市	39 575	45 858	50 484	55 329	57 514
江苏省	20 736	23 319	26 300	29 334	32 347
浙江省	34 088	37 570	41 718	47 000	50 469
安徽省	16 945	19 443	22 845	24 302	27 185
福建省	18 041	22 021	24 516	26 205	28 340

注：编者根据相关资料整理得出。

2010—2015 年泛长三角各省（直辖市）农业生产资料价格指数

指数：2010 年＝1

地区	2015 年	2014 年	2013 年	2012 年	2011 年	2010 年
机械化农具生产资料价格指数						
江苏省	0.98	0.98	0.98	0.99	1.03	1.00
浙江省	0.99	0.99	0.99	1.00	1.03	1.00
安徽省	1.03	1.06	1.04	1.06	1.10	1.00
福建省	0.99	0.99	0.99	1.00	1.03	1.00
化学肥料生产资料价格指数						
江苏省	1.01	0.94	0.99	1.06	1.12	1.00
浙江省	0.99	0.93	0.97	1.02	1.12	1.00
安徽省	1.00	0.93	0.96	1.04	1.15	1.00
福建省	1.03	0.98	0.99	1.08	1.18	1.00
农药及农药械生产资料价格指数						
江苏省	1.00	1.01	1.02	1.01	0.99	1.00
浙江省	1.01	1.02	1.02	1.02	1.02	1.00
安徽省	1.01	1.04	1.02	1.02	1.03	1.00
福建省	1.00	1.00	1.00	1.01	1.03	1.00
农用种子生产资料价格指数						
江苏省	0.95	0.97	0.98	1.00	1.10	1.00

（续）

地区	2015 年	2014 年	2013 年	2012 年	2011 年	2010 年
浙江省	0.96	0.97	0.99	0.98	1.02	1.00
安徽省	0.95	0.98	0.99	1.06	1.07	1.00
福建省	0.93	0.93	0.94	0.96	0.99	1.00

注：本表无上海市数据。编者根据相关资料整理得出。

2010—2014 年泛长三角各省（直辖市）有效灌溉面积和农用化肥施用量

地区	2014 年	2013 年	2012 年	2011 年	2010 年
有效灌溉面积（万公顷）					
上海市	18.409	18.409	19.902	19.961	20.1
江苏省	389.053	378.527	392.972	381.792	381.974
浙江省	142.537	140.939	147.102	145.68	145.098
安徽省	433.169	430.553	358.509	354.765	351.978
福建省	111.612	112.242	96.851	96.748	96.751
农用复合肥施用折纯量（万吨）					
上海市	3.77	4.19	4.30	4.16	4.05
江苏省	96.95	96.64	95.50	95.37	93.05
浙江省	24.12	23.20	21.92	21.26	20.56
安徽省	161.52	157.91	150.40	146.40	139.86
福建省	33.11	32.44	32.32	31.92	31.56
农用化肥施用折纯量（万吨）					
上海市	10.15	10.78	10.99	11.97	11.84
江苏省	323.61	326.83	330.95	337.21	341.11
浙江省	89.62	92.43	92.15	92.07	92.20
安徽省	341.39	338.40	333.53	329.67	319.77
福建省	122.61	120.57	120.87	120.93	121.04
农用氮肥施用折纯量（万吨）					
上海市	5.13	5.27	5.37	6.41	6.19
江苏省	163.91	165.66	169.19	173.94	179.53
浙江省	47.64	50.46	51.23	51.57	52.50
安徽省	111.59	113.52	114.08	114.36	112.14

（续）

地区	2014年	2013年	2012年	2011年	2010年
福建省	47.47	46.87	47.21	47.56	47.74
农用磷肥施用折纯量（万吨）					
上海市	0.78	0.83	0.80	0.81	1.01
江苏省	43.32	44.65	46.16	47.51	47.73
浙江省	10.66	11.45	11.75	11.88	11.97
安徽省	35.73	35.56	36.51	36.08	35.94
福建省	17.22	16.76	16.89	16.96	17.06
农用钾肥施用折纯量（万吨）					
上海市	0.46	0.49	0.52	0.59	0.59
江苏省	19.43	19.88	20.10	20.39	20.80
浙江省	7.20	7.32	7.25	7.36	7.17
安徽省	32.56	31.41	32.53	32.84	31.83
福建省	24.81	24.51	24.44	24.50	24.67

注：编者根据相关资料整理得出。

2006—2014年泛长三角各省（直辖市）农用柴油使用量

单位：万吨

地区	2014年	2013年	2012年	2011年	2010年	2009年	2008年	2007年	2006年
上海市	12.60	13.00	12.04	13.58	14.83	13.16	13.87	14.51	11.98
江苏省	107.50	106.80	102.97	99.96	97.48	91.86	83.89	80.63	81.25
浙江省	200.70	198.80	196.20	195.10	191.56	183.28	184.28	193.58	190.23
安徽省	73.40	73.40	72.03	70.42	68.13	65.78	63.20	62.41	60.21
福建省	86.30	86.00	85.41	85.02	83.17	81.99	81.00	78.92	76.56

注：编者根据相关资料整理得出。

2006—2014年泛长三角各省（直辖市）农用塑料薄膜使用量

单位：吨

地区	2014年	2013年	2012年	2011年	2010年	2009年	2008年	2007年	2006年
上海市	19 287	19 436	19 300.2	20 489	21 128.22	20 389	21 280	21 287	22 107
江苏省	119 846	116 846	112 550	106 440	100 194	94 252	85 375	80 407	75 100
浙江省	65 677	64 663	62 287	58 416	55 426	54 402	52 104	49 150	47 500
安徽省	96 155	94 882	91 171	86 114	80 721	76 678	71 660	77 394	76 209
福建省	60 932	59 154	58 692	57 814	57 053	58 350	61 799	60 881	48 452

注：编者根据相关资料整理得出。

上海市蔬菜种植结构

种类	品种	品种种类（个）	新品种（个）	面　积（亩）										
				闵行区	嘉定区	奉贤区	松江区	金山区	崇明区	宝山区	青浦区	光明区	浦东区	合计
茄果类	番茄	69	27	335	1 441	9 215	775	344	8 615	582	977	1 455	11 478	35 217
	茄子	52	21	645	895	4 682	350	185	14 414	602	1 065	347	5 503	28 688
	辣椒	77	35	388	833	4 521	871	261	10 017	190	955	1 003	4 592	23 631
	樱桃番茄	25	9	332	75	0	135	57	987	60	48	116	974	2 784
	小计	223	92	1 700	3 244	18 418	2 131	847	34 033	1 434	3 045	2 921	22 547	90 320
瓜类	黄瓜	61	26	1 112	2 759	6 571	791	527	8 539	670	1 143	0	13 356	35 468
	冬瓜	18	6	172	215	431	400	51.5	5 642	235	358	170	1 120	8 794.5
	金瓜	2	0	0	0	0	0	0	9 875	0	0	0	0	9 875
	丝瓜	25	11	220	1 810	1 016	140	40	2 828	255	680	712	2 872	10 573
	南瓜	28	13	223	331	439	159	52	4 055	140	894	235	518	7 046
	西葫芦	38	22	640	230	764	311	27	633	130	181	0	1 567	4 483
	瓠瓜	13	4	0	20	184	667	0	0	60	44	251	627	1 853
	苦瓜	17	9	39	150	53	140	45	477	10	54	198	237	1 403
	小计	202	91	2 406	5 515	9 458	2 608	742.5	32 049	1 500	3 354	1 566	20 297	79 495.5
甘蓝类	花椰菜	90	40	140	623	4 777	922	644	80 412	660	432	310	7 087	96 007
	甘蓝	90	34	2 500	1 916	19 738	1 285	5 037	9 942	1 078	1 379	27 557	17 853	86 744
	青花菜	21	10	0	120	0	190	2 312	3 932	80	35	571	46	7 286
	芥蓝	10	2	216	0	0	519	1 218	748	960	0	0	0	3 661
	小计	211	86	2 856	2 659	24 515	2 916	9 211	95 034	2 778	1 846	28 438	24 986	193 698

（续）

种类	品种	品种种类（个）	新品种（个）	面积（亩）										
				闵行区	嘉定区	奉贤区	松江区	金山区	崇明区	宝山区	青浦区	光明区	浦东区	合计
芥菜类	叶用芥菜	11	1	3 363	1 281	1 279	0	0	2 794	180	540	0	3 177	12 614
	茎用芥菜	0	0	0	0	718	0	0	20	0	210	0	0	948
	小计	11	1	3 363	1 281	1 997	0	0	2 814	180	750	0	3 177	13 562
白菜类	青菜	120	51	22 319	16 857	62 247	10 345	9 604	38 790	9 505	14 716	7 724	105 666	297 773
	大白菜	74	46	3 975	4 269	14 233	1 815	1 890	18 224	1 960	2 622	801	20 848	70 637
	塌菜	9	1	150	952	1 655	405	6	3 067	120	348	453	2 323	9 479
	菜薹	19	7	0	1 085	949	931	2 882	178	955	0	0	765	7 745
	小计	222	105	26 444	23 163	79 084	13 496	14 382	60 259	12 540	17 686	8 978	129 602	385 634
绿叶菜类	芹菜	60	25	1 890	5 063	10 534	669	490	8 598	2 050	1 720	1 354	14 266	46 634
	莴苣	48	20	42	1 905	8 016	333	275	9 942	1 020	1 951	1 326	8 522	33 332
	生菜	55	16	6 211	9 778	6 128	1 210	5 672	7 769	1 820	3 677	1 203	18 888	62 356
	菠菜	45	24	600	2 647	7 733	699	136	6 427	1 212	1 610	701	7 089	28 854
	米苋	29	11	1 670	7 662	2 630	723	302	3 493	1 215	1 762	645	13 805	33 907
	蕹菜	30	13	1 315	2 170	1 619	470	86	2 277	570	1 878	103	5 117	15 605
	茼蒿	20	7	480	2 216	4 343	488	115	1 465	1 240	1 383	0	6 166	17 896
	油麦菜	25	8	273	3 010	1 009	432	191	1 834	580	1 856	0	4 669	13 854
	草头	7	2	890	748	1 703	325	40	4 885	110	1 904	0	2 879	13 484
	荠菜	4	0	228	965	1 137	24	0	2 614	350	150	0	3 107	8 575
	香菜	20	8	632	450	1 812	101	93	518	430	1 224	0	1 271	6 531
	紫角叶	2	0	100	0	0	0	0	39	5	0	0	0	144
	小计	345	134	14 331	36 614	46 664	5 474	7 400	49 861	10 602	19 115	5 332	85 779	281 172

（续）

种类	品种	品种种类（个）	新品种（个）	面　积（亩）										
				闵行区	嘉定区	奉贤区	松江区	金山区	崇明区	宝山区	青浦区	光明区	浦东区	合计
豆类	毛豆	48	17	315	1 081	4 757	1 374	2 315	33 479	390	4 211	0	6 217	54 139
	蚕豆	17	5	390	656	1 577	867	0	36 428	190	2 727	81	2 439	45 355
	豇豆	60	24	931	1 316	3 670	659	264	5 362	670	1 019	395	5 277	19 563
	扁豆	17	3	144	75	405	100	0	7 597	5	570	382	10 666	19 944
	菜豆	40	10	290	885	3 617	208	61	4 361	260	795	561	5 738	16 776
	豌豆	15	3	0	520	1 546	80	0	4 495	65	1 373	295	1 132	9 506
	小计	197	62	2 070	4 533	15 572	3 288	2 640	91 722	1 580	10 695	1 714	31 469	165 283
根菜类	萝卜	46	18	100	430	5 016	650	0	6 033	240	872	684	2 794	16 819
	胡萝卜	22	15	45	50	0	80	0	1 273	50	86	0	154	1 738
	小计	68	33	145	480	5 016	730	0	7 306	290	958	684	2 948	18 557
葱蒜类	香葱	20	6	143	6 139	3 145	310	6	3 640	390	4 620	0	5 207	23 600
	大葱	15	6	80	15	1 532	255	304.5	973	90	88	8 206	5 901	17 444.5
	大蒜	15	4	260	715	2 508	450	75	2 873	260	2 206	0	3 508	12 855
	韭菜	40	21	450	4 507	6 361	237	2 203	2 162	60	2 659	436	3 176	22 251
	韭葱	1	0	0	0	0	0	0	0	40	0	0	0	40
	洋葱	8	4	0	0	0	0	275	64	70	0	0	0	409
	小计	99	41	933	11 376	13 546	1 252	2 863.5	9 712	910	9 573	8 642	17 792	76 599.5
薯芋类	马铃薯	12	1	25	1 063	2 001	0	0	12 815	130	914	0	3 128	20 076
	芋艿	6	0	0	0	104	0	15	13 664	40	318	0	101	14 242
	山药	5	1	0	0	0	0	0	4 650	0	0	0	0	4 650

（续）

种类	品种	品种种类（个）	新品种（个）	面　积（亩）										
				闵行区	嘉定区	奉贤区	松江区	金山区	崇明区	宝山区	青浦区	光明区	浦东区	合计
薯芋类	香芋	1	0	0	0	0	0	0	770	0	0	0	0	770
	菊芋	1	0	0	0	0	0	0	115	0	0	0	0	115
	小计	25	2	25	1 063	2 105	0	15	32 014	170	1 232	0	3 229	39 853
水生蔬菜	茭白	10	1	0	0	595	690	0	3 143	0	14 523	0	2 830	21 781
	藕	10	1	48	100	1 547	500	605	733	95	0	0	1 303	4 931
	小计	20	2	48	100	2 142	1 190	605	3 876	95	14 523	0	4 133	26 712
多年生蔬菜	芦笋	11	3	0	0	0	559	721	9 659	0	0	0	402	11 341
	小计	11	3	0	0	0	559	721	9 659	0	0	0	402	11 341
特色蔬菜	马兰头	1	0	0	0	0	0	0	97	5	0	0	2 360	2 462
	菊花头	1	0	0	0	0	0	0	0	0	0	0	311	311
	观音菜	1	0	0	0	0	0	0	16	5	0	0	230	251
	枸杞	1	0	0	0	0	0	0	0	5	0	0	188	193
	人参菜	1	0	0	0	0	0	0	52	0	0	0	0	52
	小计	5	0	0	0	0	0	0	165	15	0	0	3 089	3 269
其他	其他	0	0	2 920	2 229	492	2 200	199.5	6 061	851	346	0	2 007	17 305.5
总　计		1 639	652	57 241	92 257	219 009	35 844	39 626.5	434 565	32 945	83 123	58 275	351 457	1 402 801.5

注：编者根据相关资料整理得出。

下篇

高产高效关键技术研究进展

一、设施蔬菜种子种苗科技

（一）茄果类品种

1. 苏粉11号（番茄） 苏农科鉴字［2013］第20号。高抗番茄黄化曲叶病毒病杂交一代新品种。植株无限生长类型，果实高圆形，幼果浅绿色，成熟果粉红色，色泽均匀而富有光泽。单果重200克左右，大果可达300克，畸形果、裂果少，果肉厚，成熟果硬度较高，耐储运。果实风味好，可溶性固形物4.8%。适宜番茄黄化曲叶病毒病高发区域栽培（彩图1）。

2. 皖粉5号（番茄） 通过上海和江苏（审）鉴定，沪农品审（认）蔬菜2003第043、国品鉴菜2006019，获安徽省科技奖和中华农业科技奖一等奖。早熟，无限生长型，粉红果，高圆形，单果重220克左右，品质佳，可溶性固形物含量5.1%左右，耐储运。抗叶霉病和枯萎病。适宜春秋温室和大棚早熟栽培（彩图2）。

3. 皖杂15（番茄） 通过安徽省鉴定（皖品鉴登字第0703008）。熟性早，无限生长型。粉红果，高圆形，低温弱光下易坐果、畸形果少，单果重240克左右，口感佳，风味浓，耐储运。高抗TMV、早疫病，抗CMV、叶霉病，耐枯萎病。适宜多层覆盖大棚早熟栽培（彩图3）。

4. 皖杂16（番茄） 通过安徽省鉴定（皖品鉴登字第0903006）。无限生长型粉红果，耐低温弱光，高圆形，单果重300克左右，耐裂、耐储运。高抗根结线虫病，抗病毒病、叶霉病。适宜温室、大棚保护地种植（彩图4）。

5. 皖红7号（番茄） 通过安徽省鉴定（皖品鉴登字第0803012）。无限生长型大红果，单果重200～250克，可溶性固形物含量5%以上。抗叶霉病、病毒病、根结线虫，耐储运。适宜露地或保护地越夏高山栽培（彩图5）。

6. 红珍珠（番茄） 通过安徽省鉴定（皖品鉴登字第1103010）。无限生长型红色樱桃番茄，果实圆形，无果肩，平均单果重20.6克，可溶性固形物含量6.9%，耐储运。对病毒病和叶霉病以及晚疫病均有较强抗性，适合在安徽、江苏、北京等地保护地栽培（彩图6）。

7. 浙粉702（番茄） 审定证书：浙（非）审蔬2011008。选育单位：浙江省农业科学院蔬菜研究所。主要特性：无限生长，早熟，连续坐果能力强；粉红，果高圆形，单果重245克左右；口感酸甜，鲜味重；果实硬度一般，畸形果少；品质优；综合抗性好，抗番茄黄化曲叶病毒病、番茄花叶病毒、叶霉病、枯萎病。适宜栽培条件：保护地早熟栽培和秋延后栽培（彩图 7）。

8. 苏椒 16 号（辣椒） 国品鉴菜 2010008。早熟灯笼椒一代杂种。果实灯笼形，绿色，果面光滑，平均单果重 55 克，果长 12 厘米，果肩宽 4.8 厘米，肉厚 0.30 厘米，味微辣，品质好。耐低温弱光性好，前期产量高，抗病性好，抗逆性较强。保护地露地均可栽培（彩图 8）。

9. 浙椒 3 号（辣椒） 审定证书：浙（非）审蔬 2014006。选育单位：浙江省农业科学院蔬菜研究所。主要特性：中早熟，耐高温能力强，高抗病毒病；果实细羊角形，青熟果深绿色，老熟果红色，果实纵径 18 厘米左右，平均单果重 22.5 克；果实微辣，果皮薄，风味品质突出。适宜栽培条件：保护地越夏长季节栽培（彩图 9）。

10. 紫燕 1 号（辣椒） 通过安徽省鉴定（皖品鉴登字第 0503005）。紫色辣椒，果实牛角形，单果重 100 克左右。肉较薄，辣味中等，口感风味极好，老熟果深红色。耐低温、弱光，抗 TMV，耐 CMV，耐疫病，维生素 C 含量 90.38 毫克/100 克鲜重。适宜早春和晚秋保护地栽培；也可做盆栽春节期间上市（彩图 10）。

11. 紫云 1 号（辣椒） 通过安徽省鉴定（皖品鉴登字第 0603001）。紫色辣椒，果实长方灯笼形，单果重 80 克左右。外皮紫黑色，肉较薄，风味口感俱佳。在低温弱光下极易坐果，适宜早春和晚秋保护地栽培（彩图 11）。

12. 皖椒 18（辣椒） 通过安徽省和国家鉴定（皖品鉴登字第 0803005、国品鉴菜 2006019）。干鲜两用型早熟辣椒，果实长羊角形，果长 20 厘米，果肩 1.8 厘米，嫩果深绿色，干椒亮红色，高油脂。适合春秋保护地和露地种植（彩图 12）。

13. 冬椒 1 号（辣椒） 通过安徽省鉴定（皖品鉴登记第 0903002）。早熟大果。生长势强，株型紧凑。果实牛角，果面光滑，果长 20～26 厘米，果粗 5～6 厘米，单果重 100～150 克。连续坐果能力极强，膨果速度极快，且不产生僵果。果皮薄，口感佳。高抗病毒病、疫病、炭疽病等。适宜保护地栽培（彩图 13）。

14. 苏崎 4 号（茄子） 苏农科鉴字［2013］第 17 号。果实长棒形，果顶部较圆，果实顺直，平均果长 32.0 厘米，横径 4.5 厘米，单果重 170 克。商品果皮色黑紫色，着色均匀，光泽度好。果肉紧实，耐储运。食用品质佳。生长势强，株型直立，株高 100 厘米，开展度 80 厘米。保护地露地均可栽培（彩图 14）。

15. 皖茄 2 号（茄子） 通过安徽省鉴定（皖品鉴登字第 0803013）。株高110～150 厘米，门茄节位 9～10 节，商品果紫黑色，长棒形，果长 25～30 厘米，果实横茎 4～4.5 厘米，单果重 120～130 克（彩图 15）。

16. 白茄 2 号（茄子） 通过安徽省鉴定（皖品鉴登字第 0803013）。植株直立、生长健壮，早熟，始花节位 7～8 节。果棒状，长 25 厘米左右，粗 4～5 厘米，果皮洁白有光泽，果肉白色细嫩，商品性好。耐热、耐湿、耐低温弱光，货架期长，耐储运。适宜越夏保护地和露地栽培（彩图 16）。

（二）叶菜类品种

1. 东方 18（不结球白菜） 株形直立。一般株高 23.7 厘米，株幅 31.8 厘米；

叶片椭圆形，绿色，长 20.7 厘米，宽 11.4 厘米；叶柄扁平，绿色，长 7.3 厘米，宽 5.1 厘米，叶柄重比 0.3，束腰，外观商品性好，食用口感好。该品种突出特点为耐热、速生、外观商品性极佳，适宜夏秋种植。与日本进口品种相比，生长速度更快、菜秧和漫棵菜产量更高，外观商品性相当，口感更好，耐热耐湿等抗逆性更好，可替代日本进口品种（彩图 17）。

2. 春佳（不结球白菜）　植株株形紧凑直立。一般株高 23.8 厘米，株幅 31.6 厘米，叶片长 21.8 厘米，宽 14.4 厘米，椭圆形，深绿，叶柄长 7.3 厘米，宽 4.5 厘米，淡绿色，勺形，叶柄重比 0.5，外观商品性好。该品种突出特点为耐抽薹性极强，适宜早春种植。较耐抽薹常规品种四月慢和五月慢等相比，耐抽薹性相当，而外观商品性、食用口感等则有大幅提升（彩图 18）。

3. 千叶菜（不结球白菜）　株型塌地，叶椭圆形，墨绿色，叶面皱缩有光泽，全缘，四周向外翻卷；叶柄绿色，扁平微凹，单株重 200 克。该品种突出特点为美观，耐寒性强，品质优，适宜秋冬栽培（彩图 19）。

4. 红袖 1 号（不结球白菜）　雄性不育杂交一代。生长速度较快，株型中等，紧凑，叶片外紫内红，叶面皱褶均匀，叶柄白，扁勺形。商品性好，品质优，秋冬季栽培叶色极佳（彩图 20）。

5. 紫霞 1 号（不结球白菜）　雄性不育杂交一代。生长速度较快，株型中等，紧凑，叶片亮紫、椭圆形、光滑，有光泽，叶脉紫，叶柄青，扁勺形。商品性好，品质优，秋冬季栽培叶色极佳（彩图 21）。

6. 新秀 1 号（不结球白菜）　中株类型，紧凑塌地，株高 15～17 厘米，开展度 31～33 厘米，叶片近圆形，外叶皱缩绿色，有光泽，心叶皱缩更甚，经霜打后呈黄色；叶柄扁平，乳白色；耐寒性强，品质好。该品种突出特点为口感细腻，味甜、味浓，可替代口感淡的娃娃菜。适宜秋冬栽培（彩图 22）。

7. 绯红 1 号（不结球白菜）　通过安徽省认定（皖认蔬 201323）。植株半塌地，开展度 31～35 厘米。株高 14.2～15.3 厘米，叶片近圆形有光泽，外叶紫红、心叶红色，叶柄绿白色、扁平微凹、长 9.5 厘米，叶脉泛紫红，叶片数 32 片，耐寒性强，在－8℃的低温下不受冻害。植株整齐一致，生长势强，集食用与观赏于一体（彩图 23）。

8. 丽紫 1 号（不结球白菜）　通过安徽省认定（皖认蔬 201324）。植株半塌地，株高 15～16 厘米，开展度 38～43 厘米，叶片近圆形有光泽，叶片数 30 片，外叶紫黑色、心叶紫红色、轻微合包，叶柄扁平微凹、绿白色、长 8.6 厘米，叶脉泛紫。平均单株重 590 克。耐寒性强，在－10℃的低温下不受冻害（彩图 24）。

9. 黛绿 1 号（不结球白菜）　通过安徽省认定（皖认蔬 201327）。中熟，株高 14～17 厘米，开展度 37～42 厘米，叶片近圆形，叶片数 20 片，外叶墨绿色、有光泽、心叶浅绿色，肉质厚，叶片卷翘呈尖角形隆起，心叶轻微合包。叶柄匙形、白色、长 8 厘米、宽 3.3～4.6 厘米。单株重 550 克，耐寒性强，在－10℃的低温条件下不产生冻害（彩图 25）。

10. 黛绿 2 号（不结球白菜）　通过安徽省认定（皖认蔬 201328）。株高 12～

14 厘米，开展度 28～30 厘米，叶片近圆形有光泽，泡状皱褶细密，四周向外翻卷，叶片数 30 片，外叶深绿，经低温后心叶略泛黄。叶柄匙形、白色、长 10.5 厘米、宽 2.9～5.0 厘米。平均单株重 521 克，耐寒性强，在－10℃低温下不受冻害（彩图 26）。

11. 金翠 1 号（不结球白菜） 通过安徽省认定（皖认蔬 201325）。早熟，株高 12～16 厘米，开展度 30～36 厘米，叶片近圆形，叶片数 32 片，肉质厚，叶柄匙形、白色、长 8.5 厘米、宽 2.8～4.2 厘米，外叶绿色，心叶黄绿紧包，平均单株重 630 克，－8℃的低温条件下不产生冻害（彩图 27）。

12. 金翠 2 号（不结球白菜） 通过安徽省认定（皖认蔬 201326）。中熟，株高 13～14 厘米，开展度 28～30 厘米，叶柄匙形、白色、长 8.5 厘米，宽 3.4～5.0 厘米。叶片扁圆形，叶面有泡状皱瘤，外叶浅绿，心叶黄绿色。平均单株重 770 克。耐寒性强，－10℃低温下不产生冻害现象（彩图 28）。

13. 耐寒红青菜（不结球白菜） 通过安徽省鉴定（皖品鉴登字第 0803018）。植株直立，株形美观；叶紫红色，卵圆形，表面光滑而有光泽；株高 18 厘米左右；开展度 25 厘米×25 厘米左右；单株重 260 克左右；抗病毒病，耐寒性强；品质优良，风味浓郁，经霜雪后风味更佳（彩图 29）。

14. 博春（甘蓝） 国品鉴菜 2010024。露地越冬春甘蓝新品种。冬性强、早熟、品质好。植株开展度 65～70 厘米，叶色深绿，蜡粉中，叶缘微翻，叶球桃型，肉质脆嫩，味甘甜。典型球重 1.5 千克，亩产 3 500 千克左右。长江流域可于 10 月上旬前后播种，翌年 4 月上市（彩图 30）。

（三）瓜类品种

1. 南水 2 号（黄瓜） 植株长势旺，全雌，单性结实能力强。早熟，瓜条顺直，少刺或无刺。瓜条长 10～12 厘米，心腔小，肉质嫩脆，清香可口，单瓜重 60 克左右。瓜皮浅绿色，皮薄。耐低温弱光，亩产 4 000 千克左右，适合四季保护地栽培（彩图 31）。

2. 宁运 3 号（黄瓜） 植株长势旺，多分枝，雌雄异花同株，主侧蔓均有较强的结果能力。瓜圆筒形，长 18～22 厘米，横径 4.0～4.5 厘米，心腔小，肉质致密，单瓜重 200 克左右。瓜皮较厚，深绿色，表面光滑。果实口味香甜，耐储运，货架期可达 7d 左右。抗蔓枯病、白粉病、枯萎病和角斑病等多种病害，中抗霜霉病。亩产 5 000 千克左右，适合于春、秋露地栽培。特别适合有机蔬菜生产和超市专供蔬菜生产（彩图 32）。

3. 南水 3 号（黄瓜） 早熟品种，生长势强，分枝性强，主侧蔓均可结瓜，抗性好。果实长棒状，果型匀称，瓜长 13～15 厘米，瓜径 2.3～2.8 厘米，单瓜重 65～85 克，果皮翠绿色有光泽，果肉淡绿色，口感较好。适合保护地栽培。

栽培技术要点：适期播种，培育壮苗。一年可进行春季、秋季两季栽培。春季播种期为 3 月中旬，秋季播种期为 8 月上旬。春季采用穴盘育苗，秋季采用催芽直播。穴盘育苗苗龄 15～20 天，适当炼苗，生理苗龄一叶一心时定植。用高畦栽培。定植前施足底肥，每公顷保苗 45 000 株左右。定植后浇缓苗水，以浇透为原则。中后期加大肥水量，并进行叶面施肥 3～4 次，以延长收获期（彩图 33）。

4. 金碧春秋（黄瓜）　通过安徽省鉴定（皖品鉴登字第 0703004）。水果型黄瓜，瓜横径 3 厘米左右，长 15～20 厘米，表面光滑无刺。全雌性单性结实，节节成瓜。特早熟。抗白粉病、霜霉病，适宜春秋保护地种植（彩图 34）。

5. 浙蒲 6 号（瓠瓜）　审定证书：浙（非）审蔬 2009009。选育单位：浙江省农业科学院蔬菜研究所。主要特性：早熟，对低温弱光和盐碱耐受能力强；瓜呈长棒形，商品瓜长约 40 厘米，瓜皮绿色带油光。单瓜重约 450 克，肉质致密，口味佳。适宜栽培条件：保护地早熟栽培（彩图 35）。

6. 苏甜 2 号（甜瓜）　苏农科鉴字［2011］第 7 号。中早熟，果实发育期 35 天。植株长势中等，抗病耐逆性强，易坐果，果实短椭圆形，皮白色，光滑，果肉绿色，含糖量 15.0%左右，肉质软而多汁，香味浓郁，口感佳。平均单瓜重 1.6～2.0 千克（彩图 36）。

7. 翠雪 5 号（甜瓜）　浙（非）审瓜 2013001。长势稳健，坐果性好；果实椭圆形，果皮白色，外观漂亮，商品性好，单果重 1.2 千克左右，果肉白色，折光糖 15%以上，肉质细脆，品质优异，开花坐果后 40～45 天成熟。中抗白粉病和蔓枯病，适宜春秋季设施种植，单蔓立架栽培 1 600 株/亩，双蔓爬地栽培 700 株/亩（彩图 37）。

8. 夏蜜（甜瓜）　浙（非）品审 2009023。生长强健，易栽培。果实高圆形，果皮墨绿色，栽培条件好时覆有不规则细纹，单果重 1.3～1.6 千克，果肉淡绿色，折光糖 15%～18%，肉质脆并具有粉质，开花后 40～46 天成熟，耐储运。适宜春秋季设施种植，单蔓立架栽培 1 600 株/亩，双蔓爬地栽培 700 株/亩（彩图 38）。

9. 甬甜 5 号（甜瓜）　植株生长势较强，叶片绿色，心形近全缘，株型开展，子蔓结果，最适宜的坐瓜节位为主蔓第 12～第 15 节侧枝，易坐果。果实椭圆形，果皮为白色，偶有稀细网纹。果肉橙色，中心折光糖度 15%以上，口感松脆、细腻。春季果实发育期 36 天左右，夏秋季果实发育期 33 天左右，全生育期 94 天左右。早熟性好，膨果性好。单果质量约 1.6 千克，较抗蔓枯病，耐高温性好，适宜华东地区春季和秋季设施栽培（彩图 39）。

栽培技术要点：适宜华东地区春秋季爬地或立架设施栽培，适宜播种期春季为 2 月初至 3 月初，秋季为 7 月下旬至 8 月上旬。爬地栽培时宜沟畦栽培，种植密度 0.75 万～0.9 万株/公顷，单蔓或双蔓整枝，株距 40～50 厘米，畦宽 2 米，畦高 30～40 厘米，沟宽视棚宽而定，覆白色或黑色地膜。立架栽培时起高垄单行或双行栽培，种植密度 1.5 万～1.8 万株/公顷，畦宽 1 米，畦高 30～40 厘米，沟宽 50～60 厘米，覆盖银灰双色地膜，单蔓整枝，株距 35～45 厘米，留瓜节位 12～15 节，每蔓留 1 果，株高 1.7 米左右时摘心。生长后期补充磷酸二氢钾等叶面肥，适时采收。

10. 甬甜 7 号（甜瓜）　植株生长势较强，叶片绿色，心形近全缘，株型开展，子蔓结果，最适宜的坐瓜节位为主蔓第12～第15节侧枝，易坐果。果实椭圆形，果皮为米白色，布细密网纹。果肉浅橙色，中心折光糖度15%以上，单果重约1.8千克，口感松脆、细腻，品质优良。据农业部农产品质量安全监督检测测试中心（宁波）检测数据，甬甜7号可溶性固形物含量为12.3%，还原糖含量为4.2%，蛋白质含量1.43%，维生素C含量为212.0毫克/千克。其春季果实发育期38～43天，全生育期100～110天；夏秋季果实发育期34～41天，全生育期80天左右。具有较抗蔓枯病、耐高温性好、膨果性好、不易裂果、肉质松脆和香味浓郁的特点，适宜华东地区春季和秋季设施栽培（彩图40）。

栽培技术要点：适宜华东地区春秋季设施爬地或立架栽培，适宜播种期春季为12月初至翌年2月底，秋季为7月下旬至8月上旬。爬地栽培时宜沟畦栽培，种植密度0.75万～0.9万株/公顷，单蔓或双蔓整枝，株距40～50厘米，畦宽2米，畦高30～40厘米，沟宽视棚宽而定，覆白色或黑色地膜。立架栽培时起高垄单行或双行栽培，种植密度1.5万～1.8万株/公顷，畦宽1米，畦高30～40厘米，沟宽50～60厘米，覆盖银灰双色地膜，单蔓整枝，株距35～45厘米，留瓜节位12～15节，每蔓留1果，株高1.7米左右时摘心。生长后期补充磷酸二氢钾等叶面肥，适时采收。

11. 甬甜8号（甜瓜） 植株生长势较强，叶片深绿，五角形，缺刻深。株形紧凑，孙蔓结果，最适宜的坐瓜节位为孙蔓第5～第15节。果实梨形，果形指数0.93，白皮白肉，果肉厚约2.0厘米，肉质松脆，香味浓郁。中心折光糖度13%左右，单果质量为0.38～0.51千克，春季果实发育期28～32天，全生育期95～110天。具有耐低温性好，蔓枯病抗性强，易于栽培，坐果性好，不易裂果的特点（彩图41）。

栽培技术要点：适宜华东地区春季设施或露地爬地栽培，春季适宜播种期设施为1月上旬至2月下旬，露地3月中旬。苗期40天，2月中下旬定植，露地4月初定植。设施爬地栽培：双蔓整枝，行距2.5米，株距50厘米，7 200株/公顷，总蔓数960条；三蔓整枝，行距2.5米，株距75厘米，4 800株/公顷，总蔓数960条；四蔓整枝，行距4米，株距50厘米，定植于畦中部，4 800株/公顷，总蔓数1 280条。覆盖白色地膜，孙蔓第五节开始坐果，每蔓保留4个果实左右，果实成熟期追施钾肥，控制水分和氮肥，适多批采收。

12. 苏蜜11号（西瓜） 已进入江苏省品种审定。中早熟品种，开花后32天左右成熟，抗西瓜枯萎病兼抗蔓枯病和炭疽病，在南方多阴雨或弱光照条件下坐果性优良。果实高圆球形，果皮浅绿底覆墨绿中细条带，单瓜重4～5千克。果肉粉红色，肉质细嫩松脆，中心糖12%，边糖9%左右，品质佳，果皮薄而韧，耐运输，栽培适应性广（彩图42）。

13. 甬越1号（越瓜） 生长势较强，株形开展，叶片深绿，心形。孙蔓结果，最适宜的坐瓜节位为孙蔓第5～第15节。果实圆筒形，果形指数2.10，白皮浅橙肉，肉质脆，香味浓郁。果实中心折光糖度10%左右，单果质量为1.28千克，春季果实发育期30天左右，全生育期89～102天。具有耐低温性好、蔓枯病抗性强、易于栽培、坐果性好和不易裂果的特点（彩图 43）。

栽培技术要点：适宜华东地区春季设施或露地爬地栽培，春季适宜播种期设施为 1 月上旬至 2 月下旬，露地 3 月中旬。苗期 40 天，2 月中下旬定植，露地 4 月初定植。设施爬地栽培：双蔓整枝，行距 2.5 米，株距 50 厘米，7 200 株/公顷，总蔓数 960 条；三蔓整枝，行距 2.5 米，株距 75 厘米，4 800 株/公顷，总蔓数 960 条；四蔓整枝，行距 4 米，株距 50 厘米，定植于畦中部，4 800 株/公顷，总蔓数 1 280 条。覆盖白色地膜，孙蔓第五节开始坐果，每蔓保留 4 个果实左右，果实成熟期追施钾肥，控制水分和氮肥，适多批采收。

（四）砧木及嫁接技术

1. 甬砧 1 号（早熟栽培西瓜嫁接砧木）　浙认蔬 2008033。耐低温性强、耐湿性强，嫁接后植株早春生长速度快，高抗枯萎病和根腐病，嫁接亲和力强，共生亲和力强，生长势中等，根系发达，下胚轴粗壮不易空心，嫁接后不影响西瓜品质，嫁接西瓜产量高，适宜早佳 8424、京欣等大中型西瓜早春设施栽培和露地栽培。千粒重 145 克（彩图 44）。

2. 甬砧 2 号（薄皮甜瓜、黄瓜嫁接砧木）　耐低温性强，高抗枯萎病，耐逆性强，生长势中等，嫁接亲和力好，共生亲和力强，嫁接成活率高，发芽整齐，嫁接产量高，适宜薄皮甜瓜和黄瓜嫁接。嫁接不影响甜瓜、黄瓜的口感和风味，有蜡粉的黄瓜品种嫁接后不产生蜡粉，适合早春和夏秋季设施栽培。千粒重 80 克（彩图 45）。

3. 甬砧 3 号（长季节栽培西瓜嫁接砧木）　浙（非）审蔬 2010012。耐高温性强，嫁接亲和力强，共生亲和力强，高抗枯萎病，不易早衰，生长势中等，根系发达，下胚轴粗壮不易空心，嫁接西瓜产量高，嫁接早佳 8424 可采收 3～4 批以上，不影响西瓜品质。适宜早佳 8424 和早春红玉等中小型西瓜嫁接（彩图 46）。

4. 甬砧 5 号（小果型西瓜嫁接砧木）　浙（非）审蔬 2013013。小果型西瓜专用砧木，适宜拿比特、早春红玉、小兰、京阑、蜜童等小果型西瓜嫁接，耐低温性强，嫁接亲和力强，共生亲和力强，高抗枯萎病，生长势较强，根系发达，下胚轴粗壮不易空心，不易早衰，嫁接西瓜产量高，不影响西瓜品质（彩图 47）。

5. 甬砧 7 号（西瓜嫁接砧木）　中小果型西瓜设施栽培嫁接专用砧木，印度南瓜与中国南瓜杂交一代种（F_1），适宜早佳 8424、拿比特、早春红玉、小兰和京阑等西瓜嫁接。嫁接亲和性好，共生亲和力强，嫁接成活率高，高抗枯萎病，病毒病抗性强，抗西瓜急性凋萎病，生长势较强，根系发达，耐逆性强，不易早衰，不影响西瓜品质。适宜早春栽培，也适宜夏秋高温栽培（彩图 48）。

6. 甬砧 8 号（黄瓜、甜瓜嫁接砧木）　浙（非）审蔬 2014019。甜瓜、黄瓜设施栽培嫁接专用砧木，印度南瓜与中国南瓜杂交一代种（F_1），适宜等甜瓜、黄瓜嫁接。嫁接亲和性好，共生亲和力强，嫁接成活率高，高抗枯萎病，病毒病抗性强，生长势较强，根系发达，耐逆性强，不易早衰，不影响甜瓜、黄瓜品质。适宜早春栽培，也适宜夏秋高温栽培（彩图 49）。

7. 甬砧 9 号（甜瓜嫁接砧木） 甜瓜本砧，适宜甬甜 5 号、甬甜 7 号、东方蜜、黄皮 9818 等各种类型甜瓜嫁接，高抗枯萎病，亲和性强，不影响甜瓜品质。千粒重 35 克（彩图 50）。

8. 甬砧 10 号（西瓜嫁接砧木） 小籽粒印度南瓜与中国南瓜杂交一代种（F_1），适宜早佳 8424 等中小型西瓜嫁接，嫁接成活率高，嫁接操作简便，生长势较强，根系发达，不影响西瓜品质。千粒重 120 克（彩图 51）。

9. FZ-11（番茄嫁接专用砧木） 根系发达、生长势强、不早衰，对土传性病害具有复合抗性；嫁接亲和、共生性强，无大小脚现象；嫁接苗生长快、苗龄短、早熟；对果实品质无不良影响（彩图 52）。

10. 瓜类蔬菜“双断根贴接”技术

（1）技术特征：嫁接时同时切除砧木、接穗根系和一片子叶，嫁接夹固定扦插基质中。

（2）优点：接穗和砧木育苗密度 1 100～1 500 株/平方米、显著提高育苗设施利用率；嫁接工序简便、快速，成苗率 98%以上，节本增效；嫁接苗不易徒长、根系发达、健壮、增产效果显著（彩图 53）。

（3）适用范围：南瓜砧木、周年生产。

（五）育苗基质

1. 优佳育苗基质 该产品由淮安中园园艺有限公司生产，江苏徐淮地区淮安农业科学研究所、江苏省江蔬种苗科技有限公司监制。该产品主要原料为木薯渣，配入一定比例草炭、腐熟鸡粪及其他缓释肥和微量元素等。营养丰富，肥效长，可满足苗期 30～40 天的生长需求。基质 pH 中等，适应性广，透气性、持水性好，可保证出苗齐、快、壮。生根、养根、保根效果好，起苗不伤根，定植后缓苗期短（彩图 54）。

2. 黄瓜专用育苗基质 酒精沼渣经发酵后复配混合基质，含水量≤30%、容重 0.35～0.5 克/立方厘米、有机质 45%～50%、总孔隙 80%～85%、大小空隙比 3.3～3.7、速效氮磷钾 4.5%～5.0%、pH 为 6.5～6.8、EC 值为 3.0～3.5 毫西门子/厘米（饱和态）。基质疏松透气、吸水保水性好，黄瓜苗根系发达、健壮，3 叶一心前不需补充化学肥料，适宜黄瓜周年育苗（彩图 55）。

（六）植保产品

“禾喜”短稳杆菌（生物杀虫剂） 我国最新创制的生物农药，国家发明专利（ZL03112780.0），是一种新型细菌杀虫剂，具有胃毒作用（彩图 56）。

特点：①高致病力：害虫一接触到药即停止取食危害（1～4 天死亡，持效期

15 天)，保叶率高，低温阴雨天打药同样有效；②连用有累积效应，越用效果越好；③产品为纯活菌生物杀虫剂，无抗药性，微毒，对鱼类极为安全，不含任何隐性化学成分。已正式登记在防治稻纵卷叶螟、小菜蛾、斜纹夜蛾等作物，使用方法：害虫整个幼虫发生期都可用药。根据虫量，每 15 千克水用药 20～40 毫升喷雾。对于钻蛀性害虫，要在卵孵盛期至高峰期用药。

二、设施蔬菜高产高效栽培管理

（一）技术规程

速生小白菜无公害栽培技术规程

本标准起草单位：江苏省农业科学院蔬菜研究所

速生栽培的小白菜又称菜秧、鸡毛菜、小汤菜、细菜和漫棵菜等，是利用小白菜幼嫩植株供食用，直播不移栽，长江中下游地区主要栽培季节在 4 月下旬至 11 月上旬。速生栽培的小白菜，一方面，生长周期短，可充分利用夏闲土地，缓解蔬菜伏缺矛盾，调节市场淡季供应；另一方面，省去移栽工序，缩短在田时间，节省人工成本，大幅提高了种植效益。

1 生产基地选择

小白菜不耐运输，因此，要选择城市近郊、土壤肥沃、灌排方便和交通便利的基地。同时，基地环境必须符合无公害蔬菜产地环境条件的要求。

2 品种选择

速生小白菜宜选用适合长江中下游地区栽培的东方 18、东方 2 号、青伏令、烤青、绿领青梗菜、华王和金品 28 等速生、抗逆、高产、优质品种。

3 整地播种

3.1 防虫网设施准备

目前，江苏省常用于速生小白菜生产的防虫网设施有高架平顶棚、标准钢架大棚和连栋大棚 3 种类型。

3.1.1 高架平顶棚：面积以 2 000～3 333 平方米为宜，棚架高度以 2～3 米为宜，面积过大或棚高过高，对防虫网收放、修补等管理不方便。

3.1.2 标准钢架大棚：利用现有大棚春夏菜换茬，可降低成本。一是全棚覆盖，每亩用防虫网 1 000 平方米；二是可采用保留大棚顶部棚膜，将大棚四周裙膜换成防虫网的避雨栽培模式。

3.1.3　连栋大棚：顶部为塑料膜，四周裙膜换成防虫网。防虫网规格以 20～25 目白色网或浅灰色网为宜。

3.2　整地施肥

速生小白菜栽培宜选用保水和排水性较好的沙壤土，前茬以毛豆、菜豆和黄瓜等为宜。整地前先清洁田园，深耕晒垡，也可深耕后地面覆盖薄膜，提高土温至 50℃左右，以杀死土壤中的害虫和病原微生物。

结合整地合理施足基肥。基肥以腐熟有机肥为主，配合适当的化肥，一般每亩一次性施入腐熟有机肥 1 000～2 000 千克、复合肥 50～100 千克，撒施后用旋耕机旋匀，然后整地做畦，畦宽 1.5～1.8 米为宜，畦的四周要开深 20～30 厘米的排水沟，为了防止雨后积水，要做到畦平、沟直。

3.3　适时播种

选择晴天下午或傍晚分批播种。做 20～30 天的菜秧采收，一般每亩播种量 500～750 克；做 40～45 天的漫棵菜采收，一般每亩播种量 150～250 克。春秋季可适当增加密度，播种量略多于夏季。为保证播种均匀，可用干细土与种子拌匀后播种。播后用扫帚轻扫畦面或用木板轻压，并及时浇水，浇水要匀、透，同时畦面不积水，保证出苗整齐。出苗前每天于早晚各浇水 1 次，以利出苗。高温干旱季节播种，播种后可于畦面覆盖遮阳网以遮阳保湿，出苗后及时揭去。

4　田间管理

4.1　水分管理

速生小白菜生长期间根据土壤、植株长势及天气情况适时浇水。春秋季气温低时，晴天午后浇水；夏季高温时期宜傍晚前后浇水。梅雨季节、夏秋季暴雨雨水较多，要注意清沟理墒，雨后及时排除田间积水，防止高温高湿烂菜。

4.2　追肥

速生小白菜生长周期短，在施足基肥的情况下生长期间一般不需追肥，如植株生长势差，可适当少量追肥，结合浇水每亩追施尿素 4～5 千克。

5　病虫害防治

5.1　虫害

采用防虫网覆盖栽培后，小白菜生长期间一般不需要治虫，但进出网室要注意及时随手关闭棚门，防止棚外害虫进入。如发现有害虫进入网室内，可采用人工捕捉，或使用抑太保、苏云金芽孢杆菌等生物农药防治。同时，结合杀虫灯、性诱剂和黄板等进行综合防治。

5.2 病害

速生小白菜主要病害有霜霉病、软腐病和炭疽病等，发病初期及早防治，可用25%甲霜灵600倍液或75%百菌清500倍液喷施防治霜霉病，用200毫克/千克农用链霉素防治软腐病，用64%杀毒矾500倍液或50%多菌灵500倍液防治炭疽病。

6 采收上市

速生小白菜采收时间较为灵活，具体应根据生产周期，结合市场价格与需求确定提前或延后采收。若播种密度过大，则要及时间苗采收、分批上市，如遇灾害性气候也要及时采收，以免受灾减产造成损失。采收最好选择在凉爽的清晨或傍晚进行，收获后要及时遮盖、尽快销售，以免失水萎蔫、影响品质。

小白菜（栽棵菜）无公害栽培技术

本标准起草单位：江苏省农业科学院蔬菜研究所

栽棵菜栽培为小白菜较为传统的栽培方式，即通过先播种育苗，再行移栽的方式栽培，生育期较长，较为稳产、高产，主要以秋冬茬和冬春茬栽培为主。

1 播种育苗

1.1 茬口安排

江苏省秋季栽培一般自 8 月上旬至 10 月上中旬陆续播种，寒冬前采收完毕，但产量、品质均以 9 月上中旬播种的为佳。春季耐抽薹品种一般从 12 月至翌年 1 月小棚或冷床育苗，早春定植，可于 4～5 月淡季供应市场。

1.2 品种选择

根据不同季节特点选用不同品种，春季宜选择耐抽薹品种，如春佳、春优、四月白、四月慢和五月慢等品种；秋冬栽培宜选择高产、优质、耐寒品种，如东方 18、热矮 001、新秀 1 号黄心乌、绿星青菜和金品 28 等。

1.3 苗床准备

苗床地宜选择未种过同科蔬菜、保水保肥力强、排水良好的壤土。前茬收获后要早耕晒垡，连作地块更要清洁田园，深耕晒垡，以减轻病虫为害。一般亩施 1 000～1 500 千克腐熟有机肥做基肥。江苏省南部及沿江地区雨水较多，宜做深沟高畦，畦宽 1.5～2 米，保持畦面平整无坷垃。

1.4 播种

播种均匀撒播于畦面，再用笤帚轻扫畦面以达到盖籽的效果，然后及时浇水，浇水要匀、透，同时畦面、过道不积水，保证出苗整齐。也可先浇好底水再播种。

1.5 苗期管理

适期播种的小白菜 2～3 天即可出苗。苗期不可缺水、缺肥，还要注意苗期杂草和病虫防治。

2 移栽

2.1 整地、施基肥

及早清除田间杂草、落叶、病叶及各种杂物，保持田园清洁；耕犁深度 15～

18 厘米，晒垡 2～3 天，减少虫卵和病原物。做好田块四周的沟系配套，确保灌排方便。定植前每亩施 2 000～3 000 千克腐熟有机肥、50～100 千克复合肥做基肥（可根据土壤肥力情况做调整）。

2.2 定植

苗龄因季节而异，气温高幼苗宜小，气温适宜幼苗可稍大，一般 25～30 天。

定植株行距因品种、季节而异。秋季栽培株行距一般为 20 厘米×20 厘米，每亩 7 500～8 000 株，春季耐抽薹栽培密度宜增至每亩 10 000～12 000 株。

选择阴天或傍晚移栽，移栽后立即浇一次透水，以后连续 3 天每天复水一次，白天覆盖遮阳网，晚上揭掉，直至活棵。

3 田间管理

小白菜根群分布较浅，吸收能力低，生长期间应不断地供给充足的肥水。多次追施速效氮肥是加强生长、保证丰产优质的主要环节。操作要点：一是定植后及时追肥，促进恢复生长；二是随着植株的生长，增加追肥浓度和用量。至于施肥方法、时期和用量，则依天气、苗情和土壤等而定。

4 病虫害防治

小白菜常见虫害有小菜蛾、菜青虫、蚜虫、跳甲和地老虎等，常见病害有霜霉病、软腐病等。

在农药的施用上，必须遵循以下原则：一是选择效果好，对人、畜和天敌都无害或毒性极微的生物农药或生化制剂。二是选择杀虫活性很高，对人畜毒性极低的特异性昆虫生长调节剂。三是选择高效低毒、低残留的农药，如甲维盐、高效氯氰菊酯等。四是严格控制施药时间，在商品菜采收前 7～12 天严禁施用农药。

5 适时采收

小白菜做栽棵菜栽培采收上市一般为 50～60 天，具体应根据气候条件、品种特性、消费需求和市场价格等因素决定提前或延后采收。

（二）高产高效栽培管理

基质穴盘育苗技术应用

董友磊[1]　陈思思[1]　黄陆飞[1]　顾明慧[1]　王小军[2]
刘丽君[3]　卢　燕[4]　董芙荣[4]

（[1]启东市农业技术推广中心蔬菜站　江苏启东　226200；
[2]启东市农业委员会办公室　江苏启东　226200；
[3]启东市种子管理站　江苏启东　226200；[4]启东市农业技术推广
中心作栽站　江苏启东　226200）

摘　要： 江苏省启东市农业技术推广中心蔬菜站于2014年、2015年连续实施了“设施蔬菜新品种及技术集成示范与推广”项目，项目实施期间，引进黄瓜、水果黄瓜、小型南瓜、甜瓜和西瓜等多个种类的17个新优品种，将种子通过浸种催芽处理，采取基质穴盘育苗方式播种育苗，培育生产用优质壮苗。通过集成蔬菜穴盘育苗技术、遮阳网防虫网覆盖应用等实用技术，带动启东市设施蔬菜新优品种高效栽培。

关键词： 设施蔬菜　基质穴盘　设施大棚　育苗技术

蔬菜作物育苗是生产中非常重要的环节，为了节约时间、提早成熟和提高土地利用率等，通过对种子进行浸种催芽处理，采取基质穴盘育苗方式播种育苗，培育生产用优质壮苗。穴盘育苗是一种以草炭、蛭石和珍珠岩等固体轻型基质为育苗基质，以带孔的塑料穴盘为育苗容器，将种子直接播入装有固体基质的穴盘内，在穴盘内育成半成苗或成龄苗的育苗技术。

启东市农业技术推广中心蔬菜站于2014年、2015年连续实施了“设施蔬菜新品种及技术集成示范与推广”项目，项目实施期间，指导基地及时育苗移栽，注重加强大棚叶菜类、豆类和瓜类蔬菜田间管理，通过集成蔬菜穴盘育苗技术、遮阳网防虫网覆盖应用等实用技术，带动启东市设施蔬菜新优品种高效栽培，发挥了良好的示范带动作用，展现了良种良法配套、农机农艺结合的蔬菜生产新面貌。

1　新品种引进情况

作为项目实施单位，蔬菜站从扬州大学园艺与植物保护学院、江苏省农业科学院蔬菜研究所、上海嘉定农技推广中心、淮安市农业科学研究所等科研院所和农技推广部门引进黄瓜、水果黄瓜、小型南瓜、甜瓜、西瓜等多个种类的17个新优品种（表 1）。同时，采用本地主栽品种作为对照。

表 1　江苏省启东市农业技术推广中心蔬菜站 2015 年引进瓜菜品种情况表

序号	种类	品种名称（或编号）	品种来源
1	甜瓜	华蜜 0526	上海嘉定农技推广中心
※	对照 CK	浓香 118	本地农资店购买
2	西瓜	苏梦 3 号	江苏省淮安市农业科学研究所
3	西瓜	苏创 1 号	
4	西瓜	苏创 6 号	
※	对照 CK	早佳 8424	本地农资店购买
5	中型南瓜	旭日	江苏省农业科学院蔬菜研究所
6	中型南瓜	绿香玉	
7	中型南瓜	碧玉	
※	对照 CK	红密南瓜	本地农资店购买
※	对照 CK	谢花面南瓜	本地农资店购买
8	小型南瓜	彩佳	江苏省农业科学院蔬菜研究所
9	小型南瓜	皇冠	
10	微型南瓜	白俏美	
11	黄瓜	D1	扬州大学园艺与植物保护学院
12	黄瓜	D2	
13	黄瓜	D3	
※	对照 CK	早丰 36	
※	对照 CK	节节多	本地农资店购买
14	水果黄瓜	D4	扬州大学园艺与植物保护学院
15	水果黄瓜	D5	
16	水果黄瓜	D6	
17	水果黄瓜	D7	
※	对照 CK	压趴架	本地农资店购买

注：标记※的品种均为对照品种，直接在本地农资店购买。

2　浸种催芽情况

对引进的瓜类蔬菜种子进行浸种催芽处理。采用温汤浸种、恒温培养箱催芽的方法加快种子出芽，对供试的瓜菜种子，用调制的 55℃温水处理 15 分钟，再行浸泡（5～13 小时），待种子充分吸胀后，放置在恒温培养箱（30℃）中催芽（20～51 小时），待种子露白后准备播种。经过浸种催芽处理，大部分种子出芽率较好，可以满足生产要求。

3　基质穴盘育苗情况

指导基地采用基质穴盘育苗方式进行育苗，并将上述瓜菜品种全部安排在启东市合作镇周云村示范基地核心示范区连栋钢架大棚和普通钢架大棚种植。

3.1　育苗基质的选择

育苗容器以塑料钵育苗、穴盘育苗为主，采取有机基质作为育苗基质，适合穴盘育苗的固体基质应具备以下特点：保肥能力强，能供应根系发育所需要的养分，避免养分流失；保水能力强，避免基质水分快速蒸发；透气性好，使根际环境的CO_2容易与大气的O_2交换，避免根系缺氧；不易分解，利于根系穿透，能支撑植物体。过于疏松的基质，植株容易倒伏，基质及养分容易分解流失。

优良的基质具备以下特点：良好的保水、通气、紧实适中、轻型的物理性状；酸碱度适宜，缓冲性能较强，养分含量平衡，CEC 值较高，EC 值较低的化学性状；有机质含量丰富，含有益微生物种群、促长物质、酶类等，有害微生物数量少，无病原微生物的生物学特性；使用简便、成本低廉。

穴盘育苗主要采用轻型基质，如草炭、蛭石和珍珠岩等。草炭的持水性和透气性好，富含有机质，且具有较强的离子吸附性能，在基质中主要起持水、透气和保肥的作用；珍珠岩吸水性差，主要起透气作用；蛭石的持水性特别好，可起到保水作用，但透气性差，不利于根系的生长，全部采用蛭石容易沤根。一般配比为草炭∶蛭石∶珍珠岩＝3∶1∶1，南方高温多雨地区可适当增加珍珠岩的含量，干燥地区可适当增加蛭石含量。

3.2　育苗穴盘的选择

穴盘规格的选择：不同规格的穴盘对种苗生长影响差异较大。种苗的生长主要受穴盘容积的影响。穴格大，有利于种苗生长，但生产成本高；穴格小，则不利于种苗生长，而生产成本低。在生产中，应根据所需种苗大小、生长速率等因素来选择适当的穴盘，以兼顾生产效能和种苗质量。

一般瓜类蔬菜如南瓜、西瓜、冬瓜和甜瓜多采用 20 穴，有时采用 50 穴，黄瓜多采用 72 穴或 128 穴；茄科蔬菜如番茄、辣椒苗采用 128 穴和 200 穴；叶菜类蔬菜如西蓝花、甘蓝、生菜、芹菜可采用 200 穴或 288 穴。穴盘孔数多时，虽然育苗效率提高，但每孔空间小，基质也少，对肥水的保持差，同时植株见光面积小，要求的育苗水平要更高。

对经过浸种催芽处理后的瓜类蔬菜种子进行基质穴盘育苗，采用 5 穴×10 穴的标准塑料穴盘以及塑料营养钵填装商品有机基质，播种后采取“地膜＋小拱棚”覆盖方式，加快育苗进度。

穴盘育苗播种时一穴一粒种子，成苗时一穴一株，根系与基质紧密缠绕，根坨呈上大下小的塞子形。穴盘是基质穴盘育苗的重要载体，塑料（VFT）穴盘的尺寸一般是 54 厘米×28 厘米，一个穴盘可有 32 个、50 个、72 个、128 个、200 个、288 个、400 个、512 个穴孔。穴与穴之间相对独立，既减少了病虫害的传播，又防止了植株间的营养竞争，操作简单、管理方便，便于实现集约化育苗。穴孔为倒金字塔形，四边呈方形，底部有通孔，以保证根系生长良好和排水顺畅，成形的四边使得穴盘非常牢固，无须另加一个运输盘，能促进苗株的生长，并易于根系拔出。

3.3 穴盘育苗技术操作过程

穴盘育苗技术操作过程：种子处理（精选加工、种子丸粒化）→基质处理（粉碎→过筛→搅拌）→精量播种（穴盘填料→压穴→精播→覆盖→喷水）→催芽→育苗温室培养→炼苗→出圃→穴盘周转。

3.4 出苗前的管理措施

温度控制方面，出苗温度和时间依作物不同。温度一般保持在 25～28℃，空气湿度保持在 95%～100%，经 3～5 天芽苗即可出齐。

露芽后，保持温度 20～25℃，增加光照。前期温度控制在昼温 25～28℃，夜温 15～18℃。后期温度要适当降低，白天控制在 20～25℃，夜间 10～15℃，以防徒长。由于育苗时间较长，不同位置的种苗会产生生长不均衡现象，发现后及时调整穴盘位置，促使幼苗生长均匀。

3.5 苗期病害防治

苗期病害防治方面，控制空气湿度不宜过大，以防病害发生。一般采用硫黄发生器进行空气消毒加上生态防治即可。若发生猝倒病和立枯病，可选用绿亨二号可湿性粉剂 600～800 倍液或 95%绿亨一号 4 000 倍液喷雾，阴雨天可用百菌清烟雾剂防治。

3.6 苗期水分管理

穴盘苗的水分管理方面，供水最重要的是均匀度，一般规模较小的育苗场以传统人工浇灌方式，此法给水均匀，但费工、费时，且施肥困难，成本高。专业化的育苗公司多采用自走式悬臂喷灌系统，可设定喷洒量与时间，洒水均匀无死角、无重叠区，并可加装稀释定比器配合施肥作业，解决人工施肥的困难。

穴盘中央的幼苗容易互相遮光，并因湿度高造成徒长，而穴盘边缘的幼苗通风较好而易失水，边际效应非常明显。维持正常生长及防止幼苗徒长，水量的平衡需要精密控制。

穴盘苗的发育可分 4 个时期：每个生长期对水量需求不一。第一期：种子萌芽期，对水分及氧气需求较高以利发芽，基质相对湿度维持 95%～100%，供水以喷雾粒径 15～80 微米为佳；第二期：子叶及茎伸长期（展根期），水分供应稍减，相对湿度应降到 80%，增加基质通气量，以利根部在通气较佳的基质中生长；第三期：真叶生长期，供水应随苗株成长而增加；第四期：炼苗期，限制给水以健壮植株。

阴雨天日照不足且湿度高时，不宜浇水；浇水时间以午前为主，下午3时后一般不用浇水，以免夜间潮湿徒长；边际补充灌溉：穴盘边缘苗株易失水，必要时应补水。

3.7　苗期施肥管理

穴盘苗的施肥管理方面，子叶及展根期可用20-5-20（NPK复合肥）或20-20-20（NPK复合肥）的50微克/克，真叶期用量增为125～350微克/克，成苗期目的在健壮苗株，应减少施肥，增施硝酸钙。需使育苗基质离子含量与电导度适宜为原则（表2）。

表2　适宜于育苗期养分管理的基质酸碱度和离子含量（一般标准）

指标	pH	EC值（毫西门子/厘米）	N（微克/克）	P（微克/克）	K（微克/克）	Ca（微克/克）
萌芽期	5.8～6.5	0.75～1.2	40～75	10～15	35～50	50～75
成苗期	6.2～6.5	1.0～1.5	60～100	10～15	50～80	80～120

一般栽培时易施肥过量，所以需定期测定EC值。EC值越高表示基质中营养元素浓度越高，如EC值太高幼苗会产生盐害凋萎，或抑制幼苗正常生长，必要时清水淋洗基质，把多余盐分洗出。很多商品基质已添加肥料，使用前应先了解其成分。

3.8　苗期化控技术

穴盘苗的矮化技术。穴盘苗地上部及地下部受生长空间限制，取苗不及时或管理不当，往往形成细弱徒长苗，是穴盘苗的最大缺点，也是无法全面取代土培苗的主要原因。生产矮壮的穴盘苗是育苗者追求的方向。一般可利用光照、温度和水分等环境条件来矮化秧苗。若不是有机蔬菜生产，还可使用适当浓度的生长调节剂来控制植株高度。

常用的生长调节剂有B9、矮壮素、多效唑和烯效唑，农药粉锈宁矮化效果也很好，但不宜应用于瓜类，否则易产生药害。因B9的成分易在土壤中残留，通常叶面喷施，浓度用1 000～1 300微升/升。矮壮素使用浓度100～300微升/升，多效唑一般使用5～15微升/升，烯效唑使用浓度是多效唑的一半。

3.9　苗期炼苗情况

穴盘苗的炼苗。出圃定植前进行适当控水，可增加幼苗对缺水的适应力。夏季高温季节育苗，出圃前应增加光照，尽量创造与田间比较一致的环境。冬季温室育苗，出圃前将幼苗置于较低的温度环境下3～5天，可提高低温适应性。

南方中小棚甜瓜蜜蜂授粉技术

马二磊　臧全宇　黄芸萍　丁伟红　张华峰　王毓洪

（宁波市农业科学研究院蔬菜研究所/宁波市瓜菜育种
重点实验室　浙江宁波　315040）

摘　要：近年随着设施农业的迅猛发展，设施农作物蜜蜂授粉技术应用也取得了明显发展。本文以南方中小棚设施为例，根据中小棚日常管理和蜜蜂生活习性，结合设施环境特点，总结了一套行之有效的设施农业蜜蜂授粉综合管理技术，分析了甜瓜蜜蜂授粉经济效益情况。蜜蜂授粉是一项节工省本、提质增效、绿色环保的新技术，在农业生产中具有广阔的应用前景。

关键词：甜瓜　蜜蜂授粉　意大利蜜蜂

2010 年，农业部相继出台了《关于加快蜜蜂授粉技术推广促进养蜂业持续健康发展的意见》（农牧发〔2010〕5 号）和《蜜蜂授粉技术规程》（农牧发〔2010〕8 号），明确提出了“坚持发展养蜂生产和推进农作物授粉并举，加快推动蜜蜂授粉产业发展”。2015 年，浙江省农业厅出台了《湖羊、兔、蜜蜂等特色优势畜牧业提升发展三年行动计划（2015—2017 年）》，明确提出启动“百万亩蜜蜂授粉工程”，建立蜜蜂授粉示范基地，培育专业化的授粉蜂场。浙江省种植和养殖管理部门高度重视蜜蜂授粉技术，在双方合力推动下，农作物蜜蜂授粉逐步被种植户和养蜂户接受，形成了一批蜜蜂授粉示范基地，农作物蜜蜂授粉技术研究应用取得了明显成效[1,2]。

甜瓜属于高档果品，经济效益明显，市场潜力巨大。随着消费者越来越重视食品安全，蜜蜂授粉生产的甜瓜产品逐步得到认可。蜜蜂授粉具有节省人工授粉劳动力成本、降低果实畸形率、避免使用植物生长调节剂、提高甜瓜产量、改善果实品质、利于企业建设精品瓜菜品牌的作用[3-5]。中小棚是南方地区主要的设施类型，多采用毛竹为骨架，成本低，易拆装，在生产中普遍应用。设施内小环境与自然环境差异很大，彻底改变了蜜蜂生活小气候，采取相应的蜂群管理措施是十分必要的。在设施农业授粉中，为了减少蜜蜂蜂群的损失，同时获得良好的授粉效果，蜂群的饲养管理显得尤为重要[6]。本文总结了南方中小棚甜瓜蜜蜂授粉技术要点，对设施甜瓜应用蜜蜂授粉并取得满意的授粉效果，对设施农业增产增收具有重要指导意义。

1　优选蜜蜂品种

目前，农作物授粉应用较为广泛的蜜蜂有中华蜜蜂（简称中蜂）、意大利蜜蜂

（简称意蜂）和熊蜂[6]，设施甜瓜蜜蜂授粉一般选用中蜂或意蜂。中蜂节约饲料，善于利用零星蜜粉源，基本不需人工饲喂，但容易分蜂，适合设施作物长季节栽培蜜蜂授粉；意蜂耐高温性好、易管理，饲料消耗大，但其性情温顺，分蜂性弱，适合设施作物短期蜜蜂授粉。一般甜瓜多采用早春或秋季栽培，授粉期集中、时间短、棚内温度高，宜选用耐高温性好的平湖意蜂。

平湖意蜂是我国蜜蜂授粉推广应用的著名地方品种，是意蜂经浙江平湖养蜂者几十年群众性大规模定地饲养、定向选择，形成的具有平湖地方特征的地方蜂种[8]。平湖意蜂抗逆性强，外界气温 35℃时，仍能正常繁殖；耐高温性好，气温 42℃时仍能正常出巢；适合短途运输，一夜时间短途运输，对产浆采蜜无明显影响。

2　授粉蜜蜂田间管理

2.1　温湿度调控

温湿度是影响蜜蜂授粉效果的重要环境因素。蜂群 6℃时冻僵，温度过高时死亡，在 15～42℃温度范围内，可出巢采花完成甜瓜授粉。棚内环境特殊，要营造适宜的温湿度条件，温度尽量控制在 18～39℃，湿度控制在 30%以上[9]。高温天气时，加大棚内通风降温，打开棚门、侧帘或棚外覆盖遮阳网，保持蜂群良好的通风透气状态；用遮阳网、麦秆和稻草等覆盖蜂箱，并在中午时洒水降温，防止高温对蜂群产生危害。蜂群对空气相对湿度不敏感，适宜空气相对湿度范围是 30%～70%，保持合理空气相对湿度，不过干过湿为好。

2.2　选择合适蜂群数量

蜜蜂授粉的效果主要取决于工蜂的出勤率和工蜂数量。蜂群放置数量太少，达不到授粉的目的；蜂群放置数量太多，造成蜂群浪费，提高了成本，还增加了疏果的工作量。根据设施面积选择合适蜂群数量，每亩设施放置一箱蜜蜂，确保蜂箱内有 1 只蜂王和 3 张脾蜂（约 6 000 只蜂）——内置 1 张封盖子脾、1 张幼虫脾、1 张蜜粉脾，以确保蜂群不断繁衍，保持蜂群数量在合理范围内。

2.3　适时放蜂

一般甜瓜早春栽培花期在 4 月初至 5 月初，秋季栽培花期在 8 月中旬至 9 月中旬。蜜蜂生长在野外，习惯于较大空间自由飞翔，成年的老蜂会拼命往外飞，直撞得棚膜“嘭嘭”作响，授粉前期蜜蜂撞死较多，在 2～3 天后幼蜂才会逐渐适应棚内环境，而且蜜蜂也需要时间适应棚内不断升高的温度，因此需要适时放蜂。放蜂最佳时间是甜瓜结果枝雌花开放前 3～5 天放蜂，蜂群入场选择天黑后或黎明前，给予蜂群一定时间适应棚内环境。

2.4　合理放置蜂箱

蜂箱既可放置于棚内，也可放置于棚外。置于棚内时，因为蜜蜂习惯往南飞，蜂箱放置于大棚偏北 1/3 的位置，巢门向南，与棚走向一致，放置于平坦地面，保持平稳。若连续阴雨、土壤湿度过大时，将蜂箱垫高 10 厘米，避免蜂箱受潮进水。置于棚外时，将蜂箱置于地块中央，尽量减少蜜蜂飞行半径；若种植面积较大，蜂群可分组摆放于地块四周及中央，使各组飞行半径相重合；授粉期间须打开前后棚门、侧帘供蜜蜂出入，但不利于棚内保温，不适合需要保温的早春栽培授粉。

2.5 合理饲喂

2.5.1 补充饲喂

平湖意蜂饲料消耗量大，在蜜粉源条件不良时，易出现食物短缺现象。设施内作物面积小、花量少，棚内的甜瓜花粉和花蜜量无法满足蜂群生长和繁殖，需用 1∶1 的白糖浆隔天饲喂一次。

2.5.2 及时补充盐和水

蜜蜂的生存是离不开水的，由于设施内缺乏清洁的水源，蜜蜂放进设施后必须喂水。在蜂箱巢门旁放置装一半清洁水的浅碟，每 2 天补充 1 次，高温时每天补充 1 次，另放置少量食盐于巢门旁，每 10 天更换一次。

2.6 严格控制农药

蜜蜂对农药是非常敏感的，不能喷施杀虫剂类药剂，杀虫药剂都能杀死蜜蜂，禁用吡虫啉、氟虫腈、氧化乐果和菊酯类等农药。放入蜂群前，对棚内甜瓜进行一次详细的病虫害检查，必要时采取适当的防治措施，随后保持良好的通风，待有害气体散尽后蜂群方可入场。如甜瓜生长后期需用药，应选择高效、低毒和低残留的药物，喷药前 1 天的傍晚（蜜蜂归巢后）将蜂群撤离大棚，2～3 天药味散尽后再将蜂箱搬入棚内。

3 蜜蜂授粉经济效益分析

平湖意蜂适合甜瓜爬地或立架栽培授粉，一般需要 7～10 天即可完成授粉工作，授粉效果显著，果实坐果率达到 98%以上，畸形果率在 16%以下。春季 1 箱蜂价格为 360 元，秋季 1 箱蜂价格为 240 元。1 个大棚需要放置 1 箱蜜蜂，人工授粉一般需要 5～7 天，按照 90 元/天计算，需要人力投入 450～630 元。春季栽培可节省 90～270 元，可降低成本 20.0%～42.9%；秋季栽培可节省 210～390 元，可降低成本 46.7%～61.9%。而且蜂箱在完成 1 个大棚授粉后，其他处在花期的大棚还可以继续使用，在一定程度上也降低了使用成本。蜜蜂授粉生产的甜瓜每千克销售价格较喷施激素的甜瓜高 1 元，按甜瓜亩产量 2 500 千克算，可增加收入2 500 元。因此，蜜蜂授粉是一项经济效益显著、节工省本、绿色健康的新技术。

参考文献

[1] 胡美华，陈能阜．浙江省设施西甜瓜蜜蜂授粉技术 [J]．长江蔬菜，2013 (21)：46-48.

[2] 吴丽楠，郎海芳，罗建南，等．浙江省蜜蜂授粉技术的应用现状及对策调查［J］．浙江畜牧兽医，2011（3）：14－15.
[3] 邵有全，祁海萍，张云毅，等．蜜蜂授粉效果评价的研究［J］．中国蜂业，2006，57（6）：10－11.
[4] 杨国．日光温室甜瓜栽培中应用蜜蜂传粉的效果初报［J］．甘肃农业科技，2004（2）：34－35.
[5] 李菊芬，姚龙祥，严秀琴，等．坐果灵对甜瓜品质的影响［J］．上海农业学报，2011，27（2）：26－29.
[6] 国占宝．浅谈设施农业蜜蜂授粉管理技术［J］．蜜蜂，2007（6）：18－20.
[7] 金水华，唐红芳，李新鑫，等．浙江省平湖市蜜蜂授粉技术规程（试行）［J］．中国蜂业，2011（62）：23－25.
[8] 汪天封，刘芳，余林生，等．蜜蜂蜂群温湿度调节的研究进展［J］．生态学报，2015，35（10）：1－11.

南水 2 号黄瓜砧木筛选

李　琳　钱春桃　陈劲枫

（南京农业大学园艺学院　江苏南京　210095）

摘　要： 南水 2 号黄瓜是葫芦科作物遗传与种质创新实验室培育的水果型黄瓜新品种。该品种商品性良好，但对枯萎病等常见病害抗性不足。筛选适宜的砧木能有效加快该新品种的推广进度。本试验以非洲角黄瓜、西印度黄瓜、黄瓜-酸黄瓜抗线虫渐渗系 10－1、甬砧 8 号白籽南瓜和黑籽南瓜 5 种砧木嫁接南水 2 号黄瓜，以南水 2 号自根黄瓜作为对照，测量比较相关生长发育指标和开花结果指标。结果发现：自根黄瓜的茎粗、茎节数和叶面积增长最多，但增长趋势最缓；西印度黄瓜嫁接的次之，但增长趋势最陡。西印度黄瓜嫁接的第一雌花开放日期和始收期较自根黄瓜提前 3～4 天，并能显著增加植株叶片可溶性糖含量和黄瓜果肉中的维生素 C 含量。综上，适宜嫁接新品种南水 2 号黄瓜并能表现出优良性状的的砧木品种为西印度黄瓜。

关键词： 砧木　生长发育　果实品质

黄瓜（*Cucumis sativus* L.）又名胡瓜、青瓜、王瓜，是葫芦科的一种攀援草本植物[1]。我国的黄瓜生产面积和产量居世界首位，但单位面积产量很低。究其原因，病虫害是影响黄瓜生产的主要因素[2]。近年来，随着保护地栽培的迅猛发展，我国黄瓜生产在一些地区达到了四季栽培、周年供应。但是，周年生产中存在着土传病害、冬季低温、湿度过高、光线不足、施肥不平衡等问题，不断制约着我国黄瓜产业的发展[3]。生产上常常使用嫁接技术来预防病虫害、提高黄瓜抗逆性，甚至延长采收期，降低周年化生产的成本[4]。

南水 2 号黄瓜是葫芦科作物遗传与种质创新实验室培育的水果型设施栽培专用黄瓜品种。耐低温弱光，全雌，单性结实能力强，早熟，商品性好。但其对枯萎病（*Fusarium oxysporum*）等常见病害抗性不足。筛选适宜的砧木，以提高南水 2 号黄瓜的抗寒性和抗病性，能显著降低周年栽培生产成本，加快推广进度。

1　试验方法

1.1　试验材料

试验在南京农业大学葫芦科作物遗传与种质创新实验室进行。以葫芦科作物遗传与种质创新实验室培育的水果型设施栽培专用黄瓜品种南水 2 号为嫁接接穗，以非洲角黄瓜、西印度黄瓜、黄瓜-酸黄瓜抗线虫渐渗系 10－1 和宁波市农业科学院培育砧木品种白籽南瓜（甬砧 8 号）、黑籽南瓜（淘宝网购买，金龙牌）为嫁接砧木。

1.2　试验设计

5 种砧木与接穗在不同时间催芽，以统一嫁接日期。于 8 月 5 日进行套管嫁接，共 5 种砧穗组合，即白籽南瓜（T1），黑籽南瓜（T2），非洲角黄瓜（T3），西印度黄瓜（T4），渐渗系黄瓜（T5），每种处理嫁接 3 个穴盘，每个穴盘 32 孔，即 96 棵嫁接苗。嫁接成活后 1 周，即 8 月 31 日与自根黄瓜（CK）一起进行田间定植。

1.3　数据测量与分析

定植嫁接苗以随机区组排列，每小区 32 株，3 次重复。调查各处理生育期间植株的第一雌花开放期、第一雌花着生节位、始收期、20 节内雌花数等。

定植 2 周后，每隔 1 周测量 1 次植株高度（茎基至生长点）、茎粗（嫁接口以上 1 厘米左右）、叶片数（主枝上所有真叶之和）、叶面积（生长点以下 3 片展平的叶片的叶面积之和）及茎节数（主枝上所有茎节）。各处理重复调查 5 株，计算平均值。共测量 5 次。用分光光度计法[5]测量商品瓜的维生素 C 含量。用蒽酮比色法[5]测量叶片的可溶性糖含量。

数据采用 SAS 9.1 软件进行单向分组观察值数目相等资料的方差分析，并进行 Duncan’s 测验，用 Excel 软件制作图表。

2　数据分析

2.1　不同砧木嫁接对生长发育的影响

2.1.1　不同砧木嫁接黄瓜与自根黄瓜株高比较

定植后，5 种砧木嫁接处理和对照自根黄瓜的株高都随时间大幅增长。自根黄瓜（CK）增长幅度最大，株高最高。定植后 14～28 天自根黄瓜（CK）和西印度黄瓜（T4）株高增长较其他处理更快，定植后 28～35 天自根黄瓜（CK）增长最快，其他 5 个处理增幅相似。定植后 35～42 天自根黄瓜（CK）增长速度变缓，而白籽南瓜（T1）、黑籽南瓜（T2）和西印度黄瓜（T4）增长速度大幅加快。非洲角黄瓜（T3）和渐渗系黄瓜（T5）增长速度介于两者之间（图 1）。

定植后第 14 天，西印度黄瓜（T4）的株高显著大于其他 4 个砧木处理和自根黄瓜（CK），极显著大于渐渗系黄瓜（T5），其他 3 个处理间差异不显著。定植后第 21 天，自根黄瓜（CK）的株高超过西印度黄瓜（T4），与渐渗系黄瓜（T5）相近，自根黄瓜（CK）、西印度黄瓜（T4）的株高大于白籽南瓜（T1）、黑籽南瓜（T2）和非洲角黄瓜（T3），差异极显著。定植后第 28 天，西印度黄瓜（T4）的株高显著大于其他处理和自根黄瓜（CK），极显著大于白籽南瓜（T1），其他处理间差异不显著。定植后第 35 天，自根黄瓜（CK）株高最大，极显著大于其他 5 个

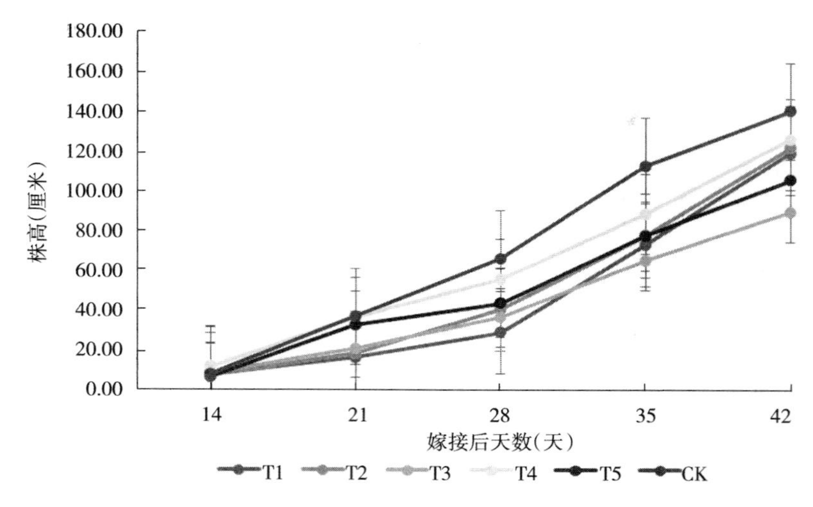

图 1　不同砧木嫁接黄瓜与自根黄瓜株高比较

处理，西印度黄瓜（T4）次之，显著大于其他 4 个处理。定植后第 42 天，仍是自根黄瓜（CK）株高最大，西印度黄瓜（T4）次之，和白籽南瓜（T1）、黑籽南瓜（T2）差异不明显，极显著大于非洲角黄瓜（T3）、渐渗系黄瓜（T5）（表 1）。

表 1　不同砧木嫁接黄瓜与自根黄瓜株高比较

单位：厘米

处理	嫁接后天数（天）				
	14	21	28	35	42
T1	7.73bAB	16.50bC	29.07cC	73.33cdC	119.33bBC
T2	7.67bAB	18.50bC	40.67bcBC	78.00cBC	122.00bBC
T3	8.57bAB	21.00bBC	36.67bcC	65.33dC	89.67dD
T4	11.73aA	36.67aA	56.00aAB	88.67bB	126.33bAB
T5	6.60bB	32.67aAB	44.00bBC	77.67cBC	105.67cC
CK	8.00bAB	37.17aA	66.33aA	113.00aA	140.33aA

注：表中数字后大、小写字母分别表示 $P=0.01$、$P=0.05$ 水平上差异显著。

2.1.2　不同砧木嫁接黄瓜与自根黄瓜茎粗比较

随着时间变化，5 种砧木处理植株和自根黄瓜（CK）的茎粗都大幅增大，定植后的前 28 天（9 月 28 日以前），自根黄瓜（CK）茎粗增长迅速，28 天以后增长速度变缓；西印度黄瓜（T4）处理在定植后 21 天以后增长速度变快，并有持续增长趋势；白籽南瓜（T1）和黑籽南瓜（T2）处理在定植后 28 天以后增长速度变快，并有持续增长趋势；非洲角黄瓜（T3）处理在定植后 35 天以后才有增长速度变快之趋势。最后一次测量时（定植后第 42 天），自根黄瓜（CK）和西印度黄瓜（T4）处理茎粗最大，白籽南瓜（T1）、黑籽南瓜（T2）、非洲角黄瓜（T3）处理次之，渐渗系黄瓜（T5）处理茎粗最小。说明黄瓜茎粗增长速度会随时间变化，定植一段时间后，株高增长会明显减缓（图 2）。

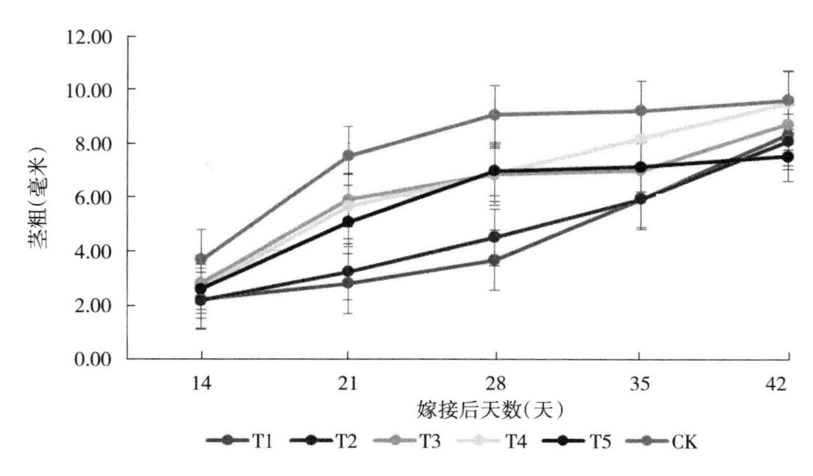

图 2　不同砧木嫁接黄瓜与自根黄瓜茎粗比较

定植后 35 天内，自根黄瓜（CK）的茎粗极显著（9 月 14 日、9 月 21 日）或显著（9 月 28 日、10 月 5 日）大于其他处理，35 天后西印度黄瓜（T4）处理茎粗接近于自根黄瓜（CK），二者无显著差异，且显著大于其他 4 个处理的茎粗。定植 2 周后（9 月 14 日），除自根黄瓜（CK）外的其他处理间差异不显著。定植后第 21 天、第 28 天（9 月 21 日、9 月 28 日），非洲角黄瓜（T3）、西印度黄瓜（T4）、渐渗系黄瓜（T5）处理的茎粗显著大于白籽南瓜（T1）和黑籽南瓜（T2），3 个处理间差异不显著。定植后第 35 天（10 月 5 日）西印度黄瓜（T4）处理茎粗趋近于自根黄瓜（CK），且显著小于自根黄瓜（CK），显著大于其他 4 个处理。定植后第 42 天（10 月 12 日）白籽南瓜（T1）、黑籽南瓜（T2）和非洲角黄瓜（T3）处理间差异不明显，极显著大于渐渗系黄瓜（T5）（表 2）。

表 2　不同砧木嫁接黄瓜与自根黄瓜茎粗比较

单位：毫米

处理	嫁接后天数（天）				
	14	21	28	35	42
T1	2.20bB	2.77dC	3.65cB	5.93dC	8.33bBC
T2	2.15bB	3.22dC	4.50cB	5.94dC	8.11bcBC
T3	2.79bB	5.88bB	6.83bA	7.00cdBC	8.75bAB
T4	2.64bB	5.64bcB	6.85bA	8.19bAB	9.52aA
T5	2.58bB	5.06cB	6.96bA	7.13cBC	7.53cC
CK	3.66aA	7.52aA	9.07aA	9.24aA	9.65aA

注：表中数字后大、小写字母分别表示 $P=0.01$、$P=0.05$ 水平上差异显著。

2.1.3　不同砧木嫁接黄瓜与自根黄瓜茎节数比较

随着时间变化，5 种砧木处理植株和对照自根黄瓜（CK）的茎节数都大幅增多。其中，自根黄瓜（CK）和非洲角黄瓜（T3）处理茎节数增长速度开始较快，定植35天以后趋于缓慢。而其他处理茎节数增长速度则仍然较快。定植后第42天（10月12日），自根黄瓜（CK）和西印度黄瓜（T4）茎节数最多。说明黄瓜茎节数增长速度会随时间变化，定植一段时间后，茎节数增加会明显加快（图3）。

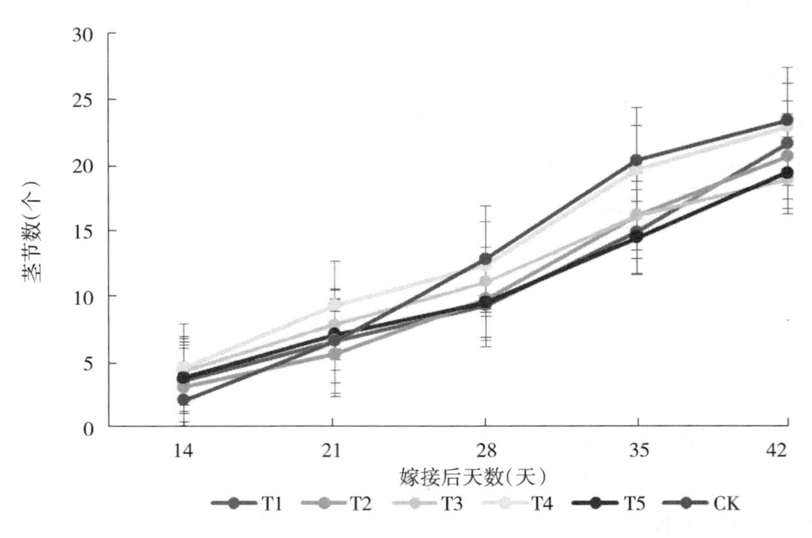

图3　不同砧木嫁接黄瓜与自根黄瓜茎节数比较

定植2周后（9月14日），自根黄瓜（CK）和黑籽南瓜（T2）处理的茎节数显著小于其他处理，其他处理间差异不显著，西印度黄瓜（T4）处理茎节数最大。定植后第21天（9月21日），西印度黄瓜（T4）处理的茎节数显著大于其他处理，白籽南瓜（T1）、非洲角黄瓜（T3）、渐渗系黄瓜（T5）和自根黄瓜（CK）处理间差异不显著，且显著大于黑籽南瓜（T2）。定植后第28天、第35天（9月28日、10月5日），自根黄瓜（CK）处理茎节数趋近并超过西印度黄瓜（T4）处理，且显著大于其他处理，其他处理间差异不显著（10月5日）。定植后第42天（10月12日）白籽南瓜（T1）处理茎节数增加迅速，趋近于西印度黄瓜（T4）和自根黄瓜（CK），其他处理间差异不明显（表3）。

表3　不同砧木嫁接黄瓜与自根黄瓜茎节数比较

单位：个

处理	嫁接后天数（天）				
	14	21	28	35	42
T1	3.50abAB	6.5bcBC	9.25cD	14.75bB	21.50abAB
T2	3.00bcAB	5.50cC	9.75cCD	16.00bB	20.50bcAB
T3	4.25aA	7.75bAB	11.00bBC	16.00bB	18.75cB
T4	4.50aA	9.25aA	12.25aAB	19.50aA	22.75aA
T5	3.75abA	7.00bBC	9.50cCD	14.33bB	19.25cB
CK	2.00cB	6.50bcBC	12.75aA	20.25aA	23.25aA

注：表中数字后大、小写字母分别表示 $P=0.01$、$P=0.05$ 水平上差异显著。

2.1.4　不同砧木嫁接黄瓜与自根黄瓜叶面积比较

随着时间变化，5 种砧木处理植株和对照自根黄瓜（CK）的叶面积都先增大、后减小，最后趋于平缓。西印度黄瓜（T4）和自根黄瓜（CK）处理于定植后前 3 周增长迅速，第 4 周以后叶面积开始减小并趋于平缓。白籽南瓜（T1）、黑籽南瓜（T2）、西印度黄瓜（T4）和渐渗系黄瓜（T5）处理定植后前 4 周增长迅速，第 5 周以后叶面积开始减小并趋于平缓。而非洲角黄瓜（T3）处理则是第 6 周以后才减小。增长幅度西印度黄瓜（T4）最大，白籽南瓜（T1）、黑籽南瓜（T2）、西印度黄瓜（T4）、渐渗系黄瓜（T5）和自根黄瓜（CK）次之，非洲角黄瓜（T3）最小。定植后第 42 天（10 月 12 日），黑籽南瓜（T2）处理的叶面积最大，白籽南瓜（T1）、西印度黄瓜（T4）、渐渗系黄瓜（T5）和自根黄瓜（CK）处理次之，非洲角黄瓜（T3）处理最小。说明嫁接能使黄瓜叶面积增大，且减小幅度更小（图 4）。

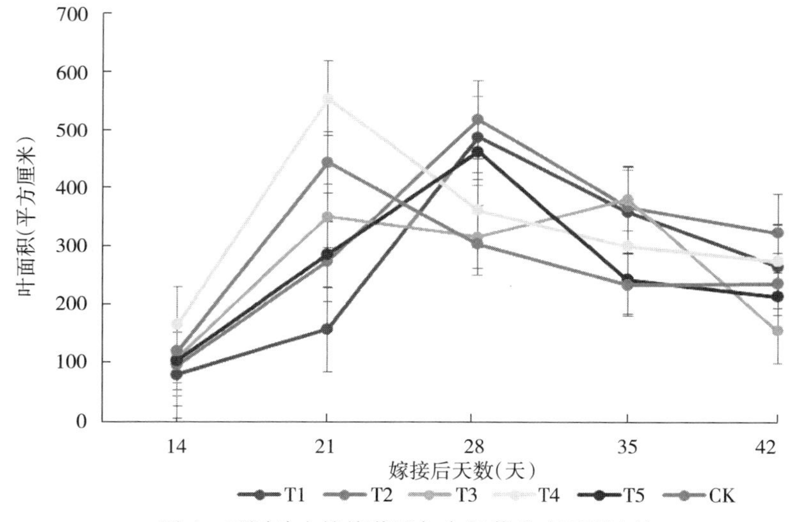

图 4　不同砧木嫁接黄瓜与自根黄瓜叶面积比较

定植 2 周后（9 月 14 日），西印度黄瓜（T4）处理的叶面积极显著大于其他处理，白籽南瓜（T1）处理叶面积最小。定植后第 21 天（9 月 21 日），自根黄瓜（CK）叶面积趋近于西印度黄瓜（T4）处理，且极显著大于其他 4 个处理。定植后第 28 天（9 月 28 日），西印度黄瓜（T4）和自根黄瓜（CK）处理的叶面积显著下降，白籽南瓜（T1）、黑籽南瓜（T2）处理叶面积显著大于其他处理，渐渗系黄瓜（T5）处理次之，显著大于其他 3 个处理。定植后第 35 天（10 月 5 日），非洲角黄瓜（T3）处理叶面积增加迅速，显著大于其他处理，其他处理的叶面积均明显下降。渐渗系黄瓜（T5）和自根黄瓜（CK）处理叶面积最小，与其他处理差异极显著。定植后第 42 天（10 月 12 日），黑籽南瓜（T2）处理的叶面积与西印度黄瓜（T4）相近，显著大于白籽南瓜（T1）、非洲角黄瓜（T3）、渐渗系黄瓜（T5）和自根黄瓜（CK）4 个处理，非洲角黄瓜（T3）处理叶面积显著小于其他处理（表 4）。其中，非洲角嫁接黄瓜叶面积偏小可能是由于非洲角黄瓜嫁接后促使接穗叶形发生了明显变化，为长戟形（图 5），减小了叶片面积。说明非洲角黄瓜嫁接并不适合接穗的叶片生长及光合速率。

表 4　不同砧木嫁接黄瓜与自根黄瓜叶面积比较

单位：平方厘米

处理	嫁接后天数（天）				
	14	21	28	35	42
T1	77.96dC	155.09dD	485.72abAB	358.16aA	263.61bcAB
T2	93.83cdBC	271.45cC	516.92aA	367.54aA	321.59aA
T3	106.83bcB	349.46cBC	314.14dCD	379.53aA	152.96dC
T4	162.69aA	553.66aA	360.27cC	297.59bB	272.88abAB
T5	101.25bcBC	283.71cC	460.87bB	240.67cC	211.82cBC
CK	117.20bB	442.04bB	301.75dD	231.46cC	233.99bcB

注：表中数字后大、小写字母分别表示 $P=0.01$、$P=0.05$ 水平上差异显著。

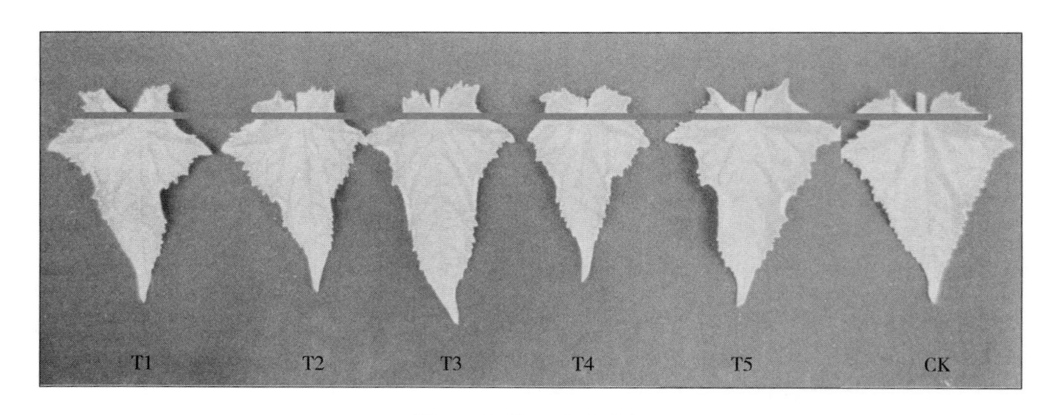

图 5　各处理叶片形态

2.2　不同砧木嫁接对开花、结果特性的影响

2.2.1　不同砧木嫁接黄瓜与自根黄瓜开花特性比较

5 种砧木嫁接南水 2 号处理的砧穗与南水 2 号自根苗同时于 8 月 31 日定植，并比较其开花特性。与其他处理相比，西印度黄瓜（T4）较自根黄瓜（CK）的第一雌花开放日期和根瓜始收期提前 3～4 天，而其他 4 种砧木处理则比自根黄瓜（CK）推迟开花 3～4 天。白籽南瓜（T1）、黑籽南瓜（T2）、非洲角黄瓜（T3）和渐渗系黄瓜（T5）四种处理间无明显差异。试验说明西印度黄瓜作为砧木能够促进接穗早花早果（表 5）。

和 5 种砧木处理相比，自根黄瓜（CK）的平均第一雌花节位最低，20 节内雌花数较多。黑籽南瓜（T2）和非洲角黄瓜（T3）的平均第一雌花节位有所升高，黑籽南瓜（T2）的平均第一雌花节位与其他处理差异极显著。说明嫁接可能能够提高第一雌花开花节位。非洲角黄瓜（T3）和渐渗系黄瓜（T5）的 20 节内雌花数较自根黄瓜（CK）有所增加，但各处理间 20 节内雌花数无极显著差异。这可能是由于黄瓜接穗品种南水 2 号是全雌品种，每节位均有 1 朵雌花，嫁接对雌花生长影响不大（表 5）。

表 5　不同砧木嫁接黄瓜与自根黄瓜开花特性比较

处理	定植时间	第一雌花开放期	始收期	第一雌花着生节位	20 节内雌花数
T1	9 月 4 日	10 月 5 日	10 月 16 日	2.75bcAB	16.50cA
T2	9 月 4 日	10 月 3 日	10 月 14 日	3.75aA	16.75bcA
T3	9 月 4 日	10 月 4 日	10 月 15 日	3.00abAB	19.25aA
T4	9 月 4 日	9 月 27 日	10 月 7 日	2.50bcB	18.00abcA
T5	9 月 4 日	10 月 3 日	10 月 13 日	2.75bcB	19.50aA
CK	9 月 4 日	9 月 30 日	10 月 10 日	2.00cB	19.00abA

注：表中数字后大、小写字母分别表示 $P=0.01$、$P=0.05$ 水平上差异显著。

2.2.2　不同砧木嫁接黄瓜与自根黄瓜叶片可溶性糖含量比较

自根黄瓜（CK）叶片可溶性糖含量为 1.02%。黑籽南瓜（T2）和非洲角黄瓜（T3）处理的叶片可溶性糖含量较自根黄瓜（CK）降低了，非洲角黄瓜（T3）降低最多。白籽南瓜（T1）、西印度黄瓜（T4）、渐渗系黄瓜（T5）处理叶片可溶性糖含量较自根黄瓜（CK）升高了，且渐渗系黄瓜（T5）处理升高最多，与西印度黄瓜（T4）处理相近，与其他处理差异显著。说明嫁接可以增加黄瓜叶片可溶性糖含量（图 6）。

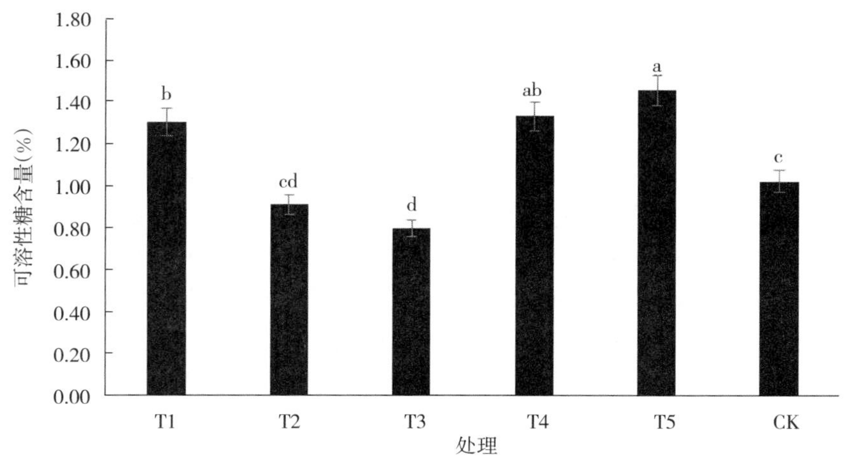

图 6　不同砧木嫁接黄瓜与自根黄瓜叶片可溶性糖含量比较

注：图中小写字母表示在 $P=0.05$ 水平上差异显著。

2.2.3　不同砧木嫁接黄瓜与黄瓜自根苗果实维生素 C 含量比较

自根黄瓜（CK）果实维生素 C 含量为 0.056 毫克/100 克。其他各处理的果实维生素 C 含量较自根黄瓜（CK）均有所上升，非洲角黄瓜（T3）和西印度黄瓜（T4）处理含量最高，渐渗系黄瓜（T5）处理次之，白籽南瓜（T1）和黑籽南瓜（T2）处理最低。非洲角黄瓜（T3）和西印度黄瓜（T4）处理果实维生素 C 含量与其他 4 个处理差异显著，渐渗系黄瓜（T5）处理含量稍低，白籽南瓜（T1）和黑籽南瓜（T2）较自根黄瓜（CK）无显著性差异（图 7）。说明嫁接可以增加黄瓜果肉中的维生素 C 含量。

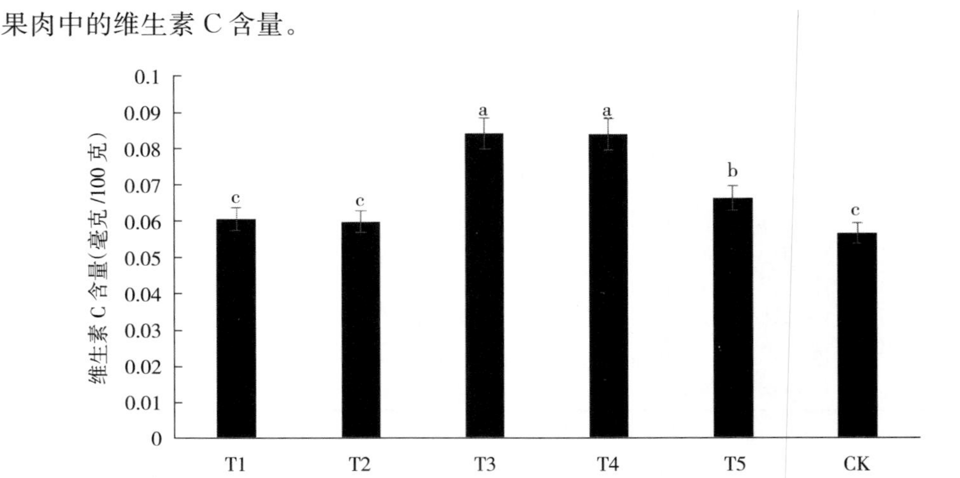

图 7　不同砧木嫁接黄瓜与黄瓜自根苗果实维生素 C 含量比较

注：图中小写字母表示在 $P=0.05$ 水平上差异显著。

3　结论

本试验以南水 2 号黄瓜做接穗，以非洲角黄瓜、西印度黄瓜、黄瓜-酸黄瓜抗线虫渐渗系 10-1、白籽南瓜（甬砧 8 号）和黑籽南瓜做砧木，以南水 2 号黄瓜自根苗作为对照。通过比较其生长发育指标发现：定植后，黄瓜株高、茎节数增长速度先慢后快，茎粗、叶面积增长速度先快后慢。与商品砧木白籽南瓜、黑籽南瓜相比，西印度黄瓜嫁接更显著提高黄瓜株高、茎节数和茎粗的增长水平。

通过比较开花、结果特性指标发现：开花特性指标方面，与其他处理相比，西印度黄瓜嫁接苗较自根苗的第一雌花开放日期和根瓜开始采摘日期明显提前，说明西印度黄瓜作为砧木可以促进接穗早花早果，其他 4 种砧木均对接穗的第一雌花开放期和始收期没有明显影响。黑籽南瓜作为砧木可以使接穗雌花着生节位升高，其他 4 种砧木均对接穗的第一雌花着生节位没有明显影响。5 种嫁接处理的 20 节内雌花数并没有极显著差异，说明嫁接对南水 2 号黄瓜的雌花数量并无显著影响。结果特性方面，与白籽南瓜、黑籽南瓜降低果实品质不同，非洲角黄瓜、西印度黄瓜嫁接还可以增加黄瓜叶片可溶性糖含量、增加黄瓜果肉中的维生素 C 含量，使黄瓜获得更优质的品质。

4　讨论

4.1　不同砧木嫁接对生长发育的影响

由试验数据可知，在测量时间区间内，黄瓜定植后株高、茎节数增长速度先慢后快，叶面积增长速度先快后慢，这是由于植物的生长中心发生转移导致的[6]。与自根苗相比，嫁接苗叶面积的增长幅度更大，减小趋势更缓。叶面积的大小和植物光合作用的速率及干物质积累直接相关，说明嫁接能有效促进接穗的生活力。CK和T3处理的茎粗随定植时间增长速度变缓，其他处理茎粗的增长速度先仍有上升趋势。这可能是因为CK和T3处理的植株后续生长能力低于其他4个处理。

通过对本试验5种砧木嫁接黄瓜与自根黄瓜生长发育指标的比较发现，套管嫁接黄瓜较自根黄瓜的株高、茎节数、茎粗和叶面积并非全部增加，这是因为套管嫁接法的嫁接部位是在砧木的下胚轴处，并切掉了砧木的子叶，因而会致使初期生育延迟[7]。但是，由本试验数据可以明显看出，嫁接苗在最后一次测量时株高、茎节数和茎粗的增长趋势远高于自根苗。

生产实践与研究表明，嫁接栽培能显著促进黄瓜的生长发育，主要表现在嫁接苗的株高、茎粗和叶面积以及根粗明显高于自根苗[8]。本试验结果与之不太相符。还有研究表明，嫁接苗前期长势与自根苗相比，并没有太大的优势，但定植20天后，嫁接苗的长势逐渐高于自根苗，定植43天后，嫁接苗的株高、茎粗均高于自根苗[9]。前期结果与本试验相符，但仍需在黄瓜嫁接苗的全周期进行进一步测量研究。

4.2　不同砧木嫁接对开花、结果特性的影响

4.2.1　不同砧木嫁接黄瓜对黄瓜接穗开花特性影响

在本试验中，西印度黄瓜（T4）较自根黄瓜（CK）处理的第一雌花开放日期和根瓜开始采摘日期明显提前，这与银杏通过嫁接可以保持优良品种的特性，早花、早果的结果类似[10]。而其他4种砧木嫁接黄瓜则比自根黄瓜（CK）推迟开花3～4天。梁明珠等[11]研究得出：嫁接30天内，套管嫁接苗的生长速度快于劈接苗；嫁接30天后，套管嫁接苗的根系活力显著高于劈接苗。即与劈接法相比，本试验采用的套管嫁接方法能缩短嫁接苗育苗周期。同时，她的研究指出，套管嫁接不影响开花、结果期，所以本试验开花、结果期的不同很可能是因砧木不同导致。

和其他5种处理相比，黑籽南瓜（T2）的平均第一雌花节位极显著降低。这与饶贵珍等[8]不同砧木嫁接白皮黄瓜能使雌花节位降低的结论相冲突。另外，各处理间20节内雌花数均无极显著差异。这可能是由于黄瓜接穗品种南水2号是全雌黄瓜品种，其主蔓的每一个节位均有1朵雌花，最低雌花节位一般是第二节，节位很低。所以，嫁接能促进雌花开放的这个特性在本研究的黄瓜品种上不能显现。但是，在试验中后期，可以明显看到嫁接苗和自根苗的化瓜率明显不同。嫁接苗约2节至少有一个瓜，而自根苗则可能连续4～5节的雌花没有结实能力。

4.2.2　不同砧木嫁接黄瓜对黄瓜接穗果实品质影响

本试验中与自根黄瓜（CK）相比，黑籽南瓜（T2）和非洲角黄瓜（T3）植株叶片的可溶性糖含量有所降低，白籽南瓜（T1）、西印度黄瓜（T4）和渐渗系黄瓜（T5）植株叶片的可溶性糖含量有所升高，且渐渗系黄瓜（T5）叶片的可溶性糖含量升高最多。李红丽等[12]用黑籽南瓜和新土佐为砧木，以津优1号、山农6号和新泰密刺为接穗，研究结果表明，嫁接黄瓜与自根黄瓜相比，果实干物质含量差异不显著，可溶性糖、维生素C等含量均显著下降。近年来，在嫁接西瓜[13]、番茄[14]、黄瓜[15]上的研究都有类似的结果。本试验中黑籽南瓜和非洲角黄瓜嫁接苗

结果与其相符，而其他 3 种嫁接苗可溶性糖含量升高则与裴孝伯等[16]的实验结果相符，他们用 4 个南瓜品种嫁接黄瓜，发现嫁接处理后，嫁接能够使果实中维生素 C 的含量下降，使可溶性糖和可溶性蛋白质含量增加。

与自根黄瓜（CK）相比，非洲角黄瓜（T3）、西印度黄瓜（T4）和渐渗系黄瓜（T5）植株果实的维生素 C 含量显著上升，这与吴宇芬等[17]在薄皮甜瓜的嫁接实验结果相符。各处理间西印度黄瓜嫁接苗维生素 C 含量上升最多，很可能是由于西印度黄瓜是野生种黄瓜，本身含有丰富的维生素 C。试验说明，开发野生种黄瓜砧木可能是解决接穗品质降低的一大途径。

参考文献

[1] 许启新．黄瓜［M］．北京：科学技术文献出版社，1990.

[2] 严智燕．中南黄瓜病虫害无公害防治专家系统的研究与建立［D］．长沙：湖南农业大学，2005.

[3] 陈青云，张福墁，高丽红．温室黄瓜长季节高产稳产栽培技术规程［J］．农业新技术，2002（4）：10－11.

[4] 杨仕伟．两种嫁接方式对夏秋黄瓜生理的影响［D］．重庆：西南大学，2012.

[5] 赵世杰，史国安，董新纯，等．植物生理学实验指导［M］．北京：中国农业科学技术出版社，2002：84－143.

[6] 张显真，杨晓峰．温室水果黄瓜叶片生长规律研究［J］．气象与减灾研究，2008，31（3）：43－47.

[7] 陈国昌．套管式嫁接法在黄瓜及西瓜上的应用［J］．北方园艺，1995（3）：35－36.

[8] 饶贵珍，彭士涛，王宝剑．不同砧木嫁接白皮黄瓜的综合效应研究［J］．园艺科学，2003，19（15）：150－153.

[9] 陈劲枫，张盛林，张兴国．嫁接对黄瓜生长的影响研究［J］．西南农业大学学报，1994，16（2）：124－126.

[10] 李冬林．银杏常用的嫁接方法［J］．特种经济动植物，2002，5（1）：24.

[11] 梁明珠，陈永杰，贾强生，等．嫁接方法对茄子嫁接工效、嫁接苗生长发育的影响［J］．山西农业科学，2015，43（9）：1127－1129.

[12] 李红丽，王明林，于贤昌，等．不同接穗/砧木组合对日光温室黄瓜果实品质的影响［J］．中国农业科学，2006，39（8）：1611－1616.

[13] 刘慧英，朱祝军，钱琼秋，等．砧木对小型早熟西瓜果实糖代谢及相关活性酶的影响[J]．园艺学报，2004，31（1）：47－52.

[14] 高玉英，宋玉琛，门国强．番茄嫁接苗与自根苗的对比试验［J］．辽宁农业科学，2002（2）：53.

[15] 焦昌高，王崇君，董玉梅．嫁接对黄瓜生长及品质的影响［J］．山东农业科学，2000（1）：26.

[16] 裴孝伯，解静，王跃，等．嫁接处理对黄瓜果实维生素 C、可溶性糖和蛋白质的影响［J］．安徽农业科学，2009，37（2）：557－558，607.

[17] 吴宇芬，陈阳，赵依杰．南瓜砧木对薄皮甜瓜生长发育、产量及品质的影响［J］．福建农业学报，2006，21（4）：354－359.

木霉菌生物引发处理黄瓜种子的研究

张乐钰　李　季

（南京农业大学园艺学院　江苏南京　210095）

摘　要：木霉菌介导的生物引发不但能提高老化种子的活力，还能抑制种子周围土传病害微生物的生长。本研究以储藏3年的南水2号黄瓜种子为试材，通过研究不同木霉菌浓度和处理温度来寻找最适合黄瓜种子的木霉菌生物引发方法。结果表明：以30℃时木霉菌浓度为10^7孢子/种子时，引发处理促进萌发效果最为明显，处理后种子的发芽率达到了91.3%，发芽势达到了81.3%，而以25℃、木霉菌浓度为2×10^7孢子/种子时，引发处理对于降低种子浸出液的相对电导率、可溶性糖含量等生理指标效果最佳。

关键词：种子生物引发　木霉菌　黄瓜

黄瓜是世界性的重要蔬菜，属于葫芦科甜瓜属一年生草本植物。中国各地普遍栽培黄瓜，并且许多地区均有温室或塑料大棚栽培，目前广泛种植在温带及热带地区。中国夏季主要蔬菜即为黄瓜，黄瓜具有除热、清热解毒和减肥等功效。

种子在农业生产链条中处于最高地位，不仅是人类生产和发展的重要基础，并且还是农业生产中最重要、最基本的生产元素[1]。种子品质对于作物产量和质量有重要影响[2]，在提高种子生活力方面有现实意义。在日常储藏过程中，黄瓜种子容易发生老化，导致种子活力、质量和抗逆性降低[3]，导致黄瓜田间的整个生育过程的生产性能受到一定影响。同时，连作重茬及较高的复种指数使得黄瓜在种苗期易受严重病害，最终给黄瓜生产带来严重的经济损失[4]。

种子引发处理可以解决上述问题，但在生产上通常使用的PEG处理方法价格较高、通气性比较差，而且黏度大、微生物繁殖情况严重，引发处理之后残留在种子表面的化学物质不易被清除，很难在农业生产中推广应用[5]。生物引发处理技术作为一种安全、简单、经济的引发方式，有较大发展意义[6]。种子生物引发是一种能够尽快促进种子发芽、出苗和生长发育的引发方式，同时还是对土传和种传病害有防治效果，部分能诱导植物产生抗病性的技术。在许多植物上，生物引发技术已经有了成功的应用先例。例如，用绿色木霉Ta处理西瓜的幼苗，根系生长、瓜苗长势被显著促进，西瓜枯萎病菌的生长被明显抑制[7]。其中，黄绿木霉T3菌株对水稻纹枯病菌的抑菌率最高[8]。木霉菌作为本实验中生物引发的微生物，采用无毒性、成本低的蛭石结合木霉菌生物引发来提高黄瓜种子活力、出苗率及幼苗抗病性。同时，木霉菌能提高种子的抗病性，但过高浓度会抑制种子下胚轴的萌发，找到最适的木霉菌处理浓度是本实验需解决的关键问题。

1 材料与方法

1.1 试验材料

采用自然储藏3年的黄瓜陈种子为试材，黄瓜品种为南水2号，由南京农业大学葫芦科作物遗传与种质创新实验室提供，采用的基质为蛭石，蛭石先用270～830微米的筛子过筛，将颗粒直径在270～830微米的蛭石置于50℃烘箱中恒温烘干3天，干燥储存备用。木霉菌由山东泰诺有限责任公司提供。

1.2 试验方法

1.2.1 引发处理

通过预备试验确定引发时间及试验比例。按表1的比例准备实验组9组，每组设置3次重复。另准备一组无任何处理的对照组CK。

表1 试验处理及编号

处理温度	种子（50粒种子=1克）	蛭石	水	木霉菌（2×10^9个孢子=1克）	编号
20℃	1	4	2	1	1A
	1	4	2	0.5	2A
	1	4	2	0.25	3A
25℃	1	4	2	1	1B
	1	4	2	0.5	2B
	1	4	2	0.25	3B
30℃	1	4	2	1	1C
	1	4	2	0.5	2C
	1	4	2	0.25	3C

1.2.2 回干

引发处理后筛出种子，将种子在自然条件下回干处理7天。

1.2.3 固定

将回干后的种子每个编号中取出两个样本进行固定，于冰箱冷藏储存。

1.2.4 发芽试验

以未经任何处理的干种子为对照，在90毫米培养皿中加两层滤纸作为发芽床，每次处理50粒种子，3次重复，在黑暗条件下设置萌发温度为25℃，在恒温培养箱中培养。发芽期间向培养皿内适当补充少量水分，以胚根明显露出作为种子发芽的标志，每12小时统计1次发芽数，计算发芽率（发芽试验开始后第三天发芽的种子总数占待测种子总数的比例）、发芽势（发芽试验开始后第一天发芽的种子总数占待测种子总数的比例）。

1.2.5 播种

将种子进行穴盘育苗，计算出苗率及检测黄瓜抗病性能力。

1.3　生理指标测定

1.3.1　种子浸出液相对电导率的测定

参照宋松泉等的方法分别测定各处理种子浸出液的相对电导率[9]。数取老化处理的种子 10 粒用双蒸水冲洗 3 次，用滤纸吸干表面水分，装入试管中加 10 毫升双蒸水浸泡 24 小时，用 DDSJ-308A 型电导仪测定浸泡液的电导率（a_1），然后将种子及其浸泡液置于 100℃水浴中煮沸 30 分钟，取出冷却至 25℃，测定煮沸后种子浸出液的电导率（a_2）。最后计算种子浸提液相对电导率。种子的相对电导率(%)＝（a_1/a_2）×100。

1.3.2　种子浸出液可溶性糖含量的测定

采用蒽酮比色法测定可溶性糖含量[10]。

1.3.3　过氧化氢酶活性的测定

参照李仕飞等用分光光度法测定种子过氧化氢酶活性[11]。取新鲜种子（去皮后）0.5 克，置于研钵中，加入 5 毫升、0.02 摩尔/升 KH_2PO_4 研磨成匀浆，4 000 转/分离心 15 分钟。取 3 毫升反应混合液（28 微升愈创木酚，加 50 毫升、100 摩尔/升、pH6.0 磷酸缓冲溶液，并加入 19 微升、30%H_2O_2 混合均匀），加入 1 毫升待测样液。用 756MC 紫外可见分光光度计在 470 纳米下测量每分钟吸光度变化值，以表示酶活性大小，对照以 3 毫升反应混合液加上 1 毫升 KH_2PO_4。

1.3.4　脱氢酶活性测定

参照林坚等的方法采用 TTC 定量法[12]，将种子去皮后放入试管中，加 10 毫升、0.1%TTC 溶液，于 38℃黑暗条件下染色 3 小时，到达反应时间后，迅速倒出试管内的 TTC 溶液，用蒸馏水将种胚冲洗数遍，再用滤纸吸干胚表水分。将染色胚放入具塞试管中，准确加入 10 毫升、95%的乙醇，盖上试管塞，将试管置于 35℃温箱中浸提 24 小时，到达预定浸种时间后，将试管内的浸提液摇匀，用分光光度计在 490 纳米下比色，以吸光度（OD 值）的大小表示种子脱氢酶活性的高低。

1.3.5　扫描电镜检测

取处理后的种子及 CK 放入多聚甲醛固定液中，真空抽气 5 分钟（0.08 帕），固定待用；体视显微镜观察拍照；选取合适编号，送样扫描电镜制片、拍照。

2　结果与分析

2.1　木霉菌引发对黄瓜种子萌发的影响

由图 1 可得，木霉菌引发处理在一定程度上均提高了黄瓜种子的发芽势及发芽率。就发芽势而言，除 2C 以外，各组处理效果都显著高于对照组，其中 3C 比对照高出 48%，处理效果最佳。就发芽率而言，以 2B 和 3C 效果最佳，均高于对照 14%，这点在图 2 中也可以得到直接印证。综合发芽率及发芽势两方面，3C 处理对黄瓜种子萌发的影响最佳。

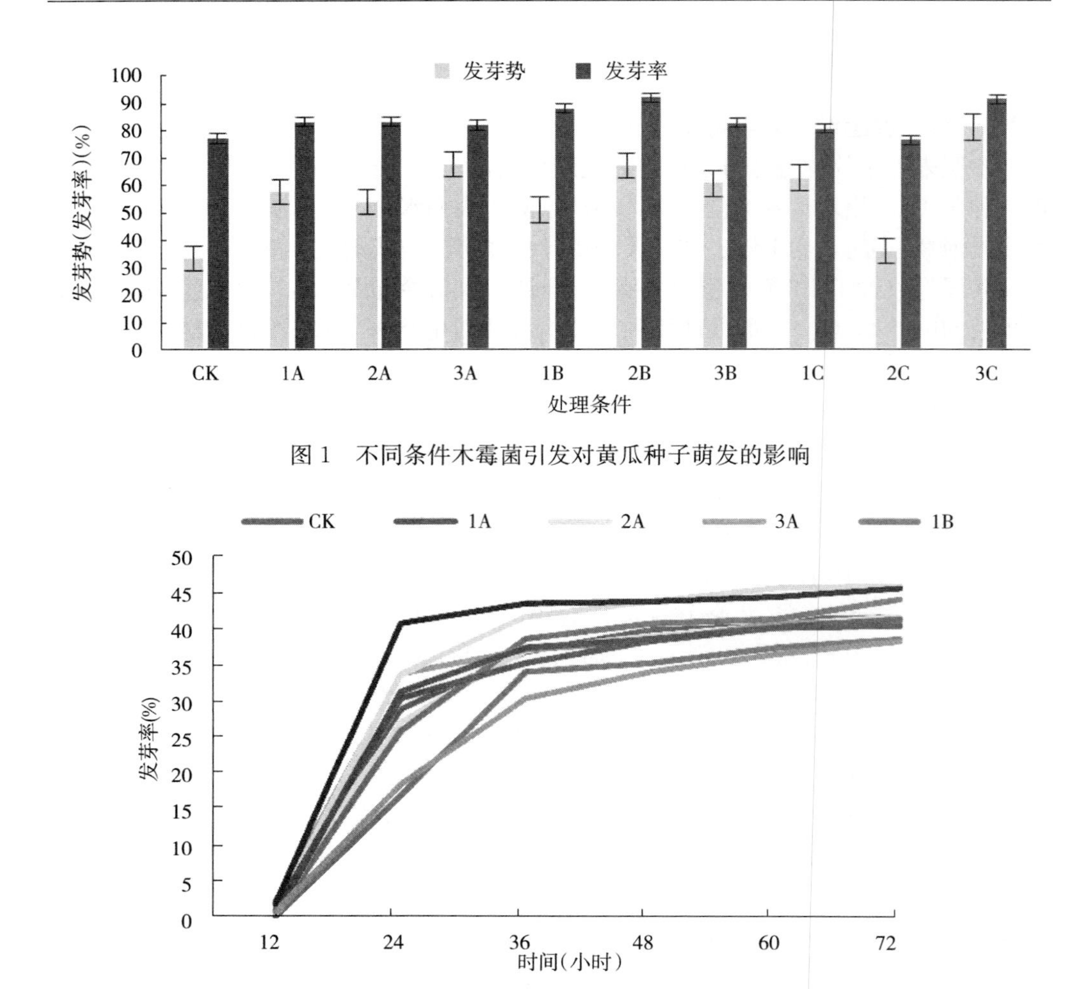

图 1　不同条件木霉菌引发对黄瓜种子萌发的影响

图 2　不同条件木霉菌引发对黄瓜种子不同时段发芽率的影响

2.2　木霉菌引发对种子浸出液相对电导率的影响

种子浸出液的相对电导率作为种子活力检验中的常规指标，能够有效地反映细胞膜透性能力的大小，种子浸出液相对电导率越低，细胞膜透性越低。木霉菌引发处理对种子浸出液相对电导率的影响如图 3 所示。经处理的黄瓜种子浸出液相对电导率均低于对照组，其中以 2A（20℃、0.5 克木霉菌）效果最佳。这表明木霉菌引发在一定程度上可以修复黄瓜种子细胞膜结构，降低膜透性。

2.3　木霉菌引发对种子浸出液可溶性糖含量的影响

种子浸出液中可溶性糖含量在一定程度上既能反映种子外渗物的量，又能表现种子的其膜透性。在图 4 中可以看出，20℃条件下处理的黄瓜种子可溶性糖含量均高于对照组，而在 25℃及 30℃条件下处理的实验组可溶性糖含量则低于对照组，其中以 2B、3C 处理效果最佳。通过对可溶性糖含量的统计可以进一步表现出，一

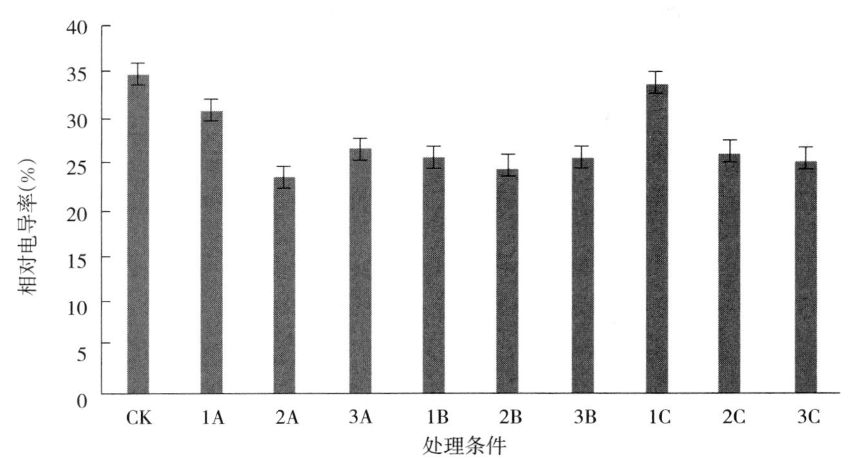

图3　不同条件木霉菌引发对黄瓜种子相对电导率的影响

定条件下的木霉菌引发对膜系统有修复作用。

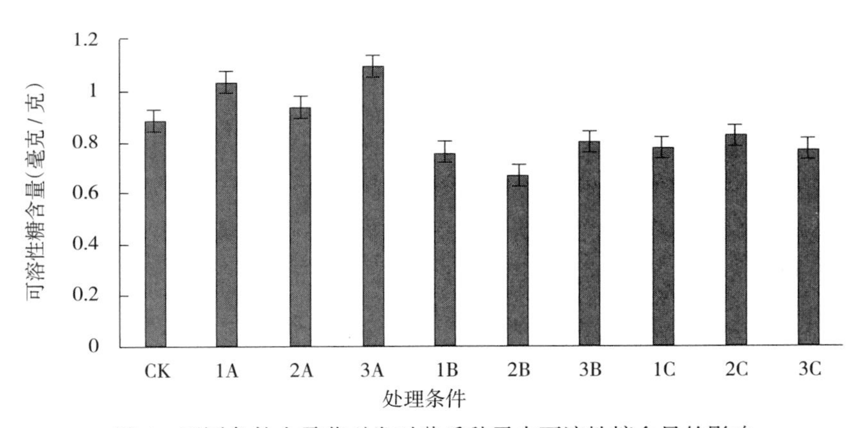

图4　不同条件木霉菌引发对黄瓜种子中可溶性糖含量的影响

2.4　木霉菌引发对种子脱氢酶活性的影响

脱氢酶是一类催化物质氧化还原反应的酶，一般认为，种子脱氢酶活性与种子活性成正相关，在种子代谢过程中，脱氢酶受老化影响其生活力下降。由图5可以看出，经过引发处理的实验组脱氢酶活性均低于对照组，但其中以2B（25℃、0.5克木霉菌）酶活性最高。

2.5　木霉菌引发对种子POD活性的影响

POD即过氧化氢酶，广泛存在于植物体中，是活性较高的一种酶，它与呼吸作用、光合作用及生长素的氧化等都有关系。在植物生长发育过程中，它的活性不断发生变化，一般老化组织中活性较高，幼嫩组织中活性较弱。由图6可知，经过引发处理的种子POD活性表现不一致，其中3C的种子活性显著高于对照组，1B、

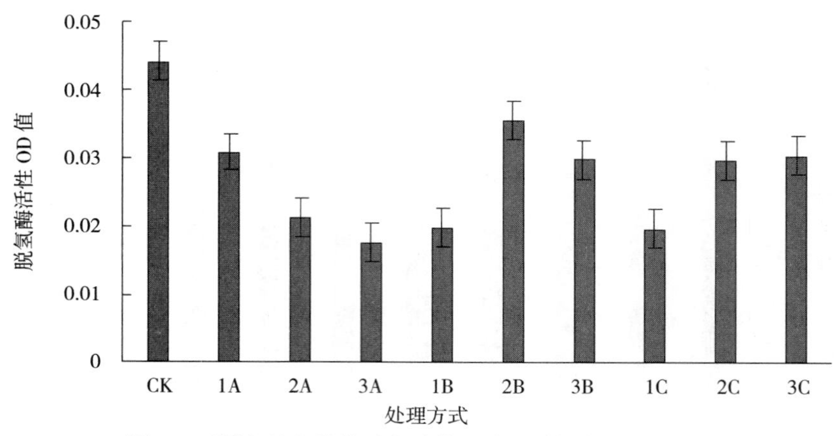

图 5　不同条件木霉菌引发对黄瓜种子脱氢酶活性的影响

2B 的 POD 活性略低于对照组，其他组的 POD 活性均显著低于对照组。由此可见，3C 处理效果最佳。

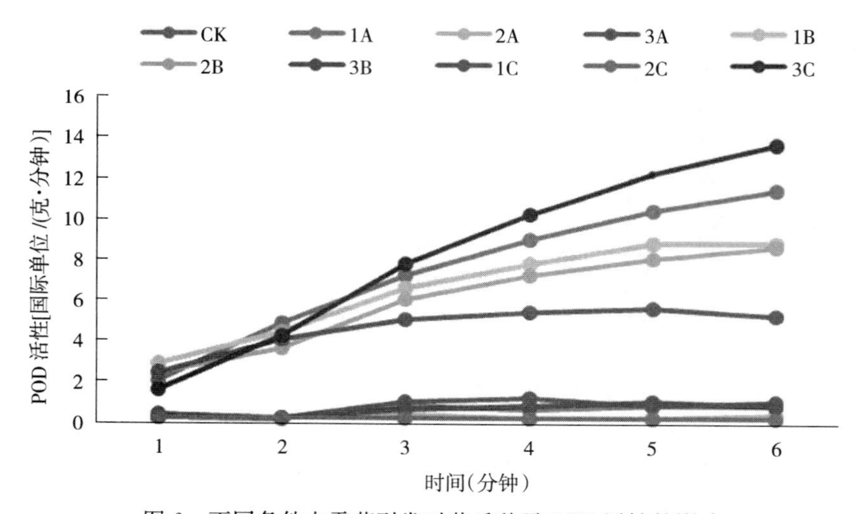

图 6　不同条件木霉菌引发对黄瓜种子 POD 活性的影响

3　讨论

3.1　木霉菌引发对黄瓜种子发芽率及生理指标的影响

种子引发技术是一种能够有效提高种子活力并且加快种子萌发的处理方式[13]，引发机理是种子在引发过程中完成了部分有利于其生长及萌发的物质代谢过程，同时种子的萌发能力和抗逆性显著提高[5]。大量的研究表明，种子的活力是可以通过一些处理方式而获得增强的，在很多播前种子处理技术中，种子引发处理是有效提高种子活力的较好途径[14]。生物引发作为种子引发中相对环保、高效、经济的引发技术，在提高种子活力方面仍旧有明显作用。在本实验中，适宜的木霉菌引发能够在一定程度上提高老化黄瓜种子的萌发速率和POD活性，降低老化种子浸出液的可溶性糖含量和相对电导率。

实验表明，木霉菌引发处理能够提高黄瓜种子发芽率，但是不同处理的发芽率增长量不同。这是因为引发效果受木霉菌含量及温度的双重影响，温度既会影响木霉菌作用又会影响种子萌发。同时，木霉菌含量过高会过高浓度会抑制种子下胚轴的萌发，含量过低时会不能起到相应作用。因此，根据实验数据可以看出，3C引发处理后黄瓜种子的发芽率最高。

此外，不同条件下的木霉菌引发对黄瓜种子的萌发效应与其生理生化指标反映的生物学表现不一致。在萌发效果方面，以3C效果最好，虽然不同处理均能降低种子浸出液电导率、可溶性糖含量，但以2B处理效果最佳，这可能是因为理化指标测定时间与种子发芽（胚根突破种皮）其间相隔一段时间，在此段时间内，不同处理对细胞膜的修复效果不同所致。

3.2　木霉菌引发对黄瓜种子萌发及胚根生长的影响

可以观察到不同条件下木霉菌对黄瓜种子萌发率差异不显著，长势基本一致（图7）。表明大多木霉菌对黄瓜种子萌发没有明显作用，这一点与庄敬华[15]生防木霉菌生物安全性评价中所表现的一致。

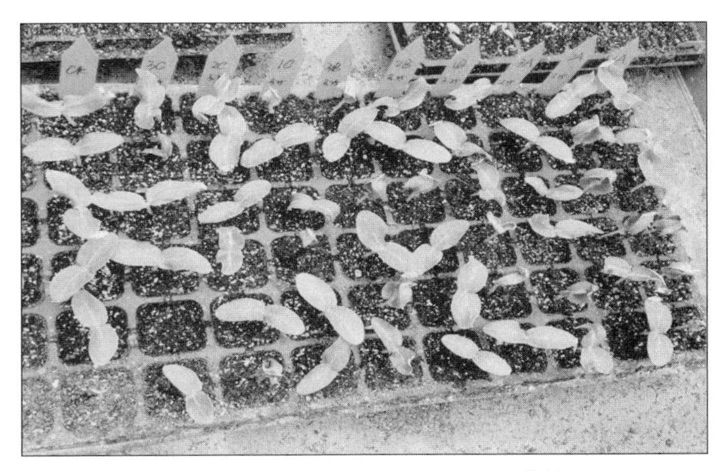

图7　不同条件木霉菌引发种子的出苗情况

在图8中，实验组3A、1B对黄瓜种子的须根生长有促进作用，而1C、2C、3C组处理则会导致下胚轴粗大。由此可见，温度在木霉菌引发处理中的重要作用。经过木霉菌引发处理种子的根毛生长均受到抑制，根毛是植物根部吸收水分和无机盐的主要部位，根毛的减少是否会影响植物的正常生长仍有待研究。

3.3　木霉菌引发技术的展望

经过30多年的研究，种子引发技术已经被逐渐认可，并且被认为是一项能够

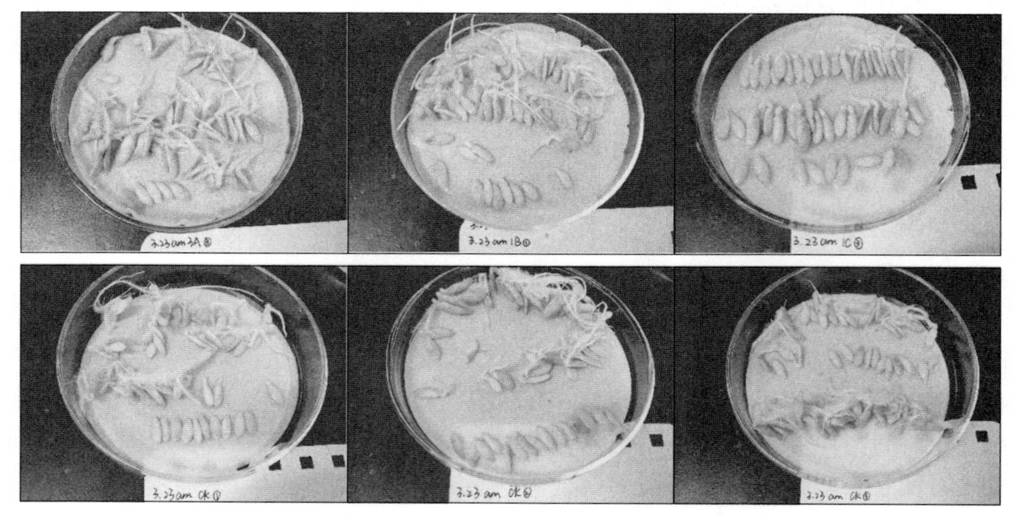

图 8　催芽 3 天后的种子的生长情况

提高种子质量的种子处理技术，是进行引发种子商业化生产的基础。在引发过程中，种子内部存在诸多生理生化变化，这些变化共同作用引发相应效果。并且，人工种子引发不仅可以提高种子萌发率还能提高抗性，使幼苗发育健壮，为后期丰产奠定基础。近年来，关于种子引发的植物越来越多，涉及领域逐渐扩大。随着种子引发技术的深入，引发技术不断地更新，新的引发效果也在不断发现中。

在本实验中，适宜条件的木霉菌引发处理不仅能够提高老化种子的活力，而且能够提高植物抗性，对植物生长有重要影响。由于这种方法简便经济，在种子育苗工作中有广泛的应用前景。同时，木霉菌作为活体微生物制剂，无毒、无污染、无残毒，不伤害土壤中其他微生物，不影响土壤和环境中微生态循环，可被用于设施蔬菜及陆地作物等，是一种安全有效的引发微生物[15]。

但是，目前关于木霉菌引发的作用机理研究还不深入，由于不同植物种子大小、形态结构、生理状态等不同，对处理时间、引发方法、引发温度等要求不同，需要经过广泛的实验，才能将其推广到生产实践中，并且在引发技术方面，更高效低成本的研究方向仍旧有待探索。因此，目前，关于木霉菌引发的研究还仅限于实验阶段，并无相应技术使得木霉菌引发应用到批量生产，关于如何将木霉菌引发技术运用到生产实践还有待进一步研究。木霉菌引发技术具有广阔的发展前景。

参考文献

［1］李盈．种子引发技术的研究进展［J］．甘肃农业科技，2014（8）：57－60.

［2］张爽．黄瓜种子前处理技术与花粉贮藏方法研究［D］．哈尔滨：东北农业大学，2013.

［3］周吉林．人工老化和 PEG 渗调修复对黄瓜种子浸泡液电导率及种子萌发的影响［J］．长江蔬菜，2011（12）：31－33.

［4］黄瑶，乔爱民，孙敏，等．渗调修复黄瓜陈种子基因组 DNA 损伤的 RAPD 研究［J］．西南师范大学学报（自然科学版），2005（1）：141－144.

[5] Parera C A，Cantliffe D J. Presowing seed priming [J] . Horticultu ral Reviews，1994 (16)：109 - 141.

[6] N S El - Mougy，M M Abdel - Kader. Long - term activity of bio - priming seed treatment for biological control of faba bean root rot pathogens [J] . Australasian Plant Pathology，2008 (37)：464 - 471.

[7] 赵国其，林福呈，陈卫良，等 . 绿色木霉对西瓜枯萎病苗期的控制作用 [J] . 浙江农业学报，1998 (4)：38 - 41.

[8] 唐家斌，马炳田，王玲霞，等 . 用木霉、类木霉对水稻纹枯病进行生物防治的研究 [J] . 中国水稻科学，2002 (1)：64 - 67.

[9] 宋松泉，程红焱，龙春林，等 . 种子生物学研究指南 [M] . 北京：科学出版社，2005.

[10] 孔祥生，易现峰 . 植物生理学实验技术 [M] . 北京：中国农业出版社，2008.

[11] 李仕飞，刘世同，周建平，等 . 分光光度法测定植物过氧化氢酶活性的研究 [J] . 安徽农学通报，2007 (2)：72 - 73.

[12] 林坚，郑光华，程红焱 . 超干贮藏杜仲种子的研究 [J] . 植物学通报，1996 (S1)：60 - 64.

[13] 顾桂兰，张显，梁倩倩 . 不同含水量珍珠岩引发对三倍体西瓜种子萌发及生理活动的影响 [J] . 北方园艺，2009 (10)：9 - 12.

[14] 李明，万丽，姚东伟 . 蔬菜种子引发研究进展 [J] . 上海农业学报，2006 (1)：99 - 103.

[15] 庄敬华，陈捷，杨长成，等 . 生防木霉菌生物安全性评价 [J] . 中国农业科学，2006 (4)：715 - 720.

设施蔬菜新品种工厂化育苗实践及技术应用

荣　利

（江阴市种子管理站　江苏江阴　214400）

摘　要： 通过参与并从事蔬菜育苗及管理工作，培育茄果类、瓜类蔬菜秧苗，在工厂化育苗生产及管理实践中不断总结经验，将工厂化育苗的一些技术要点进行介绍。

关键词： 工厂化育苗　设施蔬菜　新品种　展望

工厂化育苗，又称快速育苗，是运用一定的设备条件，人为控制催芽出苗、幼苗绿化、成苗、秧苗锻炼等育苗各阶段的环境条件，按规定流程在较短的时间内培育出适龄壮苗的一种育苗方法。具有较高的经济效益，前景非常广阔。

2014 年，在位于华士镇的江阴市鹏程农业科技发展有限公司蔬菜生产基地，笔者积极参与并从事了蔬菜育苗及管理工作，培育春季栽培所需要的茄果类、瓜类蔬菜秧苗，重点培育包括粉娜（大番茄）、欧粉（小番茄）、墨玉长茄（茄子）、欧曼丽（辣椒）、绿霸 F_1（甜椒）、鹏瑞二号（黄瓜）、金运中绿（丝瓜）等在内的新优蔬菜品种，在工厂化育苗生产及管理实践中不断总结经验，及时发现和解决相关问题，现将有关技术整理如下：

1　工厂化育苗设施

1.1　催芽室

催芽室是专供种子催芽和出苗的场所，容积 6～8 立方米。具有良好的保温保湿性能。目前使用的催芽室多建于温室的一角，其主要设备有育苗盘架、育苗盘和加热装置。育苗盘架用来放置育苗盘，可用 2.0～2.5 厘米角铁制成，其设计大小要与催芽室的容积相配套。

育苗盘用来播种催芽，规格应与育苗架配套。一般长为 40 厘米，宽为 30 厘米，高为 5～6 厘米。每个催芽室 1 次可放育苗盘 120 个，可供 20 亩茄果类蔬菜田用苗。通常情况下室温保持 28～30℃，相对湿度保持 85%～90%。

1.2　绿化室

绿化室主要用于幼苗见光绿化和锻炼并育成小苗，多设在温室中。要求绿化室具有良好的遮光条件和保温性能，保证幼苗正常生长。绿化室面积一般 120～150 平方米。

1.3　分苗室

分苗室必须有良好的采光条件，塑料大棚多建成南北向，其受风面较小，棚内温度和光照也比较均匀。棚温与棚的大小关系密切，温棚越大保温性能越好，棚内温差也小，但过大管理不方便，一般以每棚 333.4 平方米左右为宜。塑料大棚内最好做成电热温床，需电设备主要是控温仪及电热线。120 平方米绿化室需分苗面积 666.7～1 333.4 平方米。

2　工厂化育苗化的主要特点

2.1　用种量少，占地面积小，且能保证品种纯度

工厂化育苗一般采用人工或精量播种机往穴盘中播种经过包衣的种子，每穴一粒，出苗后互不影响，用种量和苗床面积远小于传统育苗方式、便于管理。育苗工厂的种子来源渠道正当，能保证品种纯度。

2.2　幼苗病虫害发生轻

穴盘育苗采用的基质为草炭、蛭石和珍珠岩，这些基质都没有遭受任何病菌、虫卵和草籽的污染，幼苗基本不发生病虫害。

2.3　保证迅速出苗，健壮生长

穴盘播种浇水后即移入催芽室，出苗后即移入绿化室见光绿化。催芽室和绿化室的温度、湿度和光照条件都可根据不同蔬菜品种的不同生长期的需要，人为调节至最佳状态，使种子迅速发芽出苗，健壮生长。

2.4　全根定植，无需缓苗

穴盘育苗，起苗时从盘中轻轻拔出，不伤根。定植后，只要温湿度适宜，不经缓苗即可迅速进入正常生长状态。

3　工厂化育苗关键技术

3.1　播种前准备

播种前主要是准备基质。工厂化育苗所用的基质应具有性质稳定、孔隙度较大、对秧苗无毒等特点，同时还要考虑基质的来源和价格。目前，栽培中应用较多的是碳化稻壳或者东北产草碳土，与等量腐熟的有机肥混合后使用，效果良好。

各种蔬菜对基质的 pH 要求各有差异，如黄瓜要求 pH 5.5～6.9，西瓜要求 pH 6～7，番茄要求 pH 6～7。因此，在使用前要用 pH 试纸检测基质酸碱度，并根据不同蔬菜的具体需要加以调整。为保证秧苗健壮生长，预防苗期病害发生，基质最好进行消毒，可用多菌灵和代森锌等药剂处理，每 1 立方米基质用多菌灵 40

克或代森锌60克。将药加入基质中，充分拌匀，堆放，用塑料薄膜覆盖2～3天，撤去薄膜，药味散净后方可使用。

3.2 播种

3.2.1 基质装盘

将备好的基质装入育苗盘，压实取平。基质装盘后随之浇水，使含水量达到80%。

3.2.2 播种

将催出芽的种子播入育苗盘，用混配基质盖1厘米厚，用喷雾器喷水，喷水要湿透基质，手握混配基质有水溢出即可。混配基质用碳化稻壳或草木灰和细沙以5∶1混合而成。

3.3 催芽出苗

将播种后的育苗盘放入催芽室中，控制适宜的温湿度，催芽出苗。

3.3.1 温度

放育苗盘之前，催芽室的温度应达到20～25℃，相对湿度达到80%～90%。放入育苗盘后，给予适当的变温管理，控制催芽室内的温度，可使出苗健壮。

3.3.2 水分

催芽室温度较高，水分蒸发量较大，育苗盘表面干燥，可及时喷水1～2次。当出苗率达50%～60%时，喷1次水，有助于种皮脱落。喷水最好用25℃左右的温水。

3.4 绿化

育苗盘中出苗率达60%左右时，即可将育苗盘由催芽室移入绿化室，进行秧苗绿化。

3.4.1 绿化时间与温度

不同种类的蔬菜秧苗，所需绿化的时间及控制的昼夜温度不同。如番茄需昼温25℃、夜温15～18℃；辣椒、茄子需昼温26～28℃、夜温20℃；黄瓜需昼温26～28℃、夜温18℃。子叶展平时停止绿化，遇阴天温度可适当降低3～5℃。

3.4.2 秧苗管理

绿化阶段应增加光照强度，延长光照时间，使秧苗光合强度增加。育苗盘移入绿化室的前1～2天中午、天晴时秧苗需覆盖遮阳。为保持一定的温湿度，除温室加温外，育苗盘上可搭盖塑料薄膜保护，一般可于上午9时揭开，下午4时盖膜，晴天下午盖膜前需喷1次水。

3.4.3 供给营养液

蔬菜秧苗生长发育需要吸收氮、磷、钾、钙、镁等大量元素，也要吸收铁、硼、铜、锌等微量元素。一般情况下，多数蔬菜在苗期吸收氮、钾较多，吸收磷较少。子叶口展开后应及时供给营养液，促进秧苗根系早吸收养分，使秧苗生长健壮。供液的方法一般采用喷液法或灌液法。为避免营养液浓度高灼伤幼嫩的秧苗，幼龄秧苗应控制供液浓度，并配合及时喷水，防止苗床干旱。采用灌液法供液时，应防止育苗盘内积液过多，以基质保持湿润为度。如果在子叶期分苗，供液2～3次即可，若推迟分苗，可每3～5天供液1次。

3.5　分苗

瓜类蔬菜只进行1次分苗，在秧苗第一次真叶显露时，可直接将育苗盘中的瓜苗，移入营养钵、装培养土的纸筒或分苗畦中。分苗后的管理与早春育苗中第一片真叶显露后的管理相同。

番茄、茄子、辣（甜）椒育苗，一般要进行2次分苗。秧苗第一片真叶显露时，进行第一次分苗，可将秧苗移栽到另外的育苗盘中，苗距3厘米，育苗盘的基质可用50%的碳化稻壳或草碳土加50%的培养土混合而成。第一次分苗后至第二次分苗前，配置营养液，浇灌1～2次，补充营养。秧苗2～3片真叶期进行第二次分苗，将秧苗移栽到分苗畦内，分苗后的管理与早春阳畦育苗分苗后的管理大致相同。

3.6　秧苗适期进行锻炼

工厂化育苗过程中，蔬菜作物秧苗在一定阶段需要给予适宜的温度、湿度、光照、水分和矿质营养，根据苗情促控结合，使秧苗健壮生长。茄果类蔬菜育苗于第二次分苗缓苗以后（有的苗床上减少播种量和适当间苗，在2～3叶期只进行1次分苗）；瓜类蔬菜于3叶期后，应根据天气状况和分苗设施的防寒保温性能，注意搞好保温和适时通风。并按苗龄大小，控制相应的温度，秧苗偏小，温度可稍高些；秧苗较大，温度应稍低些，确保秧苗长成适龄壮苗。

4　工厂化育苗的现状

4.1　降低了农民的育苗成本

工厂化育苗采用集中管理、统一运送的方式运作，一些常规品种育成的秧苗可以直接送到田头，与农民自己育苗相比，育苗成本降低30%～50%，特别是冬季育苗成本降低更为显著。

4.2　降低育苗风险

不论何时育苗，温度管理是关键，夏季育苗正值高温季节，要注意降温，防止徒长；冬季育苗正值寒冬季节，要注意保温，防止形成小老苗。农民分散育苗，由于设施简陋，往往难以把握好夏季降温、冬季保温的管理，夏季容易遇到水淹，育苗成功率不高。而实行工厂化育苗以后，育苗设施配套好，育苗成功率大大提高，降低了育苗的风险，保持了高效农业的可持续发展。

4.3 有利于培育健壮苗

工厂化育苗，采用基质穴盘育苗，科学配方营养成分，苗期缩短，夏季一般25～30天苗龄，冬季一般35～45天苗龄，有利于培育壮苗。有的农民冬季育苗为了安全越冬，常常采用大苗越冬的方式，一般10月中旬下种，翌年2～3月才移栽，苗期太长、苗龄太大易形成老苗、病苗。

4.4 有利于新品种的推广

工厂化育苗一般采用育苗与品种展示相结合的方式，在育苗的同时，规划出适当的展示区，引进一些准备推广的新品种种植展示，然后组织种植大户参观长势长相以及产量表现，使一些种植大户从直观上了解新品种的特征特性，从而使新品种得到迅速的推广。

4.5 节约土地，节约劳动力

工厂化育苗，一般1平方米可以培育约420株苗，与农户普通大棚育苗相比，可以节约60%的育苗土地，由于是集约化生产，有利于人工操作，节约劳动力。一般情况下，4 500平方米的育苗温室，平常只需要2个人正常管理，一季可以育400万株蔬菜苗，可以满足2 000～3 000亩大棚的用苗需求，大量节省土地和人力资源。

5 蔬菜工厂化育苗的展望

5.1 提高农民认识，增加育苗订单

工厂化育苗在江阴刚刚起步，有的农民现代化农业意识跟不上，仍然自己分散育苗，育苗订单不够多。今后一段时间要做好工厂化育苗的参观学习，提高农民对工厂化育苗的认识，进一步降低育苗成本，使育苗订单越来越多，更好地为高效农业的发展服务。

5.2 推广好品种，提高农民种植效益

农业的高效与否主要由市场决定，市场的好坏取决于蔬菜的品种与品质，好品种好品质的卖相好、价格高、抵御市场风险强、效益高；大众化的常规品种往往占领不了市场的主导地位，受价格影响波动较大，种植效益较低。政府应该加大扶持新品种引进的力度，使工厂化育苗能够培育出优质低价、农民喜欢的新品种蔬菜，提高农民的种植效益。

5.3 进一步改进育苗设施、技术，降低育苗成本

目前的育苗设施和技术还不够完善，夏季降温和冬季保温一般使用电力设备，夏季采用水帘和鼓风机降温，冬季采用电热线加热，育苗成本较高。今后要不断改

进育苗设备和技术，进一步降低育苗成本，使种植农户受益。

5.4　搞好育苗运作，完善育苗体系

工厂化育苗一般采取订单育苗，根据农民需要，培育对路的蔬菜苗，有的是农民自己选种，有的是育苗工厂提供种子，各个品种育苗标准不够统一。今后要通过不断地摸索，形成一套完整的运作模式和标准，完善育苗体系。

5.5　合理布局，保持可持续发展

由于工厂化育苗刚刚起步，而且大型的工厂化育苗组织投资较大，多数是由政府投资公司化运作，在江阴市范围内布点要合理，以防重复建设，形成恶性竞争，造成公共资源的浪费。要根据江阴市蔬菜大棚的面积合理地建设工厂化育苗基地，使其循序渐进的健康发展。

甜瓜新品种引进及种植试验总结

张永生

（启东市北新镇农业综合服务中心　江苏启东　226221）

摘　要：2013—2014 年，启东市连续两年引进江苏省农业科学院蔬菜研究所育成的甜瓜新品种——苏甜一号和苏甜二号。通过对这两个甜瓜品种进行试验种植，苏甜一号亩产量 1 800～2 000 千克，效益可达 4 600～4 800 元；苏甜二号亩产量 1 600～1 800 千克，效益可达 4 400～4 600 元。

关键词：甜瓜　新品种　苏甜一号　苏甜二号　引种　栽培

2013—2014 年，启东市连续两年引进江苏省农业科学院蔬菜研究所育成的甜瓜新品种——苏甜一号和苏甜二号。通过对这两个甜瓜品种进行试验种植，逐步摸索并总结出启东市设施条件下的甜瓜栽培技术。现就相关内容总结如下：

1　栽培季节

甜瓜果实成熟早，启东市主要以冬春大棚栽培为主，适宜的播种期在 1 月上旬，2 月中下旬定植于大棚，5 月上旬始收，生长结果期长，产量高。

2　设施条件

启东市设施以跨度为 6 米的钢架大棚为主，高度 1.7～2.0 米，长度 40～50 米，南北向。其特点是升温快，有利于甜瓜植株生长。生长前期气温低，为增加保温性能常采用多层覆盖，一般在大棚内部加设小拱棚以及中棚，利用光照加温、空气层保温来提高保温效果。

3　品种选择

3.1　苏甜一号

系江苏省农业科学院蔬菜研究所选育的杂交一代甜瓜品种。中早熟，果实发育期 35 天。植株长势中等，抗病耐逆性强，易坐果，果实圆球形，皮乳白色，光滑，果肉白色，含糖量 15%～17%，肉质软而多汁，香味浓郁，口感佳。平均单瓜重 1.5～1.8 千克。

3.2　苏甜二号

系江苏省农业科学院蔬菜研究所选育的杂交一代甜瓜品种。中早熟，果实发育期35天。植株长势中等，抗病耐逆性强，易坐果，果实短椭圆形，皮白色，光滑，果肉绿色，含糖量15.0%左右，肉质软而多汁，香味浓郁，口感佳。平均单瓜重1.6～2.0千克。

4　培育壮苗

培育壮苗是甜瓜丰产优质的基础。壮苗的标准是苗龄适当，即日历苗龄30～35天，生理苗龄为三叶一心。下胚轴粗壮，子叶肥大完整，真叶舒展，叶色浓绿，根系发育良好，不散土团不伤根，幼苗生长大小一致。甜瓜大棚栽培育苗，一般在冬寒季节，苗床应设在大棚中部且光照最充足的部位，与棚室方向一致，一般做成宽为2.2～2.5米的高畦，苗床上架设小拱棚覆膜保温，在小棚上加盖草帘、无纺布保温防寒。

生产中一般采用营养钵育苗，要求营养土富含有机质，且土质要疏松、保肥保水力强、透气性好，有利于根系生长发育。因此，必须在使用前堆制充分腐熟。播种前浇透底水，抢晴天播种，畦面覆盖薄膜保湿增温，促进发芽出苗。

5　苗期管理

采取分段变温管理：出苗前维持温度为30～35℃，多数种子出土后，揭除地膜，适当降温，维持白天25℃，夜间18℃左右，抑制下胚轴伸长；当第一片真叶展开后适当升温，白天28℃左右，夜间20℃左右，以促进生长，并改善光照条件，使在30～35天内达到以上壮苗标准，不发生僵苗和徒长苗；移植前5～7天降温炼苗，提高瓜苗适应性，便于定植。

6　定植

6.1　施足基肥

栽培地选用地下水位低、排水良好、三年未种过葫芦科植物、土质疏松的田块。通常在前作收获后翻耕冻伐、改良土壤，越冬后全面施肥，每亩施腐熟有机肥3 000千克，尿素25千克，硫酸钾10千克、过磷酸钙30千克（氮、磷、钾大体按2∶1∶2施肥），翻耕做畦时将肥料翻入土壤底层。

6.2　种植密度

甜瓜大棚栽培密度因栽培方式和整枝方法不同而异，一般采取爬地栽培。在6米宽的大棚内做成2个高畦，移栽行距5.0～5.5米，使甜瓜瓜蔓由两边向中间生长，株距 50 厘米左右，每亩栽苗 600～800 株。苏甜一号、苏甜二号采取单蔓或双蔓整枝，每亩留蔓 1 200 枝左右，13～15 节留果，每蔓留 1～2 个瓜。

6.3 适时定植

早春大棚定植时期，应掌握土温稳定在 15℃以上，气温在 12℃以上，抢晴天进行。定植前一周苗床要加强通风，最低气温降至 8℃，并结合分级选苗移动幼苗位置，抑制地上部徒长，促进发根，淘汰病苗、弱苗、僵老苗。定植过程中避免伤根，减少浇水，以免降低土温。土壤墒情好时可以不浇水，随后盖上小棚棚膜，午后再盖其他各层覆盖物，以保持夜间温度。

幼苗三叶一心时移栽。定植前全畦地膜覆盖，防止畦面水分蒸发造成棚内湿度过高，定植后畦面架设小拱棚，棚底宽 2.8 米，棚高 80 厘米，幼苗定植后棚内增设简易小棚，还可加设中棚保温。定植后外界气温尚低，尽管生产上以“大棚+小拱棚+地膜”多层覆盖为主，但仍需做好保温防冻工作，可通过多层覆盖保温。

7 大棚管理

7.1 温度管理

定植后温度管理仍以保温为主。定植后 7～10 天一般不揭膜，温度控制在 30℃左右。为防止棚内温度过高，晴天中午可在小拱棚南部揭小口短暂通风。幼苗缓苗后棚温适当下降，白天维持 25℃左右，夜间 15℃左右，用延长通风时间来调节；晴天中午棚温 30℃以上时才短期揭膜通风；4 月中旬撤除大棚内中棚，晴朗天气加强通风，以免温度过高。棚内温度掌握的原则：白天 25～30℃，晚上不低于 15℃。

7.1.1 缓苗期

需要较高的温度，白天维持 30℃左右，夜间 15℃，最低 10℃；土温维持在 15℃以上。夜间多层覆膜，日出后由外及内逐层揭膜，午后由内向外逐层覆膜。

7.1.2 发棵期

白天保持 22～25℃，超过 30℃时应开始通风。通风不仅可调控温度，而且可降低空气湿度，增加透光率，补充棚内 CO_2，提高叶片同化效能。午后盖膜的时间以最内层小棚温度 10℃为准，高时晚盖，低时早盖，阴雨天提前覆盖，保持夜间 12℃以上，10 厘米土温为 15℃。

7.1.3 伸蔓期

营养生长期的温度可适当降低，白天维持 25～28℃，夜间维持在 15℃以上。随着外界气温的升高和瓜蔓的伸长，不需多层覆盖时，应由内向外逐步揭膜，定植后 20～30 天，当夜间大棚温度稳定在 15℃时，拆除大棚内所有覆盖物。

7.1.4 开花结果期

需要较高的温度，白天维持 30～32℃，夜间相应提高，以利于花器发育、授粉、受精和促进果实发育。

7.2 整枝

双蔓整枝选留子蔓第 13～第 15 节上的孙蔓坐瓜，坐瓜孙蔓留 2 叶摘心，坐瓜节位确定以后所有孙蔓留 1 叶摘心或放任，子蔓 25 节左右打顶；单蔓整枝预定坐瓜节位 12～13 节，主蔓 25～30 叶打顶，具体方法同双蔓整枝；每蔓留 1 果。

一般于 5～6 片真叶时摘心整枝，摘除生长点，待子蔓抽生后，保持 2 个生长相近的子蔓平行生长，摘除其余子蔓及坐果前由子蔓上抽生的孙蔓，构成了双蔓整枝。该法的优点是各子蔓间的生长与雌花出现节位相近，开花结果时间相近，果形整齐，商品果率高，便于管理。

7.3 促进坐果

甜瓜进入始长期，揭开东西两侧薄膜，以利于昆虫传粉，促进开花生果；甜瓜适宜节位雌花开放时，进行人工辅助授粉，可以提高坐果率，特别是在前期低温、弱光条件下人工授粉效果更好。只有在连续阴雨又无花粉的情况下，才使用“甜瓜灵”等激素促进坐果，并正确掌握其使用浓度和使用方法，否则易造成畸形果、裂果等。

7.4 适时追肥

甜瓜在施足基肥、浇足底水和重施长效有机肥的基础上，甜瓜采收前表现缺水，于膨瓜前适当补充水分配合追肥。苏甜一号、苏甜二号这两个品种坐果前均要适当控制肥水，留果后适时均衡供给肥水，促进果实发育，以提高产量。

8 其他管理

包括除草、理蔓、剪除老叶和防治病虫害等。理蔓是保持田间叶片分布均匀，充分利用光照，增强通风透气，减轻病虫害。由于大棚栽培的甜瓜，瓜蔓伸长往往受到限制，合理布局有利于瓜蔓伸展，叶片合理分布，使果实坐在畦面上。

9 及时采收

甜瓜从雌花开放到果实成熟时间较短，由于大棚早熟栽培果实发育期气温较低，甜瓜一般需 30～35 天。注意适时采收，防止盲目抢早，以免影响品质。大棚甜瓜 5 月底至 6 月初基本采收完毕。苏甜一号亩产量 1 800～2 000 千克，效益可达 4 600～4 800 元；苏甜二号亩产量 1 600～1 800 千克，效益可达 4 400～4 600元。

在生产中，引起植株不易坐果的原因主要有以下几个方面：一是植株徒长或瘦弱。甜瓜生长期间，氮肥施用过多或在保护地栽培中处于高温高湿环境，通风条件差，植株营养生长与生殖生长不能协调，常造成徒长或瘦弱。徒长时，茎叶生长消耗大量的养分，供给花、果的营养相对减少，花、果由于养分不足而脱落；如果营养生长过弱，植株矮小，光合产物积累少，也会导致落花化瓜。二是光照条件差。甜瓜具有较高的光饱和点和光补偿点，是需要强光的作物。栽培密度过大时，容易产生光照不足，影响植株的光合作用，可造成植株生长发育不良，长势减弱，进而引起化瓜，这在冬春季节栽培中经常发生。三是授粉受精不良。甜瓜结实花虽为完全花，但如不进行人工授粉，结实率较低，如在开花坐果期间遇阴雨、低温等不良天气，更不利于其授粉受精，易引起化瓜。同时，人工授粉必须掌握好时间，激素处理时注意药剂浓度和涂抹的均匀度。四是病虫危害。病虫危害也会影响植株正常的生长发育，导致其生长发育不良，影响坐瓜。

因此，需要根据上述问题采取针对性的措施提高坐果率，主要包括：一是加强温度管理。甜瓜坐果期白天的适宜温度为28～30℃，低于18℃或高于32℃均不利于授粉坐瓜，且易产生畸形果。夜间适宜温度为15～18℃。大棚栽培中应加强温度管理，开花坐瓜期应以提高温度为主，同时要防止高温高湿。二是整枝、施肥等管理措施。开花坐果期是营养生长向生殖生长转化的时期，此时应加强田间管理，协调好营养生长与生殖生长的关系。施肥时不可偏施氮肥，及时整枝打杈，控制瓜秧旺长。若出现徒长现象，应及时采用压低龙头的绑秧方法抑制茎叶生长，促进营养物质向幼瓜分配。若植株生长细弱，可进行土壤追肥或叶面喷肥，增强植株长势，促进开花坐瓜。

参考文献

刘根新，朱华，郭金平，等，2013. 高产甜瓜苏甜一号［J］. 蔬菜（5）：49-50.

刘广，羊杏平，徐锦华，等，2011. 优质抗病厚皮甜瓜新品种苏甜2号的选育［J］. 中国瓜菜（6）：23-25.

刘广，羊杏平，徐锦华，等，2011. 厚皮甜瓜新品种苏甜1号的选育［J］. 中国蔬菜（18）：105-106.

小型西瓜新品种引进及种植技术总结

董芙荣　陈思思　董友磊

（启东市农业委员会办公室/启东市农业技术推广中心蔬菜站　江苏启东　226200）

摘　要： 2013—2014 年，启东市连续两年引进江苏省农业科学院蔬菜研究所育成的小型西瓜新品种——小玉无籽和早抗京欣。这两个品种在外观形状、品质、抗病性及产量等方面均表现较好，亩产量分别达到 3 500 千克和 3 000千克。

关键词： 小型西瓜新品种　小玉无籽　早抗京欣　引种栽培

2013—2014 年，启东市连续两年引进江苏省农业科学院蔬菜研究所育成的小型西瓜新品种——小玉无籽和早抗京欣。通过对这两个小型西瓜品种进行试验种植，逐步摸索并总结出启东市设施条件下的早熟、小型西瓜栽培技术。现就相关内容总结如下：

1　栽培季节

小西瓜生育期短，果实成熟早，启东市主要以冬春大棚早熟栽培为主，适宜的播种期在 12 月下旬至翌年 1 月上旬，2 月中下旬定植于大棚，5 月上旬始收，生长结果期长，产量高。

2　设施条件

小西瓜在露地栽培，若遇到长时期阴雨易裂果。因此，在保护地条件下栽培，容易获得最佳效果。启东市设施以跨度为 6 米的钢架大棚为主，高度 1.7～2.0 米，长度 30～40 米，南北向。其特点是升温快，但保温性差，有利于西瓜植株生长。生长前期气温低，为增加保温性能常采用多层覆盖，一般是三膜一草帘，即“大棚膜＋小拱棚膜＋地膜”，同时在小拱棚上覆草帘，利用光照加温、空气层保温来提高保温效果。

3　品种选择

3.1　小玉无籽

江苏省农业科学院蔬菜研究所 2006 年育成的三倍体无籽西瓜品种，全生育期

98天，果实发育期30～35天，果实圆球形，果皮浅绿色，覆细网纹，瓜瓤颜色鲜红色，肉质脆，无籽性好，秕子少而小，中心折光糖含量12.0%左右，平均单瓜重2.5～3.5千克。

3.2 早抗京欣

杂交一代种，早熟，果实发育期30～35天，植株长势稳健，适应性强，坐果性好，果实圆球形，果皮浅绿色，覆墨绿色宽条带，果粉轻，瓤色粉红，质地酥，纤维少，风味佳，中心折光糖含量12.0%左右，平均单果重3～5千克。

4 培育壮苗

培育壮苗是小西瓜早熟丰产优质的关键。壮苗的标准是苗龄适当，即日历苗龄30～35天，生理苗龄为三叶一心。下胚轴粗壮，子叶肥大完整，真叶舒展，叶色浓绿，根系发育良好，不散土团不伤根，幼苗生长大小一致。小西瓜大棚早熟栽培育苗，一般在冬寒季节，苗床应设在棚室中部且光照最充足的部位，与棚室方向一致，一般做成宽为2.5～2.8米的高畦。为了提高效果可在底部铺设电加热线（70～100瓦/平方米），苗床上架设小拱棚覆膜保温，双层覆盖基本上可以满足温度要求，必要时可在小棚上加盖草帘、无纺布保温防寒。如播种期推迟，床底不必铺设电加温线。

生产中一般采用营养钵育苗，要求营养土富含有机质，且土质要疏松、保肥保水力强、透气性好，有利于根系生长发育。因此，必须在使用前堆制充分腐熟。播种前浇透底水，抢晴天播种，畦面覆盖薄膜保湿增温，促进发芽出苗。

5 苗期管理

采取分段变温管理：出苗前维持温度为30～35℃，多数种子出土后，揭除地膜，适当降温，维持白天25℃，夜间18℃左右，抑制下胚轴伸长；当第一片真叶展开后适当升温，白天28℃左右，夜间20℃左右，以促进生长，并改善光照条件，使在30～35天内达到以上壮苗标准，不发生僵苗和徒长苗；移植前5～7天降温炼苗，提高瓜苗适应性，便于定植。

6 定植

6.1 施足基肥

栽培地选用地下水位低、排水良好、三年未种过葫芦科植物、土质疏松的田块。早熟栽培用肥量一般较多，通常在前作收获后翻耕冻伐、改良土壤，越冬后全面施肥，每亩施腐熟有机肥2 500千克左右、过磷酸钙25千克，翻耕做畦时施三元复合化肥30～40千克。

6.2　种植密度

小西瓜大棚早熟栽培密度因栽培方式和整枝方法不同而异，一般采取爬地栽培。在6米宽的大棚内做成2个高畦，平均行距2.8～3.0米，株距35厘米左右，每亩栽苗600～800株。小玉无籽西瓜按10∶1的比例种植普通有籽西瓜作为授粉品种，采取三蔓整枝，即每株留三蔓，每亩留蔓2 400枝左右。早抗京欣采取双蔓或三蔓整枝，每蔓留1～2个瓜。

6.3　适时定植

早春大棚定植时期，应掌握土温稳定在15℃以上，气温在12℃以上，抢晴天进行。定植前一周苗床要加强通风，最低气温降至8℃，并结合分级选苗移动幼苗位置，抑制地上部徒长，促进发根，淘汰病苗、弱苗、僵老苗。定植过程中避免伤根，减少浇水，以免降低土温。土壤墒情好时可以不浇水，随后盖上小棚棚膜，午后再盖其他各层覆盖物，以保持夜间温度。

7　温光管理

7.1　缓苗期

需要较高的温度，白天维持30℃左右，夜间15℃，最低10℃；土温维持在15℃以上。夜间多层覆膜，日出后由外及内逐层揭膜，午后由内向外逐层覆膜。

7.2　发棵期

白天保持22～25℃，超过30℃时应开始通风。通风不仅可调控温度，而且可降低空气湿度，增加透光率，补充棚内CO_2，提高叶片同化效能。午后盖膜的时间以最内层小棚温度10℃为准，高时晚盖，低时早盖，阴雨天提前覆盖，保持夜间12℃以上，10厘米土温为15℃。

7.3　伸蔓期

营养生长期的温度可适当降低，白天维持25～28℃，夜间维持在15℃以上。随着外界气温的升高和瓜蔓的伸长，不需多层覆盖时，应由内向外逐步揭膜，定植后20～30天，当夜间大棚温度稳定在15℃时，拆除大棚内所有覆盖物。

7.4　开花结果期

需要较高的温度，白天维持30～32℃，夜间相应提高，以利于花器发育、授粉、受精和促进果实发育。

8　整枝方式

由于小西瓜前期长势弱、果形小，适宜多蔓多果，故以轻整枝为原则。留蔓数与种植密度有关，密植时留蔓数少，稀植时留蔓数多。在生产上一般保留主蔓，在基部留2～3个子蔓，摘除其余子蔓和坐果前发生的子、孙蔓，构成三蔓整枝。该法的优点是主蔓顶端优势始终保持，雌花出现早，提前结果，形成商品果。

9 促进坐果，合理留果

9.1 留果节位

以留主蔓或侧蔓上第二、第三雌花坐果为宜，使果实生长所需较多叶面积，可以增大果形。小玉无籽西瓜一般在第二、第三雌花坐果，每株留1～2果，避免低节位留果，坐果前适当控制肥水，留果后均衡供给肥水。早抗京欣一般也在第二、第三雌花坐果，每株留1果，避免低节位留果。一、二茬瓜每株留2～3个，留2个瓜的，单瓜重大，一般可达2～2.5千克；留3个瓜的，一般单瓜重2千克左右。

9.2 促进坐果

小西瓜适宜节位雌花开放时，应进行人工辅助授粉，可以提高坐果率，特别是在前期低温、弱光条件下人工授粉效果更好。小玉无籽西瓜因前期雄花发育不全，缺少花粉，通过配植少量雄花量多的普通西瓜，提供花粉，以利结果。只有在连续阴雨又无花粉的情况下，才使用坐果灵等激素促进坐果，并正确掌握其使用浓度和使用方法，否则易造成畸形果、裂果等。

9.3 适时追肥浇水，保持水分养分均衡

小西瓜在施足基肥、浇足底水和重施长效有机肥的基础上，头茬瓜采收前原则上不施肥、不浇水，若表现缺水，于膨瓜前适当补充水分。这两个品种坐果前均要适当控制肥水，留果后适时均衡供给肥水，促进果实发育，以提高产量。当头茬瓜多数已采收、二茬瓜刚开始膨大时，应进行一次追肥，追肥以氮肥、钾肥为主，每亩施冲施宝25千克，在补充水分时进行膜下灌溉肥水同步。二茬瓜采收时可再施一次追肥，施肥量和方法同第一次，但浇水次数应适当增加。小西瓜植株上坐有不同茬次的果，因此，植株自身调节水分和养分的能力较强，裂果现象就比较轻。

9.4 其他管理

包括除草、理蔓、剪除老叶和防治病虫害等。理蔓是保持田间叶片分布均匀，充分利用光照，增强通风透气，减轻病虫害。由于棚室栽培的西瓜，瓜蔓伸长往往受到限制，合理布局有利于瓜蔓伸展、叶片合理分布，使果实坐在畦面上。

10 及时采收

小西瓜从雌花开放到果实成熟时间较短，在室温条件下较普通西瓜早7～8天，由于大棚早熟栽培果实发育期气温较低，头茬瓜仍需30～35天，二茬瓜需28天左

右。坐果后挂牌标记是适时采收的重要依据，同时采收前采样开瓜测定。及时采收，有利于提早上市、提高产量和提高效益。

参考文献

郭金平，朱华，叶晓晖，2011. 早抗京欣西瓜高产栽培技术［J］. 上海蔬菜（4）：25-26.
徐锦华，羊杏平，刘广，等，2012. 小果型无籽西瓜新品种小玉无籽的选育［J］. 江苏农业科学，40（3）：89-90.

迷你南瓜新品种引进及种植技术总结

刘丽君

（启东市农业委员会综合科　江苏启东　226200）

摘　要：2012 年，启东市引进江苏省农业科学院蔬菜研究所育成的碧玉、绿香玉、旭日以及上海市农业科学院设施园艺研究所育成的锦绣迷你型南瓜新品种，通过田间栽培试验，将此类南瓜品种的栽培技术要点进行总结。

关键词：迷你型南瓜　新品种　碧玉　绿香玉　旭日　锦绣　引种　栽培技术

迷你型南瓜富含功能营养成分，具有肉质甜糯、果型一致的特点，田间试种表现良好，抗病抗逆，耐重茬，耐盐碱，通过合理安排茬口布局可缓解大棚栽培土壤连作障碍及土壤盐渍化障碍。迷你型南瓜吃法多样，蒸、煮、炒均可；可做羹、可做汤，可微波炉烘烤或隔水蒸煮当点心食用，加工成南瓜饮品，也可兼作盛器、制作罐头。

2012 年，启东市引进江苏省农业科学院蔬菜研究所育成的碧玉、绿香玉、旭日以及上海市农业科学院设施园艺研究所育成的锦绣迷你型南瓜新品种，通过引种和田间生产试验，初步总结出适合本地气候条件的种植技术，现将相关内容介绍如下：

1　播种适期

具体视气候条件而定，一般地温达到 15℃左右时即可播种。适合本地的播种时期一般有以下几种：大棚特早熟春播：在 1 月中旬至 2 月上旬播种，苗龄 20～25 天；大棚秋延后栽培：在 8 月下旬至 9 月上旬（5～10 日）播种，苗龄 8～10 天；小拱棚露地栽培：在 2 月下旬至 3 月上旬播种，苗龄 15～20 天。

2　品种介绍

2.1　碧玉

由江苏省农业科学院蔬菜研究所育成的绿皮印度南瓜一代杂种，果型圆正，瓜皮深绿色，瓜肉呈暗红色，色泽清亮，果肉极甜糯，板栗味浓，平均单果重 1.4～1.5 千克，大棚产老熟瓜 2 200～2 500 千克/亩，露地产老熟瓜 1 800～2 300 千克/亩。适宜春季设施吊蔓栽培，每亩栽 1 000 株左右；春季露地爬蔓栽培，每亩栽 400～500 株，单蔓或双蔓整枝。植株长势强健，春季第一雌花节位为第 6～第 7

节，嫩瓜在开花后 25～35 天采收，老熟瓜在开花后 50～55 天采收。抗霜霉病和疫霉病，较抗枯萎病，耐病毒病和白粉病。

2.2　绿香玉

该品种由江苏省农业科学院蔬菜研究所育成，蔓生型，长势健壮，抗性强。第一雌花节位 6～10 节，坐果整齐一致，畸形果少。单瓜重 1.0～1.5 千克，果型扁球形，果皮墨绿色带浅绿色斑点，果肉橙黄，肉厚 2.2～2.9 厘米，果肉细腻、甜粉，风味好，适合保护地和露地栽培。

2.3　旭日

由江苏省农业科学院蔬菜研究所育成，系红皮印度南瓜一代杂种，果型圆正，色泽艳丽，瓜皮瓜肉呈橙红色，果肉甜糯，板栗香味，平均单果重 1.0～1.5 千克。植株长势中等，春季第一雌花节位为第七节，老熟瓜在开花后春季 45～50 天，秋季 50～60 天采收。抗霜霉病、灰霉病和疫病，较抗枯萎病，耐病毒病和白粉病。

2.4　锦绣

由上海市农业科学院设施园艺研究所育成，果实厚扁球形，果皮金红色，覆乳黄棱沟，色泽鲜艳夺目。果肉橙红色，肉厚达 3.5 厘米左右，肉质粉、香、甜、糯，品质较好。单果重 1.3 千克，单株坐果 3～5 个，每亩产 1 500～2 500 千克，在早春低温、弱光照条件下极易坐果，第一雌花 4～5 节就会出现，平均单株坐果数达 2 个以上。常规春播从开花到果实成熟约需 38 天。春秋两季均可栽培。

3　种子处理及播种

种子消毒：种子消毒前，先将种子置于清水中浸种 3～4 小时，再用 500 倍液多菌灵处理 2 小时，消毒后用水冲洗干净。

催芽：春播将浸种消毒过的种子置于 25～30℃的温度下催芽 24～48 小时，或直接播种于有电加温线加热的育苗营养钵中。秋播则浸种后直播。

播种：催芽的种子，待芽长 0.5～1.0 厘米时播种。播种时，种子平放，幼芽垂直向下，否则易折断幼芽。覆土厚度为种子扁平厚度的 1～2 倍。

4　苗期管理

播种后至出苗前保持苗床温度 25～30℃，夜间 15～20℃；出苗后白天保持苗床温度 20～25℃，夜间 15℃左右；当苗子有 3～4 片真叶展开时即可定植到大田。定植前 7～10 天，轻轻搬动一下营养钵，进行蹲苗，以增强其抗逆性，提高移栽成活率。

锦绣育苗期应防高温，一般白天中午苗床的温度应控制在 30℃以下，晴好天应注意通风降温，切勿造成高温灼苗。阴雨天则应通风降湿，保持苗床干湿适宜。

苗期可不进行追肥，但可结合防病，进行根外追肥，一般用多菌灵或百菌清500倍液加磷酸二氢钾0.2%～0.3%，每周喷施一次。

5 整地做畦

定植前一个月左右，土壤要深耕细耙，施下基肥后做成高畦，一般畦宽80～100厘米，每畦种1行。

基肥用量：复合肥80～100千克/亩（含N、P、K 35%、35%、35%）。加工复配有机肥500千克/亩，或腐熟牛粪、猪粪等1 500～2 000千克，增施可使土壤疏松，减轻盐渍化，有利于根系生长。

6 定植

春播南瓜定植苗龄以20～25天为佳，秋播苗龄以8～10天为佳。选生长健壮的苗，淘汰弱苗、无生长点的苗、子叶不正常的苗。采用吊蔓立架式栽培，株距30～35厘米。挖穴栽苗，1 000～1 200株/亩，栽后立即浇搭根水。

锦绣的根系再生能力稍差，定植时应尽量保护根系不使断损。

7 田间管理

7.1 肥水管理

南瓜吸肥力强，一般早期应节制氮肥，而果实发育膨大期应充分追肥。一般第一次追肥在定植后10～14天，每亩追施5～6千克三元复合肥，穴施，施后覆土，并小沟灌水；第二次追肥在果实膨大期，每亩追施25～30千克三元复合肥，并增施5～10千克钾肥，施后培土并沟畦灌水。此后视植株长势和坐果数可再行追肥。

7.2 开花结果习性及整枝授粉方式

印度南瓜和西洋南瓜属于雌雄同株异花，花着生于叶腋，每一叶腋只生一花，母蔓上雌花发生较早，结果也较早；连栋大棚栽培南瓜可行单蔓整枝，即保留一根主蔓，及时摘除所有侧蔓，选留10节以上雌花坐果。待第一果坐稳后，隔6～8节再留一雌花坐果，一般单株可留2～3果。

7.3 绑蔓搭架

在植株开始爬蔓时，将麻绳绑在钢丝架上，下垂引蔓，绑蔓上架。吊蔓栽培可充分利用空间，改善光照条件，有利于适当密植，从而显著提高产量。

7.4 保花保果

早春低温季节，南瓜落花落果现象严重。究其原因主要是：开花坐果前，水肥过多，营养生长过旺；花和果实营养不足；授粉不良；开花期阴雨天影响授粉等。

南瓜为同株异花植物，昆虫授粉，故传粉对提高坐果率有重要作用。在花期早上8～10时应进行人工辅助授粉。授粉时，采雄花，摘去花瓣，让雄蕊均匀接触雌花柱头即可。

在早春低温短日期栽培锦绣，通常雌花比雄花发生早，无法进行授粉，因而不能结果，此时可试用20～40微升/升的2，4-D水溶液，或萘乙酸钠（NAA）200～270倍水溶液，在开花当天早晨用毛笔涂于柱头，促使结果，可产生无籽果实。

8　病虫害防治

迷你型南瓜对外界条件适应性较强，尤其是春播，病虫害较少。秋播西洋南瓜主要病害为白粉病，而病毒病的发生为害最严重，常导致大量落花落果，重者绝产。南瓜病毒病主要由蚜虫和红蜘蛛传播，蚜虫、红蜘蛛的防治可选用蚜青净、卡死克、达螨酮等，每1～2周预防一次，尤其是苗期。

9　采收

迷你型南瓜自开花至成熟较为晚生，宜在果型已充分肥大、果梗发生网状龟裂、已相当老熟时为食用的适收期，通常在授粉后40天左右果实成熟，识别标记是果柄向内收缩变细。锦绣南瓜果实呈金红色，采收时以老熟瓜为佳，老熟瓜的水分含量少，淀粉和糖的含量高，且耐储藏和运输。但春播为了提高产量，通常在第一个果30天左右时采收，以促进第二、第三个果实的充分膨大，有利于提高产量。

参考文献

苏桂龙，2006. 西洋南瓜新品种“锦绣”高效栽培技术[J]. 上海农业科技（3）：63.

严继勇，高兵，庄勇，等，2006. 小南瓜新品种碧玉的选育[J]. 江苏农业科学（6）：111-112.

严继勇，高兵，庄勇，等，2007. 小南瓜新品种旭日的选育[J]. 长江蔬菜（6）：57-58.

赵玉伟，张春秀，李伟，等，2012. 旭日和碧玉南瓜设施栽培技术[J]. 长江蔬菜（6）：66-67.

基于物联网的甜瓜远程控制简约化高效栽培技术

马二磊[1]　黄芸萍[1]　臧全宇[1]　宋革联[2]　陈献丁[2]
丁伟红[1]　朱绍军[2]　徐富华[2]　王毓洪[1]　唐子立[2]
（[1] 宁波市农业科学研究院蔬菜研究所/宁波市瓜菜育种重点实验室
浙江宁波　315040；[2] 浙江省公众信息产业有限公司　浙江杭州　310012）

摘　要：甜瓜种植是劳动密集型产业，人力投入大，劳务成本高。基于物联网平台，对甜瓜设施栽培采用智能远程控制技术，辅以人工干预优化，能够实现甜瓜设施栽培部分田间管理功能的远程控制，从而实现降低田间劳动强度、减少人工成本、提高种植效益的目的。

关键词：甜瓜　物联网　简约化栽培

物联网的英文名称为 The Internet of Things，简称 IOT。顾名思义，物联网就是“物物相连的互联网”。物联网是互联网和通信网的拓展应用和网络延伸，它通过感知识别、网络传输、计算处理三层架构，实现了人们任何时间、任何地点及任何物体的连接[1,2]。物联网被称为继计算机、互联网之后，世界信息产业的第三次浪潮。物联网使人类可以以更加精细和动态的方式管理生产和生活，提升人对物理世界实时控制和精确管理的能力，从而实现资源优化配置和科学智能决策，在设施农业和智慧型农业发展中有着十分广阔的应用前景。目前，物联网的研究和应用蓬勃发展，世界各国对物联网花费巨资进行研究，但应用水平参差不齐。其存在的共同问题就是虽然利用了传感器技术，但是采集到的数据主要还是一种展示或统计分析，没有与相关控制设备进行联动，没有真正意义实现科学决策和智能控制[3,4]。

甜瓜种植是劳动密集型产业，人力投入大，劳务成本高。随着中国经济社会飞速发展，中国出现了较大范围的用工荒。劳动力价格的大幅提升增加了种植户的成本负担，降低了农业种植的效益。基于浙江省公众信息产业有限公司开发的物联网平台不间断采集田间光照强度、空气温湿度、土壤温湿度、CO_2浓度等环境参数数据，对甜瓜设施栽培采用智能远程控制技术，辅以人工干预优化，能够实现甜瓜设施栽培部分田间管理功能的远程控制，从而实现降低田间劳动强度、减少人工成本、提高种植效益的目的[5]。

1　智慧农业物联网服务平台

智慧农业物联网服务平台由浙江省公众信息产业有限公司开发。主要由前端接入设备、智慧农业综合云平台、应用展现（计算机、智能手机等移动终端）组成，其中接入设备包含数据采集设备、物联网控制和视频监控设备。让操作人员可以通过计算机、手机终端实现对设施环境数据的采集监控，远程控制农业现场的天窗、侧窗、水帘、排风扇、滴灌、补光灯和遮阳网，设置物联网设备控制指令，建立作物生长数据库，设施发生异常情况时通过短信实时报警。

2 甜瓜远程控制简约化高效栽培技术

2014 年初对原有的 960 平方米玻璃温室进行智能化改造，安装环境数据采集传感器和物联网控制设备，接入智慧农业物联网服务平台（图 1）。甜瓜春季栽培上市时间早、销售价格高、经济效益显著，是广大农户普遍采用的一种栽培模式，本文以春季立架栽培为例。春季栽培的气候特点是甜瓜生长前期光照弱、温度低、低温阴雨时间长；生长后期光照强、温度高。在实际栽培过程中，需要根据春季气候特点合理安排田间管理。甜瓜生长前期着重保温，让幼苗尽快缓苗，完成营养生长；生长后期着重调节昼夜空气温度差，利于果实糖分积累、品质提高，控制设施内温度上限，防止植株叶片灼伤。

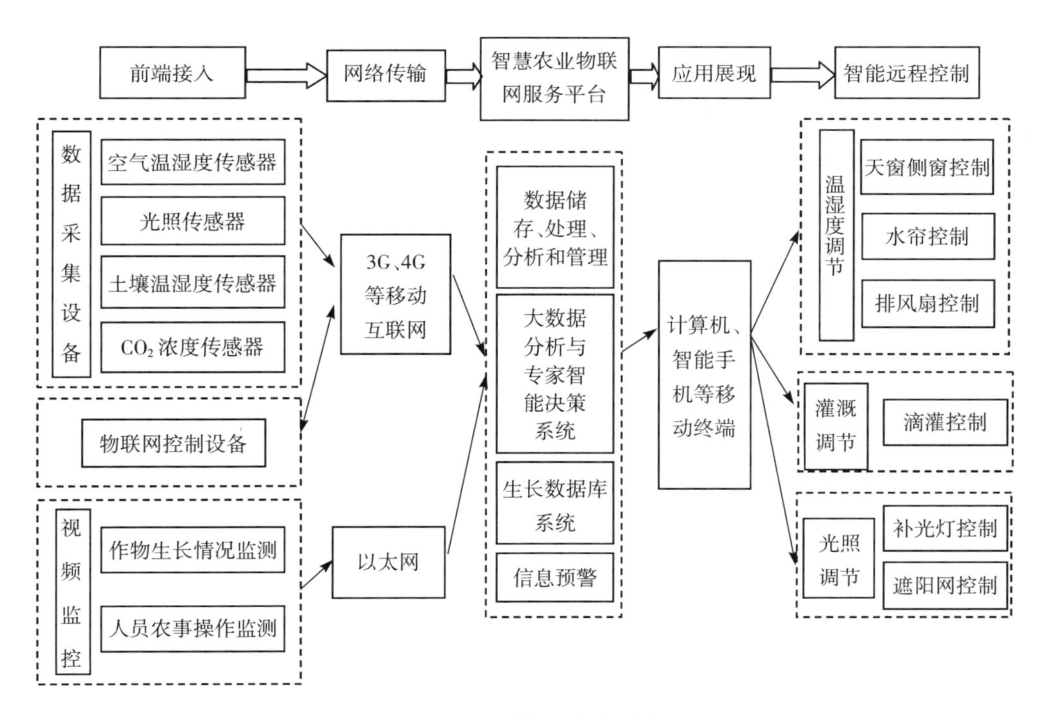

图 1 甜瓜远程控制简约化高效栽培流程

2.1 整地施肥

甜瓜喜肥沃土壤，增施磷钾肥有利于改善果实外观、提高品质、减少裂果。基肥一般每亩施有机肥300千克、硫酸钾型复合肥20千克、过磷酸钙15千克。其中，3/4有机肥翻地时撒施，1/4有机肥与复合肥、过磷酸钙混合后开沟施入。做畦后浇透底水，然后整细耙平，及时覆膜，关闭设施门窗，以提高气温和土温，利于定植活棵。因早春华东地区雨水较多，为便于排水，一般采用深沟高畦形式栽培，并在设施四周开深沟，疏通沟渠。

2.2 定植

利用手机客户端或计算机登录智慧农业物联网服务平台，查看日最低温度曲线图，在日最低温度连续10天稳定在15℃以上时，选择晴天上午进行定植。定植前用制钵器在畦中间破膜打孔，将幼苗栽在孔内，每畦种1行。立架栽培采用单蔓整枝，每蔓留1果，栽培密度1 200株/亩。定植后用滴灌浇70%甲基托布津可湿性粉剂1 000倍液和0.2%硫酸钾型复合肥混合的定根水1次，每株250克。

2.3 定植后田间管理

2.3.1 整枝

伸蔓期甜瓜茎叶生长迅速，应及时整枝，一般每隔5天进行一次，把握前紧后松的原则。整枝应在晴天进行，同时配合用药防病，以利伤口愈合，减少病菌感染。立架栽培采用单蔓整枝，苗期不摘心，留主蔓。选择第9～第11节位坐瓜，抹去8节以下和12节以上的侧蔓，结瓜蔓于授粉前留1～2叶摘心。幼果长至鸡蛋大小时进行疏果，最终选留1个果形周正且无病虫害的果实。主蔓长到25～30节打顶。若采用多批采收，第二个瓜坐果节位为19～21节，多批采收适当延迟打顶。在打顶以后，主蔓基部又会抽生许多侧蔓，要及时去除，以防养分流失。

2.3.2 授粉

蜜蜂授粉具有节工省力、绿色无污染的优点。一般选择平湖意蜂，在雌花开花前7天放置蜂箱。将蜂箱垫高10厘米平放在设施内，避开天窗开口位置，以防设施进水浸湿蜂箱。打开蜂箱盖子，在蜂箱旁放置盛一半清洁水的浅碟，浅碟里放3根细稻草，供蜜蜂饮水，每3天更换1次。授粉期间加强蜜蜂饲喂管理，不要完全打开天窗，稍微打开天窗透气即可，以防蜜蜂通过天窗逃逸。一般5～7天即可完成授粉。蜜蜂对农药非常敏感，授粉期间不能喷施杀虫剂，需在放置蜂箱前做好病虫害防治工作，如需用药，需将蜂箱移出，待药味散尽后移回。

2.3.3 温度管理

甜瓜定植后光照较弱、气温较低，需做好保温工作。在甜瓜幼苗期和伸蔓期，利用手机客户端或计算机登录智慧农业物联网服务平台关闭所有天窗和侧窗，设定控制条件为在气温达到30℃时打开天窗通风，在气温低于26℃时关闭天窗保温不通风。若遇寒潮，气温大幅下降，在寒潮前搭建小拱棚保温。在果实膨大期，适当加大昼夜温差，利于提高甜瓜品质。在甜瓜坐果后，天窗保持打开，设定控制条件为在17:30—6:30期间打开侧窗，在21:30—2:30期间打开风机，在6:30—17:30期间气温达到32℃时打开侧窗，在9:00—15:30期间气温达到39℃时打开水帘。

遇雷雨天气，及时查看天窗和侧窗闭合情况，若没有关闭及时远程控制关闭。

2.3.4 肥水管理

甜瓜不同发育阶段对水分的需求量差异较大，在栽培中需要根据甜瓜需水情况进行合理调节。登录智慧农业物联网服务平台，根据土壤温湿度传感器采集数据情况来确定滴灌时间和滴灌量。在甜瓜幼苗期，温度低，宜少浇水，缺水时一次性浇透，在土壤含水量低于35%时滴灌1次，土壤含水量高于75%时关闭滴灌；伸蔓期视土壤干湿情况浇1次水，在土壤含水量低于35%时打开滴灌补充水分，在土壤含水量高于70%时关闭滴灌；在甜瓜坐果后追施1次膨果肥，用2%硫酸钾复合肥水溶液滴灌，滴灌量为每株300克；在甜瓜果实发育期，严格控制浇水量和次数，在土壤含水量低于35%时滴灌1次，土壤含水量高于55%时关闭滴灌。在甜瓜采收前10～15天停止滴灌，以增加糖分积累，提升甜瓜口感和品质。基肥施足后，整个生长期一般不再追肥，尤其是氮肥。如生长后期肥料严重不足，叶片变黄，可根外喷施0.3%的尿素液补充。甜瓜坐果后每7天喷施0.3%的磷酸二氢钾和0.1%的锰、锌、镁微量元素1次。

2.3.5 采收

甜瓜应适时采收，根据品种的特征特性及授粉时间，当瓜表面呈现白色半透明状，结果枝叶片叶肉失绿，叶片变黄，呈现缺镁症状，即预示着果实即将进入成熟采收期。一般于八九成熟时采收，两头带叶剪下，以利于在销售和暂时储存过程中促进成熟，提高果实的品质。采收时宜选择清晨露水干后或傍晚。

3 病虫害防治

坚持早发现、早防治的原则，坚持预防为主、综合防治的植保方针，坚持农业防治、生物防治与化学防治相结合的原则。推广应用低毒低残留农药，交替使用，严格执行安全间隔期，在甜瓜采收前15天禁止用药。甜瓜病害主要有猝倒病、立枯病、蔓枯病、白粉病、霜霉病、黄化褪绿病毒病、枯萎病和细菌性角斑病；虫害主要有蚜虫、烟粉虱、蓟马、瓜叶螨、斑潜蝇和黄守瓜。

4 经济效益分析

以一亩地设施为例，人工授粉约需6天人工，一箱蜜蜂成本360元，按人工费100元/天计，采用蜜蜂授粉可节省240元，节约40%成本；常规栽培方法中设施管理、灌溉、施肥约需30天人工，采用简约化栽培需16天人工即可，可节省人工1 400元，节约47%成本。

参考文献

[1] 何勇，聂鹏程，刘飞．农业物联网与传感仪器研究进展［J］．农业机械学报，2013，44（10）：216-226.

［2］管继刚．物联网技术在智能农业中的应用［J］．通信管理与技术，2010（3）：24-27.
［3］葛文杰，赵春江．农业物联网研究与应用现状及发展对策研究［J］．农业机械学报，2014，45（7）：222-230.
［4］刘家玉，周林杰，荀广连，等．基于物联网的智能农业管理系统研究与设计［J］．江苏农业科学，2013，41（5）：377-379.
［5］何勇，聂鹏程．农业物联网技术在葡萄种植中的应用［J］．中国果业信息，2013，30（6）：41-43.

夏季叶菜类蔬菜优质、安全、高效栽培技术

荣　利

（江阴市种子管理站　江苏江阴　214400）

摘　要： 通过参与设施蔬菜育苗及管理工作，培育叶菜类蔬菜秧苗，在夏季叶菜类蔬菜生产及管理实践中不断总结经验，将夏季叶菜类蔬菜优质、安全、高效的一些栽培技术要点进行介绍。

关键词： 设施蔬菜　优质　安全　高效　栽培

设施蔬菜的发展随着人们生活水平和消费者要求的不断提高、新种类的不断开发、新品种的不断育成、科学技术水平的逐步提升而日新月异、不断进步和发展，新设施不断出现、新技术不断应用、发展以满足人们对优质、安全农产品的消费需求。在长江流域由于夏季高温天气持续时间较长，蔬菜供应容易出现淡季，叶菜类蔬菜由于生长时间短、茬口安排灵活，是夏季蔬菜生产的重要内容，笔者在示范基地通过引进新优品种，探索在设施条件下的越夏优质、安全、高效栽培技术。

2014—2015 年，在位于华士镇的江阴市鹏程农业科技发展有限公司蔬菜生产基地，笔者参与实施了“夏季叶菜新品种及安全高效栽培技术推广”项目［项目编号 TG（14）045］。通过项目实施，在示范基地建立夏季叶菜核心示范棚 10 000 平方米，核心示范区共种植叶菜 301.7 亩，示范区主要分布于陆南、杨庄和贡北庄三个区域。

笔者积极投身蔬菜育苗及管理工作，培育夏秋季栽培所需要的叶菜类蔬菜秧苗，重点栽培包括甘蓝（包菜）、花椰菜、西蓝花、苜蓿（草头）、大白菜、西芹、生菜、红苋菜、青苋菜、蕹菜（空心菜）、小白菜、快菜、小青菜（东方 3 号、东方 4 号和四月慢）、小葱、紫角叶、芦蒿、韭菜等在内的新优蔬菜品种，在设施蔬菜生产及管理实践中不断总结经验，及时发现和解决相关问题，现将有关技术整理如下：

1　生产设施结构优化

1.1　塑料大棚结构优化

按照江苏省 2010 年地方标准《钢管塑料大棚（单体）通用技术要求》（DB32/T1590—2010）对塑料大棚结构构型、材料选择、场地及安装等提出来了详细的要求。

1.1.1 基本要求

主体采用热镀锌铸铁管或热镀锌带钢管，配件由钢材冲压而成，大棚承载能力应不小于0.55千牛/平方米，抗雪荷载能力达20千克/平方米（相当于15厘米厚度的积雪），抗风能力达到26米/秒（相当于10级台风），镀锌层厚度要求钢管热镀锌后增重6%～13%，管壁厚偏差为：上偏差+22%、下偏差−5%。

1.1.2 结构参数

跨度6米的大棚顶高应为2.3～2.5米，肩高1.2～1.5米，棚长30～50米，拱管长5.0～5.2米/支，拱管外径不少于22毫米，壁厚不少于1.2毫米，每根拱管重量不低于2.7千克；跨度8米的大棚顶高应为3.2～3.5米，肩高1.5～1.8米，棚长40～60米，拱管长5.8～6.0米/支，拱管外径不少于25毫米，壁厚不少于1.5毫米，每根拱管重量不少于5.0千克。薄膜采用聚乙烯或醋酸乙烯等塑料薄膜，厚度不少于0.06毫米，透光率75%以上。棚长度不超过60米，相邻大棚之间的间距1.2～1.5米。

1.2 防虫网室新结构

江苏省2011年地方标准《大中型蔬菜钢架防虫网室建设规范》（DB32/T1757—2011），该标准主要由无锡市惠山区蔬菜技术推广站余汉清研究员等制定，规定了蔬菜防虫网室相关术语与定义、防虫网室建设基本原则、网室类型、网室建设规范和蔬菜防虫网室维护要求，该标准适用于立柱支撑的大中型钢结构蔬菜防虫网室。

框架式防虫网室通过立柱钢管、纵梁钢管和航空钢丝互相连接固定。其特征：开间间采用钢管硬连接构成纵梁，跨间采用钢丝软连接，立柱采用矩型钢管及薄壁管，根据田块形状确定网室大小，总长度为8米跨度的倍数，最长不超过160米，宽度为4米开间间距的倍数，最长不超过80米。

框架式防虫网室开间方向60厘米×40厘米×2厘米热浸镀锌矩型钢管纵梁上设置160毫米宽的卡槽连接板，并安装双排卡槽，实现方便拆装和维修保养；框架四周和上下设置卡槽，在卡槽内设置卡簧固定防虫网；框架式防虫网室通过立柱钢管、纵梁钢管和航空钢丝互相连接固定。其特征：开间间采用钢管硬连接构成纵梁，跨间采用钢丝软连接，立柱采用矩型钢管及薄壁管，根据田块形状确定网室大小。

以联栋塑料大棚，面积2 000～3 000平方米为宜。选用20～22目（经密47～75根/10厘米，纬密50～80根/10厘米）白色聚乙烯防虫网，防虫网质量应符合《农用防虫网》（DB32/T788—2005）的要求。

2 设施蔬菜覆盖栽培

2.1 防虫网应用

防虫网覆盖栽培是一项增产实用的环保型农业新技术，通过覆盖在棚架上构建人工隔离屏障，将害虫拒之网外，切断害虫（成虫）繁殖途径，有效控制各类害虫，如菜青虫、菜螟、小菜蛾、蚜虫、跳甲、甜菜夜蛾、美洲斑潜蝇、斜纹夜蛾等的传播以及预防病毒病传播的危害。

2.1.1 防虫网的作用

2.1.1.1 防虫

蔬菜覆盖防虫网后，基本上可免除菜青虫、小菜蛾、甘蓝夜蛾、斜纹夜蛾、黄曲跳甲、猿叶虫、蚜虫等多种害虫的为害。据试验，防虫网对白菜菜青虫、小菜蛾、豇豆荚螟、美洲斑潜蝇防效为94%～97%，对蚜虫防效为90%。

2.1.1.2 防病

病毒病是多种蔬菜上的灾难性病害，主要是由昆虫特别是蚜虫传病。由于防虫网切断了害虫这一主要传毒途径，因此大大减轻蔬菜病毒的侵染，防效为80%左右。

2.1.1.3 调节气温、土温和湿度

试验表明，炎热的7～8月，在30目白色防虫网中，早晨和傍晚的气温与露地持平，而晴天中午比露地低1℃左右。早春3～4月，防虫网覆盖棚内比露地气温高1～2℃，5厘米地温比露地高0.5～1℃，能有效地防止霜冻。防虫网室遇雨可减少网室内的降水量，晴天能降低网室内的蒸发量。

2.1.1.4 遮强光

夏季光照强度大，强光会抑制蔬菜作物营养生长，特别是叶菜类蔬菜，而防虫网可起到一定的遮光和防强光直射作用，20～22目银灰色防虫网一般遮光率在20%～25%。

2.1.2 播前准备

播前土壤处理可每亩用5%丁硫克百威2千克或50%辛硫磷1 000倍液防治地下害虫；用绿亨1号3 000倍液或绿亨2号600～800倍液防治土传病害。利用黄板诱杀蚜虫，每亩使用20厘米×25厘米的黄板30～40块。

2.1.3 田间管理

防虫网密闭覆盖。雨后应及时拍打四周防虫网。夏季采收前3～5天可将防虫棚室下缘网纱提起40～50厘米通风降湿。夏季高温干旱期间，可采用软管喷灌浇水，在早晨或傍晚浇水各浇水1次，天凉、地凉、水凉，并保持畦面湿润。雨后及时排除田间积水。采收前控制浇水。

2.1.4 采收

夏季菜秧（鸡毛菜）在播种后20～30天可陆续间拔采收。早秋栽棵菜在定植后25天左右采收上市。

2.2 遮阳网应用

2.2.1 遮阳网功能

遮阳网具有遮光、降温、增湿、防暴雨等功能。银灰色网反射蓝紫光较强，有避蚜效果。用于蔬菜生产上的遮阳网要求遮光率在50%～70%。

2.2.2 遮阳网选择

夏季叶菜可选择遮光率在70%左右的遮阳网；夏季茄果类蔬菜可选择遮光率在50%～60%的遮阳网。用于冬春防冻覆盖，可选用遮光率低于40%的黑色、银灰色遮阳网。一般遮光率在60%～70%的遮阳网，夏季网下温度可下降3℃左右。

2.3 频振式杀虫灯应用

2.3.1 作用原理

频振式杀虫灯主要通过运用光、波、色、味四种诱杀方式杀灭害虫。可诱杀斜纹夜蛾、甜菜夜蛾、银纹夜蛾、烟青虫、黄条跳甲、蝼蛄等成虫，以及诱杀金龟子、天牛、蝇类、椿象、吸果夜蛾、潜叶蛾、小绿叶蝉、黑刺粉虱等鳞翅目害虫。

2.3.2 操作方法

每40～50亩一盏灯，灯间距离180～200米，离地面高度1.5～1.8米，呈棋盘式分布，挂灯时间为5月初至10月下旬。每日晚上9点开灯，翌日凌晨4点闭灯。频振式杀虫灯集中、连片、连续使用防治效果更佳。

3 基质穴盘叶菜栽培

3.1 栽培容器和基质的选择

选择穴孔较大、孔数较少的穴盘进行栽培，如15孔、20孔、24孔等穴盘，不同叶菜依据植株大小选择合适的穴盘栽培；选择轻型固体基质进行栽培，最好加入适量的有机基质，如可采用草炭、蛭石、珍珠岩等传统基质，按比例混合成复合栽培基质，也可就地取材选择醋糟基质、菇渣基质、秸秆基质等按比例混合成复合栽培基质，也可在基质中加入缓释性有机肥，栽培过程中浇清水或加入有机液体肥料进行有机叶菜栽培。

3.2 栽培设施的选择

穴盘叶菜栽培应选择连栋塑料温室或单栋塑料大棚，要求全年可防雨、避雨，冬季和早春应具有保温、防寒性能，在入口及通风口应覆盖防虫网，在设施内适当设立黄板等进行防虫。

3.3 叶菜种类的选择

选择受当地市场欢迎、畅销的速生叶菜种类进行栽培，如小白菜、生菜、菠菜、韭菜、香菜、苋菜、豆瓣菜（西洋菜）等。

3.4 立体栽培

由于叶菜植株矮小、耐阴，有条件的可采用木架、铁架、钢架等架式3～5层立体栽培，可充分提高设施内空间利用率，提高效益。

3.5　肥水管理

一般无公害叶菜栽培或绿色食品叶菜生产，不在基质中添加任何肥料，只是在栽培浇水时添加复合肥料或按浇灌营养液，注意加入的肥料或营养液浓度逐渐提高；如要进行有机叶菜栽培，在基质中加入缓释性有机肥或在灌水时加入液体有机肥。

3.6　病虫害防治

由于基质栽培叶菜生长快，病虫害极少，但要注意栽培设施内消毒，灭绝病虫源头，设施出入口、通风口严密覆盖防虫网，可悬挂黄板等防病虫。

3.7　采收

由于基质栽培叶菜生长迅速，达到商品标准要及时采收。

4　保护地闷棚防治病虫害技术

利用设施栽培便于控制调节小气候的特点，在早春至晚秋栽培季节，以关、开棚简单操作管理，提高或降低温湿度的生态调节手段，达到延迟或控制病虫发生与扩展的效果。大部分病虫适发温度 20～28℃，主要是微型害虫为害严重，通过高温降湿控病，高温高湿控虫。最佳温限：茄果类 32～35℃，番茄 35～38℃，辣椒 38～40℃，茄子 40～45℃。控虫后适当补施叶面肥。要用温度计监测棚温。闷棚控害关键时期（尤其中午）需防意外烧苗。

项目实施期间，基地示范推广了绿叶蔬菜周年安全栽培技术集成示范技术、夏季绿叶蔬菜设施降温和通风构型优化技术、绿叶蔬菜配套肥水一体化灌溉技术、绿叶蔬菜病虫害安全高效综合防治技术 4 项夏季叶菜优质高产关键技术新技术。

项目实施期间，专家团队先后 5 次赴项目实施基地现场指导工作，期间开展集中培训并召开现场观摩会。江苏省妇联、无锡市、江阴市领导多次视察项目区，受到省市领导的肯定和认可。

大棚青皮长茄种植技术

董友磊[1]　黄陆飞[1]　陈思思[1]　顾明慧[1]　杨　柳[2]

([1]启东市农业技术推广中心蔬菜站　江苏启东　226200；
[2]启东市王鲍镇农业综合服务中心　江苏启东　226200)

摘　要：近年来，启东市大棚青皮长茄栽培规模不断扩大，栽培技术不断成熟，大棚栽培一般 11 月下旬至 12 月中旬播种，1 月上中旬定植，3 月中旬开始采收，立秋前后剪去老枝栽培二茬茄。本文从品种选择、不同阶段管理措施、二茬茄子栽培、产品收获等方面就大棚青皮长茄优质高效栽培技术进行了介绍。

关键词：启东青皮长茄　设施大棚　种植技术

启东青皮长茄，2015 年获评国家农产品地理标志登记保护产品。青皮长茄，顾名思义，果皮青翠亮泽，果肉细嫩，果实长圆形，具有适应性强、产量高、上市供应时间长的特点。食用方法多种多样，荤素皆宜，深受启东市城乡居民和广大消费者的欢迎。

青皮长茄营养丰富，含有蛋白质、脂肪、碳水化合物、维生素以及钙、磷、铁等多种营养成分。据测定，每 100 克含有蛋白质 0.9 克（与同类型紫皮茄子相比，蛋白质含量多 50%），脂肪 0.1 克，碳水化合物 6.5 克（与同类型紫皮茄子相比，碳水化合物含量多 59%），钾 232 毫克（与同类型紫皮茄子相比，钾含量多 93%），钙 8 毫克（与同类型紫皮茄子相比，钙含量多 60%）。

近年来，启东市大棚青皮长茄栽培规模不断扩大，栽培技术不断成熟，大棚栽培一般 11 月下旬至 12 月中旬播种，1 月上中旬定植，3 月中旬开始采收，立秋前后剪去老枝栽培二茬茄。现将大棚青皮长茄优质高效栽培技术介绍如下：

1　产地选择

选择地势平坦、排灌方便、土壤耕作层深厚、土壤结构适宜、理化性状良好的地块，以壤土或轻壤土为宜，土壤肥力较高。

2　品种选择

选择早熟、抗病性抗逆性强、品质优、产量高及耐储运的优良品种，如启东市特有的青皮长茄、青皮六叶茄等品种。这两个茄子品种生长健壮，株高 65 厘米，开展度 65 厘米，耐低温能力较强，苗期生长快，花芽易分化，低温阶段结果性好，单株结果 30 个以上，平均单果重 160 克，果长 20 厘米，果粗 4 厘米（直径），果皮青绿，果肉淡青，口感糯性，一般亩产量 5 000～6 000 千克，是大棚冬春茬栽培的较理想品种。

3　产品采收前的管理措施

3.1　温度管理

缓苗期注意保温，定植后 5～7 天不通风或少通风，白天气温保持为 28～30℃，夜间为 15～18℃，以利提高地温，促进缓苗；缓苗以后至开花结果期，白天气温以 25～28℃为宜，夜间 15℃以上。

3.2　肥水管理

定植后 1 周即可缓苗，浇 1 次缓苗水后，到门茄瞪眼前控制浇水追肥。到门茄瞪眼时，采取膜下浇水 1 次，灌水后闭棚 1 天再放风排湿。每亩追施磷酸二铵 10 千克。

3.3　中耕培土

浇缓苗水后把定植沟锄平，提高地温，促进新根生长。5～7 天再深锄 10 厘米培土成垄。

3.4　整枝

门茄开始膨大，要进行整枝。可采用双干整枝，保留门茄下第一侧枝，摘除以下的腋芽。

3.5　保花保果

5 月上旬前夜间温度低于 15℃，为防止低温引起落花，可用 30 微升/升的 2，4-D溶液处理花朵，也可用 40 微升/升的水溶性防落素喷花。不要蘸到生长点上，不能重复喷或蘸花。

4　产品开始采收到盛果期管理

4.1　温度管理

在温度管理上要比开花结果期高一些。门茄采收后，白天气温保持为 25～32℃，夜间 15～18℃。超过该温度时把大棚膜四周揭起 1 米高，要昼夜通风。

4.2　肥水管理

对茄瞪眼时膜下灌 1 次水，追肥 1 次，灌水后闭棚 1 小时，增加温度。中午加大放风排湿，防止高温、高湿引起落花、落果和病害。每亩追施磷酸二铵 10 千克。

4.3 打叶

生长过程中要把门茄以下叶片和病叶、老化叶片及时摘掉。

5 二茬茄子管理措施

5.1 管理要点

核心是通过剪枝和剪枝后加强肥水供应等措施，促使已趋于衰弱的植株发生新壮芽，生成新侧枝，重新形成旺盛的植株，并再次出现结果盛期。

5.2 整枝技术

大棚早春茄子适宜再生时间应视茄子长势及市场行情而定，从立秋节气前10天开始至9月上旬为止，一般分批进行修剪，拓宽茄子上市空间。一般采用下部再生和中部再生混合修剪法，剪枝时，从主干距离地面15～20厘米位置处，将上部枝条剪掉，但必须注意剪口下留足2～3个已萌发的嫩芽。如果下部暂时无萌发的嫩芽，则采用中部再生修剪法，在植株中部留足2～3个幼嫩枝条，其余全部剪除。剪下的枝条连同杂草等清理出大棚，以利减少病虫源。

5.3 肥水管理

茄子剪枝后，立即追肥浇水，促发新枝，一般采取膜下滴管冲施肥水，每亩冲施尿素10千克，大水小肥。植株修剪后20天左右，茄子即可开花结果。当有50%植株见果后冲施挂果肥，每亩冲施尿素10～15千克、磷酸二铵10千克。以后掌握每10～15天冲施1次肥水，施肥量视茄子长势而定，还可叶面喷施0.1%～0.2%磷酸二氢钾，防止植株早衰。

6 产品收获

青皮长茄以嫩果供食用，早熟栽培的早熟品种从开花至始收嫩果需20～25天，有的品种只需16～18天。一般于定植后40～50天，即可采收商品茄上市。判断茄子采收与否的标准是看“茄眼”的宽度，如果萼片与果实相连处的白色或淡绿色环带宽大，表示果实正在迅速生长，组织柔嫩，不宜采收；若此环带逐渐变得不明显或趋于消失，表明果实的生长转慢或果肉已停止生长，应及时采收。

大棚早春茄子采收必须要适时，门茄应适当早采收，以免影响植株生长，对茄以后达到商品成熟时采收，如果采收早影响产量，采收晚品质下降，还影响上部果实生长。6～8月高温天气应在早晨或傍晚采收，中午温度高果实呼吸旺盛，容易造成果实干瘪，适时采收可以使果实显得新鲜柔嫩，保持较好的光泽度，除了能提高商品性外，还有利于储藏运输。采收时要防止折断枝条或拉掉果柄，最好用修剪果树的剪刀采收。

红和平西瓜种植技术总结

董友磊　陈思思　顾明慧　黄陆飞

（启东市农业技术推广中心蔬菜站　江苏启东　226200）

摘　要：2012 年，启东市引进红和平西瓜品种进行试种，该品种爬地栽培每亩栽 700～800 株，适宜密度：株距 0.4 米左右，行距 2 米左右，采用三蔓整枝；立架栽培每亩栽 1 000～1 200 株，采用双蔓整枝；坐稳瓜前注意控制肥水。重施基肥，适施追肥。每亩产量 4 000～5 000 千克，每亩效益 4 000 元以上。

关键词：红和平　西瓜　设施大棚　种植技术

2012 年，启东市引进红和平西瓜品种进行试种，通过摸索和实践，在钢架大棚生产条件下平均每亩产量 4 000～5 000 千克，收入 7 500 元，每亩效益 4 000 元以上，初步总结了该品种在启东市保护地种植条件下的的相关栽培技术。

1　产地选择

宜选择土层深厚、肥沃、排水方便、运输便利的地块。为了预防西瓜枯萎病的发生，要求地块至少 5 年以上未种植过瓜类作物。否则，应采用嫁接技术。

2　品种选择

红和平，系浙江省农业科学院蔬菜研究所范敏选育的杂交一代设施中型西瓜品种。该品种为中早熟品种，中果型。全生育期 100 天左右，果实发育期 30 天，平均单瓜重 4～5 千克。该品种植株生长势好，耐低温，中抗枯萎病，坐果较易；果实整齐度好，商品率高，果实圆球形，果皮底色绿，上覆深绿色齿条带。果肉大红色，肉质脆，纤维细，汁液多，口感好；果实中心含糖量为 11.4%，边糖 8.1%，果皮厚度为 1.1 厘米，不易裂果，耐储运。

3　育苗

3.1　制营养土

用 5 年以上未种过瓜类作物的无病干燥园土或水稻土，每立方米中加三元复合肥 250 克、过磷酸钙 250 克拌匀，用薄膜覆盖堆制 30 天，过筛备用；或取河泥做营养土，河泥土每钵加 1 克左右的三元复合肥。播种前将营养土装入直径 10 厘米的营养钵。

3.2 搭建苗床

选择地势平坦、高燥的田块搭建宽 6 米左右、高 1.8 米的大棚，棚内平铺农膜后，将营养钵紧密排列其上，四周空穴用细土填好。

3.3 种子处理

播前进行晒种。晒种后可采用温烫浸种或药剂浸种。温烫浸种：将种子放入 55℃温水中，搅拌至 25～30℃，自然冷却浸种 4～6 小时。药剂浸种：将晒过的种子放入 50%多菌灵可湿性粉剂 500 倍液中浸种 1 小时或用 1%高锰酸钾溶液浸种 15 分钟。以后用清水洗掉种皮黏物，用干净湿布包好，放于 28～30℃条件下进行催芽直至 80%以上种子露白即可播入营养钵中，1 钵 1 粒，注意种胚朝下再覆土，注意保持棚内日温 25～30℃。

3.4 播种

根据启东地区的气候特点，一般在 1 月中旬播种。为了避免瓜苗冻死，须采取增温措施，提高苗床温度。采用电热温床育苗和覆盖多层塑膜的方式增温、保温，形成地膜、小弓棚、大棚等多层次的保温体系，最低温度保持在 15℃。为克服低温的不良影响，育苗床设在大棚内，墒宽 1 米，深度 0.25 米，长度视育苗数量而定。在床内铺一层地膜，上面撒细土、稻草等物整平后铺设电热丝，再铺一层细沙，起到均匀散热作用。然后铺一层稻草，最后铺营养钵，播种。播后均匀覆盖厚 0.5～1.0 厘米的盖籽土，平铺地膜，扣上小拱棚（夜间拱棚上面盖草帘），电热线加温，促进出苗。

3.5 苗床管理

出苗前苗床温度保持白天 30～32℃，夜间 20～25℃。当 70%的瓜苗出土后，及时揭去地膜，齐苗后小拱棚适当降温降湿，白天气温控制在 20～30℃，夜间 15～18℃，晴好天气通风降湿，遇到连续阴雨天气，最好用电灯泡补光，撒干细土去湿；移栽前一周逐步降温炼苗，白天 20～25℃，夜间 10～15℃。在育苗期应注意西瓜猝倒病、立枯病等病害的防治。经常进行巡查，发现病情后立即采取防治措施。通过这种育苗方式，并加以精心的管理，瓜苗的成活率可达 90%以上。整个育苗期在 35 天左右，一般在 2 月 20 日左右便可移栽大田。

4 定植

4.1 重施基肥

冬前及早耕翻冻熟化土壤，每亩施腐熟有机肥 2 500 千克、腐熟饼肥 100 千克、尿素 10 千克、过磷酸钙 50 千克、硫酸钾 15 千克。或每亩施硫酸钾高效

(45%）三元素复合肥 100 千克。每亩用 3%辛硫磷颗粒剂 2 千克混土撒施以防地下害虫，每亩用 50%多菌灵可湿性粉剂 2 千克进行土壤消毒。

4.2　整地建棚

上一年秋耕，以晒垡冻土，挖好田间三套沟。在种植当年的早春，大棚定植前 1 个月，整地、开沟、搭棚。按南北向用竹片或镀锌钢管材料，搭建顶高 2 米、肩高 1.8 米、跨度 6 米的大棚，长度视地块而定。棚内左右双畦，畦宽 2.7 米，中间留 30 厘米操作沟。做畦的同时应地膜下铺设好软管滴灌带等设施，软滴灌管距离瓜根一般为 15 厘米。采用大棚、小拱棚和地膜栽培，其中大棚膜一膜到底，地膜要全畦覆盖。

4.3　大田移栽

2 月下旬至 3 月初选晴好天气上午移栽，每畦栽一行瓜苗，爬地栽培的要求株距 40 厘米，行距 2 米，一般每亩移栽瓜苗 700～800 株；立架（吊蔓）栽培的要求株距 25～30 厘米，一般每亩移栽瓜苗 1 000～1 200 株。栽后浇足活棵水，等水渗完后随即覆盖 2.2 米宽的地膜，再按宽 1.2～1.3 米、顶高 50 厘米搭建小棚，盖上小棚膜，夜间加盖草帘，封闭大棚保温保湿。

5　大田管理

5.1　温、湿度管理

西瓜定植后仍处于低温季节，须及时在大棚内加盖小拱棚，实行三膜栽培，定植后 3～5 天应密闭大棚增温保湿。栽后 10 天内主要以保持棚室温度为主，白天 25～32℃，下午尽早（5 时左右）将大小棚封闭，以确保夜温 18～20℃，白天超过 35℃要在背风面适当通风降温。坐瓜后，通风量适当增加。果实膨大期和成熟期，棚内温度以 25～32℃为好，夜间 15～20℃，高于 32℃或低于 10℃对开花结果都不利。到 4 月中旬当瓜蔓长到 40 厘米时揭去小拱棚，5～6 月气温升高，注意换气，中午可拉下围裙膜和推上大棚顶膜进行通风降温。夏季，仅覆盖大棚顶膜，边膜揭开，主要措施是及时降温和补充水分。8 月气温最高，植株蒸腾量大，要科学调控水分、温度。湿度管理：较低的空气湿度有利于植株生育健壮，减少病害发生。根据大棚内外湿度和天气情况，及时尽量进行通风换气。

5.2　肥水管理

红和平西瓜大棚栽培须加强肥水运筹。追肥应分阶段多次施用，一般分为缓苗肥、膨瓜肥和植株恢复肥。缓苗肥以氮肥为主，移栽后 1 周每亩用 5 千克尿素兑水滴灌。膨瓜肥在瓜鸡蛋大时施肥 2 次，每次用腐熟有机液肥 600 千克或尿素 10 千克、三元高效复合肥 10 千克、硫酸钾 10 千克，隔 7 天施 1 次。第一次西瓜采收后，应及时施足1次接力肥，每亩施用硫酸钾、尿素各10千克，或每亩施用30千克的45%高效复合肥，通过滴灌进行施肥，促进叶蔓返青生长，延长结瓜期，提高产量。每亩产量4 000～5 000千克，肥料总量为纯N 35千克，P_2O_5 20千克，K_2O 25千克。大棚西瓜的耗水量比露天西瓜小，灌水不宜过多，根据叶色的鲜嫩程度，进行合理灌溉。

5.3 整枝压蔓及授粉

红和平西瓜爬地栽培一般采用三蔓整枝，保留主蔓和两个健壮侧蔓。主蔓长60厘米时，开始整枝，去弱留壮，除留主蔓外，在第3～第5节处留2条健壮的侧蔓。立架（吊蔓）栽培一般采用双蔓整枝，即保留主蔓和一条侧蔓。及时摘除多余侧蔓，以减少养分的无效消耗，促进养分集中向瓜果供应。瓜坐稳后不整枝，只剪去弱枝、病枝、老叶、病叶，以利通风透光，减少病害，促进坐果。选择晴天下午用土块压蔓以保证瓜果的质量。

保护地栽培的目的就是提早上市、适时上市、提高产量。红和平西瓜一般在第12～第13节开始结瓜，这时因气温低，大棚需封闭管理，昆虫很少进入，为控制坐瓜节位，提高坐果率，减少畸型瓜，必须人工辅助授粉和适当使用坐瓜灵，也可使用蜜蜂授粉。授粉时间：上午8～10时进行，当选留节位的雌花开放时，先采摘刚刚开放的雄花，去掉花瓣，露出雄蕊，手持雄蕊在雌花柱头上轻轻涂抹，一朵雄花授1朵雌花。以第二雌花授粉为主，该节位所结果实，果形正，单果重，味甜，汁多，风味好。使用坐瓜灵时要严格掌握浓度和使用时间。用涂色或挂牌等方法对每朵雌花做好开花授粉的标记。待果实长于鸡蛋大时，进行疏果，三蔓整枝留2～3个果，双蔓整枝留1～2个果。坐果后15～20天，爬地栽培的需对果实进行一次翻身操作，使原与地面接触的一面转向上面，同时用干燥稻草或果垫垫果，可使收获时的果皮颜色均匀一致漂亮；立架（吊蔓）栽培的需及时进行吊带操作，每株选留1～2个瓜，瓜直径12厘米时，摘除畸形瓜、多余瓜。

6 病虫害防治

大棚种植红和平西瓜主要病害是苗期猝倒病、立枯病，中后期以枯萎病、叶枯病、霜霉病、炭疽病、白粉病为主，威胁最大的是枯萎病。虫害主要是蚜虫、红蜘蛛等。禁止使用高毒、高残留农药，选用高效、低毒、低残留农药，并掌握用药标准。当气温高且湿度大时，易发西瓜炭疽病，可采用70%百菌清600倍液或甲基托布津800倍液等农药进行喷雾防治；当气温低时，易发西瓜霜霉病，可采用25%甲霜灵500倍液进行喷雾防治。猝倒病80%代森锰锌可湿性粉剂500～800倍喷雾防治和浇灌根部，一般进行2次，每隔7天一次。蚜虫用10%吡虫啉可湿性粉剂3 000倍液或5%吡虫啉乳油1 500倍液或1.8%阿维菌素乳油1 500～2 000倍液喷雾防治；红蜘蛛用73%的克螨特乳油1 500倍药液防治。

7　适时采收

适时收获是保持红和平西瓜最佳风味的关键。早收、迟收都会影响其风味。不同播种阶段对应的果实成熟期有所不同，如早春季节因气温低，雌花开放到果实成熟35天左右，随着气温上升，春夏季节一般30天左右即可采收。采收时要轻拿轻放，按照成熟度分批分次采收。

参考文献

范敏，张瑞麟，牛晓伟，2013. 西瓜新品种“红和平”[J]. 园艺学报，40（7）：1417-1418.

金陵甜玉樱桃番茄种植技术总结

陈思思　董友磊　顾明慧　黄陆飞

（启东市农业技术推广中心蔬菜站　江苏启东　226200）

摘　要： 2012 年，启东市引进金陵甜玉樱桃番茄进行试种，通过摸索和实践，在钢架大棚生产条件下平均亩产量 4 650 千克，收入 7 670 元，效益 4 000 元以上，初步总结了该品种在启东市保护地种植条件下的相关栽培技术。

关键词： 金陵甜玉　樱桃番茄　栽培技术

樱桃番茄也称迷你番茄，果型小巧玲珑，果味浓厚，味甜爽口，抗病耐储运，常做水果蔬菜，深受广大菜农和消费者的欢迎，市场前景看好。樱桃番茄均属无限生长类型，果实为圆球型或长椭圆型，产量和品质均较好，抗性强适应性广，不同季节采用不同栽培设施，可以做到周年生产。2012 年，启东市引进金陵甜玉樱桃番茄进行试种，通过摸索和实践，在钢架大棚生产条件下平均亩产量 4 650 千克，收入 7 670 元，效益 4 000 元以上，初步总结了该品种在启东市保护地种植条件下的相关栽培技术。

1　适时播种，培育壮苗

1.1　品种介绍

金陵甜玉樱桃番茄是由江苏省农业科学院蔬菜研究所育成的高抗番茄黄化曲叶病毒病的一代杂种，于 2010 年 12 月通过江苏省农业委员会组织的科学技术成果鉴定。无限生长类型，生长势较强。普通叶，叶片深绿色。于第 8～第 9 节着生第 1 花序，植株连续坐果能力强。幼果有绿肩，成熟果大红色，果实椭圆形，果面光滑美观，裂果轻。坐果率中等，单穗结果 17 个左右，单果质量 22 克左右。果肉厚，果实硬度较高。可溶性固形物、维生素 C 含量均较高，酸甜可口，风味品质好。经江苏省农业科学院蔬菜研究所鉴定，对 TYLCV、ToMV 及枯萎病的抗性明显高于对照品种苏甜 2 号，尤其是对 TYLCV 表现高抗。

1.2　茬口安排

秋延迟栽培一般在 6 月中、下旬遮阳育苗，7 月中、下旬定植；秋冬茬 7 月上旬遮阳育苗，8 月上、中旬定植；冬春茬 8 月上、中旬育苗，9 月上中旬定植；早春茬一般在 12 月中旬采用温室育苗，2 月上中旬定植。苗龄一般为 30～35 天。

1.3　培育壮苗

播种前，首先将种子用10%磷酸三钠浸种20～30分钟，捞出洗净，再用清水浸种4～6小时后捞出稍晾，即可催芽，露白即可播种。把种子播在营养钵或营养袋（规格为9厘米×9厘米或10厘米×10厘米）内，如用穴盘育苗效果更好。育苗床地势要高，以防积水，营养土用肥沃疏松3年未种过茄科作物的土壤、充分腐熟的有机肥和适量的70%甲基托布津（50%多菌灵粉剂）三者的混合物。秋延迟或秋冬茬的育苗场所可选择拱棚，育苗前扣上棚膜，以旧膜为好，同时在膜上盖遮阳网，风口加设防虫网。冬季育苗可在多层覆盖的钢架大棚内进行。幼苗2～3片真叶时移苗进钵。当苗长到5～6片叶、苗高15厘米时，应注意炼苗，为定植做好准备。

2　施足底肥，合理密植

金陵甜玉樱桃番茄对土壤要求不严，一般以排灌方便、土质疏松、肥沃的壤土或沙壤土为好。定植前施足基肥，每亩施腐熟的有机肥3 000～4 000千克，磷钾肥40～50千克/亩，整平耙实，大小行起垄。大行距90厘米，小行距70厘米，垄高15～20厘米，为集中施肥，也可在定植垄下挖一条深沟，把基肥施放沟中，回土翻匀，再起垄定植。定植时选择阴天或晴天的下午进行，如采用双秆整枝，株距为40～45厘米，每亩栽植2 000～2 200株，若采用单秆整枝，株距30厘米，每亩栽2 500～2 600株。

3　加强肥水管理

金陵甜玉樱桃番茄一般生长期为6～7个月，植株生长旺盛，结果数多，需肥量大，因此需及时浇水追肥，切忌大水漫灌。底水浇足后，及时中耕松土，促发新根，第一穗果坐住前中耕2～3遍，进行蹲苗。当第一穗果坐住后及时追肥、浇水，每亩追施氮、磷、钾复合肥15千克，坐果后追肥2～3次。注意在结果盛期，不宜浇“空水”，要随水冲施尿素或复合肥；另外，结合喷药可进行叶面施肥，以促进植株生长和改善果实品质。越冬茬种植的可在12月至翌年3月植株生育旺盛期增施二氧化碳气肥。一般在晴天上午揭草帘后半小时进行，持续1～2小时，放风前半小时结束。补充浓度为1 000～1 500毫克/千克，阴天或光照弱时可少补或不补。

4　温度和光照管理

定植后的5～6天，创造高温高湿的环境条件，当棚温超过30℃时通风降温，植株缓苗后，白天温度保持在20～25℃，夜间15℃左右。冬季注意保温，棚内气温不能低于 12℃。深冬低温天气，尽量晚揭早盖草苫，棚温不可长时间低于 5℃，否则，植株停止生长。连阴天或连续雨雪天气，应及时揭草帘，使植株见散射光。生长后期撤除大棚膜，加大通风量，有利于植株的生长。

5 植株调整

栽培期间及时整枝、打杈、绑蔓，以利通风透光。当植株长到 30 厘米高时，进行吊蔓，采用双秆整枝，即留 1 主蔓和 1 侧蔓同时吊秧，其余的侧枝全部打掉；采取单秆整枝，除留 1 主蔓外，其余的侧枝全部打掉。然后把生长龙头顺行摆布均匀。生长后期结合吊蔓将下部病叶、老叶、黄叶及时打去，增加株间通风透光量。当下部 2～3 穗果收完后要及时落蔓，并用土壤把老蔓埋住，促发新根，促进植株生长，或在垄上横竖插上竹竿，用牵引盘蔓的方式把植株均匀盘在竹竿上，只要肥水充足，植株可无限生长下去，实现周年生产。

6 防止落花落果

在气温较低时，为提高坐果率可适当使用植物生长调节剂，当每穗花序上有 2～3 朵花开放时，可用 2，4－D、防落素、番茄丰产剂 2 号等激素处理，增加坐果，有利于植株平衡生长。

7 病虫害防治

金陵甜玉樱桃番茄病虫害较少，苗期在低温高湿时易发生猝倒病，因此在苗期和定植时结合浇水用 NEB 3 500 倍液浇灌。在植株生长期偶有轻度病毒病和灰霉病发生，除加强肥水管理和清除残枝病叶、加大通风外，还可用 20％病毒 A500 倍液或病毒 K 防治病毒病，用 50％速可灵可湿性粉剂 2 000 倍液，或 50％扑海因可湿性粉剂 1 500 倍液防治灰霉病。结果期如出现的晚疫病可用 72％普力克水剂 800 倍液防治，叶霉病可用 2％武夷菌素水剂 150 倍液防治。虫害主要有蚜虫、潜叶蝇和白粉虱等，用吡虫啉 3 000 倍液防治蚜虫和白粉虱，用斑潜净 2 000 倍液防治潜叶蝇。注意一定要选用高效低毒的农药，交替轮换用药。

8 及时采收

金陵甜玉樱桃番茄采收时要分批采收，可单个采摘或成串采摘，常温下可保持 10～15 天不变质。同时还要注意成熟度，一般掌握在八九成熟为宜，这时口感最好，色泽最佳，便于运输，不易腐烂。采收后要注意清洗包装，进超市多采用托盘加保鲜膜封口包装。

参考文献

杨玛丽，赵统敏，余文贵，等，2012. 樱桃番茄新品种金陵甜玉高效设施栽培技术［J］. 江苏农业科学（9）：141-142.

赵统敏，余文贵，杨玛丽，等，2011. 抗番茄黄化曲叶病毒病樱桃番茄新品种“金陵甜玉”［J］. 园艺学报，38（9）：1825-1826.

启东市洋扁豆生产情况及种植技术要点

陈　柳[1]　黄陆飞[2]　董友磊[2]

（[1]启东市东海镇农业综合服务中心　江苏启东　226200；

[2]启东市农业技术推广中心蔬菜站　江苏启东　226200）

摘　要： 作为启东市传统特色农作物，种植并食用洋扁豆已然成为广大启东人民的生产消费习惯。因此，洋扁豆这一特色农产品的很多方面均受到启东这片土地的地域环境和人文因素影响，并决定了洋扁豆这一特色农产品在诸多方面具有独特的品质。本文从洋扁豆的品质特性、特殊生产方式、特定历史文化和产业现状等方面进行了介绍。

关键词： 启东市　洋扁豆　生产　现状

洋扁豆在启东市栽培时间较长，长期以来一直以散户零星种植、自给自足消费为主，成片规模种植相对较少。近年来，随着市场经济的逐步发展和日益成熟，启东市规模设施农业基地如雨后春笋般大量涌现，高效种植模式以及间作套种方式的广泛应用，为洋扁豆成片种植、批量上市和实现产业化开发创造了有利条件，也为启东市洋扁豆的生产和发展创造了新的机遇。作为启东市传统特色农作物，种植并食用洋扁豆已然成为广大启东人民的生产消费习惯。因此，洋扁豆这一特色农产品的很多方面均受到启东这片土地的地域环境和人文因素影响，并决定了洋扁豆这一特色农产品在诸多方面具有独特的品质。

1　品质特性

洋扁豆译名利马豆（Lima bean），在中国已有 300 多年的种植历史，因从外国引进故称“洋扁豆”。在启东这片年轻的沙地上，排水良好的沙壤土为洋扁豆的生长创造了得天独厚的条件，洋扁豆这一特色蔬菜产品深深扎根于此并结出累累硕果，伴随着开疆拓土的先民们开沙垦荒、繁衍生息，见证着启东这个城市的沧海桑田、繁荣昌盛。启东市生产的洋扁豆营养价值较高，据测定每百克洋扁豆含蛋白质 9.16 克、脂肪 0.84 克、碳水化合物 24.18 克。此外，洋扁豆还含有丰富的矿物质和维生素，钙、铁含量分别达到 572.98 毫克/千克、40.49 毫克/千克。洋扁豆既是滋补佳品，食之鲜嫩可口，同时又可作为一味良药，发挥消暑除湿、健脾补胃等功效，因而在启东受到广泛欢迎并发展成为具有地方特色的一种农副产品。

2　特殊生产方式

洋扁豆在启东市广泛种植，几乎家家户户房前屋后都有种植，所以种植洋扁豆在启东是具有很好群众基础的。启东市大部分以零散种植（主要是指农户在自留地上的洋扁豆种植）为主，且以直播最为常见，过去洋扁豆采收后多数用于农户自己消费，一般很少进入农贸市场进行交易，现如今，随着启东市春播玉米面积的逐年扩大，通过与玉米间作种植的洋扁豆面积越来越大，目前全市间作种植的洋扁豆面积已达到5.6万亩，这样就确保了洋扁豆有大量的富余并进入各大农贸及批发市场。洋扁豆与玉米进行合理的间作是启东劳动人民的一大创举，此举通过合理利用土壤肥力、玉米秸秆等资源，在玉米收获后以其秸秆为支架，洋扁豆藤蔓攀缘其上，达到省工节本、高产高效的种植效果。随着市场需求的不断加大，在启东市采用纯作（即单一种植）方式栽培洋扁豆的农户也具有一定规模，他们全部是用小拱棚营养钵育苗，经过一段时间达到适宜苗龄后移栽到大田，采用地膜覆盖搭棚栽培。这样生产的洋扁豆具有上市早、效益高的特点，产品可以直接进入市场流通。

3　特定历史文化

独特的旱作为主的种植结构为洋扁豆的大面积发展提供了有利条件。针对启东市旱作多熟制的种植结构特点，长期以来就有杂粮豆类等作物的种植传统。洋扁豆作为一年生植物，具有发达的根系，耐旱力较强。此外，广大启东人民洋扁豆的消费习惯由来已久。洋扁豆鲜籽粒具有细嫩易酥、清香味美、营养丰富的特点，洋扁豆作为启东人民的消费特色蔬菜体现出了饮食结构的优质化发展过程，它集体现在营养、口味等产品特性上，同时也体现出了现代人在提高生活质量上对商品性优化的要求。洋扁豆炒咸瓜、洋扁豆菜椒炒肉片、洋扁豆香干红烧鸡块、河虾洋扁豆茄子汤等具有地方特色的菜品佳肴不仅在启东当地广受欢迎，而且还受到外地游客及消费者的普遍好评。许多年事已高的归国华侨及长期在外地工作的启东人回到故乡后总是对洋扁豆等特色农产品念念不忘。在他们看来，洋扁豆已经成为了感受故土、重温过去的象征，对这种故土回归的认同深深地寄托在洋扁豆等具有启东特色人文地理印象的记忆中。

4　产业现状

长期以来，积极试验并推广了以洋扁豆为代表的蔬菜多元多熟种植模式，经收集、整理并研究开发了多种高效农业种植模式，通过实施五改措施，即二熟改三熟、收干改收青、纯作改夹种、零星改规模、传统改特色，调优了启东市的农业产业结构，使启东市的洋扁豆产业发展水平上了一个新台阶，为启东市高效农业面积的较快发展发挥了积极作用。

启东市作为旱作多元多熟制种植地区，近年来，根据本地区生产特点和市场行情，探索并大面积推广了相关高效种植模式，如“青蚕豆＋榨菜/春玉米＋棵间洋扁豆/青毛豆”、“大棚生菜-番茄/洋扁豆-甜椒”等高效种植模式，洋扁豆种植面积不断扩展。在这两种模式中，前者充分利用春播玉米土壤肥力，借助玉米秸秆供洋扁豆攀援，节省了搭架的材料及人工；而后者则是利用番茄搭架栽培的有利条件，供洋扁豆生长所用，都是近两年来推出的省工、高效的洋扁豆栽培模式。一年多熟的栽培模式、合理搭配作物品种、充分发挥和利用作物生长习性等栽培技术的广泛应用和普及也使得洋扁豆、青蚕豆、青毛豆等特粮特经作物发展成为启东市的新兴主导产业，相关产品既可直接上市销售，又可作为加工速冻保鲜产品，经济效益明显。

配套加工、冷冻企业的大量出现，为洋扁豆的储藏提供了条件。立秋节气后，由于天气逐渐转凉更适宜洋扁豆大量开花结荚，故产量较大，上市期较为集中，多在9～10月集中上市。为延长上市期，大量加工企业通过鲜籽粒速冻的方式将洋扁豆储藏期大大提高，通过速冻储藏的方式可以使洋扁豆产品延后到元旦以及春节期间销售，不仅丰富了广大消费者节日期间蔬菜的花色品种，而且还能为广大种植户带来较好的收益，为冷冻保藏企业提供了充足的原材料，经过速冻储藏后更能保持洋扁豆的新鲜色泽、风味和营养成分，因而受到了消费者的普遍欢迎。作为洋扁豆深加工的重要途径，速冻洋扁豆将成为该产业持续稳定健康发展的基础环节。

5　生育特性

洋扁豆是一年生植物，根系发达，耐旱力强。茎蔓性，叶为复叶，表面光滑无毛。花白色，花序自叶腋生。硬荚，每荚着生种子2～4粒，种子扁椭圆形，干籽粒种皮、种脐均白色，千粒重500克左右。洋扁豆喜温怕冷，种子发芽适宜温度为15～20℃，生长适宜温度为23～28℃。洋扁豆种植一般以排水良好的沙壤土为好，在栽培上分纯作、间套作二种。近年来，启东市玉米棵间间作洋扁豆种植模式发展较快，以玉米秆为支架，洋扁豆藤蔓攀缘在玉米秆上，省工节本，经济效益高。纯作一般每亩产青荚1 200千克，产值达3 600元；玉米棵间间作洋扁豆每亩产青荚400千克，产值1 000元左右。

6　栽培技术要点

6.1　适期播种

薄膜大棚栽培洋扁豆，于3月初播种在番茄棵间；纯作地膜栽培洋扁豆，一般在3月中下旬播种；露地栽培洋扁豆，在4月上中旬播种；玉米间作洋扁豆，可与春玉米同时播种，也可以在玉米出苗后播种在玉米棵间。

6.2 播前整地

纯作洋扁豆，播前结合整地，一般每亩施腐熟的人畜肥、灰杂肥等有机肥料1 000千克加复合肥50千克做基肥，然后深翻20厘米精细平整，开挖好排水沟。

6.3 种植密度

纯作洋扁豆一般行距70～80厘米、穴距40厘米，每穴2株，每亩密度4 000株左右。玉米间作洋扁豆一般每6～8穴玉米间作1穴，每穴下种3～4粒，每亩间作1 500株左右，以玉米秆为支架，藤蔓攀缘在玉米秆上。

6.4 搭架引蔓

洋扁豆出苗后应及时搭棚引蔓。以2米长左右的竹枝或芦苇搭成人字形架，中间每隔2米左右用较粗的竹竿或木桩做柱子加固棚架。然后均匀引蔓，使蔓分布均匀，充分接受光照。薄膜大棚洋扁豆中后期要增加棚架面，用绳子、竹竿等材料把大棚架与原棚架或其他作物棚架连接起来，使洋扁豆藤蔓向空中发展。

6.5 肥水运筹

出苗后及时追施苗肥，每亩施尿素5千克。洋扁豆藤蔓发达，攀缘面积大，需肥较多，花荚肥每亩施尿素15千克。玉米间作洋扁豆花荚肥每亩施尿素10千克。洋扁豆结荚期间，如遇干旱需勤浇水。纯作洋扁豆棚架中间可用秸秆覆盖，保持土壤湿润。

6.6 整枝与化控

洋扁豆生长中后期如有旺长趋势，应适当整去部分幼嫩分枝，保持结荚枝蔓分布合理、棚架通风透光，并用多效唑化控，一般用多效唑20克兑水20千克叶面喷施。盛花期用100克高效叶面肥883兑水40千克叶面喷施，能减少幼荚脱落，提高产量。

6.7 防治虫害

洋扁豆主要虫害有食心虫、蚜虫、豆荚螟和红蜘蛛等。洋扁豆发生蚜虫，会传播病毒病，要及时用10%吡虫啉20～30克兑水20～30千克或蚜虱清20～30克兑水30千克喷雾防治。防治食心虫、豆荚螟可在洋扁豆幼荚期用90%晶体敌百虫700～1 000倍液或20%杀灭菊酯乳油3 000～4 000倍液喷雾防治，每隔10天防治1次。防治红蜘蛛用扫螨净1包（10克）兑水10千克，叶背面喷雾防治。

甬甜 5 号甜瓜植株和果实生长发育特性研究

马二磊[1]　臧全宇[1*]　宋革联[2]　陈献丁[2]　徐富华[2]
朱绍军[2]　黄芸萍[1]　丁伟红[1]　王毓洪[1]　唐子立[2]
([1]宁波市农业科学研究院蔬菜研究所/宁波市瓜菜育种重点实验室　浙江宁波　315040;
[2]浙江省公众信息产业有限公司　浙江杭州　310012)

摘　要： 甬甜 5 号属脆肉型小哈密瓜品种，近年逐步成为浙江省甜瓜主栽品种。根据定植天数测定植株叶片数、植株最大叶叶长和叶宽、植株地上部分鲜重、植株茎粗、果实纵径、果实横径和果重，通过对数据进行分析，探究这些性状与定植天数的动态变化，研究甬甜 5 号植株和果实的生长发育特性。

关键词： 甬甜 5 号　甜瓜　植株　果实　生长发育特性

甜瓜属于高档果品，经济效益明显，市场潜力巨大。随着经济发展和农业产业结构的调整，甜瓜栽培面积逐年提高，甜瓜优质精细栽培技术在实际生产中应用越加广泛。近年，国内对甜瓜生长模型进行了一系列研究，植物生长模型为温室植物生长环境参数的调控提供了重要依据[1]。袁昌梅等建立了可以预测温室网纹甜瓜产量与采收期的模拟模型，建立了适合我国种植技术的甜瓜光合作用与干物质积累动态模型，建立了以生理发育时间为基础的温室甜瓜发育过程模拟模型，为温室网纹甜瓜生产管理和环境调控的优化提供决策支持[2-4]。张大龙等研究了大棚甜瓜的蒸腾规律和影响因子，可以为大棚甜瓜水分优化管理提供理论依据[5]。王怀松等对网纹甜瓜授粉后果实发育过程进行了观察，其发育呈“S”形曲线[6]。吴文勇等对架立密植小型西瓜和甜瓜在充分滴灌条件下的根冠发育进行研究，得出滴灌条件下不同生育期西瓜、甜瓜根冠发育规律[7]。

但在甜瓜生产过程中，还存在着主要凭借经验种植、缺乏准确数据支撑、建立的作物模型缺乏必要的可靠性验证、生长模型指导生产的实用化程度低的问题。因此，研究甜瓜植株和果实生长发育动态规律，探究植株营养生长与生殖生长的关系以及植株各生育阶段的发育特点，提高生长规律研究的实用性，指导甜瓜的生产管理技术是非常必要的。

1　材料与方法

1.1　材料

以甬甜 5 号为试验材料，种子由宁波市农业科学研究院蔬菜研究所提供。

1.2　试验设计

甬甜 5 号于 2015 年春季种植于宁波市高新农业技术试验园区。2015 年 1 月 26 日播种，3 月 15 日定植，4 月 20 日（定植后 36 天）打顶，4 月 23 日（定植后 39 天）坐果，6 月 1 日（定植后 78 天）采收，定植至采收生育期共 78 天。采用单蔓整枝，10～12 节坐果，摘除甜瓜主蔓上 10～12 节外的所有侧蔓，10～12 节子蔓留 2～3 片叶摘心，其他田间管理同常规。

1.3　测定方法

在甜瓜定植后，选取 15 株甜瓜，于每周一、周三、周五测定植株叶片数、植株最大叶叶长和叶宽；于每周一测定植株地上部分鲜重、植株茎粗；在坐果后于每周一、周三、周五测定果实纵径、果实横径和果重。

植株叶片数是植株主蔓上真叶的数量，以真叶伸展开计为一片叶；植株最大叶叶长和叶宽以该植株最大叶的叶长和叶宽为准，利用叶面积（y）＝叶长×叶宽×0.66 的公式[8]计算植株最大叶叶面积；植株地上部分鲜重测定时将植株拔出，去除根部，用台秤测定地上部分鲜重；植株茎粗采用游标卡尺测定，以植株第一茎节中部为准；果实纵径和果实横径用游标卡尺测定；果重在坐果后第四天用台秤测定，将果实摘下称重；果实采收后测定果实品质。数据采用 Excel 2013 软件进行统计分析。

2　结果与分析

2.1　植株叶片数

植株叶片数与定植天数之间具有高度的线性关系。由图 1 可知，定植后第1～第 36 天，植株叶片数随定植天数呈现线性增长，第 37 天对植株进行整枝打顶，植株叶片数不再发生变化。表明在定植至打顶期间，植株叶片生长速度基本保持一致，植株叶片数与定植天数的关系函数为 $y=0.6389x+0.3876$，$R^2=0.9745$。在植株打顶后，主要是植株叶片叶面积增大，以利于加强光合作用。

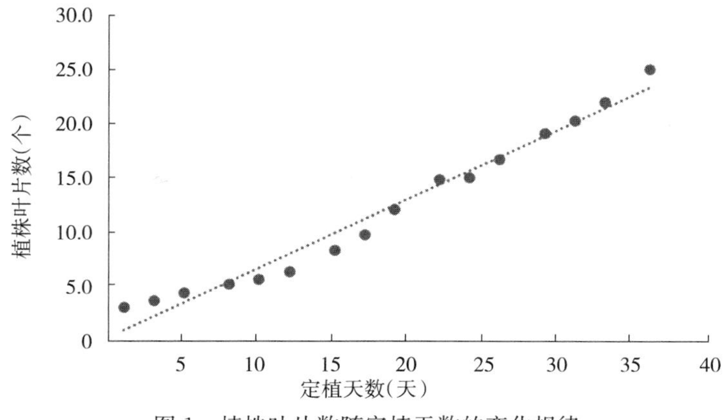

图 1　植株叶片数随定植天数的变化规律

2.2 植株最大叶叶面积

植株最大叶叶面积与定植天数之间具有一定的相关性。由图 2 可知，定植后第 1～第 12 天，植株最大叶叶面积随定植天数缓慢增长，此时植株处于缓苗期，植株根系的发育较叶片旺盛；在定植后第 13～第 43 天，植株最大叶叶面积呈现快速增长，此时植株处于营养生长盛期，茎节伸长快、叶片增加快；在定植后第 44～第 78 天，植株最大叶叶面积增速放缓，植株由以营养生长为主转向以生殖生长为主。第 44 天恰为植株坐果期，表明坐果期是植株营养生长和生殖生长的分界点，植株在坐果后叶片合成的光合产物主要用来供给果实发育。

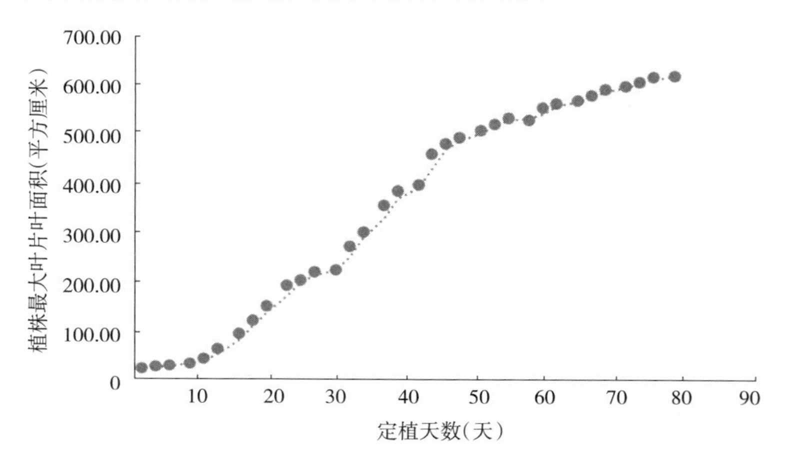

图 2　植株最大叶叶面积随定植天数的变化规律

2.3 植株地上部分鲜重

由图 3 可知，植株地上部分鲜重前期缓慢增长，后来增长速度逐步加快，在坐果后随果实膨大迅速增加，后期又转为缓慢增长。在定植后第 1～第 22 天，植株地上部分鲜重缓慢增长，由 2.4 克增长到 94.6 克；在定植后第 23～第 43 天，植

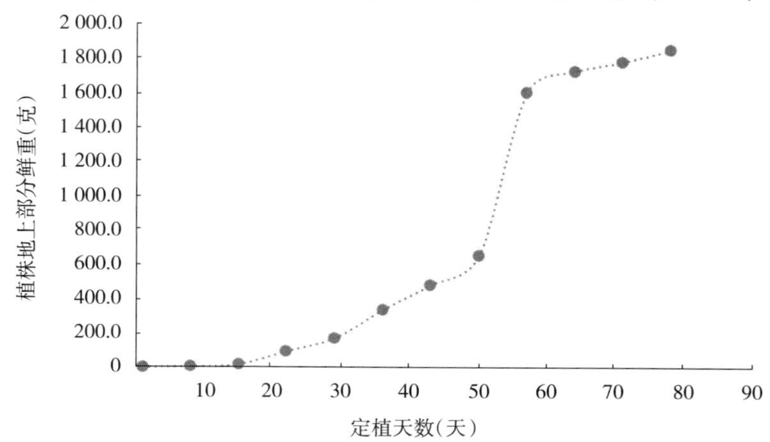

图 3　植株地上部分鲜重随定植天数的变化规律

株地上部分鲜重快速增加，增长到 486.5 克，比第 22 天增长了 414.27%；在定植后第 44～第 57 天，植株地上部分鲜重急剧加速，增长到 1 604.1 克，比第 43 天增加了 1 117.6 克、增长了 229.72%；在定植后第 58～第 78 天，植株地上部分鲜重增速放缓，增加到 1 844.7 克，仅比第 57 天增加了 240.6 克。

2.4　植株茎粗

由图 4 可知，在定植后第 1～第 36 天，植株茎粗增长较快，由 4.60 毫米增加到 9.79 毫米，表明植株处于营养生长旺期，根系活力强；在定植后第 37～第 78 天，植株茎粗缓慢增长到 10.77 毫米。植株打顶后，植株茎粗没有随植株生育期的延长而显著增长，表明植株茎粗的增长主要是在伸蔓期，培育粗壮的茎粗需要此期加强肥水管理。

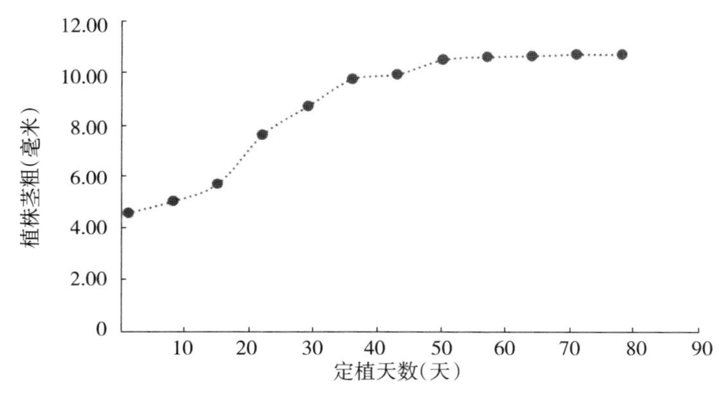

图 4　植株茎粗与定植天数的变化规律

2.5　果实纵径与横径

由图 5 可知，果实发育前期果实纵径与横径随定植天数呈现线性增长，在后期

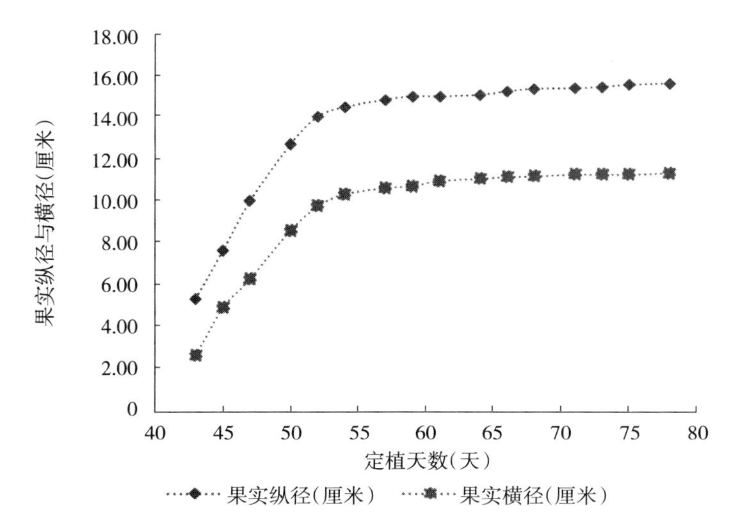

图 5　果实纵径、横径与定植天数的变化规律

果实发育成型后增速放缓。在定植后第 43～第 57 天（坐果后第 4～第 18 天）是果实纵、横径快速增长期，也是果重快速增加的时期。在定植后第 58～第 78 天（坐果后第 19～第 39 天），果实纵、横径缓慢增加，果实大小发育完成，主要是果实内干物质积累和糖分转化。

2.6 果重

由图 6 可知，在定植后第 43～第 57 天（坐果后第 4～第 18 天）是果重快速增长期，由 59.80 克增长到 1 006.00 克；在定植后第 58～第 64 天（坐果后第 19～第 25 天），果重缓慢增加，增速放缓，仅由 1 006.00 克增长到 1 085.33 克；在定植后第 65～第 78 天（坐果后第 26～第 39 天），果重增速略微加快，最终增长到 1 232.77克。表明甜瓜果实生长速度呈现“慢-快-慢”的“S”形曲线变化过程，这与果实纵、横径随定植天数的变化规律是比较一致的。

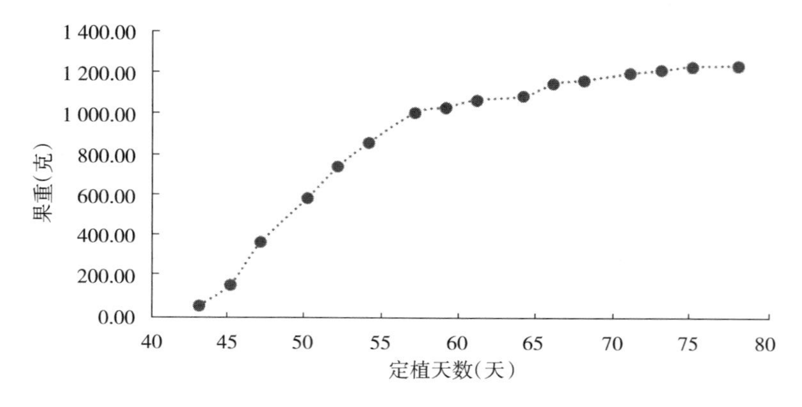

图 6　果重与定植天数的变化规律

2.7 果实品质

在果实采收后，对果实品质进行测定。甬甜 5 号的突出优点为果实整齐、商品率高、口感松脆、品质优，果实椭圆，白皮橙肉，细稀网纹，平均单果重 1.29 千克，平均果实纵径 16.4 厘米，平均果实横径 12.1 厘米，果形指数约 0.74，平均果肉厚 2.5 厘米，平均中心糖 15.4%，平均边缘糖 13.7%。表明在此栽培条件下获得的植株叶片数、植株最大叶叶长和叶宽、植株地上部分鲜重、植株茎粗、果长、果宽和果重与定植天数的变化规律是可靠的，可以作为指导田间栽培管理的依据。

3 讨论

植株叶片数、植株最大叶叶面积发育与定植天数的变化规律研究均表明，定植后第 1～第 12 天，植株处于缓苗期，此期应在定植后浇定根水 1 次，做好大棚保温工作，以促缓苗；在定植后第 13～第 43 天，植株处于营养生长盛期，此期植株主要是伸蔓，完成植株茎蔓和叶面积增长，田间管理以整枝打顶为主，由于植株生长迅速，整枝要及时；在定植后第 44～第 78 天，植株由以营养生长为主转向以生殖生长为主，此期植株主要是完成果实发育。

果实纵径与横径、果重与定植天数的变化规律研究均表明，甜瓜果实发育分为果实快速膨大期和果实糖分积累期。果实快速膨大期在坐果后第 4～第 18 天，是果实纵径和横径快速增长期，也是果重快速增加的时期；果实糖分积累期在坐果后第 19～第 39 天，果实纵径和横径缓慢增加，果实大小发育完成，主要是果实内营养物质转化、糖分积累。因此，坐果后第 4～第 18 天是果实成型的关键期，坐果后第 19～第 39 天是果实口感风味形成的关键期，这与王怀松等的研究结果是一致的[6]。在甜瓜栽培过程中，应在坐果第 6 天、第 15 天后分别追施膨果肥 1 次，在坐果第 23 天、第 33 天后分别喷施微量元素叶面肥 1 次。

早春栽培条件下，甬甜 5 号平均单果重为 1.29 千克，果型偏小，建议留 2 个瓜，以提高单产。甜瓜植株和果实生长发育与温度、光照、栽培茬口密切相关。本文试验结果仅供小哈密瓜品种春季栽培参考，秋季栽培结果有待进一步试验。

参考文献

[1] 伍德林，毛罕平，李萍萍．我国设施园艺作物生长模型研究进展［J］．长江蔬菜，2007（2）：36－40.

[2] 袁昌梅，罗卫红，邰翔，等．温室网纹甜瓜干物质分配、产量形成与采收期模拟研究［J］．中国农业科学，2006，39（2）：353－360.

[3] 袁昌梅，罗卫红，张生飞，等．温室网纹甜瓜叶面积与光合生产模拟模型研究［J］．南京农业大学学报，2006，29（1）：7－12.

[4] 袁昌梅，罗卫红，张生飞，等．温室网纹甜瓜发育模拟模型研究［J］．园艺学报，2005，32（2）：262－267.

[5] 张大龙，常毅博，李建明，等．大棚甜瓜蒸腾规律及其影响因子［J］．生态学报，2014，34（4）：953－962.

[6] 王怀松，张志斌，贺超兴，等．网纹甜瓜果实发育规律的观察［J］．中国西瓜甜瓜，2002（2）20－21.

[7] 吴文勇，杨培岭，刘洪禄，等．温室滴灌条件下西瓜甜瓜根冠发育规律研究［J］．灌溉排水，2002，21（4）：57－59.

[8] 中国农业科学院郑州果树研究所，等．中国西瓜甜瓜［M］．北京：中国农业出版社，2000.

蔬菜病虫发生特点与绿色防控技术

唐凯健[1]　高　雪[1]　刘丽君[2]　何　伟[3]

（[1]启东市农业技术推广中心植保植检站　江苏启东　226200；
[2]启东市种子管理站　江苏启东　226200；
[3]启东市林果指导站　江苏启东　226200）

摘　要： 目前，蔬菜生产中大量使用化肥、化学农药和生长调节剂等农用化学物质，使农业环境受到不同程度的污染，自然生态系统遭到破坏，土地可持续能力下降，农产品质量安全得不到保证。目前，启东市农业技术推广中心植保植检站在启东市菜用大豆生产中广泛应对针对斜纹夜蛾等病虫害的绿色防控新技术，为病虫害的防治探索了有益的经验。蔬菜病虫害防治技术关系到蔬菜生产的安全以及产品质量优劣，有别于传统粗放型防治技术，目前生产上逐步推广和应用的绿色防控技术为蔬菜等农作物的生产提供了有力的保障。本文从蔬菜生产病虫害发生特点、当前存在的问题、绿色防控技术应用等方面来进行介绍。

关键词： 蔬菜病虫害　发生特点　绿色防控技术

"民以食为天，蔬菜占半边"，蔬菜为城乡居民一日三餐不可或缺的主要食品，也是农民重要收入来源，其质量安全状况已经成为社会关注的热点。目前，蔬菜生产中大量使用化肥、化学农药和生长调节剂等农用化学物质，使农业环境受到不同程度的污染，自然生态系统遭到破坏，土地可持续能力下降，农产品质量安全得不到保证。

由启东市农业技术推广中心植保植检站申报的"菜用大豆斜纹夜蛾绿色防控技术集成与推广"项目自实施以来，对项目区实施绿色防控技术，在启东市菜用大豆生产中广泛应对针对斜纹夜蛾等病虫害的绿色防控新技术，为病虫害的防治探索了有益的经验。蔬菜病虫害防治技术关系到蔬菜生产的安全以及产品质量优劣，有别于传统粗放型防治技术，目前生产上逐步推广和应用的绿色防控技术为蔬菜等农作物的生产提供了有力的保障。

1　病虫发生特点

1.1　流行速度快，发生危害重

在设施条件下，低温、高湿、弱光照形成的特殊小气候，使植株自身的抗病能力差，极有利于病原菌的入侵，一旦发病，病害会迅速扩张，在短时间内造成严重危害。瓜菜类蔬菜的霜霉病、叶菜类蔬菜的小菜蛾和甜菜夜蛾以及启东市菜用大豆生产中的斜纹夜蛾等常发性病虫害继续大发生，危害严重。例如，黄瓜霜霉病若预防不当，从点片发生蔓延到全棚，仅需一周时间。

1.2　次要病虫上升为主要病虫

由于设施栽培品种的多样化、种植模式的多元化等因素，以前不发生或作为兼治的次要害虫纷纷上升为主要害虫。这几年最突出的是烟粉虱、黄曲条跳甲和蓟马等。自2001年烟粉虱侵入启东市以来，发生扩展迅速，现已成为大棚蔬菜最主要的病虫害之一，而且是秋季露地作物的重要虫源。

1.3　土传病害日趋加重

因设施栽培自身的特点，轮作换茬比较困难，造成土壤病原菌累积，根部病害逐年加重；加上菜农对病害防治意识不强，防治滞后，造成危害。如根结线虫这几年已成为茄果类、瓜类蔬菜主要病害之一，枯萎病、疫病发生也日趋严重。

1.4　生理性病害呈明显加重趋势

由于设施蔬菜特殊的栽培环境，蔬菜生理性病害发生严重，并且一旦发生，面积大、症状重、防治难、损失重，是目前设施栽培重要病害之一。如缺素症、连作障碍、低温障碍、日灼病、畸形花和顶裂果等病害已成为目前设施栽培蔬菜十分突出的问题，这是广大菜农迫切需要解决的问题。

1.5　药害、肥害在设施栽培中时常发生

因设施封闭的环境条件，有的菜农对有些农药、肥料的性能不了解，使用后没有及时通风，往往造成药害、肥害，整棚作物叶片、叶缘枯焦，提早拉秧（清茬），严重的甚至绝收，造成不应有的损失。

2　防治中存在的主要问题

2.1　重化学防治、轻综合防治

农业防治、物理防治和生物防治等基础性防治方法被不少菜农忽视了。如利用高温闷棚的方法可以有效地预防和减轻灰霉病、霜霉病等病害的发生；利用黄板诱蚜、诱烟粉虱成虫；利用生物药剂可以有效减缓抗药性的产生。由于化学农药的长期使用，田间有益生物的种群受到严重的破坏，造成害虫防治的恶性循环。

2.2　不能适期用药防治，防效差

由于蔬菜病虫害种类比较复杂，菜农往往掌握不好防治适期，或者提早用药，

见虫就打，或者滞后用药，在高龄使用，特别在大棚病害表现更突出。大棚病害一旦发生，菜农往往在发生后期才发现，已产生危害了，再用药剂控制，比较困难了。这也是目前生产上很突出、也很难解决的问题。

2.3 药剂选择不当，使用不合理

对病虫害种类区分不当，不能对症下药。在生产中使用高毒农药或禁用农药时有发生。不交替轮换使用农药，不少菜农选择了一种他认为理想的药剂就长期、多次使用，往往造成一种新药剂投放市场 2～3 年便产生抗药性。

2.4 未利用设施条件，开展防治病虫

设施条件有别于露地，在病虫害防治方面有利也有弊，在生产上没有充分扬其长避其短，发挥好设施特有的条件防治病虫害。如大棚湿度大，使用烟剂与粉尘剂的较少，大多数设施栽培没有配套使用地膜和滴灌，以减少大棚湿度；在使用防虫网覆盖前，没有充分做好害虫的防治工作，不能很好发挥好防虫网的优势。

3 绿色防控

目前，蔬菜生产中大量使用化肥、化学农药和生长调节剂等农用化学物质，使农业环境受到不同程度的污染，自然生态系统遭到破坏，土地可持续能力下降，农产品质量安全得不到保证。根据联合国有关组织统计，全世界每年 75 万人发生农药中毒，其中近 2 万人丧生。据农业部、卫生部统计，近几年我国每年发生农药中毒人数均超过 10 万人。

3.1 农作物病虫害绿色防控定义

以确保农业生产、农产品质量和农业生态环境安全为目标，以减少化学农药使用为目的，优先采取生态控制、生物防治和物理防治等环境友好型技术措施控制农作物病虫害的行为。

3.2 绿色防控策略

一是强调健身栽培，二是强调病虫害的预防，三是强调发挥农田生态服务功能，四是强调生物防治的作用。

3.3 绿色防控技术体系

见表 1，下面就农业防治和物理防治在农作物及蔬菜生产中的应用情况进行举例介绍。

表 1　绿色防控技术体系表

时期	作用	植物检疫	农业防治	物理防治	生物防治	化学防治
产前	预防病虫发生	严禁危险性病虫传入	选用抗病虫品种 无性繁殖材料 换根嫁接 无土栽培 调节播期	温汤浸种 热力消毒 太阳能消毒 土壤	保护天敌和有益微生物 生物制剂 处理种苗和土壤	种苗处理 棚室消毒苗床土
产中	控制病虫为害	封锁疫区 铲除入侵 检疫对象	轮作、间套作、土壤耕作，优化群体结构，科学施肥、浇水，增强寄主抗性，控温调湿、高温高湿闷棚	防虫网、遮阳网与防雨棚、灯光、色板诱杀、或忌避人工防除	农用抗生素制剂 释放天敌 性信息素	高效安全杀虫（螨、菌）剂 食饵诱杀 灌根挑治
产后		内检 外检	适期采收 货堆通气	低温冷藏 快速预冷 气调贮藏 涂膜贮藏 辐射贮藏	生防菌 拮抗剂	仓库、运输工具消毒、 防腐剂

3.3.1　农业防治

以农业防治为例，可以通过调节播期、选用抗病虫品种、水旱轮作与套作、嫁接、翻耕晒垡、无土栽培、科学肥水运筹、摘除老叶控虫。

3.3.1.1　调节播期

调节播期可以有效避开病虫害发生的高峰期，收到良好的防治效果。如水稻条纹叶枯病防治采用适期迟播的措施，可避开小麦田一代灰飞虱成虫向秧苗迁移刺吸为害传毒；防治玉米粗缩病，该病通过灰飞虱传毒，传毒关键期是玉米六叶期前，通过调整播种期，确保在小麦田一代灰飞虱成虫迁移扩散期（5 月 20 日至 6 月 15 日），玉米苗超过 6 张叶片或在 6 月 15 日开始播种。番茄黄化曲叶病防治中烟粉虱是番茄苗期传毒的重要媒介，要避开 9 月底至 10 月上中旬烟粉虱成虫迁移到苗期的高峰，可以在 10 月上中旬开始播种，覆盖 60 目防虫网培育无虫苗。

3.3.1.2　选用抗病品种与种子处理

因地制宜选用抗病虫优良品种。任何来源的种子，都必须品种纯正、无破损，防止病虫害的二次传染。在新品种的引进上，都应经过小面积试种的步骤，然后大面积推开。种子处理方面，通过晒种，根据不同作物的不同特点，有选择地采用种子包衣、药粉拌种、药剂浸种和温汤浸种等方法进行种子消毒。

3.3.1.3　培育无病虫的壮苗

培育无病虫的壮苗是预防和减轻大田病虫害的重要技术措施。方法主要包括苗床土壤进行彻底消毒或用无土栽培的基质育苗；应用塑料育苗盘或塑料营养钵育苗并带土移植；通过嫁接换根防止土传病害的嫁接育苗等。

3.3.2　物理防治

在物理防治方面，合理应用包括温烫浸种、防虫网阻隔、色板诱杀、银灰膜避虫、避雨栽培、人工捏杀虫窝、摘除下部老叶和土壤消毒等在内的措施，来达到绿色防控病虫害发生的效果。

3.3.2.1 色板诱杀

利用黄板诱杀烟粉虱、蚜虫和斑潜蝇等有害昆虫，利用蓝板诱杀蓟马等。

3.3.2.2 摘除老叶控虫

以辣椒为例，辣椒烟粉虱越冬前后，若虫和伪蛹等主要在中下部几张叶片上，总叶 12 张时，下部 4 张叶片虫卵量占 85%以上，摘除老叶带出棚外可有效减轻烟粉虱为害（表 2）。

3.3.2.3 保护地（温室）土壤消毒（除害）技术

太阳能消毒法，即利用太阳热能和设施密闭环境，提高设施环境温度，处理、杀灭土壤中病菌和害虫，加快土壤微量元素氧化水解复原。7～8 月高温季节，最佳时间选择在气温 35℃以上盛夏时实施。当春茬作物采收后换茬高温休闲期，及时清理残茬，多施有机肥料［配合施用适量切细 3～4 厘米长稻草秸秆等 500～1 000千克，再加腐殖酸肥］后立即深翻土壤 30 厘米，每隔 40 厘米做条状高垄，灌水密封，关闭棚室，土温可达 55～70℃消毒 15～20 天。

表 2　不同时期摘辣椒底部老叶烟粉虱分布数量情况表

叶龄	类　别	下部第一叶	第二叶	第三叶	第四叶	其余叶片之和
4.8 叶	虫量（头·粒）	67	24	19	10	0
	虫量占整株（%）	55.83	20	15.83	8.34	0
8.6 叶	虫量（头·粒）	24	77	45	8	16
	虫量占整株（%）	14.12	45.29	26.47	4.71	9.41
12.3 叶	虫量（头·粒）	46	104	95	60	55
	虫量占整株（%）	12.78	28.89	26.39	16.67	15.27

高温季节农药安全使用

张凯杰[1]　董友磊[2]　黄陆飞[2]　陈　柳[3]

（[1]启东市农业委员会办公室　江苏启东　226200；

[2]启东市农业技术推广中心蔬菜站　江苏启东　226200；

[3]启东市东海镇农业综合服务中心　江苏启东　226200）

摘　要：夏秋高温季节是农作物病虫害防治的关键时期。为了防止施药人员高温中暑和农药中毒，减少农作物药害事故，杜绝蔬菜及鲜食农产品农残超标现象，切实保障农业生产安全和农产品质量安全，确保启东市农产品安全供应。本文从强化宣传指导，提高农民安全用药意识；强化防护措施，降低中毒中暑事故发生；强化绿色防控，科学指导蔬菜病虫防治；强化组织管理，确保各项措施落实到位4个方面就做好高温季节农药安全使用工作进行了介绍。

关键词：高温季节　农药　安全使用

夏秋高温季节是农作物病虫害防治的关键时期。为了防止施药人员高温中暑和农药中毒，减少农作物药害事故，杜绝蔬菜及鲜食农产品农残超标现象，切实保障农业生产安全和农产品质量安全，确保启东市农产品安全供应，应从以下几个方面做好高温季节农药安全使用工作。

1　强化宣传指导，提高农民安全用药意识

增强广大农民安全用药意识，提高农民科学用药水平，是农药安全使用的基础。启东市高度重视农药安全使用的宣传指导，确保施药人员人身安全、农作物生长安全和农产品质量安全。在宣传培训方面，启东市通过举办培训班、农民田间学校和印发技术资料等形式，让村组干部、农民科技示范户、农药经销人员和广大农民，了解安全用药相关知识，增强农民自我保护意识。在农药品种选择方面，启东市积极推广高效、低毒、低残留化学农药及生物农药，认真宣传推介江苏省农业委员会“四主推”农药品种，杜绝使用高毒、高残留农药，尽可能降低农产品中农药残留，提高农产品质量安全水平。在用药指导方面，通过及时与气象部门沟通，掌握高温天气信息，制订高温天气安全用药预案，指导农民在高温季节施药采取防暑、防中毒的方法。

2　强化防护措施，降低中毒中暑事故发生

制定切实可行的防护措施，避免或降低中毒中暑等事故的发生，是农药安全使

用的关键。

2.1 规范施药人员行为

确保施药人员要身体健康，并具备必要的农药安全使用知识；施药时，指导其正确选用和配戴手套、口罩、防护服等防护用品，并指导农民始终在上风位置作业，防止农药进入眼睛、接触皮肤或吸入体内，施药时严禁进食、饮水、吸烟；指导广大农民高温天气施药时间选择在上午 9 时前或下午 5 时后，避免中午前后下田施药。

2.2 大力推广新型高效施药机械

高效施药机械有利于减轻施药人员的作业强度，保护施药者的安全。启东市通过继续引导农民使用新型植保机械，并积极向专业化服务组织推荐施药质量好、作业效率高、劳动强度低的植保机械。

2.3 大力推进病虫害专业化统防统治

实践证明，专业化统防统治可提高病虫防治效率和防治效果，减少农药使用量，减轻环境污染，提高农产品品质。通过在启东市各乡（镇）大力推进和落实病虫害专业化统防统治工作，采取专业防治组织替代一家一户农民开展病虫害防治，提高科学用药水平，避免或降低农药中毒及人员中暑等事故的发生。

3 强化绿色防控，科学指导蔬菜病虫防治

推广农业、生态、物理、生物防治和科学用药的农作物病虫害绿色防控技术是控制病虫为害、提高农产品质量、保护农业生产和生态环境的重要举措。启东市蔬菜品种多、种植方式复杂、病虫为害严重，菜农在蔬菜生产过程中盲目、过度依赖化学农药控制病虫，容易导致蔬菜产品中农药残留超标现象发生。为保证蔬菜产品质量安全，确保启东市供应蔬菜质量，让市民吃上“放心菜”，指导各乡（镇）科学指导蔬菜病虫防治工作。

3.1 及时开展病虫监测

通过系统监测和面上普查，把握好重点蔬菜病虫的发生和防治适期，指导面上开展防治。

3.2 大力推广绿色防控技术

目前，启东市正大力推广以黄板诱杀、性诱杀和杀虫灯诱杀的“三诱”技术、防虫网阻隔技术和生物农药应用技术等绿色防控措施，已将氯虫苯甲酰胺、苏云金芽孢杆菌、多杀菌素等低毒低残留农药（表 1）作为重点推广项目大力推广实施，杜绝使用高毒高残留农药。

表1　蔬菜生产使用低毒低残留农药主要品种名录（2014）

序号	蔬菜种类	低毒低残留农药品种（按照登记标签的使用范围和注意事项）
1	十字花科蔬菜	虫酰肼、短稳杆菌、苏云金杆菌、菜青虫颗粒体病毒、苜蓿银纹夜蛾核型多角体病毒、甜菜夜蛾核型多角体病毒、斜纹夜蛾核型多角体病毒
2	甘蓝	多杀菌素、除虫脲、氟啶脲、氟铃脲、甘蓝夜蛾核型多角体病毒、甲氧虫酰肼、氯虫苯甲酰胺、灭幼脲、乙基多杀菌素、印楝素
3	大白菜	多杀菌素、金龟子绿僵菌、苯醚甲环唑
4	小白菜	球孢白僵菌
5	白菜	氨基寡糖素
6	花椰菜	氯虫苯甲酰胺
7	叶菜类蔬菜	芸苔素内酯
8	萝卜	氟啶脲
9	芹菜	苯醚甲环唑、赤霉酸 A3
10	黄瓜	矿物油、灭蝇胺、啶酰菌胺、几丁聚糖、氨基寡糖素、苯醚甲环唑、地衣芽孢杆菌（保护地）、多黏类芽孢杆菌、噁霉灵（苗床）、氟吗啉、枯草芽孢杆菌、咪鲜胺、咪鲜胺锰盐、木霉菌、三乙膦酸铝、烯酰吗啉、乙嘧酚、芸苔素内酯
11	节瓜	多杀菌素
12	番茄	矿物油、螺虫乙酯、几丁聚糖、淡紫拟青霉、氨基寡糖素、苯醚甲环唑、春雷霉素、低聚糖素、多黏类芽孢杆菌、菇类蛋白多糖、寡雄腐霉菌、已唑醇、蜡质芽孢杆菌、木霉菌、葡聚烯糖、异菌脲、荧光假单孢杆菌、S-诱抗素、乙烯利、芸苔素内酯
13	辣椒	低聚糖素、多黏类芽孢杆菌、氟啶胺、枯草芽孢杆菌、咪鲜胺、咪鲜胺锰盐
14	茄子	多杀霉素、乙基多杀菌素、多黏类芽孢杆菌
15	菜豆	灭蝇胺
16	大蒜	苯醚甲环唑
17	芦笋	苯醚甲不唑
18	西葫芦	香菇多糖
19	菠菜	赤霉酸 A3

注：根据农业部种植业管理司《种植业生产使用低毒低残留农药主要品种名录（2014）》［农农（农药）〔2014〕99号文整理］。

3.3　严格遵守农药安全使用间隔期规定

保证蔬菜采收时间与距离最后一次施药时间在安全间隔期以上，确保夏季蔬菜生产质量安全。

4　强化组织管理，确保各项措施落实到位

农药安全使用工作关系到农业生产安全、农产品质量安全、生态环境安全以及人畜生命与健康安全。要求启东市各乡（镇）、园区、管委会等相关农业部门，必

须切实做好夏秋高温季节农药安全使用的指导工作。

4.1 加强组织领导

要高度重视，强化组织领导和工作协调，把农药安全使用工作纳入重要议事日程，在工作计划制订、力量配备和条件保障等方面加大支持力度，确保各项措施落实到位。

4.2 建立工作制度

要求结合各乡（镇）农业生产和工作实际，建立农药安全使用工作保障制度，明确责任单位、主要任务、责任人员。要督促落实农药生产者、销售者、使用者和监管者的主体责任，建立农药安全事故报告等制度。

4.3 做好应急处置

积极应对农药使用安全事件，落实属地管理职责，做到早发现、早报告、早处置，防范事态扩大。对在高温天气使用农药造成的重大人员中暑中毒、农作物大面积药害事故和农药残留超标事故的，将严格按照《江苏省农药使用安全事故应急预案》等有关规定，及时应急处理、快速上报，严禁瞒报、谎报实情。

果蔬品质及采后商品化处理

陈思思[1]　董友磊[1]　顾明慧[1]　黄陆飞[1]　赵晓燕[2]

（[1] 启东市农业技术推广中心蔬菜站　江苏启东　226200；
[2] 启东市海复镇农业综合服务中心　江苏启东　226200）

摘　要： 随着启东市蔬菜产业转型升级、提质增效的不断推进，市场对果蔬品质和采收商品化处理的要求越来越高，新鲜农产品通过采取整理与初选、晾晒、愈伤、喷淋、预冷等预处理措施以及分级、涂膜（涂蜡）、保鲜包装、催熟与脱涩等商品化处理措施，达到增加产品附加值、提高市场竞争力的目的。

关键词： 果蔬　品质　采收预处　商品化处理

随着启东市蔬菜产业转型升级、提质增效的不断推进，市场对果蔬品质和采收商品化处理的要求越来越高，新鲜农产品通过采取整理与初选、晾晒、愈伤、喷淋、预冷等预处理措施以及分级、涂膜（涂蜡）、保鲜包装、催熟与脱涩等商品化处理措施，达到增加产品附加值、提高市场竞争力的目的。

1　果蔬品质

果蔬的品质一般包括感官质量、质地特性、气味特性和滋味特性等。

1.1　感官质量

果蔬的感官质量要求同一种类和品种果蔬大小、重量应该是整齐一致的。果蔬的颜色也是分级、包装的重要依据，同时也是刺激消费者购买欲望的直接因素。果品的形状多以圆、椭圆球状居多。状态因子是果蔬新鲜程度的具体表现。果实没有畸形、开裂、病斑、虫咬痕以及碰、擦、揉等机械损伤。

1.2　质地特性

果蔬的质地特性是由软硬、脆绵、致密疏松、粗糙细嫩和汁液多少等特性因子构成。这些特性因子的表达，是在销售和消费过程中，通过人们的触觉器官或机械来检验，如通过手捏、咀嚼和切割等方式来感知的。

1.3　气味特性

气味特性，果蔬的气味特性是由成分复杂的挥发性芳香物质（酯、醛、酮、醇、萜、挥发性酸类等物质）及其他外源性异味等特性因子构成，是果蔬外在品质和内在品质特性的综合表现。大多数芳香性物质对果实的成熟有促进作用。

1.4 滋味特性

果蔬的滋味特性是由甜、酸、苦、辣、涩、鲜等各种特征滋味及其浓淡程度因子构成的，也是果蔬外在和内在品质特性的综合表现。果蔬中风味物质大多是由糖、有机酸、苦味物质（生物碱或糖苷等）、鞣质（单宁等酚类物质）和氨基酸类物质组成。

2 果蔬品质鉴定方法

果蔬品质鉴定的方法主要包括感官鉴定法和理化鉴定法两种。感官鉴定法是指凭借人体自身的眼、耳、鼻、口舌、手等感觉器官，对果蔬感观质量状况做出客观的评价。理化鉴定法是指能利用各种仪器设备进行果蔬品质鉴定的方法。一般可分为物理机械检测和化学检测两种方法。

3 果蔬采后预处理

果蔬采后商品化处理，其中预处理措施主要有：整理与初选、晾晒、愈伤、喷淋、预冷。

3.1 整理与初选

整理与初选对于大部分蔬菜而言，采收后带有泥土、病虫损伤、残枝败叶和老化根茎等，必须进行适当的整理；对于果菜来说，在采收前会有一定的病、虫侵染害果、畸形果和采收中的机械伤害果存在，需要进行筛选和剔除。

3.2 晾晒

对于含水量高、表皮细嫩、采收期间容易形成机械伤口的果蔬，在储藏前进行适当晾晒，有利于伤口形成愈伤组织，减少储藏中病害的发生，延长储藏期，保持商品性。

大白菜适当的晾晒失水，使外层菜帮变软、减少储藏期间机械损伤的发生，还可杀死部分微生物，以增强耐性；洋葱、大蒜经适当的晾晒有利于外层革（膜）质化鳞片的形成，以增强其耐储性；“地产三宝”（启东香沙芋、香芋、双胞山药）以采收地下产品器官为主，在采收后进行适当晾晒，能够促进切面（伤口）愈合并降低产品含水量，增强其耐储性；长江流域易受到持续强降水的影响，对启东市露地瓜菜生产造成不利影响，其中金瓜生长后期雨水较多，如果采后不进行适当晾晒，降低水分含量，促进瓜皮致密化进程，很容易导致产品入库后在储藏期间大量腐败变质，使农户受到损失。

3.3　愈伤

果蔬在采收过程中，常会造成不同程度的机械损伤，使微生物侵入而引起生物病害的发生，特别是块根类、块茎类、鳞茎类的蔬菜，在储运前必须进行愈伤处理。

不同的果蔬愈伤组织形成时，对温度、湿度要求不同。马铃薯愈伤的最适条件为温度 21～27℃，相对湿度 90%～95%，并通风良好 2 天完成愈伤；甘薯在 32～35℃，相对湿度 85%～90%，并通风良好 4 天完成愈伤。常选择遮阳、保温保湿的通风储藏库进行愈伤处理。山药在 38℃，相对湿度 95%～100%，并通风良好条件下 24 小时完成愈伤。

3.4　喷淋

果蔬通过喷淋可以除去表面的污物和农药残留以及杀菌、杀虫剂的残留。清洗后，要迅速通过干燥装置将果实表面的水分去除。常用浸洗、冲洗或机械刷洗的方法。

3.5　预冷

预冷处理的作用主要体现在果蔬采后带有大量的田间热，体温高，如果不及时预冷降温就进行入储或装车启运，将减慢冷藏库库温、冷藏车车温的迅速降低，大大影响果蔬的储藏效果和运输品质。有实验表明：苹果在 20℃温度下放 1 天的品质变化，相当于在 1℃温度下放 10 天的品质变化。预冷处理的方法：目前预冷的方法有多种，一般有自然预冷和人工预冷。不同预冷的方法各有其优缺点，在选择时要依果蔬的种类、现有设备、包装类型和成本等因素确定。

启东市近些年露地大葱种植面积增加迅猛，但采收后的田间预冷措施及后续保鲜工作尚未到位。虽然启东市每年 12 月底至翌年 4～5 月大葱均可上市，但如果能够将大葱进行田间预冷并开展保鲜储藏，延后 40～45 天再上市销售，那么启东市大葱的市场竞争力就会大大增强。

4　果蔬的商品化处理

果蔬的商品化处理主要包括分级、涂膜（涂蜡）、保鲜包装、催熟与脱涩等。

4.1　分级

采用人工或机械分拣的方式对刚采收的果蔬进行初选分级。保证果蔬的大小、色泽等外观品质一致。方法简单、直观，如果使用人工，成本虽然可控，但效率不高。

4.2　涂膜（涂蜡）

涂膜（涂蜡）即人为地在果蔬产品表面涂被一层蜡质。经涂蜡处理的果蔬可以减少水分散失，防止储运中的过度失水；阻碍气体交换减弱了呼吸作用，可延缓果蔬衰老的进程；增加产品光泽、改善了果蔬外观品质。同时，所涂蜡质还可以作为防腐剂使用的载体，抑制病原微生物的浸染，对果蔬产品的储运保藏都有很重要的作用。涂膜（涂蜡）的方法主要有人工浸涂法、刷涂法和机械喷涂法等。

涂膜（涂蜡）处理需要注意的问题：一是涂层厚度均匀、适量；二是涂料本身必须安全、无毒、无损人体健康；三是成本低廉、材料易得，便于推广。

4.3 保鲜包装

合理的包装可使果蔬在储运过程中，保持良好的商品状态，减少挤压、碰撞造成的机械伤；避免水分的蒸发和病害发生后的蔓延；提高商品率和卫生安全质量；包装又是商品的一部分，包装的标准化规格有助于流通和销售过程中的规范化。

果蔬包装与容器的材料具备的基本条件：具有保护性；所选用的材料清洁、无毒、无害、无污染、无异味、安全卫生；具有防潮性；具有通透性；对于所选材料重量要轻、生产成本要低，最好能就地取材，对环境不造成污染、易回收利用。

果蔬蒸腾作用和呼吸作用及温度变化（从冷库取出或放进冷库）产生大量水蒸气，功能性保鲜包装（如热收缩膜）通过加热把膜收缩从而达到包装定型的目的。此外，还能达到美观作用，能显示出被包装的果蔬的形状（如包装香蕉、黄瓜和番木瓜等）；保鲜与保护作用：延长货架寿命。还有 POF 热收缩膜（多层共挤聚烯烃收缩膜，欧美标准的环保新产品）具有收缩率高、透明光洁度高的突出优点。

4.4 催熟与脱涩

催熟与脱涩，用来催熟的果蔬必须要达到生理成熟；催熟时，要求有较高的温度、湿度和充足的氧气；选择合适的催熟剂，并要达到一定的浓度；催熟时，为使催熟剂充分发挥作用，必须有一个气密性良好的环境。

销售期间鲜切蔬菜的安全性评价

曹　娜　张心怡　姜　丽　米　娜　郁志芳
（南京农业大学食品科技学院　江苏南京　210095）

摘　要：以超市销售的21种鲜切蔬菜为材料，对其菌落总数、大肠菌群、单核细胞增生李斯特氏菌、亚硝酸盐、亚硫酸盐和防腐剂等安全指标进行检测。结果显示，鲜切蔬菜的菌落总数及大肠菌群数距即食要求明显偏高，某些鲜切蔬菜检出单核细胞增生李斯特氏菌、苯甲酸、山梨酸，表明市场销售的鲜切蔬菜存在一定的安全性问题，多数产品不符合直接食用要求。

关键词：鲜切蔬菜　销售期间　微生物　安全指标

鲜切蔬菜是以新鲜蔬菜为原料，在冷链下经挑选、清理、切分和包装等处理后，保持生鲜状态，再经冷藏运输进入超市、冷柜等，供消费者或餐饮业直接使用的一种蔬菜制品[1,2]。鲜切蔬菜除具有新鲜品质和营养价值外，还具有食用方便、快捷等优点，是现代蔬菜消费市场发展的方向。随着产业技术发展，国外鲜切蔬菜品种繁多、产量增加、市场迅速扩展，形成年产数百亿美元的巨大市场和新兴产业，使其加工、储藏及流通销售日趋成熟[3,4]。我国鲜切蔬菜行业也日益增多，开始呈现蓬勃发展的态势。

鲜切蔬菜在切割过程中易受机械损伤，伴随着活细胞损伤、营养物质外漏，极易受微生物污染，常见易感染的食源性病原菌主要包括：大肠杆菌 O_{157} ∶ H_7（*Escherichia coli*）[5,6]、李斯特菌（*Listeria monocytogenes*）[7,8]、沙门氏菌（*Salmonella*）[5,9]等。微生物污染是鲜切蔬菜流通销售中的一大障碍，控制微生物滋生是保证产品品质的一个重要方面[10]。为减少微生物污染引起的品质变化并延长货架期，在鲜切蔬菜加工过程中部分厂商使用添加剂、防腐剂等保持鲜切蔬菜新鲜品质，同时也给鲜切蔬菜带来安全隐患。

根据食品安全国家标准等相关规定，本研究以市面出售的鲜切蔬菜为对象进行随机采样，对其菌落总数、大肠菌群、单核细胞增生李斯特氏菌、亚硝酸盐、亚硫酸盐和防腐剂等安全指标进行检测。比较分析鲜切蔬菜的菌落总数及大肠菌群数，检测是否使用添加剂、防腐剂等，分析数据并研究相应的质量控制措施，为鲜切生菜的质量安全控制提供依据。

1　材料与方法

1.1　材料与仪器

从南京、上海超市选购新鲜切分好的鲜切蔬菜样品，包括叶菜类（生菜、韭菜、包菜、青菜秧、白菜、鸡毛菜、鲜法香、菊花叶、芹菜、龙须菜和芝麻菜）、根茎类（马铃薯、胡萝卜、洋葱、茭白和芋艿）和果菜类（西葫芦、冬瓜、彩椒、青椒和苦瓜等），采购后以保温箱冰温保存，立即运回实验室检测。南京、上海采购鲜切蔬菜的种类和数量见表1。

隔水式恒温培养箱（上海森信实验仪器有限公司）；洁净工作台（苏净集团苏州安泰空气技术有限公司）；高压灭菌锅（Autoclave，日本）；数显恒温水浴锅（常州国华电器有限公司）；紫外-可见分光光度计（Alpha-1860A，上海谱元有限公司）；精密电子天平（北京赛多利斯仪器系统有限公司）；高效液相色谱仪（Agilent1120，德国）。

1.2 实验方法

1.2.1 菌落总数的测定

参考《食品微生物学检验 菌落总数测定》GB 4789.2—2010[11]。

1.2.2 大肠菌群的测定

参考《食品微生物学检验 大肠菌群测定》（GB/T 4789.3—2003）[12]。

1.2.3 单核细胞增生李斯特氏菌的测定

参考《食品微生物学检验 单核细胞增生李斯特氏菌检验》（GB 4789.30—2010）[13]。

1.2.4 亚硝酸盐的测定

参照《食品中亚硝酸盐与硝酸盐的测定》（GB 5009.33—2010）中盐酸萘乙二胺法[14]，并稍做修改。称取5克匀浆试样，加入12.5毫升饱和硼砂溶液，搅拌均匀，300毫升的70℃水将试样洗入500毫升容量瓶，沸水浴15分钟，取出冷却至室温，加入5毫升亚铁氰化钾溶液、5毫升乙酸锌溶液，加水至刻度，摇匀静止30分钟，过滤（弃初滤液30毫升），取20毫升滤液至25毫升试管，加1毫升对氨基苯磺酸溶液，静置3～5分钟后加入0.5毫升盐酸萘乙二胺溶液，加水至刻度，混匀，静置15分钟，538纳米测定吸光值。

1.2.5 亚硫酸盐的测定

参照《食品中亚硫酸盐的测定》（GB/T 5009.34—2003）中蒸馏法[15]。样品切碎混匀称取约5克，加入250毫升蒸馏水、10毫升盐酸（盐酸∶水体积比为1∶1配置）置于蒸馏烧瓶中，在蒸馏装置中蒸馏至200毫升，冷凝管下端由装有25毫升乙酸铅（20克/升）碘量瓶接收，取出碘量瓶加入10毫升浓盐酸、1毫升淀粉指示液（10克/升），摇匀之后用碘标准滴定溶液（0.010摩尔/升）滴定至变蓝且在30秒内不褪色为止，记录数据。

1.2.6 山梨酸、苯甲酸的测定

参照《食品中山梨酸、苯甲酸的测定》（GB/T 5009.29—2003）中高效液相色谱法[16]，并稍做修改。检样（切碎均匀取样，研磨成匀浆液，称取5克），加超纯水定容至10毫升，0.45微米滤膜过滤后20微升进样，根据保留时间定性，外表峰面积法定量。

表 1　鲜切蔬菜主要安全指标检测

品种	蔬菜名称	数量	采样地点	检测指标						
				菌落总数（CFU/克）	大肠菌群（MPN/100 克）	单核细胞增生李斯特氏菌	亚硝酸盐（毫克/千克）	亚硫酸盐（克/千克）	苯甲酸（毫克/千克）	山梨酸（毫克/千克）
叶菜类	生菜	52	南京（49）、上海（3）	$60\sim7.80\times10^4$	20～400	-	0.41±0.22	0.013±0.008	-	-
	韭菜	50	南京（47）、上海（3）	$1.46\times10^6\sim1.85\times10^8$	$3.0\times10^4\sim1.1\times10^7$	检出	1.15±0.86	0.040±0.013	-	18.13±0.25
	包菜	12	南京	$4.35\times10^5\sim7.30\times10^7$	$9.0\times10^4\sim1.1\times10^7$	检出	1.80±0.66	0.022±0.008	-	-
	青菜秧	9	南京	$7.50\times10^5\sim3.09\times10^7$	$9.0\times10^4\sim2.4\times10^6$	检出	2.18±1.31	0.026±0.008	-	26.36±0.58
	白菜	9	南京	$1.82\times10^6\sim1.30\times10^7$	$9.0\times10^3\sim2.9\times10^4$	检出	1.73±1.27	0.025±0.010	-	-
	鸡毛菜	9	南京（6）、上海（3）	$5.45\times10^6\sim7.40\times10^7$	$4.3\times10^5\sim2.4\times10^7$	检出	3.38±1.79	0.027±0.005	-	29.79±0.93
	鲜法香	3	南京	$3.85\times10^5\sim2.69\times10^6$	$4.3\times10^4\sim4.6\times10^5$	-	8.66±2.89	0.024±0.004	-	-
	菊花叶	3	南京	$8.60\times10^6\sim2.48\times10^7$	$9.3\times10^5\sim4.6\times10^6$	-	1.54±0.24	0.019±0.006	-	-
	芹菜	3	上海	$7.20\times10^6\sim1.11\times10^7$	$4.6\times10^6\sim1.1\times10^7$	-	1.15±0.11	0.013±0.005	-	-
	龙须菜	3	南京	$1.24\times10^6\sim2.35\times10^6$	$2.4\times10^5\sim1.1\times10^6$	-	1.45±0.24	0.027±0.004	-	-
	芝麻菜	3	上海	$1.08\times10^6\sim2.20\times10^6$	$9.0\times10^4\sim2.4\times10^5$	-	3.62±0.22	0.042±0.005	-	-
根茎类	马铃薯	50	南京	$9.05\times10^4\sim3.00\times10^6$	$7.0\times10^3\sim7.5\times10^5$	检出	2.32±0.90	0.017±0.007	14.62±0.27	-
	胡萝卜	50	南京	$8.00\times10^3\sim9.25\times10^7$	$4.0\times10^4\sim4.6\times10^7$	-	0.45±0.32	0.018±0.009	-	-
	洋葱	5	南京（3）、上海（2）	$2.05\times10^7\sim2.99\times10^7$	$2.4\times10^6\sim1.1\times10^7$	-	1.08±0.48	0.034±0.003	-	-
	茭白	3	南京	$1.34\times10^6\sim3.53\times10^6$	$9.3\times10^5\sim1.5\times10^6$	检出	0.79±0.09	0.024±0.004	-	-
	芋艿	3	南京	$1.20\times10^4\sim7.10\times10^4$	$4.0\times10^3\sim2.4\times10^5$	-	1.56±0.40	0.020±0.004	-	-
果菜类	西葫芦	3	南京	$1.78\times10^5\sim2.33\times10^6$	$2.4\times10^5\sim4.6\times10^5$	-	3.63±0.49	0.039±0.007	-	-
	冬瓜	3	南京	$1.91\times10^5\sim1.17\times10^6$	$1.5\times10^5\sim4.6\times10^5$	-	3.58±0.78	0.022±0.004	-	-
	彩椒	3	南京	$3.27\times10^6\sim3.39\times10^7$	$2.3\times10^4\sim2.4\times10^5$	-	0.96±0.06	0.020±0.003	-	-
	青椒	3	南京	$3.83\times10^7\sim4.06\times10^7$	$1.1\times10^6\sim2.4\times10^6$	-	1.38±0.48	0.019±0.003	-	-
	苦瓜	3	上海	$1.64\times10^8\sim1.84\times10^8$	$1.1\times10^7\sim2.4\times10^7$	检出	1.16±0.34	0.016±0.007	-	-

高效液相色谱参数：柱：YWG—G8 4.6 毫米×250 毫米的 10 微米不锈钢柱；流动相：甲醇：乙酸铵溶液（0.02 摩尔/升）（5∶95）；流速：1 毫升/分钟；进样量：20 微升；检测器：紫外检测器，230 纳米波长，0.2 AUFS。

1.3 数据处理与分析

数据取所有样品测定的平均值，采用 Excel 2007 软件进行数据处理分析。

2 结果与分析

分别从南京、上海超市对常见鲜切蔬菜进行采样，共采集 282 份样品，所有鲜切蔬菜各项安全指标检测结果见表 1。

2.1 菌落总数

鲜切蔬菜感染的微生物主要是细菌，不同品种的蔬菜细菌群落差别很大，新鲜叶菜类中主要微生物是假单孢菌属和欧文氏菌属[17]。菌落总数的检测结果如表 1 所示，不同种类鲜切蔬菜污染程度不同。叶菜类的微生物污染超过根茎类和果菜类蔬菜，叶菜类中鲜切韭菜受污染最为严重，菌落总数最高达到 1.85×10^{8}CFU/克，鲜切包菜、青菜秧、白菜、鸡毛菜、菊花叶菌落总数数量级均在 10^{7} 左右；鲜法香、龙须菜及芝麻菜菌落总数数量级为 10^{6} 左右。鲜切生菜标注经过三级清洗处理后包装出售，仅 2 个样本检出数量级在 10^{4} 左右，其余均控制在数量级为 10^{2} 范围内。鲜切马铃薯、部分胡萝卜、茭白、西葫芦、冬瓜等菌落总数数量级在 10^{6} 左右；储藏中易失水的蔬菜如洋葱、彩椒和青椒的菌落总数数量级在 10^{7} 左右，可能与包装内有汁液渗出为微生物繁殖提供生长环境有关。此外，上海取样的芹菜及苦瓜均与肉类搭配包装，极易引起交叉污染，故此菌落总数偏高，数量级为 10^{7}～10^{8}。

对鲜切生菜、韭菜、马铃薯、胡萝卜四种产品进行采样检测可见（图 1），鲜切韭菜污染最为严重，菌落总数达 1.46×10^{6}～1.85×10^{8}CFU/克；根茎类的鲜切

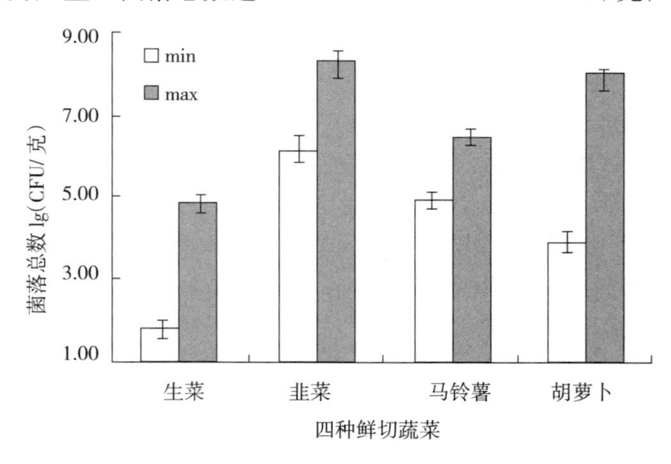

图 1 四种常见鲜切蔬菜的菌落总数测定

马苓薯和胡萝卜相对较少，前者菌落总数 $9.05\times10^4\sim3.00\times10^6$ CFU/克、后者为 $8.00\times10^3\sim9.25\times10^7$ CFU/克；而经过三级清洗处理后包装的鲜切生菜微生物污染极少，能控制在 1×10^4 CFU/克范围内，可见微生物的安全性有保证。因此，鲜切蔬菜加工时建议进行多级清洗和减灭菌，且应通过采用严格合理的操作方法从原料、加工、储藏、运输到销售全过程采取进行严格控制，以保证鲜切蔬菜的质量安全。

2.2　大肠菌群

大肠杆菌是一种致病且低剂量就可感染的病原微生物[18]，能在人类中通过食物传播，导致严重的疾病[19]。Lin 等[20]研究大肠杆菌 O157∶H7 曾在豆芽菜和蔬菜沙拉中分离出来。Michelle[21]和 Bulent[5]等分别在菠菜和生菜中检出了大量的大肠杆菌 O157∶H7。不同种类的鲜切蔬菜受大肠菌群的污染程度不同（表 1）。鲜切韭菜、包菜、鸡毛菜等叶菜类受污染较严重，其大肠菌群数数量级为 $10^4\sim10^7$；鲜法香、龙须菜、芝麻菜等受污染相对较小，数量级在 10^5 左右；鲜切白菜菌落总数虽多，但大肠菌群污染较少，为 $9.0\times10^3\sim2.9\times10^4$ MPN/100 克；经过多级清洗的鲜切生菜仅 2 个样品检出大肠杆菌，可能是在包装过程中受到污染所致。根茎类、果菜类如马铃薯、茭白、西葫芦、芋艿、冬瓜、彩椒、青椒等大肠菌群数数量级在 $10^5\sim10^6$；鲜切胡萝卜、洋葱数量级在 $10^6\sim10^7$；而同肉菜搭配包装的鲜切芹菜和苦瓜受大肠菌群污染较多，数量级为 10^7 左右。

对鲜切生菜、韭菜、马铃薯、胡萝卜 4 种产品进行大量采样检测可见（图 2），鲜切蔬菜在加工流通过程中极易受大肠菌群污染，鲜切韭菜、马铃薯、胡萝卜受污染程度均较高，可推测总菌落数中大部分为大肠杆菌。而生产实践中鲜切生菜经多级清洗可有效清除大肠菌群，可见鲜切蔬菜在包装入袋前经过多级减灭菌清洗可避免大肠菌群的污染。

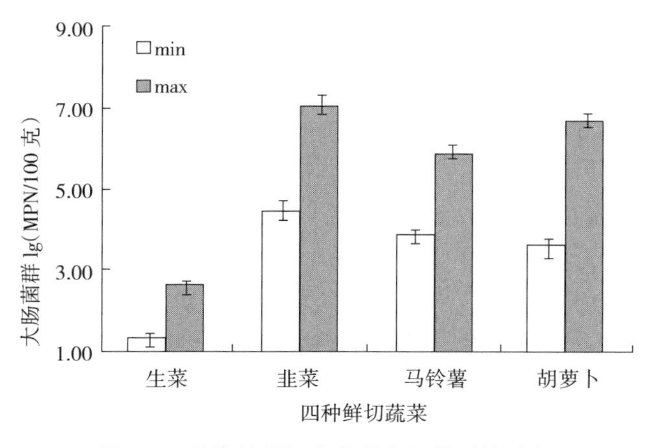

图 2　四种常见鲜切蔬菜的大肠菌群数测定

2.3　单核细胞增生李斯特氏菌

单核细胞增生李斯特氏菌（以下简称单增李斯特氏菌）是一种能引起人和多种

动物及禽类共患的李斯特氏菌病，是导致食源性疾病暴发的主要微生物之一。单增李斯特氏菌常在畜禽肉中检出，鲜切蔬菜制品中也有检出受单增李斯特氏菌污染，如 Kakiomenou 等[22]在鲜切胡萝卜和生菜中均检出单增李斯特氏菌。如表 1 可知，从韭菜、包菜、青菜秧、白菜、鸡毛菜 5 种叶菜和马铃薯、茭白、苦瓜中均检出单增李斯特氏菌，检出情况（检出量/样本量）分别为韭菜 3/50、包菜 1/12、青菜秧 2/9、白菜 1/9、鸡毛菜 6/9、马铃薯 11/50、茭白 1/3、苦瓜 3/3。选取苦瓜检测的单增李斯特氏菌群特征图，见图 3。结果分析，鲜切鸡毛菜和马铃薯中检出单增李斯特氏菌的样品量多，鲜切苦瓜 3 个样品均检出单增李斯特氏菌。

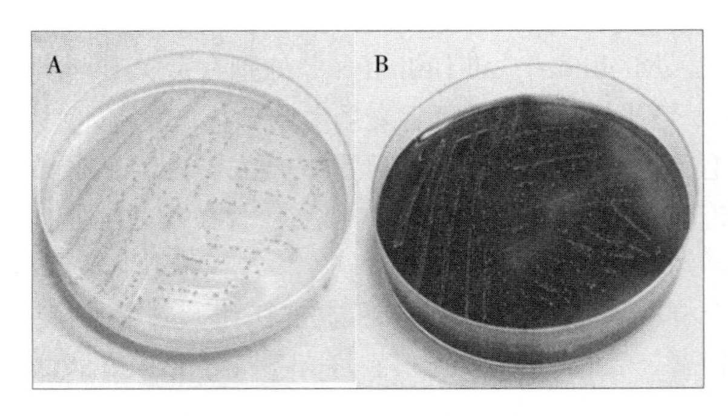

图 3　单增李斯特氏菌的菌落特征

2.4　亚硝酸盐与亚硫酸盐

蔬菜中的硝酸盐在储存、加工、运输过程中会在硝酸还原酶和微生物的作用下转变成亚硝酸盐，人体摄入过多会造成严重危害[23,24]。由表 1 可知，所有鲜切蔬菜中均检出了亚硝酸盐，但多数含量均在 4 毫克/千克以下，仅鲜法香的亚硝酸盐含量达到 8.66 毫克/千克。虽然国家标准《食品中污染物限量》（GB 2762—2012）对于新鲜蔬菜和鲜切蔬菜没有对亚硝酸盐做出要求[25]，但考虑到鲜切蔬菜的特殊性，为保证其安全性，应加强对鲜切蔬菜特别是以叶菜为原料加工的产品在储藏流通过程中的检测并严格控制。

亚硫酸盐因具有漂白、防腐和抗氧化作用等在食品加工中广泛采用，了解鲜切蔬菜加工中是否使用硫酸盐或亚硫酸盐，对确保消费者的安全和生产监管具有一定意义。按照现行《食品添加剂使用标准》（GB 2760—2014）[26]，规定干制蔬菜最大使用量不超过 0.2 克/千克，对鲜切蔬菜未标注使用，因而鲜切蔬菜生产不应使用硫酸盐或亚硫酸盐，除芝麻菜检出 0.042 克/千克外，检测结果均低于 0.04 克/千克（表 1），含量微小，可推测检测鲜切蔬菜的加工处理过程未使用该类物质；另外，本检测的结果提示亚硫酸盐的存在可能与蔬菜本身含有的含硫物质有关，但不能排除这类物质的使用，生产实践中应予以关注。

2.5　防腐剂

苯甲酸、山梨酸是最常见的食品防腐剂，鲜切蔬菜在销售流通过程中极易腐败变质，生产厂商可能添加防腐剂延长货架期。采样 HPLC 快速检测法，以浓度

0.001 毫克/毫升、0.005 毫克/毫升、0.010 毫克/毫升、0.015 毫克/毫升、0.020 毫克/毫升、0.025 毫克/毫升为横坐标、峰面积为纵坐标绘制标准曲线（图 4），苯甲酸、山梨酸的混合标准品色谱图见图 5。苯甲酸、山梨酸的样品检出色谱图见图 6，结合图 4 可计算出样品中苯甲酸、山梨酸的含量。所有样品中有 3 种叶菜类鲜切蔬菜在 13.7 分钟时出现山梨酸色谱峰，检出量分别为韭菜 18.13 毫克/千克、青菜秧 26.36 毫克/千克、鸡毛菜 29.79 毫克/千克；鲜切马铃薯在 10.5 分钟出现苯甲酸色谱峰，检出量为 14.62 克/千克。疑似这些鲜切蔬菜在加工期间使用了苯甲酸、山梨酸，这不符合 GB 2760—2014 的规定[26]，因在该标准中没有指明该两种防腐剂可在鲜切蔬菜上应用，故而虽然检出的量均较低，但仍应按照国家规定的要求加强监管，避免使用防腐剂，保证鲜切蔬菜的安全性。

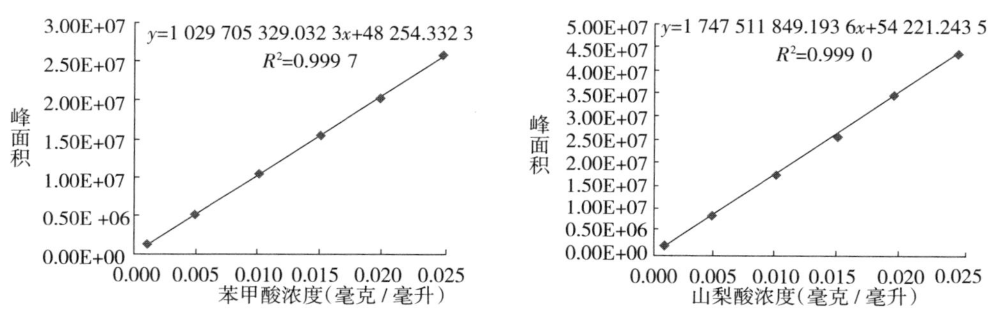

图 4　苯甲酸、山梨酸的标准曲线图

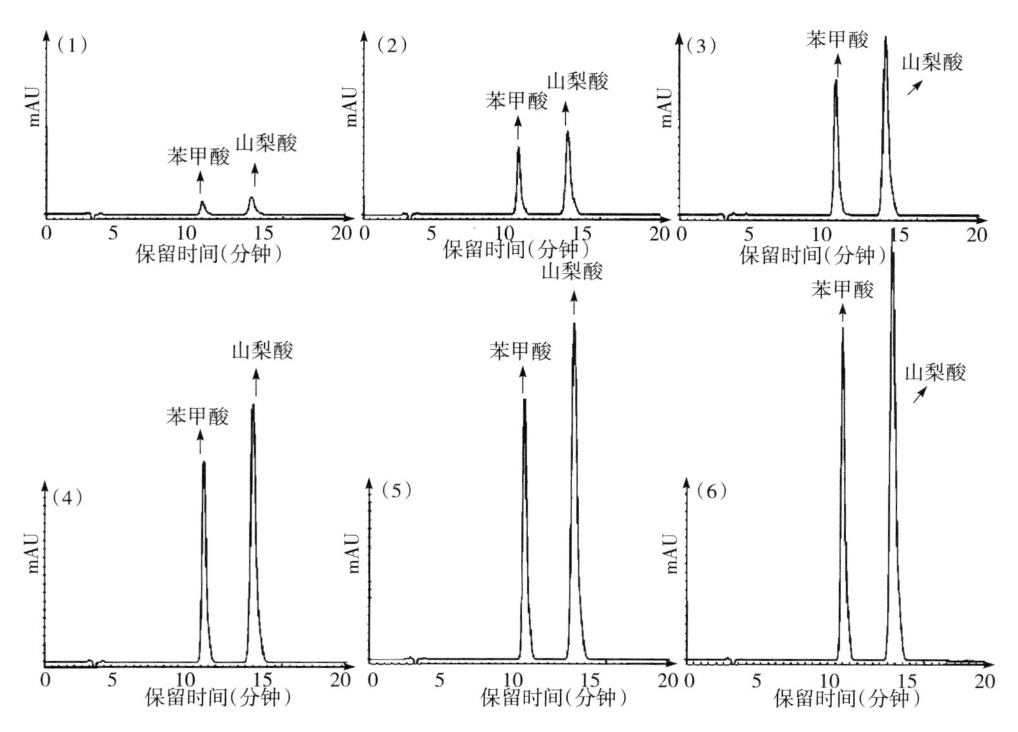

图 5　苯甲酸、山梨酸的标准品色谱图

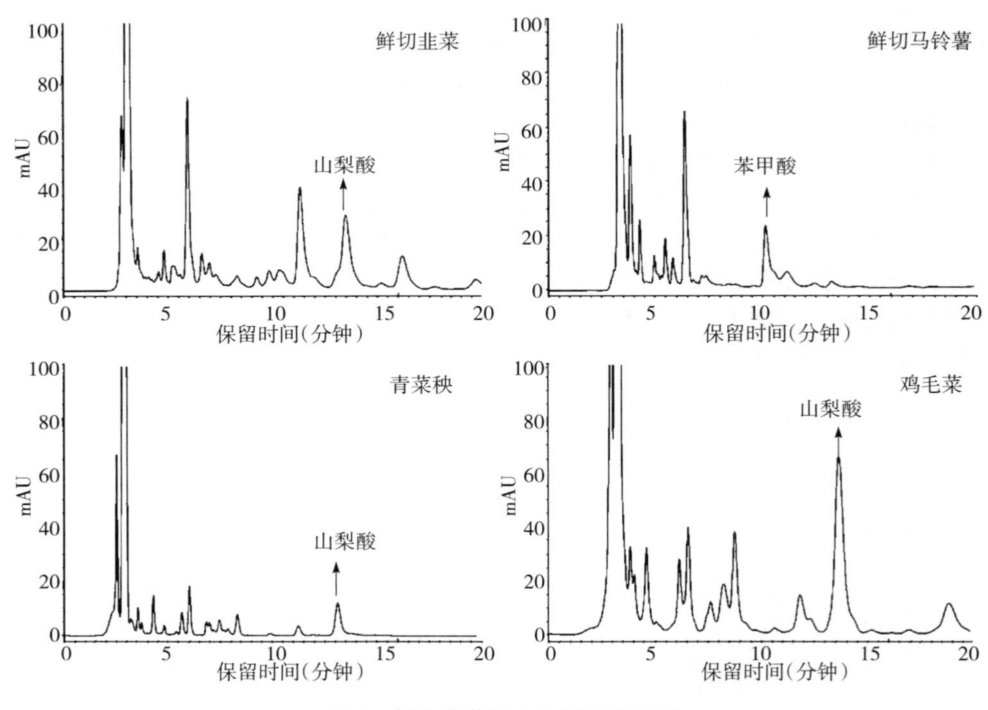

图 6　鲜切蔬菜样品检测的色谱图

3　讨论与结论

本研究仅就南京和上海市场销售的部分鲜切蔬菜进行了部分安全性指标的检测，没有对不同品种和保质期鲜切蔬菜的安全性进行系统性研究，故而检测结果可能无法与相应的保质期相对应。今后应加强对某具体鲜切蔬菜不同保质期安全性的评价，全面了解安全性的变化，并逐步建立相应的数据库，以应用于该鲜切蔬菜安全性变化的预测。

随着社会的快速发展和消费水平的不断提高，鲜切蔬菜市场日趋完善，越来越受到消费者的喜爱，但同时其安全性也应得到关注。针对南京和上海市面上销售流通的鲜切蔬菜大量抽样检测，结果表明鲜切蔬菜微生物污染严重，许多鲜切蔬菜的菌落总数数量级达 10^7～10^8，大肠菌群数数量级可达 10^7 的高范围（单位为 MPN/100 克），叶菜类、根茎类及果菜类鲜切蔬菜均检出单增李斯特氏菌。因此，鲜切蔬菜微生物污染是安全性的突出问题，生产实践中需要加以特别关注。试验检验了亚硝酸盐、亚硫酸盐含量，结果均在国家规定的限量范围内，故而在考虑鲜切蔬菜产品的安全性时，其相对可放在次要位置。此外，在少数鲜切蔬菜中检出山梨酸、苯甲酸，可能存在这些产品加工时添加防腐剂的可能，需要对鲜切蔬菜加工企业进行监督和检查，以防止防腐剂的滥用。

现今市场流通的鲜切蔬菜存在很大的安全性问题，相关部门应加强管理，采取一定的措施，鲜切蔬菜挑选、清洗、去皮、切分及包装的各个过程中应注意卫生防控，同时确保操作规范、设备无污染、环境无菌等，运输、流通、销售过程中应保证真空包装、冷链传送，防止在途中受到外界微生物污染，另外也应避免二次污染，以期更全面、科学地控制鲜切蔬菜生产、流通过程中微生物的生长，提高产品品质，为消费者提供营养、安全的鲜切蔬菜产品。

参考文献

[1] Lamikanra O. Fresh-cut fruits and vegetables: science, technology and marketing [M]. Chemical Rubber Company Press, 2002.

[2] 郁志芳，刘勇．药剂处理对鲜切花菜贮藏效果的初步研究［C］．中国科协第3届青年学术年会园艺学卫星会议暨中国园艺学会第2届青年学术讨论会论文集，1998.

[3] 胡文忠．鲜切果蔬科学与技术［M］．北京：化学工业出版社，2009.

[4] Rico D, Martin-Diana A B, Barat J M, *et al*. Extending and measuring the quality of fresh-cut fruit and vegetables: a review [J]. Trends in Food Science & Technology, 2007, 18 (7): 373-386.

[5] Ergönül B. Survival characteristics of *Salmonella Typhimurium* and *Escherichia coli* O157: H7 in minimally processed lettuce during storage at different temperatures [J]. Journal für Verbraucherschutz und Lebensmittelsicherheit, 2011, 6 (3): 339-342.

[6] Vimont A, Delignette-Muller M L, Vernozy-Rozand C. Supplementation of enrichment broths by novobiocin for detecting Shiga toxin-producing *Escherichia coli* from food: a controversial use [J]. Letters in Applied Microbiology, 2007, 44 (3): 326-331.

[7] Abadias M, Usall J, Anguera M, *et al*. Microbiological quality of fresh, minimally-processed fruit and vegetables, and sprouts from retail establishments [J]. International Journal of Food Microbiology, 2008, 123 (1): 121-129.

[8] Seo Y H, Jang J H, Moon K D. Microbial evaluation of minimally processed vegetables and sprouts produced in Seoul, Korea [J]. Food Science and Biotechnology, 2010, 19 (5): 1283-1288.

[9] Kim J, Moreira R, Castell-Perez E. Simulation of pathogen inactivation in whole and fresh-cut cantaloupe (*Cucumis melo*) using electron beam treatment [J]. Journal of Food Engineering, 2010, 97 (3): 425-433.

[10] 刘军．鲜切蔬菜水果保鲜中的问题及控制的研究［J］．中国果菜，2008 (3): 49-50.

[11] 中华人民共和国卫生部．GB 4789.2—2010　食品安全国家标准　食品微生物学检验　菌落总数测定［S］．2010.

[12] 中华人民共和国卫生部．GB/T 4789.3—2003　食品卫生微生物学检验　大肠菌群测定［S］．2003.

[13] 中华人民共和国卫生部．GB 4789.30—2010　食品安全国家标准　食品微生物学检验　单核细胞增生李斯特氏菌检验［S］．2010.

[14] 中华人民共和国卫生部．GB 5009.33—2010　食品安全国家标准　食品中亚硝酸盐与硝酸盐的测定［S］．2010.

[15] 中华人民共和国卫生部．GB/T 5009.34—2003　食品中亚硫酸盐的测定［S］．2003.

[16] 中华人民共和国卫生部．GB/T 5009.29—2003　食品中山梨酸、苯甲酸的测定

[S]．2003.

[17] 赵友兴，郁志芳，李宁，等．鲜切果蔬中微生物及其控制［J］．中国畜产与食品，2005，7（4）：184－186.

[18] Kim Y J，Kim J G，Oh S W. Rapid detection of *Escherichia coli* O157：H7 in fresh-cut cabbage by real-time polymerase chain reaction［J］. Journal of the Korean Society for Applied Biological Chemistry，2011，54（2）：264－268.

[19] Bai J，Shi X，Nagaraja T G. A multiplex PCR procedure for the detection of six major virulence genes in *Escherichia coli* O157：H7［J］. Journal of Microbiological Methods，2010，82（1）：85－89.

[20] Lin C M，Wei C I. Transfer of Salmonella montevideo onto the interior surfaces of tomatoes by cutting［J］. Journal of Food Protection，1997，60（7）：858－862.

[21] Carter M Q，Xue K，Brandl M T，*et al*. Functional metagenomics of *Escherichia coli* O157：H7 interactions with spinach indigenous microorganisms during biofilm formation［J］. Public Library of Science，2012，7（9）：e44186.

[22] Kakiomenou K，Tassou C，Nychas G J. Survival of Salmonella enteritidis and Listeria monocytogenes on salad vegetables［J］. World Journal of Microbiology and Biotechnology，1998，14（3）：383－387.

[23] 别同玉，许加生，杨丽莉，等．储藏时间对不同种类蔬菜中亚硝酸盐含量的影响［J］．食品研究与开发，2012，33（12）：205－207.

[24] 毛青秀，邓钢桥，邹朝辉，等．蔬菜中亚硝酸盐降解方法研究进展［J］．湖南农业科学，2012（7）：109－111.

[25] 中华人民共和国卫生部．GB 2762—2012　食品安全国家标准　食品中污染物限量［S］．2012.

[26] 中华人民共和国国家卫生和计划生育委员会．GB 2760—2014　食品安全国家标准　食品添加剂使用标准［S］．2014.

基于主成分分析法的番茄内在品质评价指标的选择

岳 冬[1,2] 鲁 博[3] 刘 娜[1] 朱为民[1] 郭世荣[2]
([1]上海市农业科学院设施园艺研究所/上海市设施园艺技术重点实验室
上海 201403；[2]南京农业大学园艺学院 江苏南京 210095；
[3]上海市农业科学院农业科技信息研究所 上海 201403)

摘 要：本文比较了樱桃番茄和普通番茄果实内在品质的差异，并运用主成分分析法，对不同性状的樱桃番茄和普通番茄各9个品种的可溶性糖、可滴定酸、可溶性固形物、糖酸比、番茄红素、维生素C 6个果实相关品质指标进行测定，应用隶属函数法对各项因子进行转化，采用SPSS软件进行研究。结果显示，番茄红素、维生素C、可溶性固形物和可滴定酸4个主成分的累计贡献率为86.718%，决定第一主成分大小的关键为番茄红素、维生素C和可溶性固形物；决定第二主成分大小的重点为可滴定酸。本研究科学地简化了番茄果实品质的评价指标，建立了一套适合番茄果实品质评价的方法，并为优质高效番茄栽培管理提供依据。

关键词：番茄 主成分分析 内在品质

番茄（*Solanum lycopersicum* L.）由于其果实色泽鲜美、口感甜酸可口，又具有较高的营养价值被人们称为“蔬菜中的水果”，深受世界各地消费者欢迎，在各国的蔬菜作物种植中占有很大的比例，已成为全球最主要的蔬菜栽培作物之一。番茄果实里的可溶性固形物含量、可溶性糖含量、可滴定酸含量、维生素C和番茄红素含量是影响番茄果实风味和口感、衡量番茄风味品质的重要因素[1,2]。在对番茄进行优良品种的选育以及栽培实践的过程中，对果实的品质好坏进行评价是一个十分重要的步骤。番茄果实内在品质的评价因子较复杂且主次难分。为保证整体而客观地研究番茄果实品质，往往需要同时分析很多个观察因素，多因子的观察方法虽然能够获得大量的数据信息，但同时也会导致数据的收集与分析工作变得更加繁琐，因而对番茄果实的品质评价指标进行简化分析变得很有必要。主成分分析法是从多数指标彼此的互相关联处着手，采用降维的逻辑，使复杂的多数指标简化为较少的几个相互无关联的综合因子的统计方式。考虑到主成分是个综合的变量，并且各个变量之间是独立的，因此采用主成分值作为决定因素，能够比较精确地掌握各个因素的综合性表现，对科研工作将会产生一定的理论及现实意义。近年来，利用隶属函数和主成分分析法对花生、小麦、蜜橘、猕猴桃、苹果等作物果实品质进行分析方面已有许多报道[3-7]。目前，关于番茄种质的品质性状遗传多样性、品质性状分析鉴定和评价方法等方面开展了一些研究，但是大多针对普通番茄或樱桃番茄进行单独分析，而将二者进行综合评价的报道还很少见[8-10]。

本研究采用主成分分析方法，通过对比樱桃番茄和普通番茄在果实的可溶性固形物含量、可溶性糖含量、可滴定酸含量、维生素 C 及番茄红素的含量等内在品质相关指标，全面综合分析比较不同品种番茄果实内在品质因素，为明确各品种番茄的内在品质特性、简化内在品质的评价指标、确定番茄果实风味的决定因子建立更加合理有效的判决系统。

1 材料与方法

1.1 试验材料

供试材料为课题组筛选出的综合性状较好的樱桃番茄品种和普通番茄品种各 9 个品种，均由上海市农业科学院提供。分别用 YT - 1～YT - 9 和 PT - 1 ～PT - 9 表示。各品种番茄果实特征性状见表 1。

于 2013 年 7～12 月在上海市农业科学院设施园艺重点实验室和庄行试验基地进行。随机区组设计，双行区，行株距 60 厘米×40 厘米，小区面积 9.2 平方米。待果实转红后，选取同一成熟期的果实，进行实验，实验设置 3 次重复。

表 1　樱桃番茄和普通番茄各 9 个品种的综合性状

序号	特　征	
	YT	PT
1	肉厚，汁少，粉红皮	肉少，汁多，红皮
2	肉厚，汁少，红皮	肉多，汁少，红皮
3	肉少，汁多，红皮	肉少，汁多，粉皮
4	肉厚，汁多，粉红皮	肉少，汁多，橙皮
5	肉少，汁多，黄皮	肉多，汁多，红皮
6	肉厚，汁少，黄皮	肉少，汁多，橙黄皮
7	肉厚，汁多，红皮	肉多，汁少，橙黄皮
8	肉少，汁多，粉红皮	肉多，汁少，橙皮
9	肉厚，汁多，黄皮	肉多，汁少，粉皮

1.2 仪器设备

835 - 50 型氨基酸自动分析仪（日本日立公司）；GZX - 9246MBE 电热鼓风干燥机（上海博迅公司）；HK - 188 多功能粉碎机（广州旭朗公司）；SK8200HP 超声波清洗器（上海科导公司）；101042 真空干燥器（上海实维公司）。

1.3 品质相关指标测定

番茄果实可溶性固形物含量利用数字折射计直接测定[11]；可溶性糖含量采用蒽酮比色法测定[12]；可滴定酸含量采用微量碱式滴定法测定[13]；维生素 C 的含量采用紫外分光光度法测定[14]；番茄红素含量采用萃取比色法测定[15]。

1.4　数据分析

所有数据用 SPSS 软件进行统计分析。从样本的相关矩阵为起点，针对表 1 列出的 6 个相关性状因素（可溶性糖、可滴定酸、可溶性固形物、糖酸比、番茄红素、维生素 C）做主成分的分析，依照性状的累积方差贡献率超过 85%这一数值，来明确主成分的个数。根据每个性状的相关矩阵之特征向量，分别计算出各个主成分的函数表达式，然后依据算得的主要主成分数值，对供试材料进行筛选分析。

2　结果与分析

2.1　不同品种番茄果实品质分析结果

由表 2 可知，所有品种的樱桃番茄里可溶性固形物的含量都比普通品种要高，其均值要比普通番茄高出 48%；9 个樱桃番茄品种可溶性糖的平均含量比普通番茄高 34.08%，而可滴定酸的平均含量比普通番茄低 10%，糖酸比高出 46.10%，维生素 C 的平均含量比普通番茄高 84.59%，番茄红素的平均含量比普通番茄高 76.30%。所测指标基本反映了不同品种番茄果实基本指标，各品种果实品质指标简单相互关系在表中可以得到体现。然而，不同品种番茄果实品质在表中难以体现，为此，需要对其进行综合评价。

表 2　不同品种番茄果实品质分析

代码	可溶性固形物（%）	可溶性糖（%）	可滴定酸（%）	糖酸比	维生素 C（毫克/100 克）	番茄红素（毫克/100 克）
YT-1	6.4fF	5.689aA	0.067cdCDE	84.91aA	4.59e	5.69f
YT-2	7.4cC	4.212cdD	0.060eE	70.20bB	7.98ab	8.15c
YT-3	7.2eDE	4.395cCD	0.067cCD	65.60cC	6.79bcd	7.45d
YT-4	7.2cdCD	4.755bBC	0.080bB	59.44dD	6.19cd	6.79e
YT-5	8.0bB	5.142bB	0.063cdCDE	81.62aA	8.18a	9.83a
YT-6	6.8eE	3.270eE	0.070cC	46.71fF	5.79de	5.87f
YT-7	7.4cdCD	3.906dD	0.073cC	53.51eE	7.39abc	7.91cd
YT-8	7.0deDE	2.700fE	0.063deDE	42.86gG	5.59de	6.15f
YT-9	8.9aA	4.385cCD	0.103aA	42.57gG	6.79bcd	9.08b
PT-1	4.8cB	2.909eE	0.063fF	46.17cC	2.99cd	3.35f
PT-2	5.0bcB	3.347cC	0.060fF	55.78aA	3.39cd	4.39cd
PT-3	5.2bcB	3.590bB	0.067eE	53.58bB	5.19a	5.49a
PT-4	5.0bcB	3.227dCD	0.077dD	41.91dD	3.19cd	3.88e
PT-5	4.9bcB	3.219dD	0.140aA	22.99fF	3.39cd	3.27f
PT-6	5.5aA	3.884aA	0.107bB	36.30eE	4.39ab	4.96b
PT-7	5.1bB	3.019eE	0.087cC	34.70eE	3.79bc	4.64c
PT-8	4.9cB	2.459fF	0.070eE	35.13eE	2.60d	4.26d
PT-9	4.4dC	3.032eE	0.063gG	48.13cC	3.19cd	3.75e

注：表内同列数字后不同英文字母表示差异达到显著水平，小写和大写英文字母分别在 $P=0.05$、$P=0.01$ 水平上。

2.2 番茄果实品质评价因素主成分分析

主成分的特征值及方差贡献率是确定主成分的重要参考。将表2中的全部数据经隶属函数转化后进行主成分分析（表3）。结果表明，第一个主成分的特征值是3.985，方差贡献率达到65.971%，代表了全部指标信息的65.971%；第二个主成分的特征值是1.245，方差贡献率是20.747%，包含了整体指标信息的20.747%，前两个主成分（特征根>0.9）的方差贡献率累计达到86.718%，即这两个主成分所含信息占总体信息的86.718%，完全符合分析要求。所以，能够选择前两个主成分来代表番茄果实进行性状筛选的综合因素。

表3 SPSS主成分分析得到的特征值

主成分	特征值	方差贡献率（%）	累计方差贡献率（%）
1	3.985	65.971	65.971
2	1.245	20.747	86.718
3	0.658	10.965	97.683
4	0.090	1.507	99.190
5	0.034	0.562	99.752
6	0.015	0.248	100.000

主成分是将原始的变量进行正规化的线性组合，主成分里每一个性状的载荷值的大小分别呈现了每个性状在主成分当中的重要性。依照每个性状的相关矩阵的特征向量（表4），分别得到前两个主成分的函数表达式，如下：

$$Y_1 = 0.227X_1 + 0.206X_2 - 0.080X_3 + 0.201X_4 + 0.234X_5 + 0.239X_6$$

$$Y_2 = 0.260X_1 + 0.032X_2 + 0.715X_3 - 0.415X_4 + 0.157X_5 + 0.160X_6$$

表4 SPSS主成分分析得到的特征向量

分量	X_1	X_2	X_3	X_4	X_5	X_6
第一主成分	0.227	0.206	−0.080	0.201	0.234	0.239
第二主成分	0.260	0.032	0.715	−0.415	0.157	0.160

由表4及函数关系式可见，在第一主成分Y_1里，可溶性固形物X_1、可溶性糖X_2、糖酸比X_4、维生素C X_5、番茄红素X_6都有比较大的正系数值。其中，载荷值最大的是X_6，接着是X_5、X_1的载荷值；可滴定酸X_3的系数值为负值，但其绝对值比较小，表明第一主成分主要反映了番茄果实的番茄红素、维生素C和可溶性固形物的品质特性。

在第二主成分Y_2中，可滴定酸X_3、可溶性固形物X_1以及番茄红素X_6这3个性状的系数值比较大，其中尤以X_3的载荷值是最大的，在第二主成分当中居于第一的水平，而糖酸比X_4拥有相对较大的负的系数值。第二主成分相对较大时，可滴定酸、可溶性固形物及番茄红素理所当然的非常高，而糖酸比的数值则相应的下降。所以说，第二主成分能够看做是以可滴定酸含量为主的果实的内在品质。

主成分的方差贡献率以及原始的性状相关矩阵的特征向量更深入地明确：可溶性固形物、可滴定酸、番茄红素、维生素 C 是影响番茄果实品质得主要因素。

把上述选定的第一、第二主成分的方差贡献率 a_1（65.971%）、a_2（20.747%）当成权数，建立综合评价的标准：

$$F=a_1Y_1+a_2Y_2，即 F=0.65971Y_1+0.20747Y_2$$

F 为综合评价指标，应用该模型并结合表 1 的数据，计算出不同品种番茄果实的品质综合评价 F 值（表 5）。根据表 5 数值可见，9 个樱桃番茄品种中 YT-5 的 F 值最高，9 个普通番茄品种中 PT-3 的 F 值最高，且 YT-5 的 F 值是 18 个供试材料中最高。这一结果与表 1 得出的结论基本一致。

表 5　不同品种番茄果实的品质综合评价变量及 F 值

代码	Y_1	Y_2	F 值
YT-1	22.120	−31.713	8.014
YT-2	20.468	−24.474	8.425
YT-3	19.089	−22.905	7.841
YT-4	17.626	−20.528	7.369
YT-5	23.539	−28.726	9.569
YT-6	14.358	−15.614	6.233
YT-7	16.854	−17.680	7.451
YT-8	13.533	−13.974	6.029
YT-9	15.231	−12.620	7.430
PT-1	12.464	−16.769	4.744
PT-2	14.874	−20.464	5.567
PT-3	15.211	−19.028	6.087
PT-4	11.891	−14.813	4.772
PT-5	7.960	−7.008	3.797
PT-6	11.549	−11.951	5.140
PT-7	10.743	−11.578	4.685
PT-8	10.301	−12.086	4.288
PT-9	12.935	−17.587	4.885

3　讨论

近年来，主成分分析方法在作物品种分类和育种材料筛选中应用的范围在逐步扩大[16]。张静等[10]在对樱桃番茄主要品质性状进行主成分分析研究中将 12 个品质性状综合为 5 个主成分因子，其累积贡献率达 80.234%以上。张传伟等[17]对不同品种番茄的营养品质进行了综合分析与鉴定。王晓静等[9]依据因子贡献率的大小分析出果形因子、硬度因子、风味因子和营养因子等可用来综合评定番茄品质，用于对番茄品质的快速鉴定。

本研究以18个不同品种番茄果实做样品，综合了樱桃番茄和普通番茄果实内在品质数据，明确了番茄果实的2个主成分函数式，依照主成分函数式而得到的主成分数值，可以为评价番茄果实的综合性状指标提出理论依据。从番茄6个品质因子中提取出4个主成分，决定第一主成分大小的重点有番茄红素、维生素C和可溶性固形物；决定第二主成分大小的重点有可滴定酸，前四个主成分累积百分率达86.718%，已把番茄果实品质86.718%的信息清楚地表达。所以，选择前四个主成分来代表番茄果实品质的综合评价因素，整体上来说保留了原始数据的几乎全部信息。本实验结果可知，番茄果实品质的评价能够从6个指标缩减至4个，即选定了可溶性固形物、番茄红素、维生素C、可滴定酸这4个指标当做番茄果实品质评价的因子。

利用主成分分析法获得的结果比人工打分选优更为快捷，且更具有科学性，不仅可以了解品种的综合性状表型，也可以优化筛选流程。虽然单项因素同样能够基础地评价番茄品质的好坏，不过这种方法具有片面性，更为严重的是容易总结出错误的结论。例如，在试验材料中，可溶性固形物含量较高的品种，并不能说明它的品质一定较其他品种更好，因为糖酸比相对比较低，真实口感偏淡，风味口感并不好。主成分分析方法利用对事物内在联系的研究，找到主要的矛盾点，分析出影响的重要指标，将探讨的问题变得更加简单。通过主成分分析法，可以更加合理便捷地筛选综合品质较好的番茄品种，对进一步的栽培育种起到指导作用，避免选种不当造成不必要的经济损失。

参考文献

[1] 王玥．不同温度、包装及挤压处理对采后番茄品质的影响［D］．天津：天津大学，2010.

[2] Wang F，Du T S，Qiu R J. Effects of water stress at different growth stage on greenhouse multiple-trusses tomato yield and quality［C］//New Technology of Agricultural Engineering，International Conference on IEEE，2011：282-287.

[3] 殷冬梅，张幸果，王允，等．花生主要品质性状的主成分分析与综合评价［J］．植物遗传资源学报，2011，12（4）：507-512，518.

[4] 薛香，郜庆炉，杨忠强．小麦品质性状的主成分分析［J］．中国农学通报，2011，27（7）：38-41.

[5] 倪志华，张思思，辜青青，等．基于多元统计法的南丰蜜橘品质评价指标的选择［J］．果树学报，2011，28（5）：981-923.

[6] 刘科鹏，黄春辉，冷建华，等．‘金魁’猕猴桃果实品质的主成分分析与综合评价［J］．果树学报，2012，29（5）：867-871.

[7] 公丽艳，孟宪军，刘乃侨，等．基于主成分与聚类分析的苹果加工品质评价［J］．农业工程学报，2014，30（13）：276-285.

[8] 孙亚东．番茄（*Solanum lycopersicum* L.）种质资源主要性状多元统计分析［D］．杨凌：

西北农林科技大学，2009.
[9] 王晓静，梁燕，徐加新，等．番茄品质性状的多元统计分析［J］．西北农业学报，2010，19（9）：103-108.
[10] 张静，常培培，梁燕，等．樱桃番茄主要品质性状的主成分分析与综合评价［J］．北方园艺，2014（21）：1-7.
[11] 张宪政，陈风玉，王荣富．植物生理学实验技术［M］．沈阳：辽宁科学技术出版社，1994：144-151.
[12] 李合生，陈翠莲，洪玉枝，等．植物生理生化实验原理和技术［M］．北京：高等教育出版社，2000：121-133.
[13] 郝建军，刘延吉．植物生理学实验技［M］．沈阳：辽宁科学技术出版社，2001：144-151.
[14] 谭延华．紫外分光光度法测定还原型维生素C［J］．药物分析，1992，11（1）：28.
[15] 吕鑫，侯丽霞，张晓明，等．番茄果实成熟过程中番茄红素含量的变化［J］．中国蔬菜，2009（6）：21-24.
[16] 李晓芬，尚庆茂，张志刚，等．多元统计分析方法在辣椒品种耐盐性评价中的应用［J］．园艺学报，2008，35（3）：351-356.
[17] 张传伟，宋述尧，赵春波，等．不同品种番茄营养品质分析与评价［J］．中国蔬菜，2011（18）：68-73.

三、蔬菜重要性状的应用基础研究

番茄果实成熟过程中挥发性组分的变化研究

王利斌[1,2] Elizabeth A. Baldwin[2] Jinhe Bai[2] 郁志芳[1]

([1] 南京农业大学食品科技学院 江苏南京 210095；
[2]美国农业部园艺研究实验室 美国佛罗里达 34945)

摘 要： 绿熟期FL 47番茄经80微升/升乙烯熏蒸40小时后置于20℃下后熟，依据美国农业部的标准在果实成熟的绿熟期、破色期、转色期、粉红期和红熟期提取果实表皮，用液氮速冻后放置在−80℃冰箱中以待研究。每个处理3个平行，每个平行3个果实。采用固相微萃取气相质谱和电子鼻对气体组分进行分析测定，利用分光光度法测定脂氢过氧化物裂解酶活力；采用PCA和Cluster对检测到的所有挥发物进行数据分析；利用AlphaSOFT程序对电子鼻数据进行分析处理。试验共鉴定出50种挥发性物质，果实成熟过程中各气体组分的变化趋势不尽相同，可分为6种类型（Ⅰ-Ⅵ）：25种气体组分在成熟的早期（从绿熟期到粉红期）波动或者积累并在红熟期激增（Ⅰ型）；6种组分在果实成熟过程中逐渐上升（Ⅱ型）；4种在成熟的早期（从绿熟期到转色期）波动或积累并在粉红期激增（Ⅲ型）；12%的组分在果实成熟过程中波动或积累并在转色期有最大值（Ⅳ型）；10%的组成在果实成熟过程中波动或积累并在粉红期有最大值（Ⅴ型）；其他4种组分在成熟过程中保持不变（Ⅵ型）。这些挥发物中以醛类、醇类、酮类、烃类、含氮化合物和总化合物的含量从绿熟期到粉红期波动或积累并在红熟期激增。电子鼻、PCA和Cluster分析均能根据气体组分的不同将红熟期和其他时期的番茄区分开来。

关键词： 番茄 挥发性组分 果实成熟

番茄果实的成熟是一个复杂的过程，受遗传和生长发育等多种因子调控。该过程会发生各种生理生化和结构的变化而影响番茄的外观、质地和气味[1]。成熟过程中伴随着叶绿体转化为有色体，类囊体开始逐渐分解而质体小球逐渐积累并在其中类胡萝卜素积累，这为果实的可食性提供了直观参考。另外，成熟过程中淀粉转化为葡萄糖和果糖[2,3]，并伴随着总固形物和总糖含量的增加[4]；酸度在生长发育过程中逐渐增加并在破色期达到最大值而后下降[5]。尽管糖酸都会对风味产生影响，但气体组成对番茄风味具有决定性作用[2]。

番茄气味是由挥发物组成的复杂混合物，是番茄果实的重要特征之一，在消费者对番茄产品的识别和接受过程中起着关键作用[6]。番茄成熟过程中已有超过400种挥发物被鉴定出来，但只有少数对果实风味有重要的贡献[7]。这些气体组分与人体必需营养素有关联，并且这些挥发物或其前体具有抗菌或益生活性[8]。许多气体组分在特定成熟阶段合成，Klee [7]发现来源于类胡萝卜素和脂肪酸的挥发性化合物分别在红熟期和转色期合成。

现有的物流体系中，番茄果实在绿熟期采收后用乙烯催熟，果实在零售阶段达到红熟期。这一过程中某些气体组分的变化已有相关报道[2,9]。Baldwin 等[10]发现，在 Solar Set 和 Sunny 番茄果实成熟过程中丁香酚含量逐渐降低，乙醇和反，反-2，4-癸二烯醛基本不变，顺-3-已烯醇、乙醛、反-2-已烯醛、顺-3-已烯醛、已醛酮、6-甲基-5-庚烯-2-酮、香叶基丙酮和2-异丁基噻唑逐渐增加并在转色期/粉红期达到最高值，1-戊烯-3酮只在 Sunny 番茄中增加。然而，对大多数气体组分甚至如2-甲基丁醛3-甲基丁醛等一些重要挥发物来说，仍没有相关研究报道。本实验以 FL 47 番茄（佛罗里达州的主要品种）为原料研究果实成熟过程中气体组分的变化趋势。

1　实验材料和方法

1.1　实验材料

绿熟期 FL 47 番茄果实于 2014 年 3 月 10 日采收于美国佛罗里达州皮尔斯堡市一个商业农场。150 个相同大小（182 克左右）且无任何伤害的果实以 80 微升/升乙烯熏蒸处理 40 小时催熟。选取 100 个绿熟期果实置于 20 ℃条件下后熟，并根据美国农业部标准[11]在果实成熟的绿熟期、破色期、转色期、粉红期和红熟期 5 个不同阶段（图 1）取样测定气体组分含量。采用色差仪（model CR－300，Minolta，Tokyo，Japan）测定果实表面的色泽，这 5 个时期的 a^* 值分别为 −11.0、−8.5、−6.1、5.7 和 22.9。每个时期选取 9 个果实进行生理生化测定。取样时，将果皮迅速用不锈钢刀子分离出来并浸入液氮中，破碎成约 0.5 厘米大小后置于−80 ℃冰箱中以待测定。每个时期 3 个重复，每个重复 3 个果实。

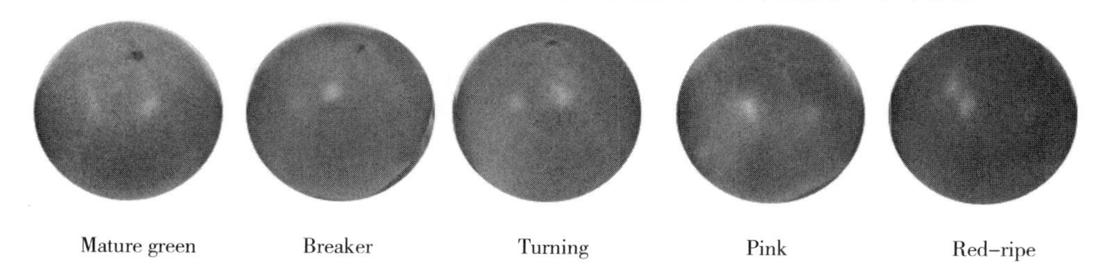

图 1　FL 47 番茄果实的成熟过程

注：Mature green（MG），绿熟期；Breaker（B），破色期；Turning（T），转色期；Pink（P），粉红期；Red－ripe（R），红熟期。

1.2　气体组分测定

依据 Wang 等[12]的方法，采用固相微萃取气相质谱法测定气体组分。速冻的果皮组织在液氮下研磨成粉末状。称取 4.3 克粉末和 1.7 毫升饱和 $CaCl_2$ 溶液一起转入 20 毫升小瓶中密封。测定时，样品经混匀后先置于 40 ℃下 30 分钟，而后将纤维头（50/30 微米 DVB/Carboxen/PDMS；Supelco，Bellefonte，PA）置于样品顶空 30 分钟。吸附结束后，将纤维头插入到气相质谱（Model 6890，Agilent，Santa Clara，CA）注射器中 15 分钟解吸。气相质谱采用 DB-5 柱子同时连接一个 Agilent 5973 N 质谱检测器。恒温柱箱的起始温度为 40℃，其开始以 4℃/分钟的速度升高至 230℃，而后以 100℃/分钟的速率升至 260 ℃并维持 11.7 分钟。利用氦气作为载气，其流速为 1.5 毫升/分钟。进口、离子源和连接管线的温度分别为 250℃，230℃和 280℃。从 30～250m/z 监测各质量单元，并在 70 电子伏特条件下将其离子化。利用 ChemStation G1701 AA 数据系统（Hewlett-Packard，Palo Alto，CA）获得相应数据。

气体组分的定性是通过比较它们的质谱和数据库之间的差异或者通过比较其和标样间保留指数的差异。利用峰值-浓度曲线对气体组分进行定量[13]。

1.3 电子鼻分析

2.15 克果皮组织在液氮下研磨成粉末状，和 0.85 毫升饱和 $CaCl_2$ 溶液一起转入 10 毫升小瓶中密封以待分析。

采用 FOX 4000 系统进行电子鼻分析[14]。该电子鼻具有 18 个传感器（LY2/LG、LY2/G、LY2/AA、LY2/GH、LY2/gCTl、LY2/gCT、T30/1、P10/1、P10/2、P40/1、T70/2、PA/2、P30/1、P40/2、P30/2、T40/2、T40/1 和 TA/2）。从传感器输入的电子信号每 5 秒监测一次。取样前将样品置于 40 ℃下振荡 2 分钟，而后吸取 500 微升气体注入到电子鼻中。利用空气作为载气，其流速为 150 毫升/分钟。

1.4 提取和分析脂氢过氧化物裂解酶

采用 Bai 等[15]的方法提取和分析脂氢过氧化物裂解酶。

脂氢过氧化物裂解酶的提取：5.0 克速冻果皮组织在液氮下研磨成粉末状后加入 5.0 毫升 Tris-HCl 缓冲液。经振荡和过滤后，在 4℃、12 000 *g* 下离心 20 分钟，取上清待用。

脂氢过氧化物裂解酶活性的测定方法：60 微升、0.1 摩尔/升、pH 6.7 的磷酸纳缓冲液中加入 10 微升、1 毫摩尔/升 NADH，10 微升、150 国际单位酵母醇脱氢酶溶液，90 微升底物及 60 微升提取液。20℃下反应 15 分钟，在 340 纳米下每隔 15 秒记录一次吸光值。脂氢过氧化物裂解酶活性用每分钟消耗 1 纳摩尔底物或 NADH 表示[16,17]。采用 Vick [16]的方法配制底物。

1.5 数据分析

气体组分浓度和酶活性选取 3 次重复的平均值，利用 SAS 9.3 进行数据分析。采用主成分分析（PCA）和聚类分析（CA）进行多重数据分析，采用 AlphaSOFT

（Alpha MOS）对电子鼻数据进行分析。

2　结果与讨论

FL 47 番茄果实经乙烯熏蒸处理后置于 20℃下，11 d 后到达红熟期。在这一过程中，各气体组分的含量也在不断变化（表 1、表 2）。

2.1　挥发性化合物种类的变化

采用固相微萃取气相质谱对 FL 47 番茄成熟过程中气体组分进行分析：果实成熟过程中共鉴定出 50 种挥发物，可分为十大类：18 种醛、10 种醇、8 种酮、4 种酯、3 种含氧杂环化合物、3 种烃类、1 种含氮化合物、1 种含硫化合物、1 种酚类和 1 种二羰基化合物（表 1）；各个时期鉴定出的组分数目分别为：红熟期果实中 50 种组分，粉红期果实中 48 种，绿熟期、破色期和转色期果实中 46 种。果实成熟过程中，含量最多的是醛类——超过总物质含量的 38.36%，而含量最少的是含硫化合物等（表 1）。

在 FL 47 番茄成熟过程中，气体组分总含量从绿熟期的 2.45 毫克/升逐渐增加到粉红期的 7.82 毫克/升，并在红熟期激增至 18.28 毫克/升。醛类、醇类、酮类、烃类和含氮化合物浓度具有相同的变化趋势。对于其他化合物种类而言，含硫化合物呈逐渐上升的趋势；含氧杂环化合物、二羰基化合物和酯类在成熟过程中波动，并分别在转色期、粉红期和红熟期有最大值；而酚类含量保持不变（表 1）。红熟果实中醛类、醇类、酮类和含氧杂环化合物含量最多，其占总含量的 98.73%；另外，醛类、醇类、酮类、脂类、烃类、含氮化合物、含硫化合物、二羰基化合物和总气体组分在红熟期的含量分别为其在绿熟期的 10.79 倍、18.30 倍、7.39 倍、14.28 倍、3.15 倍、153.32 倍、15.90 倍、5.71 倍和 7.45 倍（表 1）。

2.2　挥发性各气体组分的变化

FL 47 番茄果实在成熟过程中，橙花醛和乙酸正丙酯直至粉红期才被检测到，而 2-甲基-2-丁烯醛和假紫罗酮只在红熟期被检测出来（表 2）。顺-3-己烯醛在整个成熟过程中含量最多，超过总含量的 13.92%。表 2 列出了果实成熟过程中 50 种挥发物的含量、分类、保留指数、气味特征及其在纯水中的阈值。

FL 47 番茄果实成熟过程中气体组分的变化趋势可分为 6 种类型（Ⅰ-Ⅵ）（图 2）。50%的挥发物在成熟早期（从绿熟期到粉红期）波动/积累并在红熟期激增，包括 2-甲基乙醛、正丁醛、3-甲基丁醛、2-甲基丁醛、2-甲基-2-丁烯醛、顺-3-己烯醛、正己醛、反-2-己烯醛、反，反-2，4-己二烯醛、苯甲醛、β-环状柠檬醛、橙花醛、香叶醛、3-甲基丁醇、6-甲基-5-庚烯-2-醇、2-苯基乙醇、6-甲基-5-庚烯-2-酮、香叶基丙酮、假紫罗酮、2-甲基呋喃、乙酸丙酯、右旋柠檬烯、异戊腈、3-甲基戊醇和丙酮（Ⅰ型）。12%的在成熟过程中逐渐上升，包括庚醛、4-甲基戊醇、1-戊烯-3-酮、乙酸异丁酯、2-乙酸异戊酯、二甲基二硫醚（Ⅱ型）。

表 1　FL 47 番茄果实成熟过程中各化合物种类的含量[a]

化合物种类	化合物数目	成熟阶段浓度（毫克/升）				
		绿熟期	破色期	转色期	粉红期	红熟期
醛类	18	0. 95 ± 0. 27 b[b]	1. 48 ± 0. 38 b	2. 50 ± 0. 28 b	3. 15 ± 0. 80 b	10. 28 ± 2. 55 a
醇类	10	0. 20 ± 0. 05 d	0. 49 ± 0. 32 cd	1. 15 ± 0. 34bc	1. 55 ± 0. 19 b	3. 64 ± 0. 97 a
酮类	8	0. 42 ± 0. 07 b	0. 71 ± 0. 27 b	1. 05 ± 0. 36 b	1. 38 ± 0. 39 b	3. 07 ± 1. 09 a
酯类	4	0. 002 1 ± 0. 000 6 c	0. 010 5 ± 0. 002 9bc	0. 028 6 ± 0. 001 9 a	0. 024 2 ± 0. 001 9ab	0. 029 8 ± 0. 005 2 a
含氧杂环化合物	3	0. 84 ± 0. 14 b	0. 87 ± 0. 47 b	1. 81 ± 0. 51 a	1. 63 ± 0. 51ab	1. 05 ± 0. 35ab
烃类	3	0. 024 ± 0. 004 1 b	0. 036 ± 0. 020 8 b	0. 033 ± 0. 016 0 b	0. 034 ± 0. 015 7 b	0. 075 ± 0. 009 6 a
含氮化合物	1	0. 000 53 ± 0. 000 92 b	0. 003 00 ± 0. 002 62 b	0. 012 41 ± 0. 014 08 b	0. 012 59 ± 0. 012 57 b	0. 081 37 ± 0. 051 76 a
含硫化合物	1	0. 000 19 ± 0. 000 32 c	0. 001 32 ± 0. 001 14bc	0. 001 73 ± 0. 000 10ab	0. 002 86 ± 0. 000 93 a	0. 002 97 ± 0. 000 28 a
酚类	1	0. 018 ± 0. 009 a	0. 020 ± 0. 004 a	0. 022 ± 0. 009 a	0. 027 ± 0. 011 a	0. 029 ± 0. 013 a
二羰基化合物	1	0. 002 3 ± 0. 003 9 c	0. 002 9 ± 0. 005 0 c	0. 007 9 ± 0. 001 9bc	0. 017 4 ± 0. 003 6 a	0. 012 9 ± 0. 000 5ab
总化合物含量	50	2. 45 ± 0. 37 c	3. 62 ± 1. 36bc	6. 61 ± 0. 29bc	7. 82 ± 1. 71 b	18. 27 ± 4. 55 a

[a] 果实在绿熟期被采收后采用乙烯催熟。样品根据美国 USDA[11]，在绿熟期、破色期、转色期、粉红期和红熟期取样测定。在绿熟期、破色期、转色期、粉红期、红熟期收集。

[b] 表 1 中芳香物质浓度是 3 个生物学重复的平均值。同一排不同的字母表示不同时期果实中气体组分浓度存在显著差异性（$P<0.05$）。

表 2　FL 47 番茄果实成熟过程中各气体组分的含量[a]

化合物种类	气味特征[b]	阈值[c]	保留指数	成熟阶段浓度（毫克/升）				
				绿熟期	破色期	转色期	粉红期	红熟期
醛类								
2-甲基乙醛	Pungent，malt	0.000 9～0.001	579	0.006 7±0.002 1 b[d]	0.008 9±0.001 1 b	0.009 0±0.002 7 b	0.009 0±0.002 6 b	0.036 2±0.003 1 a
正丁醛	Pungent，green	0.009	601	0.012±0.006 b	0.014±0.009 b	0.011±0.007 b	0.012±0.003 b	0.043±0.025 a
3-甲基丁醛	Malt	0.000 15～0.000 2	654	0.028±0.008 b	0.195±0.102 b	0.318±0.159 b	0.271±0.100 b	1.544±0.543 a
2-甲基丁醛	Cocoa，almond	0.003	663	0.027±0.001 b	0.053±0.010 b	0.038±0.011 b	0.127±0.036 b	1.030±0.729 a
戊醛	Almond，malt，pungent	0.012	692	0.067 6±0.004 5 b	0.091 6±0.035 7ab	0.131 2±0.022 6 a	0.110 8±0.035 0ab	0.009 4±0.000 9 c
2-甲基-2-丁烯醛	Green，fruit	0.5	740	0.00±0.00 b	0.00±0.00 b	0.00±0.00 b	0.00±0.00 b	0.31±0.14 a
顺-3-己烯醛	Leafy，green	0.000 25	795	0.43±0.18 b	0.63±0.11 b	1.05±0.18 b	1.09±0.36 b	2.74±1.38 a
正己醛	Grass，tallow，fat	0.004 5～0.005	798	0.24±0.04 c	0.27±0.08 c	0.37±0.10bc	0.62±0.20 b	2.33±0.27 a
反-2-己烯醛	Green，leafy	0.017	855	0.054±0.030 c	0.096±0.281 c	0.310±0.118bc	0.611±0.274 b	1.54±0.468 a
庚醛	Fat，citrus，rancid	0.003	904	0.007 3±0.001 8 b	0.009 5±0.004 0 b	0.011 2±0.001 6 b	0.013 2±0.003 2ab	0.019 4±0.005 8 a
反，反-2，4-己二烯醛	Green	0.06	913	0.056±0.032 b	0.078±0.014 b	0.213±0.014 b	0.211±0.021 b	0.532±0.129 a
苯甲醛	Almond，burnt sugar	0.35	976	0.002 3±0.000 7 b	0.002 4±0.001 0 b	0.003 9±0.000 7 b	0.005 6±0.004 8 b	0.013 3±0.005 7 a
辛醛	Fat，soap，green	0.000 7	1 006	0.002 6±0.000 7 b	0.003 1±0.000 6 b	0.003 8±0.000 8 b	0.008 4±0.002 4 a	0.003 8±0.001 5 b
反-2-辛烯醛	Green leafy，walnut	0.003	1 062	0.012 5±0.001 8 b	0.014 6±0.006 3 b	0.026 7±0.004 4 a	0.019 0±0.007 0ab	0.009 8±0.003 1 b
壬醛	Fat，citrus，green	0.001	1 106	0.008 4±0.001 4 b	0.009 7±0.000 4 b	0.011 8±0.002 7 b	0.024 0±0.008 8 a	0.011 1±0.003 2 b
β-环状柠檬醛	Mint	0.005	1 234	0.000 18±0.000 16 b	0.000 24±0.000 22 b	0.000 32±0.000 01 b	0.001 35±0.001 b	0.004 14±0.001 a

（续）

化合物种类	气味特征[b]	阈值[c]	保留指数	成熟阶段浓度（毫克/升）				
				绿熟期	破色期	转色期	粉红期	红熟期
橙花醛	Lemon	0.03	1 242	0.000 0±0.000 0 b	0.000 0±0.000 0 b	0.000 0±0.000 0 b	0.002 3±0.000 3 b	0.028 5±0.016 7 a
香叶醛	Lemon，mint	0.032	1 269	0.000 41±0.000 70 b	0.000 41±0.000 70 b	0.000 28±0.000 49 b	0.011 46±0.007 00 b	0.072 83±0.042 84 a
醇类								
2-甲基丙醇	Alcoholic，sweet	12.5	626	0.021±0.003 b	0.024±0.001 b	0.025±0.003 b	0.048±0.013 a	0.055±0.033 a
3-甲基丁醇	Whiskey，malt	0.25～0.3	728	0.008 1±0.014 0 c	0.193 2±0.147 9bc	0.404 8±0.209 4 b	0.429 1±0.214 1 b	1.420 2±0.312 5 a
2-甲基丁醇	Malt，wine，onion	0.25～0.3	732	0.004 5±0.000 4 c	0.067 1±0.057 7 c	0.144 9±0.046 8 c	0.417 9±0.031 2 b	0.706 9±0.267 4 a
戊醇	Balsamic	4	762	0.132±0.043bc	0.152±0.087 b	0.365±0.086 a	0.162±0.029 b	0.030±0.004 c
4-甲基戊醇	Pungent	0.82～4.1	834	0.006 2±0.001 4 c	0.019 0±0.009 7bc	0.051 6±0.021 5bc	0.099 0±0.088 8 b	0.207 7±0.023 4 a
3-甲基戊醇	Pungent	0.83～4.1	843	0.002 7±0.001 1 c	0.010 2±0.005 6 c	0.034 1±0.032 0 c	0.070 3±0.027 4 b	0.184 6±0.004 0 a
6-甲基-5-庚烯-2-醇	Musty，earthy	2	995	0.001 7±0.000 5 b	0.002 0±0.001 0 b	0.002 3±0.000 6 b	0.002 8±0.002 8b	0.009 1±0.004 7 a
2-乙基己醇	Rose，green	0.83～1.5	1 029	0.000 54±0.000 94 b	0.000 76±0.000 67 b	0.000 74±0.000 64 b	0.002 53±0.001 20 a	0.002 51±0.000 62 a
芳香醇	Flower，lavender	0.006	1 101	0.012±0.007 a	0.015±0.006 a	0.015±0.005 a	0.021±0.002 a	0.015±0.005 a
2-苯乙醇	Honey，spice，lilac	1.0～1.1	1 125	0.009 7±0.016 8 b	0.009 7±0.016 8 b	0.102 8±0.036 6 b	0.299 6±0.048 0 b	1.006 4±0.451 2 a
酮类								
丙酮	Pungent，floral	40	541	0.36±0.07 b	0.62±0.22 b	0.85±0.33 b	1.00±0.30 b	1.98±0.74 a
2-乙基呋喃	Sweet	7	602	0.010±0.003 c	0.037±0.026bc	0.063±0.039ab	0.094±0.031 a	0.088±0.017 a
1-戊烯-3酮	Fruity，floral，green	0.001 5	680	0.008 0±0.001 6 b	0.010 3±0.005 8ab	0.013 3±0.005 4ab	0.018 9±0.007 5ab	0.021 9±0.010 0 a
1-辛烯-3-酮	Mushroom，metal	0.000 05	980	0.006 4±0.003 5 b	0.008 1±0.005 3 b	0.016 8±0.003 1 a	0.009 3±0.002 7 b	0.003 1±0.001 6 b
6-甲基-5-庚烯-2-酮	Fruity，floral	0.05	986	0.003 1±0.000 3 b	0.005 5±0.003 0 b	0.010 6±0.002 4 b	0.129 1±0.067 8 b	0.612 0±0.262 9 a

（续）

化合物种类	气味特征[b]	阈值[c]	保留指数	成熟阶段浓度（毫克/升）				
				绿熟期	破色期	转色期	粉红期	红熟期
香叶基丙酮	Sweet，floral	0.06	1 450	0.023±0.006 b	0.036±0.017 b	0.088±0.021 b	0.128±0.029 b	0.359±0.145 a
β-紫罗酮	Seaweed，violet，flower	0.000 007	1 499	0.000 36±0.000 21 c	0.000 52±0.000 02 c	0.000 56±0.000 09 c	0.001 03±0.000 30 b	0.001 57±0.000 09 a
假紫罗酮	Balsamic	0.8	1 598	0.000 0±0.000 0 b	0.000 0±0.000 0 b	0.000 0±0.000 0 b	0.000 0±0.000 0 b	0.002 0±0.000 5 a
酯类								
乙酸正丙酯	Pear	2	705	0.000 00±0.000 00 c	0.000 00±0.000 00 c	0.000 00±0.000 00 c	0.000 63±0.000 61 b	0.002 50±0.000 34 a
乙酸异丁酯	Fruity，floral	0.065	766	0.000 61±0.000 22 c	0.001 59±0.000 97bc	0.003 24±0.000 79bc	0.006 74±0.001 38 b	0.015 90±0.006 42 a
2-乙酸异戊酯	Fruit	0.005～0.011	876	0.000 041±0.000 072 c	0.001 093±0.000 803 c	0.002 555±0.001 007 b	0.004 855±0.000 563 a	0.006 001±0.000 700 a
水杨酸甲酯	Peppermint	0.04	1 207	0.001 4±0.000 4 b	0.007 8±0.001 2ab	0.022 8±0.019 6 a	0.012 0±0.003 5ab	0.005 4±0.001 4 b
含氧杂环化合物								
2-甲基呋喃	Chocolate	0.2	615	0.001 2±0.000 1 b	0.002 2±0.000 3 b	0.001 9±0.000 2 b	0.004 5±0.001 9 b	0.069 1±0.039 1 a
2-乙基呋喃	Rum，coffee，chocolate	-	695	0.000 17±0.000 15 b	0.000 39±0.000 52 b	0.001 38±0.001 78 b	0.003 94±0.000 89 a	0.001 15±0.001 15 b
5-乙基-2（5H）-呋喃酮	Caramellic	-	962	0.84±0.14 b	0.86±0.46 b	1.80±0.51 a	1.62±0.51ab	0.98±0.35 b
烃类								
壬烷	Alkane	10	901	0.000 20±0.000 35 a	0.000 22±0.000 39 a	0.000 27±0.000 24 a	0.000 31±0.000 54 a	0.000 48±0.000 47 a
异丙基甲苯	Solvent，citrus	0.15	1 036	0.000 23±0.000 01 a	0.000 35±0.000 23 a	0.000 34±0.000 10 a	0.000 75±0.000 26 a	0.000 75±0.000 50 a
右旋柠檬烯	Lemon，orange	0.01	1 042	0.023±0.038b	0.036±0.020b	0.033±0.016b	0.033±0.016b	0.074±0.010a

（续）

化合物种类	气味特征[b]	阈值[c]	保留指数	成熟阶段浓度（毫克/升）				
				绿熟期	破色期	转色期	粉红期	红熟期
二羰基化合物								
2，3-丁二酮	Buttery	0.003	597	0.002 3±0.003 9 c	0.002 9±0.005 0 c	0.007 9±0.001 9bc	0.017 4±0.003 6 a	0.012 9±0.000 5ab
含氮化合物								
异戊腈	-	1	726	0.000 53±0.000 92 b	0.003 00±0.002 62 b	0.012 41±0.014 08 b	0.012 59±0.012 57 b	0.081 37±0.051 76 a
含硫化合物								
二甲基二硫醚	Onion，cabbage	0.012	747	0.000 19±0.000 32 c	0.001 32±0.001 14bc	0.001 73±0.000 10ab	0.002 86±0.000 93 a	0.002 97±0.000 28 a
酚类								
愈创木酚	Smoke，medicine	0.003	1 096	0.018±0.009 a	0.020±0.004 a	0.022±0.009 a	0.027±0.011 a	0.029±0.013 a

[a] 果实在绿熟期被采收后采用乙烯催熟。样品根据美国 USDA[11]，在绿熟期、破色期、转色期、粉红期和红熟期取样测定。

[b] 6-甲基-5-庚烯-2-酮和香叶基丙酮的气味特征参照 Klee[7]，其他组分参照 Acree and Arn[20]。

[c] 气体组分阈值浓度参照 Van Gemert[21]。

[d] 表 2 中芳香物质浓度是 3 个生物学重复的平均值。同一排不同的字母表示不同时期果实中气体组分浓度存在显著差异性（$P < 0.05$）。

2-甲基丙醇、2-甲基丁醇、β-紫罗酮和2-乙基己醇在成熟的早期（从绿熟期到转色期）波动/积累并在粉红期激增（Ⅲ型）。5-乙基-2（5H）-呋喃酮、戊醛、反-2-辛烯醛、水杨酸甲酯、戊醇和1-辛烯-3-酮在成熟过程中波动并在转色期有最大值（Ⅳ型）。壬醛、辛醛、2-乙基呋喃和2，3-丁二酮在果实成熟过程中波动并在粉红期有最大值（Ⅴ型）。芳香醇、壬烷、异丙基甲苯和愈创木酚在成熟过程中保持不变（Ⅵ型）。

红熟果实中，顺-3-己烯醛、正己醛、丙酮、3-甲基丁醛、反-2-己烯醛、3-甲基丁醇、2-甲基丁醛和2-苯基乙醇含量最高，占总浓度的74.38%；除丙酮外，其他组分的浓度均高于阈值（表2）。

番茄在成熟过程中目前共鉴定出400多种挥发物，其中只有小部分组分的合成途径被阐明了[2,7]。起源于类胡萝卜素的气体组分对番茄气味有重要的贡献[7]。本研究的FL 47番茄成熟过程中共鉴定出了8种此类挥发物，包括β-环状柠檬醛、橙花醛、香叶醛、6-甲基-5-庚烯-2-醇、6-甲基-5-庚烯-2-酮、香叶基丙酮、β-紫罗酮和假紫罗酮。该类挥发物波动/积累并在红熟期激增（图2）。起源于类胡萝卜素的气体组分由*LeCCD1A*和*LeCCD1B*编码的类胡萝卜素裂解双加氧酶（CDD）催化合成，其浓度与类胡萝卜素含量有关[22]。β-胡萝卜素是β-环状柠檬醛的前体；6-甲基-5-庚烯-2-醇、6-甲基-5-庚烯-2-酮起源于番茄红素；茄红素、六氢番茄红素或ζ-胡萝卜素是香叶基丙酮的前体；而假紫罗酮、橙花醛和香叶醛则起源于链孢红素、前-番茄红素、番茄红素或δ-胡萝卜素[7,23,24]。与气体组分的变化趋势相一致，类胡萝卜素的含量也在番茄成熟过程中积累并在红熟期激增[1,25]，但不排除果实成熟过程中质体物理变化产生的影响[2,26]。

C6醛（包括正己醛、反-2-己烯醛和顺-3-己烯醛）是番茄中含量最多的气体组分，具有“绿色”和“油脂”等气味特征（表2）。与Baldwin等[10]研究结果一致，本实验发现在FL 47番茄果实成熟过程中C6醛含量在红熟期激增（图2）。番茄果实中亚油酸或亚麻酸经脂氧合酶C（TomloxC）和13-脂氢过氧化物裂解酶（13-HPL）催化形成C6醛。脂氢过氧化物裂解酶是C6醛合成的重要酶[12]，尽管其活性在成熟过程中的增长率与C6醛不同（图3）。事实上，果实成熟过程中*TomloxC* mRNA逐渐积累[27]而亚油酸和亚麻酸含量下降[28]。由Myung等[29]研究结果可推知，C6醛在红熟期激增可能是由于相关酶和底物的区域化分布被破坏了[2]，但也不排除脂氢过氧化物裂解酶活性的影响。

2-苯乙醇具有“花香”和“果味”等气味特性[12]，其变化趋势与C6醛类相类似（图2）。番茄果实中2-苯乙醇经*LeAADC1A*、*LeAADC1B*和*LeAADC2*编码的氨基酸脱羧酶（AADCs）、胺氧化酶及*LePAR1*和*LePAR2*编码的苯乙醛还原酶（PAR）等催化合成[22]。成熟过程中*LeAADC2*、*LePAR1*和*LePAR2* mRNA逐渐减少，而*LeAADC1A*和*LeAADC1B* mRNA在早期波动并在红熟期有最小值[30,31]。

苯甲醛、愈创木酚和水杨酸甲酯和2-苯乙醇有共同的底物，它们在苯丙氨酸解氨酶（PAL）作用下由苯丙氨酸转化而来[33]。水杨酸甲基转移酶（SlSAMT）[34]

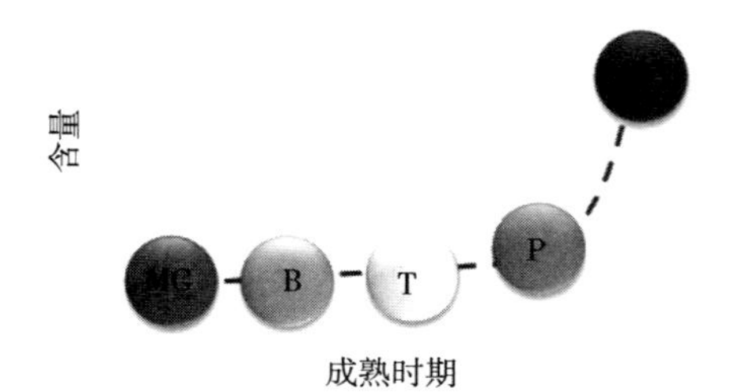

Ⅰ型：2-苯乙醇，3-甲基丁醇、3-甲基戊醇、6-甲基-5-庚烯-2-醇、2-甲基乙醛、丁醛、3-甲基丁醛、2-甲基-2-丁烯醛、顺-3-己烯醛、己醛、反-2-己烯醛、反，反-2，4-己二烯醛、苯甲醛、β-环柠檬醛、橙花醛、香叶醛、6-甲基-5-庚烯-2-酮、香叶基丙酮、假紫罗酮、丙酮、乙酸丙酯、d-柠檬烯、异戊腈和2-甲基呋喃

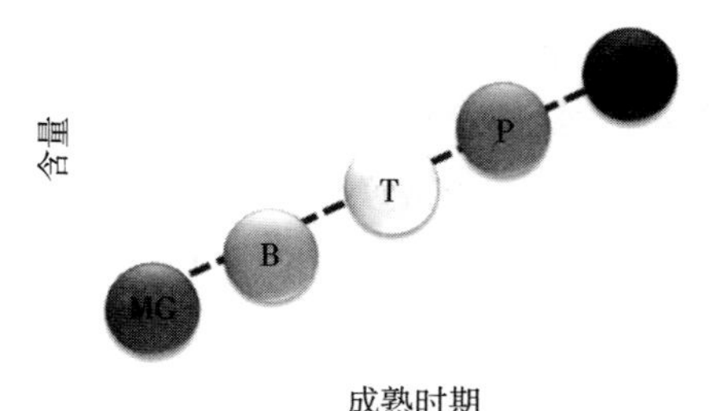

Ⅱ型：4-甲基戊醇、庚醛、1-戊烯-3-酮、乙酸异丁酯、2-甲基丁基乙酸酯和二甲基二硫醚

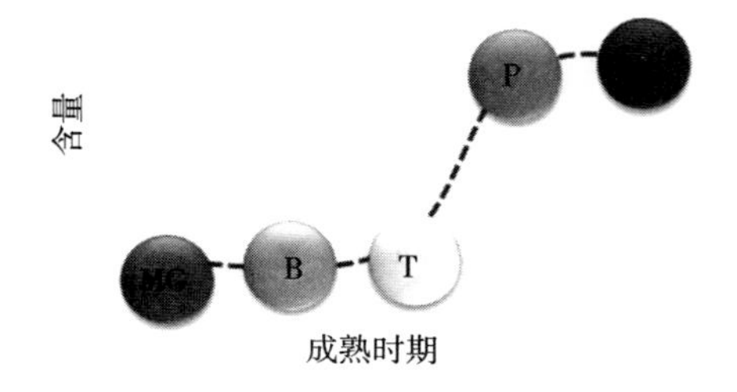

Ⅲ型：2-甲基丙醇、2-甲基丁醇、2-乙基己醇和β-紫罗酮

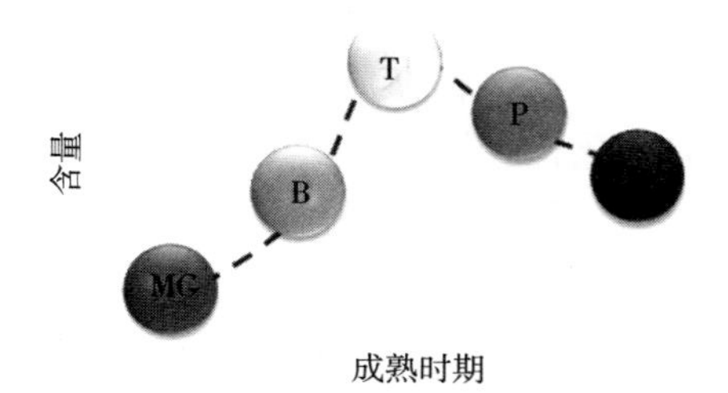

Ⅳ型：壬醛、辛醛、2，3-丁二酮和2-乙基呋喃

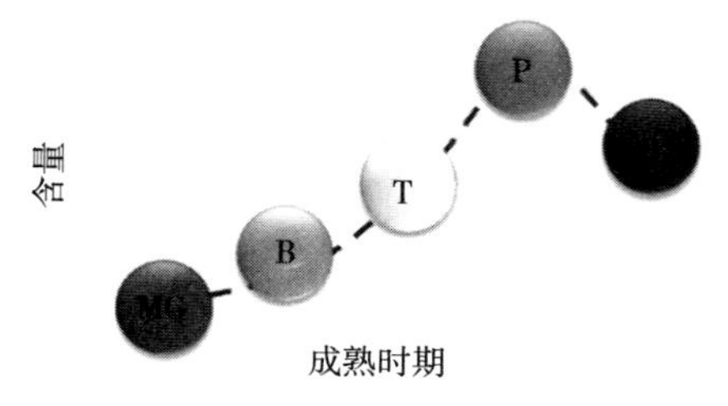

Ⅴ型：戊醇、戊醛、反-2-辛烯醛、5-乙基-2（5H）-呋喃酮、1-辛烯-3-酮和水杨酸甲酯

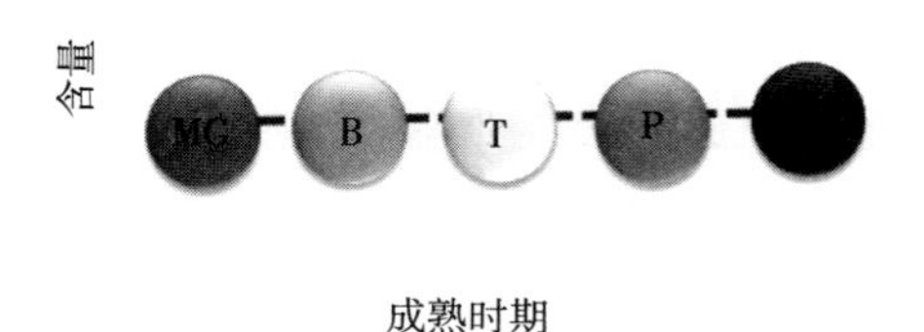

Ⅵ型：沉香醇、壬烷、异丙基甲苯和愈创木酚

图2　FL 47番茄果实成熟过程中50种气体组分的变化趋势

注：MG，绿熟期；B，破色期；T，转色期；P，粉红期；R，红熟期。

和儿茶酚邻甲基转移酶[35]参与其合成。FL 47番茄果实成熟过程中，苯甲醛含量在红熟期激增，并在成熟过程中波动并在破色期＋3天有最大值[32]，而愈创木酚保持不变，水杨酸甲酯转色期有最大值（图2）。水杨酸甲酯参与番茄的成熟过程[36]；同时PAL和AADC竞争共同的底物[37]。因此，为深入理解苯基丙氨酸衍生物在成熟过程中的变化趋势，需要深入研究其合成途径中相关的基因和酶、酶活性的调节及苯丙氨酸的区域化分布等。

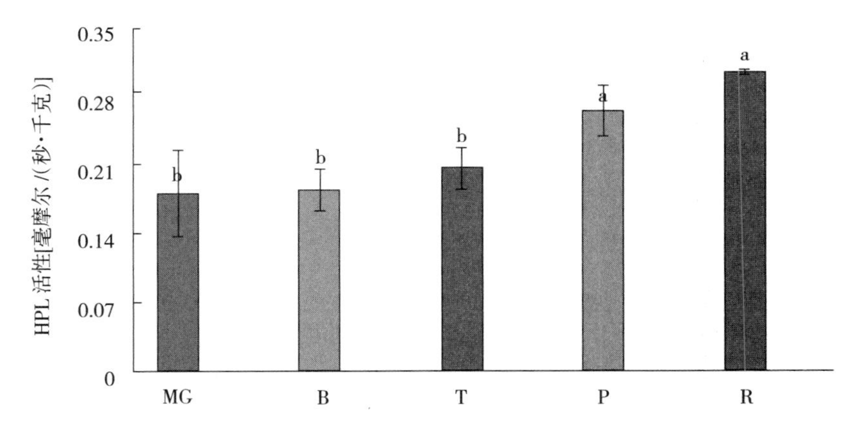

图 3　FL 47 番茄果实成熟过程中脂氢过氧化物裂解酶（HPL）的变化

注：MG，绿熟期；B，破色期；T，转色期；P，粉红期；R，红熟期。

2.3　利用电子鼻、PCA&Cluster 分析果实成熟过程中气体组的差异

尽管温度、光线和湿度等均可影响分析结果，但电子鼻因便捷性和可重复性仍被广泛应用于检测样品间气体组成的差异[38,39]。将电子鼻和数据处理元件应用于本研究，可根据气体组成的不同而将样品区分开来[40]。通过 18 个传感器获取的原始数据是多维的，为简化和提取重要信息对原始数据进行 PCA 分析，并将原始数据转化为二维空间。结果显示，前两个主成分解释了 99.74%的变化（图 4），PC1 可以将红熟期和其他时期的番茄区分开来，它们间 Mahalanobis 距离超过 0.43[41]。对鉴定出的 50 种气体组分进行 PCA & Cluster 分析，进一步印证了以上结果（图 5）。

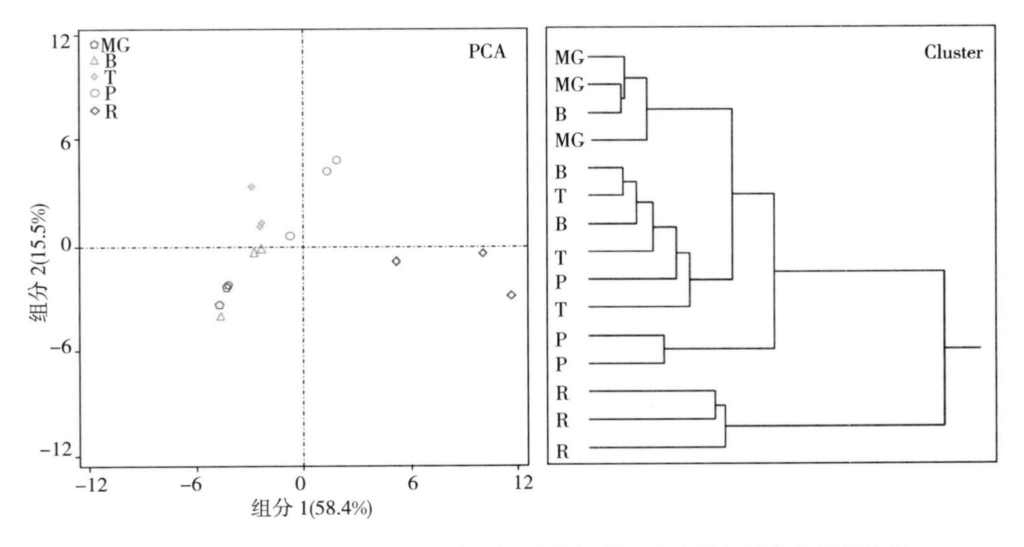

图 4　对不同成熟阶段 FL 47 番茄果实中的气体组成进行电子鼻分析的结果

注：MG，绿熟期；B，破色期；T，转色期；P，粉红期；R，红熟期。

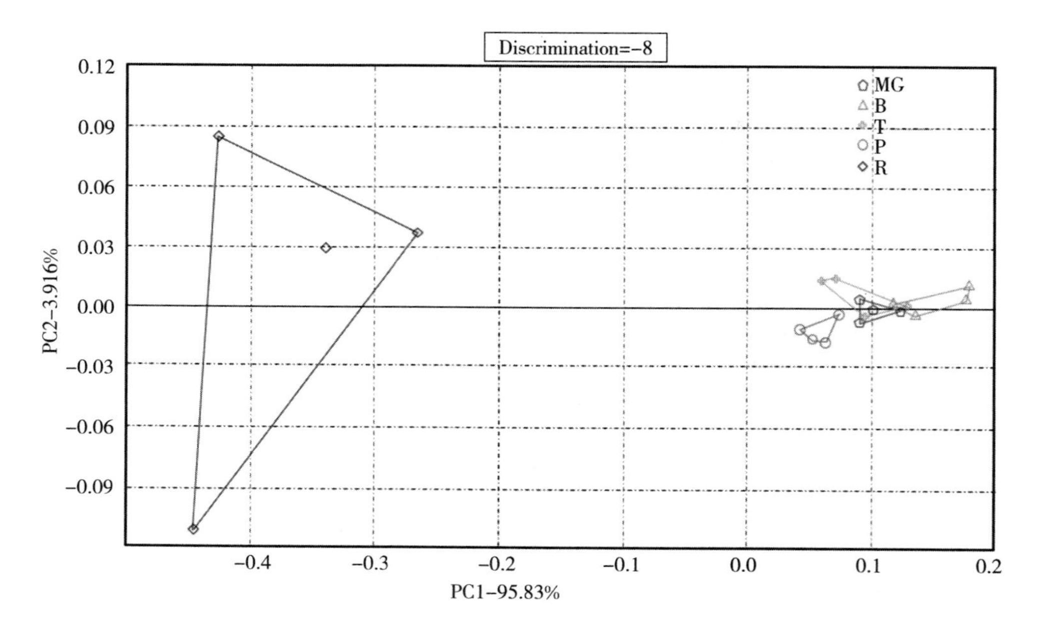

图 5　对不同成熟阶段 FL 47 番茄果实中检测到的气体组成进行 PCA & CA 分析的结果

注：MG，绿熟期；B，破色期；T，转色期；P，粉红期；R，红熟期。

3　结论

本实验研究了番茄果实气体组分在 5 个不同成熟时期的变化趋势，包括绿熟期、破色期、转色期、粉红期及红熟期。在 FL 47 番茄果实成熟过程中，气体组分总含量、醛类、醇类、酮类、烃类及含氮化合物在红熟期激增。同时，在总共检测出来的 50 种化合物中，有 25 种在成熟过程中波动或积累并在粉红期/红熟期激增。红熟果实中气体组分的浓度最高，电子鼻及 PCA & Cluster 分析都可依据气体组成的不同将红熟果实和其他时期果实区分开来。

参考文献

[1] Alba R，Payton P，Fei Z，et al. Transcriptome and selected metabolite analyses reveal multiple points of ethylene control during tomato fruit development [J] . Plant cell，2005，17 (11)：2954 - 2965.

[2] Klee H J. Improving the flavor of fresh fruits：genomics，biochemistry，and biotechnology [J] . New Phytologist，2010，187 (1)：44 - 56.

[3] Ho L，Sjut V，Hoad G. The effect of assimilate supply on fruit growth and hormone levels in tomato plants [J] . Plant Growth Regulation，1982，1 (3)，155 - 171.

[4] Winsor G，Davies J，Massey D. Composition of tomato fruit. III. —Juices from whole fruit and locules at different stages of ripeness [J] . Journal of the Science of Food and Agriculture，1962，13 (2)，108 - 115.

[5] Kader A A, Stevens M A, Albright - Holton M, et al. Effect of fruit ripeness when picked on flavor and composition in fresh market tomatoes [J] . Journal of the American Society for Horticultural Science, 1977, 102 (6): 724 - 731.

[6] El Hadi M, Zhang F, Wu F, et al. Advances in fruit aroma volatile research [J] . Molecules, 2013, 18 (7): 8200 - 8229.

[7] Klee H, Giovannoni J J. Genetics and control of tomato fruit ripening and quality attributes [J] . Annual Review of Genetics, 2011 (45): 41 - 59.

[8] Goff S A , Klee H J. Plant volatile compounds: sensory cues for health and nutritional value? [J] . Science, 2006, 311 (5762): 815 - 819.

[9] Hayase F, Chung T Y, Kato H. Changes of volatile components of tomato fruits during ripening [J] . Food Chemistry, 1984, 14 (2): 113 - 124.

[10] Baldwin E, Nisperos-Carriedo M, Moshonas M. Quantitative analysis of flavor and other volatiles and for certain constituents of two tomato cultivars during ripening [J] . Journal of the American Society for Horticultural Science, 1991, 116 (2): 265 - 269.

[11] USDA. United States standards for grades of fresh tomatoes (accessed 18 August 2014) [OL]. http://www. ams. usda. gov/AMSv1. 0/getfile? dDocName=STELPRDC5050331, 1997.

[12] Wang L, Baldwin E, Zhao W, et al. Suppression of volatile production in tomato fruit exposed to chilling temperature and alleviation of chilling injury by a pre - chilling heat treatment [J] . LWT - Food Science and Technology, 2015, 62 (1): 115 - 121.

[13] Baldwin E A, Plotto A, Manthey J, et al. Effect of Liberibacter infection (Huanglongbing disease) of citrus on orange fruit physiology and fruit/fruit juice quality: chemical and physical analyses [J] . Journal of Agricultural and Food Chemistry, 2009, 58 (2): 1247 - 1262.

[14] Baldwin E A, Bai J, Plotto A, et al. Effect of extraction method on quality of orange juice: hand - squeezed, commercial - fresh squeezed and processed [J] . Journal of the Science of Food and Agriculture, 2012, 92 (10): 2029 - 2042.

[15] Bai J, Baldwin E, Imahori Y, et al. Chilling and heating may regulate C6 volatile aroma production by different mechanisms in tomato (*Solanum lycopersicum*) fruit [J] . Postharvest Biology and Technology, 2011, 60 (2): 111 - 120.

[16] Vick B A. A spectrophotometric assay for hydroperoxide lyase [J] . Lipids, 1991, 26 (4): 315 - 320.

[17] Froehlich J E, Itoh A, Howe G A. Tomato allene oxide synthase and fatty acid hydroperoxide lyase, two cytochrome P450s involved in oxylipin metabolism, are targeted to different membranes of chloroplast envelope [J] . Plant Physiology, 2001, 125 (1): 306 - 317.

[18] Bradford M M. A rapid and sensitive method for the quantitation of microgram quantities of protein utilizing the principle of protein-dye binding [J] . Analytical Biochemistry, 1976, 72 (1): 248 - 254.

[19] Petro - Turza M. Flavor of tomato and tomato products [J] . Food Reviews International, 1986, 2 (3): 309 - 351.

[20] Acree T, Arn H. Flavornet and human odor space (accessed 18 August 2014) [OL] . http://www. flavornet. org/flavornet. html, 2010.

[21] Van Gemert L. Compilations of odour threshold values in air, water and other media [M] . Utrecht, Netherlands: Oliemans Punter & Partners BV, 2003.

[22] Wang L, Baldwin E A, Plotto A, et al. Effect of methyl salicylate and methyl jasmonate pre-treatment on the volatile profile in tomato fruit subjected to chilling temperature [J]. Postharvest Biology and Technology, 2015 (108): 28 - 38.

[23] Lewinsohn E, Sitrit Y, Bar E, et al. Carotenoid pigmentation affects the volatile composition of tomato and watermelon fruits, as revealed by comparative genetic analysis [J]. Journal of Agricultural and Food Chemistry, 2005, 53 (8): 3142 - 3148.

[24] Simkin A J, Schwartz S H, Auldridg M, et al. The tomato carotenoid cleavage dioxygenase 1 genes contribute to the formation of the flavor volatiles β - ionone, pseudoionone, and geranyl acetone [J]. The Plant Journal, 2004, 40 (6): 882 - 892.

[25] Fraser P D, Truesdale M R, Bird C R, et al. Carotenoid biosynthesis during tomato fruit development (evidence for tissue-specific gene expression) [J]. Plant Physiology, 1994, 105 (1): 405 - 413.

[26] Nath P, Bouzayen M, Mattoo A K, et al. Fruit ripening: physiology, signalling and genomics [M]. London: CABI, 2014.

[27] Griffiths A, Barry C, Alpuche - Solis A G, et al. Ethylene and developmental signals regulate expression of lipoxygenase genes during tomato fruit ripening [J]. Journal of Experimental Botany, 1999, 50 (335): 793 - 798.

[28] Jadhav S, Singh B, Salunkhe D. Metabolism of unsaturated fatty acids in tomato fruit: linoleic and linolenic acid as precursors of hexanal [J]. Plant and cell physiology, 1972, 13 (3): 449 - 459.

[29] Myung K, Hamilton - Kemp T R, Archbold D D. Biosynthesis of trans - 2 - hexenal in response to wounding in strawberry fruit [J]. Journal of Agricultural and Food Chemistry, 2006, 54 (4): 1442 - 1448.

[30] Tieman D, Taylor M, Schauer N, et al. Tomato aromatic amino acid decarboxylases participate in synthesis of the flavor volatiles 2 - phenylethanol and 2 - phenylacetaldehyde [J]. Proceedings of the National Academy of Sciences, 2006, 103 (21): 8287 - 8292.

[31] Tieman D M, Loucas H M, Kim J Y, et al. Tomato phenylacetaldehyde reductases catalyze the last step in the synthesis of the aroma volatile 2 - phenylethanol [J]. Phytochemistry, 2007, 68 (21): 2660 - 2669.

[32] Gao H, Zhu B Z, Zhu H L, et al. Effect of suppression of ethylene biosynthesis on flavor products in tomato fruits [J]. Russian Journal of Plant Physiology, 2007, 54 (1): 80 - 88.

[33] Rambla J L, Tikunov Y M, Monforte A J, et al. The expanded tomato fruit volatile landscape [J]. Journal of Experimental Botany, 2014, 65 (16): 4613 - 4623.

[34] Tieman D, Zeigler M, Schmelz E, et al. Functional analysis of a tomato salicylic acid methyl transferase and its role in synthesis of the flavor volatile methyl salicylate [J]. The Plant Journal, 2010, 62 (1): 113 - 123.

[35] Ageroy M H, Tieman D M, Floystad A, et al. A Solanum lycopersicum catechol - O - methyltransferase involved in synthesis of the flavor molecule guaiacol [J]. The Plant Journal, 2012, 69 (6): 1043 - 1051.

[36] Ding C K, Wang C Y. The dual effects of methyl salicylate on ripening and expression of ethylene biosynthetic genes in tomato fruit [J]. Plant Science, 2003, 164 (4): 589 - 596.

[37] Boatright J, Negre F, Chen X, et al. Understanding in vivo benzenoid metabolism in petunia

petal tissue [J] . Plant Physiology, 2004, 135 (4): 1993 - 2011.

[38] Raithore S, Dea S, Plotto A, et al. Effect of blending Huanglongbing (HLB) disease affected orange juice with juice from healthy orange on flavor quality [J] . LWT - Food Science and Technology, 2014, 62 (1): 868 - 874.

[39] Baldwin E A, Bai J, Plotto A, et al. Electronic noses and tongues: applications for the food and pharmaceutical industries [J] . Sensors, 2011, 11 (5): 4744 - 4766.

[40] Tan T T, Schmitt V O, Lucas O, et al. Electronic noses and electronic tongues [J] . Lab-Plus International, 2001, 13 (41): 16 - 19.

[41] McLachlan G. Discriminant analysis and statistical pattern recognition [M] . New Jersey, USA: John Wiley & Sons, 2004.

蔬菜的分级

姜　丽　冯　莉　郁志芳

（南京农业大学食品科技学院　江苏南京　210095）

摘　要： 蔬菜产品作为活的有机体，在生产栽培过程中受环境条件、农业技术措施和人工操作等诸多因素的影响，收获后蔬菜产品在大小、形状、色泽、重量和成熟度等方面常表现出参差不齐的特点，且产品带有病虫害和机械伤等，产品间的品质存在较大差异，很难达到商品特征一致性的要求。因而，蔬菜采后必须经过整理、挑选和分级，以提高蔬菜产品的商品性和标准化，实现优质优价。本文介绍蔬菜分级必要性、分级标准和分级需要注意的事项等。

关键词： 采后加工　标准化　分级

随着人们生活水平的提高，对蔬菜的消费需求已从“数量型”转向“质量型”，不仅要求花色品种的多样性，还要求产品新鲜、整洁和标准化。我国农业和农村经济发展进入新阶段后，蔬菜供给持续增长的同时，消费需求增速却大幅回落，供求增长不同步使蔬菜产品阶段性、结构性过剩的特征更加明显，多数蔬菜产品积压难卖、价格下跌，已成为当前迫切需要解决的一个突出问题。

蔬菜采后经过商品化处理可实现产品的商品化。商品化处理是指保持或改进蔬菜产品质量并使其实现标准化所采取的一系列措施的总称，主要包括采后所经过的挑选、修整、清洗、分级、预冷、愈伤、化学处理、催熟和包装等。根据不同蔬菜产品的特性和商品要求，采后商品化处理的过程不尽相同，可以根据产品的种类，选用全部的措施或只选用其中的某几项措施。从发达国家蔬菜产品产值的构成来看，蔬菜产品产值50％以上是通过采后商品化处理、储藏、运输和销售环节来实现的。

1　蔬菜分级的必要性

分级（grading）是提高商品质量和实现产品商品化、标准化的重要手段，是根据果品的大小、色泽、形状、重量、成熟度、新鲜度和病虫害、机械伤等商品性状，按照一定的标准进行严格挑选、分级，除去不满意的部分，并便于产品包装和运输的一种商品化处理技术。通过分级可以将大小不一、色泽不均、有病虫或受到机械损伤的产品区分开来，做到品质一致，并使产品满足不同使用要求和标准。产品经过分级后，等级分明，规格一致，商品质量大大提高，实现优质优价。

蔬菜分级的作用具体现在以下几方面：

一是通过分级剔除感病、有虫害和机械损伤等有问题个体，并按照一定的指标区分产品的等级，为其后科学合理和适宜的包装、储运、配送和销售管理等提供便利。

二是通过分级实现了产品的标准化，为贯彻优质优价政策奠定了基础，提高经济效益，也有利于市场价格引导并为蔬菜生产提供信息指导，还有利于对市场上销售的蔬菜产品进行监督。

三是分级依据的标准是蔬菜生产者、经营者和消费者共同的语言，有利于生产者、经营者和消费者的沟通，有助于蔬菜生产、流通中争议的解决，进而有利于促进蔬菜生产和管理技术的升级和规范化。

四是蔬菜原料经挑选分级后，剔除掉有病虫和机械伤的产品，可减轻病虫的传播，减少储运销售期间的损失；另外，残次产品及时加工处理，进行综合利用以减少浪费，完善蔬菜产业链，提升产业化水平，提高蔬菜的整体经济效益。

2　蔬菜分级的依据

标准是分级基础，因蔬菜产品种类及供食部分不同，成熟度标准不一致，其产品分级具有较大的差异。一般是根据产品的新鲜度、颜色、形状、品质、病虫害及机械损伤等方面均符合要求的基础上，再按大小进行分级。许多国家的蔬菜分级通常是根据坚实度、清洁度、大小、重量、颜色、形状、成熟度、新鲜度、病虫感染和机械损伤等多方面综合考虑。

标准有不同的层次，包括国际标准、国家标准、行业标准、地方标准和企业标准等。一般来说，分级的标准有多种，美国对新鲜蔬菜的分级多分为 4 级，即特级——质量最上乘的产品；一级——主要贸易级，大部分产品属于此范围；二级——产品介于一级和三级之间，质量显著优于三级；三级——产品在正常条件下包装是可销售的质量最次的产品。生产蔬菜的主要地区如加利福尼亚州等均有自己的蔬菜产品分级标准，一些行业协会还会根据自己的需要设立产品质量标准或某一产品的特殊标准。我国目前虽然还没有制定覆盖所有蔬菜的严格产品标准，主要的蔬菜可根据出口/国内销售、鲜食/加工等不同，制定或者执行不同的标准，为生产实践需要提供指导和规范。

以番茄为例，国际上食品法典委员会将番茄分 4 大类 3 等级。根据该标准，市场上的番茄被归纳为 4 大类：圆形番茄、带棱番茄、椭圆形或细长型番茄、樱桃番茄（或鸡尾酒番茄）。所有种类番茄质量的基本要求包括外形完整、外观完好、表面清洁且无多余水分、农药残留不超标或无农药损伤迹象、无异味、新鲜；成熟度方面，番茄应生长充足，达到充分的自然成熟状态；番茄要耐运输，运抵目的地后要状况良好。食品法典委员会在此基础上进一步将番茄分为特等、一等和二等 3 个等级。特等番茄是品质最好的番茄，其果肉必须柔韧，而且在形状、外观以及生长情况方面绝对优秀。这种番茄必须大小一致，呈现成熟色泽，且表面无明显瑕疵。一等番茄果肉必须柔韧，在形状、外观以及生长情况方面基本令人满意。该等级的番茄也应大小一致，且表面无裂缝和明显瑕疵，但允许有一些轻微缺陷，如形状略不规范、颜色略微逊色、表面有轻微擦痕等。二等番茄的质量比不上前两个等级，但也应满足前面提到的基本质量要求。

我国目前番茄有国家标准《番茄》（GB 8852—88），也有农业行业标准《番茄等级规格》（NY/T 940—2006），农业部公告第 604 号同时还批准了《青花菜等级规格》《茎用莴苣等级规格》《大白菜等级规格》《辣椒等级规格》和《蒜薹等级规格》等蔬菜的产品标准），两标准对番茄的分级主要基于外观性状进行，等级分为 3 等，具体的要求见表 1。

表 1　番茄等级规格

等别	规　　格	限　　度
一等	1. 具有同一品种的特征，果形、色泽良好，果面光滑、新鲜、清洁、硬实，无异味，成熟度适宜，整齐度较高 2. 无烂果、过熟、日伤、褪色斑、疤痕、雹伤、冻伤、皱缩、空腔、畸形果、裂果、病虫害及机械伤 3. 果重分级： （1）特大果：单果重≥200 克； （2）大果：单果重 150～199 克； （3）中果：单果重 100～149 克； （4）小果：单果重 50～99 克； （5）特小果：单果重<50 克	第 1、第 2 两项不合格个数之和不得超过 5%，其中软果和烂果之和不得超过 1%； 第 3 项不合格个数不得超过 10%
二等	1. 具有相似的品种特征，果形、色泽较好，果面较光滑、新鲜、清洁、硬实、无异味，成熟度适宜，整齐度尚高 2. 无烂果、过熟、日伤、褪色斑、疤痕、雹伤、冻伤、皱缩、空腔、畸形果、裂果、病虫害及机械伤 3. 果重分级： （1）大果：单果重≥150 克； （2）中果：单果重 100～149 克； （3）小果：单果重 50～99 克； （4）特小果：单果重<50 克	第 1、第 2 两项不合格个数之和不得超过 10%，其中软果和烂果之和不得超过 1%； 第 3 项不合格个数不得超过 10%
三等	1. 具有相似的品种特征，果形、色泽尚好，果面清洁，较新鲜，无异味，不软，成熟度适宜 2. 无烂果、过熟、严重日伤、大疤痕、严重裂果、严重畸形果、严重病虫害及机械伤 3. 果重分级： （1）大中果：单果重≥100 克； （2）小果：单果重 50～90 克； （3）特小果：单果重<50 克	第 1、第 2 两项不合格个数之和不得超过 10%，其中软果和烂果之和不得超过 1%； 第 3 项不合格个数不得超过 10%

由于地区、品种、栽培模式和管理水平的不同，我国允许各省根据需要制定地方标准，如山东在贯彻执行国家标准和行业标准的基础上，制定了山东省地方标准《番茄分级标准》（DB 43/T 500—2009）。虽然该标准是推荐性的，但仍可作为山

东省番茄分级的参考依据，并用于指导、甚至规范番茄流通和销售行为。

另外，企业可以在遵循强制性国家标准、行业标准和地方标准的情况下，可根据自身产品的实际制定企业标准。如某公司对叶菜做出三等级的要求说明，一级品要求组织新鲜、饱满，大小、形状和色泽基本一致且符合该品种应有性状，无萎蔫、无明显机械伤，无黄叶和异色叶，无病虫为害症状，整体均匀一致，把形完好，商品性优良；二级品为组织新鲜，大小、形状和色泽基本一致，无明显萎蔫和机械伤，允许外叶有少许黄化和异色，无明显腐败症状，把形较为完整，商品性良好；三级品组织完整，有较明显萎蔫和/或机械伤，个别外叶明显黄化，有一定程度的腐败症状，把形松散，商品性一般。对于以上 3 个等级的叶菜在市场销售时，一级品需采用冷风货柜销售、二级品在一般货架区销售、三级以特价销售方式迅速处理完毕。

蔬菜因供食的组织和器官不同，成熟标准不一致，所以通常没有一个固定的统一标准，只能按照各种蔬菜生物学特性和品质的要求制定该产品的标准。不同蔬菜品种所依据的分级指标见表 2。日本黄瓜外观品质等级可分为 A、B 两级见表 3，大白菜在质量达到标准后再按重量进行分级；我国农业部制定的蒜薹分级标准是按其质地鲜嫩、成熟度等分为特级、一级和二级（表 4）。典型的分类实例见图 1～图 4。

表 2　不同蔬菜种类使用的分级指标

分级依据	适用对象
直径/长度	番茄、花椰菜、马铃薯、菊苣、鲜豆粒、石刁柏
大小	莴苣、甘蓝、大白菜
直径/重量	胡萝卜、西瓜、甜瓜
横截面积/长度	婆罗门参、辣根、葱、芹菜、黄瓜、西葫芦

注：引自关文强等编著的《果蔬物流保鲜技术》。

表 3　日本黄瓜外观品质等级

A 级	B 级
具有本品种的特征（形状、颜色、刺），色泽鲜艳	具有本品种的特征（形状、颜色、刺），色泽鲜艳
瓜条生长时间适中（适时采收）	瓜条生长时间适中（适时采收）
瓜条弯曲度在 2 厘米以内	瓜条弯曲度在 2 厘米以内
无大肚、蜂腰和尖嘴	有轻微大肚、蜂腰和尖嘴
无腐烂、变质	无腐烂、变质
无病害、虫害和损伤	无病害、虫害，有轻微损伤
外观清洁，无其他附着物（如残留农药）	外观清洁，无其他附着物（如残留农药）

注：引自冯双庆主编的《果蔬贮运学》。

表 4　我国蒜薹等级

等　级	规　　格	允许误差
基本要求	外形一致，完好、无腐烂和变质，外观新鲜、清洁、无异物，薹苞不开散，无糠心，无虫害，无冻伤	无
特级	质地脆嫩；成熟适度；花茎粗细均匀，长短一致，薹苞以下长度差异不超过 1 厘米；薹苞绿色，不膨大；花茎末端断面整齐；无损伤，无病斑点	按质量计，允许有 5%的产品不符合该规格的要求
一级	质地脆嫩；成熟适度；花茎粗细均匀，长短基本一致，薹苞以下长度差异不超过 2 厘米；薹苞不膨大，允许顶尖稍有黄绿色；花茎末端断面基本整齐；无损伤，无明显病斑点	按质量计，允许有 10%的产品不符合该规格的要求
二级	质地较脆嫩；成熟适度；花茎粗细较均匀，长短较一致，薹苞以下长度差异不超过 3 厘米；薹苞稍膨大，允许顶尖发黄或干枯；花茎末端断面基本整齐；有轻微损伤，有轻微病斑点	
规格划分（长度，厘米）	L：>50；M：40～50；S：<40	无

注：摘自《蒜薹等级规格》（NY/T 945—2006）。

图 1　分级实例（产品按大小分级）

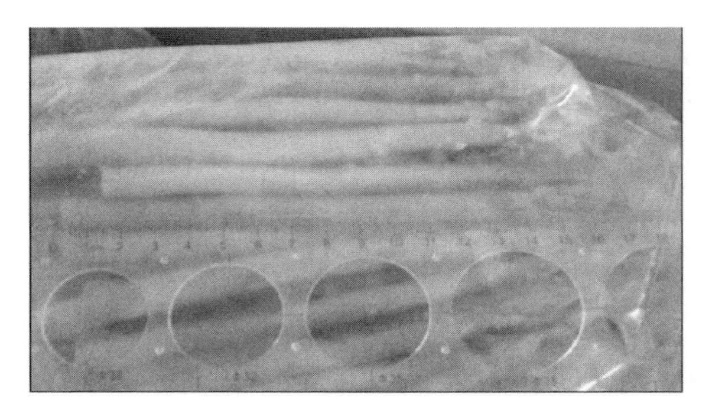

图 2　分级实例（产品按长度和粗细分级）

COLOR CLASSIFICATION REQUIREMENTS IN
UNITED STATES STANDARDS FOR GRADES OF FRESH
TOMATOES

United Fresh Fruit and Vegetable Association
in cooperation with
U. S. Department of Agriculture
Agricultural Marketing Service
Fruit and Vegetable Division

U.S.D.A. Visual Aid TM-L-1; February '75
The John Henry Company
P.O. Box 1410, Lansing, Mich. 48904

GREEN
BREAKERS
TURNING
PINK
LIGHT RED
RED

(1) "Green" means that the surface of the tomato is completely green in color. The shade of green color may vary from light to dark;

(2) "Breakers" means that there is a definite break in color from green to tannish-yellow, pink or red on not more than 10 percent of the surface;

(3) "Turning" means that more than 10 percent but not more than 30 percent of the surface, in the aggregate, shows a definite change in color from green to tannish-yellow, pink, red, or a combination thereof;

(4) "Pink" means that more than 30 percent but not more than 60 percent of the surface, in the aggregate, shows pink or red color;

(5) "Light red" means that more than 60 percent of the surface, in the aggregate, shows pinkish-red or red: *Provided*, That not more than 90 percent of the surface is red color; and

(6) "Red" means that more than 90 percent of the surface, in the aggregate, shows red color.

图 3　番茄分级（美国番茄按照成熟度色泽分级）

图 4　白芦笋分级（按照色泽、大小、形状等分级）

3　分级的时间、场所、方法及注意事项

3.1　分级的时间和场所

蔬菜分级可以在采收时、收货时、储运前和储运后等任何时间均可进行，根据产品的用途、储藏、运输和销售时间等有所差别。如直接上市可结合采收进行，极端高温时间采收的可在酷暑采后运至预冷环境结合预冷分级，需要较长时间储藏的产品可在采收时初步分级后储藏、在出库上市前结合包装进行分级等。一般采后越早分级，越有利于产品在储藏、运输和销售期间的管理。

分级可在收获地、集中地、存放地和销售地等进行，分级场所应维持较低的环境温度为优，这样可以有效减少产品的采后损失。

3.2　分级方法

分级方法有人工、机械、人工与机械结合的方法。人工分级的优点在于可对不规则的蔬菜进行分级，但随意性过大，人员不易管理；机械分级的优点有分级效率高，可有效缓解劳动力紧张，但会使部分蔬菜产生机械损伤。目前，国内鲜销的蔬菜以手工分级为主，特别是组织柔嫩、容易发生机械损伤、个体间差异大、成熟度不均匀、分批分次采收的蔬菜产品；而组织紧实、不容易发生机械伤、个体差异不大、加工用的蔬菜产品则适合机械分级。

3.3 分级注意事项

蔬菜分级过程中要做到以下几点：

一是严格执行标准要求，克服随意性。分级不能为分级而分级，必须严格按照执行的标准进行，特别是执行国家标准和行业标准的要注意随时检查执行的准确性。

二是防止损坏的发生，克服破坏性。无论是人工还是机械分级，均可能造成新的机械伤，即使当时肉眼不可见的微小损伤也可在产品的储运流通和销售期间对产品造成巨大的影响，如感观下降、增加水分损失、为病害侵染创造机会等，故而分级操作应做到轻柔、精细。

三是操作最好与其他处理结合进行，以减少蔬菜商品化处理的环节和缩短处理的时间，如分级前可进行简单的挑选、整理，分级可与清洗、打蜡和包装等结合起来进行。

四是分级后要少移动。分级提升了蔬菜的商品性和实现了产品的标准化，其后的任何运动/振动和不良环境均可能对蔬菜造成损伤，故而分级后蔬菜不宜搬动、不断变换地方和更改环境条件。即使必需要移动，也应做到轻搬轻放，防止包装振动、倾斜、跌落，更应防止野蛮作业。

五是尽可能快地进入储藏和/或销售环节。新鲜的蔬菜是活的有机体，时刻都在进行着生命活动，消耗有机物质、产生热量，并可能遭受微生物的侵害，为避免产品因以上原因发生品质变化和损失，故而分级后的蔬菜应在尽可能短的时间内进入储藏和/或销售环节。

4 结束语

分级是包装储运的基础，低温环境下及时严格的依据标准对蔬菜进行分级可以为后续的商品化处理技术提供良好的质量保证。蔬菜分级过程中，要针对不同蔬菜的产品种类和特点，选择不同的分级标准，并依据商品化流通的进程，选择最适宜的分级时间、场地和方法，并通过与其他商品化处理技术的相互配合，减少蔬菜的采后损失。

参考文献

冯双庆，2008. 果蔬贮运学［M］. 北京：化学工业出版社.

关文强，2008. 果蔬物流保鲜技术［M］. 北京：中国轻工业出版社.

根结线虫种类及其在农业生产上的危害

叶德友　陈劲枫

（南京农业大学园艺学院　江苏南京　210095）

摘　要：根结线虫是一类在经济上极为重要的植物专性寄生线虫，广泛分布于世界各地，给全球农业生产造成重大损失。本文概述了根结线虫种类，对近年来在根结线虫种类鉴定与鉴别技术方面取得的研究进展进行了较为详细的介绍，包括形态学鉴定技术、利用鉴别寄主反应、细胞遗传学方法、同工酶电泳以及分子生物学技术在根结线虫种类鉴定中的研究与应用现状，并对根结线虫在农业生产上的危害、分布及其经济重要性进行了分析。

关键词：根结线虫　种类　鉴定　危害

根结线虫（*Meloidogyne* spp.）是植物病原线虫中种类最多、分布最广、为害最为严重的类群之一。根结线虫种类较多，目前国际上报道的根结线虫有 80 多种，我国报道的有 29 种。根结线虫分布于世界各地，在较温暖的热带及亚热带地域发生比较普遍，在温带地区也有其为害的相关记载。根结线虫可以寄生于许多种不同的农作物上并可快速繁殖，再加上相对短的生活史等特点使它们越来越成为农业生产的最重要的一类病原生物。根结线虫是一种土传定居型内寄生线虫，它的寄主范围很广，超过 3 000 种植物，分属于 114 个科，包括单子叶植物、双子叶植物、草本植物和木本植物，遍及粮食作物、油料作物、纤维作物、烟草、茶叶、果树、蔬菜、药材和花卉等，尤以茄科（Solanaceae）、葫芦科（Cucurbitaceae）和十字花科（Brassicaceae）等植物受害较重。据统计，1987 年，全球由根结线虫病害造成的损失高达 770 亿美元。从世界范围看，年损失率约 10%[1]。

由于根结线虫分布广、为害大，许多植物线虫学家致力于根结线虫及其病害的研究。根结线虫分类研究已有上百年历史，其依据和手段有了很大的发展。根结线虫的种类鉴定是根结线虫研究的基础，在明确根结线虫的种类后，才能进一步开展根结线虫在某些作物上的群体动态、根结线虫与寄主植物的相互关系、抗线虫基因的筛选和利用研究以及防控策略的制定。此外，由于不同种的根结线虫对某些寄主或品种有寄生专化性，因此，了解根结线虫种类、根结线虫鉴定与鉴别技术以及根结线虫在农业生产上的危害与分布具有重要意义。

1　根结线虫分类

1855 年 Berkeley 首先在英国温室黄瓜根际发现根结线虫，1878 年 Jobert 在巴西里约热内卢的乡下观察了感病的咖啡树，发现须根上有许多根结。1879 年 Cornu 首次为根结线虫命名，英文名为 Root-knot nematode，简称 RKN。后来，这个种和属有了同物异名，先是 *Heterodera radicicola*，后是 *Heterodera marioni*。1892 年，Göldi 将根结线虫属定名为 *Meloidogyne*。根结线虫属的分类学地位为：动物界（Kingldom Animalia)、线虫门（Phylum Ematoda)、侧尾腺纲（Class Secernentea)、垫刃目（Order Tylenchida)、垫刃亚目（Suborder Tylenchina)、垫刃总科（Superfamily Tylenchoidae)、异皮科（Family Heteroderidae)、根结亚科（Subfamily Meloidogyninae)、根结线虫属（Genus *Meloidogyne*)[2]。

根结线虫属许多线虫种寄主专化性强，分布地区有一定的局限。目前国际上报道的根结线虫有 80 多种，我国报道的根结线虫有 29 种，其中 16 个种是在我国发现和报道的根结线虫新种，如象耳豆根结线虫（*M. enterolobii*)、中华根结线虫(*M. siniensis*)、福建根结线虫（*M. fujianensis*)、济南根结线虫（*M. jinanensis*)、孔氏根结线虫（*M. kongi*)、林氏根结线虫（*M. lini*)、简阳根结线虫(*M. jianyangensis*)、卷尾根结线虫（*M. cirricauda*)、柑橘根结线虫（*M. citri*)、东海根结线虫（*M. donghaiensis*)、繁峙根结线虫（*M. fanzhiensis*)、猕猴桃根结线虫（*M. actinidiae*)、闽南根结线虫（*M. mingnanica*)、海南根结线虫(*M. hainanensis*)、拟悬铃木根结线虫（*M. paraplatani*)、龙眼根结线虫(*M. dimocarpus*)。根据目前报道，由根结线虫引起的农作物损失中 90%以上是由南方根结线虫（*M. incognita*)、花生根结线虫（*M. arenaria*)、爪哇根结线虫(*M. javanica*）及北方根结线虫（*M. hapla*）4 个最常见种引起的，因此最具经济重要性（赵鸿等，2003)。据研究，根结线虫具有寄主小种分化现象，其中南方根结线虫有 4 个生理小种，花生根结线虫有 2 个生理小种，北方根结线虫由 2 个明显的细胞遗传学小种组成即 A 小种和 B 小种[3]。在国际根结线虫协作组（IMP）所收集的标本中，这 4 个种及其寄主小种组成情况是：南方根结线虫约占 52%，其中，南方根结线虫中 1 号小种占 72%，2 号小种 15%，3 号小种 11%，4 号小种 2%；爪哇根结线虫约占 31%；花生根结线虫约占 8%，花生根结线虫中，1 号小种占 5%，2 号小种 95%；北方根结线虫约占 8%[1]。由于线虫不同种或寄主小种对某些寄主种或品种具有寄主专化性，因此对于根结线虫的种和小种的准确鉴定及其发生分布的研究具有非常重要的意义。

2 根结线虫种类鉴定与鉴别技术

2.1 形态学鉴定技术

依赖形态学和解剖学的表型特征来鉴定种和亚种，这是长期以来形成的比较系统的分类及鉴定方法。根结线虫有 3 种可鉴定的虫态，即雌虫、雄虫和二龄幼虫，Hirschmann 对各虫态的鉴定特征进行了比较详细的描述。主要特征包括雌虫的会阴花纹，雌虫、雄虫及二龄幼虫的头部形态，雌虫和雄虫的口针形态以及二龄幼虫尾部形态等。其中，会阴花纹是根结线虫最重要的鉴定特征之一。该方法需要研究者具备较高的技巧，而且由于同一种群个体间因寄主和环境条件等方面的差异，形态上相应也会有一些变化，不能由单个个体就确定该种群的分类地位，必要时还应结合其他方法确认。

2.2　利用鉴别寄主反应鉴定根结线虫

在进行形态学鉴定时，辅以鉴别寄主试验是比较可靠的明确根结线虫种及生理小种的方法。许多根结线虫对寄主植物有一定的选择性。尽管 4 种最常见根结线虫的寄主范围相当广泛，但仍可以用一套鉴别寄主将其区分开。这套鉴别寄主包括 6 种植物，它们分别为烟草 NC95，棉花 Deltapine 16，辣椒 California Wonder，西瓜 Charleston Gray，花生 Florunner 和番茄 Rutgers。用这 6 种植物不但可以将 4 种根结线虫区分开，还能在南方根结线虫内鉴定出 4 个生理小种，在花生根结线虫内鉴定出 2 个小种[4]。不过鉴别寄主试验在实际鉴定中的作用有一定的局限性，这是因为：一是鉴别寄主试验必须以形态学鉴定为基础；二是不能用于混合群体的鉴定；三是仅局限于 4 种最常见根结线虫种与小种的鉴定；四是工作量大，耗费时间长。

2.3　细胞遗传学方法

根结线虫最主要的细胞遗传学特征是生殖方式、卵母细胞成熟过程和染色体数目。前人对根结线虫的细胞遗传学进行了深入细致的研究，发现经过漫长的进化过程，根结线虫的细胞遗传学变得很复杂。对染色体染色后，观察和分析其数目和形态，能在一定程度上提供有关线虫种类的信息[5]。不过多数根结线虫种的染色体数目基本相同，即存在不同种间的重叠问题，形状为简单的椭球形或卵形，因此在染色体数目和形状上很难将其区分开；另外在操作上难度大，所以在种类鉴定上难以应用。

2.4　同工酶电泳技术

在 20 世纪 80 年代末至 90 年代，同工酶分析是生物化学技术应用于根结线虫研究最多、最有意义的方法之一。Esbenshade 和 Triantaphylou（1985）利用薄层聚丙烯酰胺凝胶电泳技术对 16 种根结线虫和几个未鉴定种的 291 个群体的 EST、MDH、超氧化物歧化酶（SOD）和谷氨酸草酰乙酸转氨酶（GOT）的表型进行了分析，共发现 EST 常见表型 6 种，少见表型 13 种；MDH 表型 8 种；SOD 表型 6 种；GOT 表型 6 种。他们还发现，4 种酶的表型不受寄主植物的影响，其中根结线虫 EST 和 MDH 同工酶谱稳定且具有种特异性，尤其 EST 对于鉴定 4 种主要根结线虫十分有意义[5]。1987 年，Esbenshade 和 Triantaphyllou 分析了包括 4 种最常见根结线虫在内的 10 种根结线虫的 27 种酶的谱带类型，共获得 184 条酶带[6]。他们还估计了每两个种之间的酶距离（Enzymatic distance，ED）和相似系数，建立了系统发生树状图。结果表明，无性生殖的 *M. arenaria*，*M. microcephala*，*M. javanica* 和 *M. incognita* 具有共同的谱系，*M. arenaria* 存在高度的多型现象，而*M. javanica*和*M. incognita*同一种内的多数群体存在单型现象。*M. hapla*的有丝分裂类型和减数分裂类型非常相似，说明无性生殖的B小种刚刚从减数分裂的A小种进化而来。而另外5种减数分裂的种（*M. chitwoodi*，*M. graminicola*，*M. graminis*，*M. microtyla*和*M. naasi*）相互之间以及与有丝分裂的种之间亲缘关系都较远。我国胡凯基利用酯酶电泳成功地区分了*M. hapla*、*M. javanica*、*M. arenaria*和象耳豆根结线虫（*M. enterolobii*）[7]。1990年，Esbenshade和Triantaphyllou讨论了根结线虫的生物化学研究的历史和现状，并研究列出了4种最常见种和另外4种重要种（*M. chitwoodi*，*M. naasi*，*M. exigua*和*M. graminicola*）的EST和MDH的标准图谱[8]。赵洪海分析了根结线虫7种30个群体的EST、7种22个群体的MDH、6种20个群体的SOD和6种19个群体的CAT的谱带类型，研究结果表明，EST是最有价值的一种酶，其次是MDH和SOD，而CAT的作用非常有限[9]。国内还有不少研究者将同工酶表型分析用于根结线虫的种类鉴定。通过EST能很容易地将一些种类区分开，对于EST表型相同的种，再分析其MDH等次要酶的表型，往往都能得以准确鉴定。迄今这两种同工酶的图谱差异在四种常见根结线虫的种及小种的鉴定和鉴别上是非常有用的。此外，以电泳为基础的同工酶表型分析在根结线虫群体的纯度鉴定以及群体的动态研究中也有很大的作用。

2.5 分子生物学技术

以DNA为基础的分子生物学技术由于不依赖于基因组的表达产物，不受环境及线虫生活周期的影响，是一种较为稳定、可靠的鉴定方法。人们利用限制性片段长度多态性（RFLPs）、随机扩增多态性DNA（RAPD）、序列特异性扩增（SCAR）、多聚酶链式反应（PCR）等DNA分子标记技术和手段，研究了4种最常见根结线虫种在分子水平上的差异[10-12]。这类技术揭示的是根结线虫DNA水平上的特征，非常准确可靠，灵敏度高，甚至能用1条二龄幼虫进行分析，为根结线虫种类的快速鉴定争取了时间。由于精确度高，能反映出同1个种内不同类群间的差异，常常被用于种以下根结线虫的分类鉴定。

3 根结线虫的危害与分布

3.1 危害特点

根结线虫主要危害植物的根部，形成根结，造成根系发育受阻或腐烂，植株矮小，顶端黄化，严重时植物地上部衰弱或枯死；有时也危害植物块茎、块根、球茎和鳞茎等，造成侵染部位突起和疣裂；根结线虫还可作为病毒的媒介来传播病毒，使病毒成为其主要病原[9]。此外，根结线虫侵染造成的伤口有利于其他病原物的侵入，形成复合病害而加重损失[3]。根结线虫病害通常同缺水、缺肥、水淹、营养不良等症状难以区分，一般不易引起人们的重视。由于迁移性线虫在对植株造成严重危害后，通常在植株枯萎或死亡前离开受害植株，造成线虫病害诊断困难。所以在评估线虫的危害时，线虫造成的损失远比我们想象的要高。

3.2　地域分布

在整个栽培作物中，*M. incognita*、*M. javanica*、*M. arenaria* 和 *M. hapla* 4 个最常见的根结线虫种最具经济重要性，它们属于世界性分布，造成的作物产量及经济损失占 90%以上。各地的主要根结线虫种类及优势种群因气候等条件不同而有所不同，在南方地区如广东省和海南省，*M. incognita* 和 *M. javanica* 是优势种，而且这两种线虫常混合发生；在山东省、江苏省和安徽省三省 *M. incognita* 和 *M. arenaria* 为优势种；在河南省、云南省两省 *M. arenaria* 是优势种；在河北省、山西省、陕西省、辽宁省、吉林省等北方省份，*M. hapla* 是优势种，其中吉林省和辽宁省两省只有 *M. hapla*。从总体上看，在我国北方地区根结线虫的种类仅局限于有限的几种，而在南方地区可能比较多。但近年来随着设施蔬菜的发展，一些在南方发生的优势种群如 *M. incognita* 正逐渐北移，成为危害北方温室大棚的优势种群，如危害北京东北旺蔬菜大棚中的根结线虫为 *M. incognita*。

3.3　经济重要性

根结线虫是一类在经济上极为重要的植物专性寄生线虫，分布于世界各地。根结线虫可以寄生于许多种农作物上并快速繁殖，再加上生活史相对较短等特点使它们成为农业生产上最重要的一类病原生物[2]。根结线虫主要寄生在蔬菜、粮食作物、经济作物、果树、观赏植物及杂草等 2 000 多种寄主上，温带、亚热带、热带地区的植物受害尤其严重。根结线虫危害可以造成作物减产、产品品质下降。世界上根结线虫病害对小麦、水稻、玉米、大豆、马铃薯等 20 种主要作物造成的损失平均为 10.7%，对棉花、柑橘、番茄、葡萄、花卉、茶、烟草等 20 种重要经济作物造成的损失平均为 14%，局部地区根结线虫对单一作物造成的损失可高达 80%。

参考文献

［1］刘维志，段玉玺．植物病原线虫学［M］．北京：中国农业出版社，2000，213－281.

［2］武扬，郑经武，商晗武，等．根结线虫分类和鉴定途径及进展［J］．浙江农业学报，2005，17（2）：106－110.

［3］顾兴芳，张圣平，张思远，等．抗南方根结线虫黄瓜砧木的筛选［J］．中国蔬菜，2006（2）：4－8.

［4］Hartman K M，Sasser J N. Indentification of *Meloidogyne* species on the basis of differential host and perineal pattern morphology［A］. Barker K R，Carter C C，Sasser J N. An advanced treatise on *Meloidogyne*，Vol. Ⅱ：Methodology［M］. Ralegh：North Carolina State Univ，Graphics，1985，69－77.

［5］Esbenshade P R，Triantaphyllou A C. Use of enzyme phenotypes for identification of *Meloidogyne* species［J］. Journal of Nematology，1985（17）：6－20.

［6］Esbenshade P R，Triantaphyllou A C. Enzymatic relationships and evolution in the genus *Meloidogyne*（Nematoda：Tylenchida）［J］. Journal of Nematology，1987，19（1）：8－18.

[7] 胡凯基．酯酶在根结线虫分类上的应用研究 [J]．林业科学研究，1988，1（6）：650－655.

[8] Esbenshade P R，Triantaphyllou A C. Isozyme phenotype for identification of *Meloidogyne* species [J]．Journal of Nematology，1990，22（1）：10－15.

[9] 赵洪海．中国分布地区根结线虫的种类鉴定和四种最常见种的种内形态变异研究 [D]．沈阳：沈阳农业大学，1999.

[10] Powers T O，Harris T S. A polymerase chain reaction method for identification of five major *Meloidogyne* species [J]．Journal of Nematology，1993（25）：1－6.

[11] Willimason V M，Caswell Chen E P，Westerdahl B B. A PCR assay to identify and distinguish single juvenile of *Meloidogyne hapla* and *M. chitwoodi* [J]．Journal of Nematology，1997，29（1）：9－15.

[12] Zijlstra C，Donkers-Venne Dorine T H M，Fargette M. Identification of *Meloidogyne incognita*，*M. javanica* and *M. arenaria* using sequence characterized amplified region（SCAR）based PCR assays [J]．Nematology，2000，2（8）：847－853.

葫芦科瓜类作物蔓枯病抗病研究进展

娄丽娜　陈劲枫

（南京农业大学园艺学院　江苏南京　210095）

摘　要： 瓜类作物既可鲜食也可加工，是重要的世界性蔬菜作物。随着栽培面积及产量的逐年增加，蔓枯病对瓜类作物生产的影响日益严重。对蔓枯病抗病资源的搜集、抗病基因遗传分析以及基因挖掘方面的研究，将为蔓枯病抗病育种奠定良好的研究基础。同时，对利用外源优异基因的导入来改良作物的方法进行了分析，为有效利用近缘野生种的蔓枯病抗性基因改良栽培种的研究提供理论基础，并对进一步的研究进行了展望。

关键词： 黄瓜　蔓枯病　野生种　抗病

葫芦科瓜类作物是重要的园艺作物，其果实多样，可作为水果，如甜瓜、西瓜、哈密瓜；也可作为蔬菜，如黄瓜、南瓜、苦瓜、佛手瓜、西葫芦等；尤其黄瓜，果蔬兼用，风味独特，具有悠久的栽培历史和广泛的栽培范围。其起源于喜马拉雅山南麓的热带雨林地区，为葫芦科黄瓜属1年蔓生草本植物，在我国已有2 000多年的栽培历史。根据联合国粮农组织（FAO）2010年的统计数据，我国黄瓜的产量和产值均居世界首位（图1），而且黄瓜在我国的粮食蔬菜生产中也占据着重要的地位（表1）。根据不同的地理位置及栽培习惯，我国大体上可以分为以下6个黄瓜种植区：东北类型种植区、华北类型种植区、华中类型种植区、华南类型种植区、西南类型种植区以及西北类型种植区[1]。

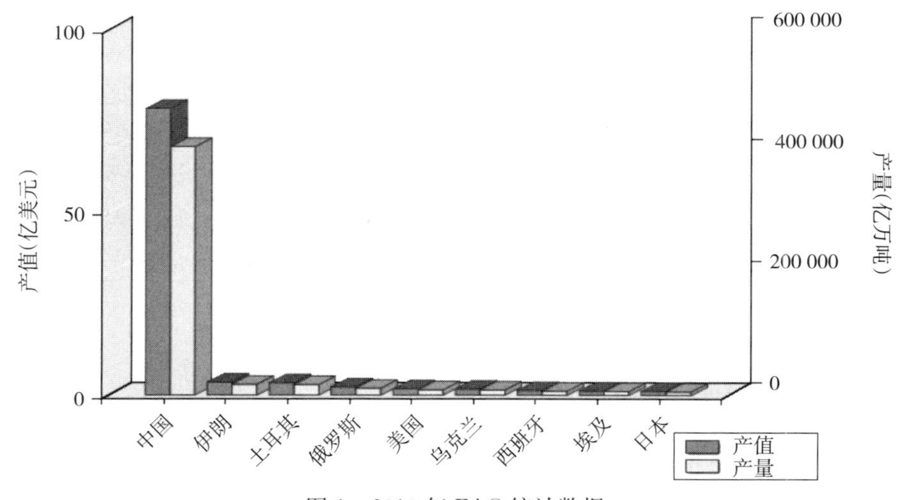

图1　2010年FAO统计数据

表 1　2010 年 FAO 统计的中国粮食产值

排名	商品	产值（万美元）	附注	产量（×10 亿万吨）	附注
1	猪肉	7 942 743.3	*	51 668.823	Fc
2	大米	4 876 522.4	*	197 212.010	
3	鲜叶菜	2 089 543.1	*	132 885.800	Im
4	鸡蛋	1 976 217.5	*	23 827.390	*
5	鸡肉	1 680 821.0	*	11 800.146	Fc
6	牛肉	1 679 659.0	*	6 217.790	Fc
7	小麦	1 633 521.7	*	115 180.303	
8	番茄	1 547 722.4	*	41 879.684	Im
9	苹果	1 406 831.3	*	33 265.186	
10	其他禽类蛋	1 203 859.4	*	4 173.950	*
11	鲜牛奶	1 124 545.7	*	36 036.086	
12	马铃薯	1 071 020.3	*	74 799.084	*
13	玉米	1 018 919.1	*	177 540.788	
14	棉花	853 234.8	*	5 970.00	
15	黄瓜	784 051.3	*	40 709.556	Im
16	食用菌	754 554.9	*	4 182.079	Im
17	大蒜	719 194.6	*	13 664.069	Im
18	花生	690 127.3	*	15 709.036	
19	芦笋	634 324.4	*	6 969.357	Im
20	梨	622 725.6	*	15 231.858	

*：非官方数据。
Fc：统计数据。
Im：FAO 数据。

蔓枯病又称黑色茎蔓腐烂病、黑色斑点腐烂病等，主要危害瓜类作物，近年来在国内的甜瓜、西瓜、黄瓜设施栽培中危害严重，造成死藤、烂叶、果实腐烂等，导致果实品质和产量下降，可食用性降低，给菜农带来严重损失。其寄主范围广泛，可寄生在绝大多数的瓜类作物上，且由于病害症状变化多样，不易辨别，常导致防治药剂使用不当，严重影响防治效果。

目前，控制瓜类蔓枯病的主要措施是化学防治，但在高温高湿地区，发病较严重时化学药剂也无法有效控制病害，此外由于病原菌的抗药性和环境污染等问题，化学防治的局限性日益突出。为有效控制瓜类蔓枯病的发生，抗病品种的选育和应用是最经济有效的方法，本文对瓜类蔓枯病抗病资源、抗病基因发掘研究的概括和分类，将为瓜类蔓枯病抗病育种的开展提供研究基础。

1　蔓枯病抗病特异性及抗病资源研究

1.1　蔓枯病抗病特异性

蔓枯病在葫芦科植物中具有寄主特异性[2]，与大部分的叶部病害一样，其致病性仅局限于一个科里的几种植物。Keinath [3]认为，Farr 和 Rossman 对非寄主植物上蔓枯病菌的报道，有可能是误判。在接种植物上有严重症状的自然变异菌株系，来源于寄主植物的菌株的毒力水平与在其他葫芦科植物上的侵染水平并不一致[4,5]。这暗示着，来源于野生寄主植物 *Bryonia* 或者 *Sicyos anaulatus* 的蔓枯病菌，也可以侵染其他栽培种。反过来，也说明蔓枯病菌在葫芦科植物上具有很好的适应性。不过，在一些葫芦科植物上，确实存在致病力的差异，例如，夏季南瓜（*C. pepo*）与葫芦科其他栽培种相比，对蔓枯病菌具有更高的抗性[6,7]。

1.2　蔓枯病抗病资源研究

当今对于病原菌和寄主植物协同进化的观点认为：当病原菌发生在植物的起源中心，对寄主植物表现出大的选择压时，更有可能筛选出抗病品种。根据 Keinath[3]统计，目前世界上蔓枯病菌侵染与葫芦科植物起源的分布见图 2。与西瓜属和甜瓜属植物相比，南瓜属植物的寄主植物地理起源和现代病原菌分布区域的重叠更加的契合。实际上，南瓜属的西葫芦，蔓枯病抗性较强，其起源于美国北部利于蔓枯病侵染的潮湿地区[8,9]。即使感染了蔓枯病菌的南瓜属植物，一般仍然能够产生丰富的果实，这就是植物对病原菌侵染的一种适应和驯化。

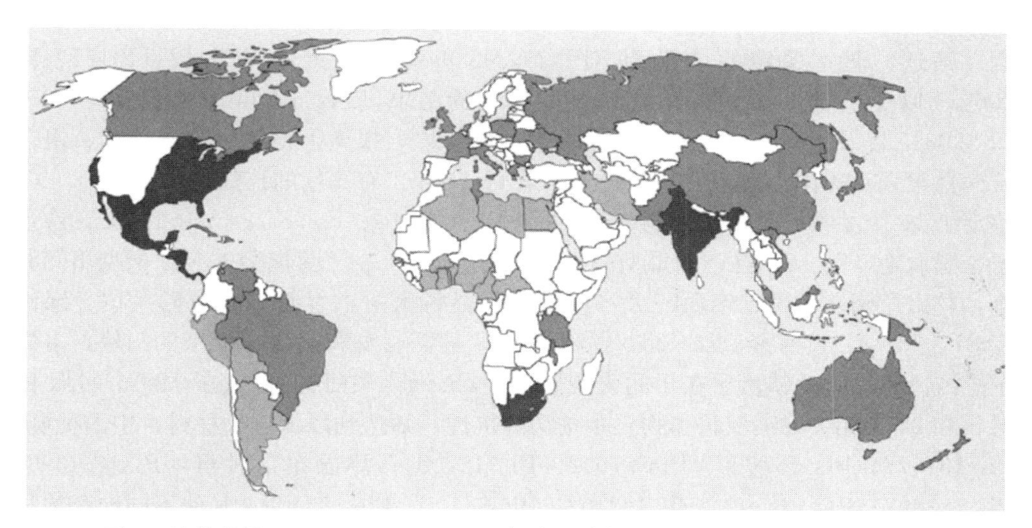

图 2　目前世界上 *Didymella bryoniae* 侵染区域与 *Cucurbita pepo*，*C. maxima*，*C. moschata*，*Citrullus lanatus* 及 *Cucumis melo* 的起源中心分布图

注：黑灰色表示有 *D. dryoniae* 报道的国家；灰色表示葫芦科寄主植物的起源中心；黑色表示位于寄主植物的起源中心且有 *D. bryoniae* 侵染报道区域（Keinath，2011）。

寄主和病原菌的分布对西瓜属植物的抗病性也是有影响的，14 种药西瓜品系，包括伊朗 7 种、阿富汗 3 种、埃及 2 种、摩洛哥 1 种、塞浦路斯 1 种，都非常的感蔓枯病[10]。这是因为，药西瓜是一种沙漠品系，大部分的品系来源于干旱气候的国家，在自然的环境下不可能受到蔓枯病菌的侵染。相反，香橼（*C. lanatus* var. *citroides*）起源于蔓枯病发生的非洲中心，与 *C. colocynthis* 和 *C. lanatus* var *lanatus* 相比更抗蔓枯病[10]。田间的观察发现，香橼的一个栽培种比西瓜的两个栽培种更抗蔓枯病[6]。香橼和南瓜属植物天生比其他没有随着时间的推移发生自然选择的类群更抗蔓枯病。

陈劲枫于1989年在我国云南省重新发现和采集到的甜瓜属珍稀野生种 *C. hystrix* Chakr.，经过多年多次抗性鉴定，野生种在蔓枯病上具有较好的抗性表现[11]。

1.2.1 黄瓜蔓枯病抗病资源筛选

Van Der Meer 等[12]在650个黄瓜品系中得到了几个抗性相对较高的品种：来自 USSR 的 Leningradsky 和 Wjarnikovsky，来自 Birma 的 PI 200818，来自德国的 Rheinische Vorgebirge 和来自土耳其的 PI 339241。Wyszogrodzka 等[13]使用田间鉴定的方法发现：威斯康星蔓枯病抗性品种为 Homegreen＃2 和 PI 200818；Wehner 等[14]在田间测试了 851 个黄瓜品系对 *D. bryonia* 的抗性，高抗的品系为 PI 200815、Homegreen ＃ 2、AR79 － 75、Transamerica、PI 390243、LJ 90430、PI 279469、PI 432855 和 Poinsett76，高感品种为 PI 357843、PI 288238、PI 357865、PI 167143。

1.2.2 甜瓜蔓枯病抗病资源筛选

Sowell 和 Pointer[15]从439个甜瓜材料中筛选出 PI 189225 高抗蔓枯病，几年后又找到一个抗病材料：PI 2717780。Sowell[16]对600份甜瓜材料进行了蔓枯病抗病性筛选，温室鉴定的结果为：PI 296345 的蔓枯病抗性优于 PI 140471、PI 266935 以及 PI 436533；1978年的田间鉴定的结果显示，PI 140471、PI 266935、PI 296345 以及 PI 436533 是抗性品种。山川邦夫[17]报道，番瓜中的蜜糖罐、银寄抗病性很强。美国得克萨斯州的野生甜瓜 PI 140471 有高度的抗病性。陈秀容[18]等鉴定了16个品种，其中，发病率低的品种有 Cashba、Banana、Cantaloupe、铁蛋子、黑眉毛、73－2、红肉南瓜型甜瓜等，而蜜露、G84 发病率100％。根据田间调查，甘肃兰州、民勤、安西三大产区的主栽品种大暑白兰瓜、小暑白兰皮、绿肉C－81，73－2、黄河蜜、76－25、G84、85－1等都有发病率20％以上的田块，多属中感或高感品种，铁蛋子在田间表现感病。Zhang[19]在田间筛选了798个甜瓜 PI 材料和24个相关的葫芦科作物对蔓枯病的抗性，筛选到以下抗病材料：中国种群：PIs 157076、PIs 157080、PIs 57082、PIs 157084；津巴布韦种群：PIs 482393、PIs 482398、PIs 482399、PIs 482402、PIs 82403、PIs 482408；其他不同地区的材料：PI 255478（韩国）、PI 511890（墨西哥），这些材料的抗性均大于或等于抗病材料 PI 140471 的抗性。张艳苓等[20]对部分网纹甜瓜试材进行了苗期接种鉴定和人田成株期自然抗病性鉴定。结果表明，试验材料之间对蔓枯病抗性存在显著差异，自交系 X－3－2 抗病最强，西域一号、翠蜜、春丽等感病指数高。

周晓慧等[21]采用甜瓜蔓枯病病菌孢子悬浮液对208份甜瓜种质资源进行苗期人工接种鉴定，发现86份材料表现抗病，122份材料表现感病。用 RAPD 标记对抗性表现最优的29份材料进行分析，发现这些抗源材料遗传差异较大。UPGMA 聚类分析将这29份抗性种质明显划为普通型和野生型两大类，种质间还表现出一定的地域特性。供试的野生材料中，新发现两份从肯尼亚引进的材料 P1 和 JFI，抗性表现优于国际上最早发掘的蔓枯病抗源 PI 140471，在对我国部分甜瓜栽培品种的鉴定中首次发现薄皮甜瓜金冠具有较好的抗性，厚皮甜瓜对蔓枯病的抗性较薄皮甜瓜差，生产上主栽的黄河蜜、白兰瓜、银帝、新蜜和伽师等厚皮甜瓜均为感病品种，其中黄河蜜抗性最低。

任海英等[22]采用农杆菌侵染子叶外植体的方法产生 T-DNA 插入的甜瓜突变体，人工气候箱内离体和大棚内幼苗接种蔓枯病菌，筛选出一个蔓枯病抗性增强的突变体株系 edr2，该突变体是 T-DNA 单拷贝插入甜瓜染色体引起的，edr2 的蔓枯病抗性和标记基因卡那霉素抗性基因共分离。蔓枯病菌在突变体甜瓜 edr2 上的侵染过程与在野生型甜瓜上相比，分生孢子萌发率降低、芽管的伸长和菌丝的生长较迟缓。蔓枯病菌的侵染能引起 edr2 突变体发生细胞程序性死亡，但是不引起野生型甜瓜的细胞发生程序性死亡。edr2 突变体抗性增强，不但抑制病菌在植株体内的生长，并且诱导自身的抗性。

张奕等[23]第一次调查病害时，黄旦子等 53 个地方品种在叶部症状表现抗病，除红肉阿克拉瓦提外所有地方品种在茎部症状表现高抗；第二次调查结果显示，所有地方品种在叶部症状表现感病，但秋黄皮白肉可口奇等 5 个地方品种在叶部症状较轻，秋黄皮白肉可口奇等 6 个地方品种在茎部症状表现抗病。

1.2.3　西瓜蔓枯病抗病资源筛选

Schenck[24]研究了一些重要的西瓜商品种对蔓枯病的抗性，结果表明：Cargo 最不易感病，Fairfax，中感，Charleston Crray 高感。

戴富明等[25]接种 20 个美国和国内的西瓜品种，发现从美国引进的 AG、AS、AJ 的抗性较强，与美国的鉴定结果基本一致。

顾卫红等[26]以美国引进提纯的 All - golden producer、All - sweet scarlet 和自育的新品系 A56、H25 4 个种质材料的抗蔓枯病性最强。

Gusmini 等[27]从 1 332 个西瓜材料中通过田间和温室接种筛选鉴定出多个抗病材料：PI 279461、PI 482379、PI 254744、PI 526233、PI 482276、PI 271771、PI 164248、PI 244019、PI 296322 和 PI 490383。最感病的材料是 PI 183398、PI 169286、PI 226445、PI 525084、PI 534597 和 PI 278041。

宋荣浩等[28]对收集的 42 份西瓜品种资源行了大田成株期及室内苗期蔓枯病抗性的人工接种鉴定。鉴定出 5 份抗病表现较好的材料，其中 3 份中抗品种是从美国引进的 Au - producer、All - sweet scarlet 和 Au - Jubilant；2 份耐病品种分别是 Sugarlee 和 SSDL。

宋荣浩等[29]采用室内苗期人工接种鉴定方法，对国内外引进和育成的 78 份西瓜品种资源进行了枯萎病和蔓枯病的人工接种双重抗性鉴定，筛选出 Smokylee、Summit、Sugarlee、Calhoun Gray、Dixielee、Texa W5、Conqueror 等 9 份高抗枯萎病的单抗种质，以及 AU - Sweet Scarlet、AU - Jubilant、AU - Producer、W6 - 9、W23 - 18 和 W23 - 47 为中抗蔓枯病兼抗枯萎病的双抗种质。

2　抗病生理研究

植物在逆境下会诱导植物体内活性氧的积累，激发植物的抗病反应[30]，但活性氧的积累可导致膜脂过氧化而导致膜系统受损，从而引起植物体内发生一系列的生理生化反应，致使植物组织受到伤害。植物体内存在活性氧清除系统，SOD是植物体内防御活性氧毒性的保护酶，它能清除超氧化物阴离子自由基，提高植物的抗逆性[31]。POD和CAT就是植物体内重要的活性氧清除酶类，其作用是将H_2O_2降解为无毒害的H_2O和O_2，因此这些酶系统就成为植物在逆境中的保护体系，维持体内的活性氧代谢平衡，保护膜结构，从而使植物能在一定程度上忍耐、减缓或抵抗逆境胁迫。这些酶的活性高低能反映出植物体内自由基清除或抗氧化能力的强弱，可作为植物抗逆性的指标。

周晓慧等[32]的研究表明：甜瓜植株在受蔓枯病菌侵染后，抗病材料的SOD、CAT活性均高于感病材料；抗病材料的POD活性增加幅度明显低于感病材料。POD活性变化与甜瓜蔓枯病抗性有密切关系，可作为早期筛选抗性种质的辅助指标。

于凌春、张乃琴[33]利用苯并噻二唑（BTH）诱导黄瓜抗蔓枯病，通过测定接种后植株叶片内几丁质酶和β-1，3-葡聚糖酶的酶活，发现在抗病黄瓜植株叶片内这两种酶的活性较高。

Buzi[34,35]等使用BTH、MeJA、SA浸泡甜瓜种子，诱导对蔓枯病的抗性研究发现：SA处理没有增加植株抗性，BTH和MeJA处理能够抑制蔓枯病的发生，且BTH的效果更明显，并且这两个处理的几丁质酶和过氧化物酶的活性快速增加，MeJA还决定了快速和瞬时的酯酶的增加。同时，这两个处理还诱导出了不同的相关几丁质同工酶和酯酶同工酶。这些结果表明，BTH和MeJA应用到甜瓜种子上可以激活不同的生化途径从而诱导幼苗对特定病原物抗性的增加。进一步地使用茉莉酸甲酯和乙烯的蒸气对甜瓜种子进行处理，发现茉莉酸甲酯和乙烯处理能够显著增加植株对病菌的抗性，茉莉酸甲酯能够增加外切几丁质酶活性，乙烯不仅能增加外切几丁质酶活性，过氧化物酶的活性也增加了。当茉莉酸甲酯和乙烯结合使用时，外切几丁质酶和内切几丁质酶活性以及过氧化物酶活性都增加了。几丁质酶和过氧化物酶活性的增加还伴随着诱导出的酸性几丁质同工酶和酸性、碱性过氧化物同工酶的不同。结果表明，茉莉酸甲酯和乙烯在诱导甜瓜幼苗的抗性和相关抗性的作用是独立的，同时也表明了不同抗性机制的共同存在。

3 抗病遗传研究

植物的抗性遗传方式可分为单基因抗性（参与抗病的基因只有一个）、寡基因抗性（抗病性由少数几个基因控制）和多基因抗性（抗病性是由许多个微效基因的控制）。

Norton[36]通过西瓜抗病品种PI 189225与感病品种Charleston Gray杂交，分析F_2及回交后代的抗感病情况，认为西瓜蔓枯病的抗性基因由一对隐性基因（*db-db*）控制。Charleston Gray的基因型为：*Db*。Amand和Wehner[37]对5个抗感黄瓜杂交组合进行世代平均数分析，结果表明，在这些组合中茎和叶对黄瓜蔓枯病的抗性都不受单个主效基因控制。广义遗传力和狭义遗传力分析显示环境效应大于基因效应。Zuniga 等[38]的研究表明，抗病材料 PI 157082、PI 511980 与感病品种 Comell ZPPM339 杂交回交后的数据分析显示，甜瓜对蔓枯病的抗性基因由一对显性基因控制。Frantz 等[39]使用 5 个甜瓜抗病材料 PI 140471、PI 157082、PI 511890、PI 482398 和 PI 482399 与感病品种 Cornell ZPPM339 杂交回交后进行遗传和分离分析，对蔓枯病的抗性分别由 4 个显性基因 *Gsb*-1、*Gsb*-2、*Gsb*-3、*Gsb*-4 和 1 个隐性基因 *gsb*-5 控制。Wolukau 等[40]利用 3 个抗性材料 PIs 156076、PIs 420145、PIs 323498 与 3 个感病材料 Pis268227、Pis136170、NSL30032 分别构建的六世代群体进行遗传规律的研究，发现 3 份蔓枯病抗源的抗性均由一对显性单基因控制，但基因的等位性还不清楚。

由于植物抗性受到寄主、病原和环境因素三方面的作用，对蔓枯病的抗性尚无统一认识。

4　分子标记研究

Wolukau[41]利用抗病材料 PI 420145 和感病 PI 136170 杂交产生的 F_2群体，采用 BSA 法和 AFLP 分子标记研究。筛选结果发现，4 个与甜瓜蔓枯病抗性连锁的 AFLP 标记，它们分别为 E-TG/M-CTC200、E-AT/M-CTG90、E-TC/M-CAG60 和 E-TG/M-CTA70 与抗病基因的遗传距离分别为 2.0 厘摩尔根、6.0 厘摩尔根、5.4 厘摩尔根和 6.0 厘摩尔根。

张永兵[42]以甜瓜抗蔓枯病 PI 482398（*Gsb*-4）与感病甜瓜自交系白皮脆为亲本，建立了抗感 F_2代群体，进行苗期抗蔓枯病接种鉴定。采用 BSA 法和 AFLP 引物进行分子标记，筛选了 64 对 AFLP 选择性引物 EcoRI-NN＋MseI-NNN 组合，发现 EcoRI-TA＋MseI-CTT 引物组合在抗感基因池间扩增出一条分子量为 285 碱基对的特异条带，经双亲、F_1和 F_2代抗感单株验证，该特异条带与抗病基因 *Gsb*-4 不连锁。为了筛选抗性基因分子标记，以抗蔓枯病种质资源 PI 157082（*Gsb*-2）与感病的甜瓜自交系白皮脆为亲本，建立了抗、感 F_2代群体，采用 BSA 法，用 15 对 SSR 引物和 72 条 ISSR 引物进行 PCR 扩增筛选。其中，引物 CMTC 160a＋b 和 ISSR-57 在亲本和 F_2代抗感基因池之间分别扩增出一条多态性片段，大小约为 220 碱基对和 560 碱基对。经 F_2代群体单株验证后，这两条多态性条带与抗性基因 *Gsb*-2 表现连锁关系，遗传连锁距离分别为 26.4 厘摩尔根和 11.3 厘摩尔根，定名为 CMTC 160a＋b220 和 ISSR-57560 可以作为甜瓜抗蔓枯病辅助选择的分子标记。

刘文睿[43]利用含抗病基因 *Gsb*-1 的甜瓜抗蔓枯病病材料 PI 140471 和感病材料白皮脆为亲本构建的 110 株 F_2群体，利用 SSR 和 ISSR 分子标记分析，获得了与抗蔓枯病基因 *Gsb*-1 连锁的 SSR 标记 CMCT505、CMCCA145 和 ISSR 标记 ISSR-17，连锁距离分别为 5.3 厘摩尔根、11.7 厘摩尔根和 11.8 厘摩尔根，并将其定位在G6连锁群上，这3个位于*Gsb*-1两侧的标记可用于甜瓜分子标记辅助选择和抗病基因聚合育种，同时也为该基因的精细定位和克隆奠定了基础。

哈矿武等[44]以甜瓜杂交组合4G21×3A832的F_1、F_3家系、BCs和BCr及其双亲为材料，分析了甜瓜蔓枯病抗源4G21的抗性遗传规律。结果表明：F_1抗性水平低于抗病亲本，说明抗病基因在F_1表现为不完全显性；BCs抗感分离比为1∶1，F_3家系抗感分离比为3∶1，说明抗源4G21对蔓枯病的抗性由一对不完全显性基因控制。将该基因命名为*Sb*-*x*，定位于甜瓜基因组分子图谱LG1连锁群上，与其两侧的SRAP标记位点me45em42-4、me45em2-3、me45em2-4和me3em42-4、me3em42-3紧密连锁，其遗传距离分别为2厘摩尔根和3厘摩尔根。

张永兵等[45]以抗蔓枯病种质资源PI 157082与感病的甜瓜自交系白皮脆为亲本，建立了抗感F_2代群体，对亲本、F_1及134个F_2代群体进行了苗期抗蔓枯病接种鉴定。利用集团分离分析法（bulked segregant analysis，BSA）在F_2代建立抗感基因池，以抗感基因池为模板，对72条ISSR引物进行PCR扩增筛选。共有3条引物在F_2代抗感基因池之间扩增出多态性片段，用双亲、F_1和F_2代抗感单株对这3条引物进一步验证，其中引物ISSR-57扩增出的多态性条带与抗性基因Gsb-2表现连锁关系，该多态性片段大小为560碱基对，与*Gsb*-2的遗传连锁距离为11.3厘摩尔根，定名为ISSR-57560。ISSR-PCR扩增体系稳定、重复性好，ISSR-57560可以作为甜瓜抗蔓枯病辅助选择的备选分子标记。

5 远缘杂交在抗病育种上的应用

著名的细胞遗传学家E. R. Sears提出，未来作物改良之最大希望在于有用外源基因的导入和利用。外源优异基因的发掘，包括对控制某一性状遗传规律的认识、基因的鉴定、精细定位等是21世纪农业研究的重要领域之一。我国基因资源丰富，但是基因发掘研究的进展缓慢[46]。作物近缘野生种中存在着栽培种缺乏的优异基因和遗传多样性，有效发掘这些优异基因是农业科学工作者面临的重大挑战之一。

迄今，通过渐渗系转移和利用野生种有利基因的研究主要集中在水稻和小麦等主要作物上。在水稻上利用渐渗系鉴定并定位了多个抗白叶枯、抗褐飞虱、抗稻瘟病基因[47-49]。在小麦中，利用普通小麦-提莫菲维小麦渐渗系定位了抗白粉病基因Pm6[50-52]。渐渗系在作物基因/QTL位点的图位克隆中也体现出其明显的优势。在水稻中已克隆出多个抗白叶枯病基因*Xa*21、*Xa*27等[53,54]。其中，*Xa21*基因是最有效的抗白叶枯病基因之一，它的成功克隆与利用是野生稻有利基因利用的典范。另外在小麦中，Huang等[55]利用渐渗系群体，采用二倍体/多倍体穿梭做图策略通过图位克隆法克隆到了小麦抗叶锈病基因*Lr21*。这些研究充分体现了渐渗系用于野生种优异基因发掘的巨大优势。

Cucumis hystrix Chakr.（$2n=24$，HH）是一个原产我国的珍稀野生种[56]，对蔓枯病具有较高抗性[57,11]。自陈劲枫等[58]成功实现了其与栽培黄瓜

(*C. sativus* L.，$2n=14$，CC) 的种间杂交，为了转移和利用野生种中的优异基因，通过染色体加倍合成了新的异源四倍体，恢复了种间杂种的育性[59]。通过将异源四倍体 *C.* ×*hytivus* 和栽培黄瓜北京截头进行回交、自交，获得了一系列渐渗育种材料。

种间渐渗系（Introgression line）特别是单片段的渐渗系已被证明是研究野生种优异基因/QTL 的遗传、精细定位和图位克隆的有效工具[60-62]。与传统的遗传定位群体相比，种间渐渗系，具有以下优点：一是渐渗系与受体种间的基因组差异仅在导入片段，因此其表型差异均与导入区段的基因有关，不存在其他位点的上位性或互作效应，可直接将有关 QTL 准确定位于很窄区段的染色体上，并易于识别微效 QTL。二是来源于野生种的渐渗系由于仅携带少数区段的野生种染色体，表型与受体栽培种大部分一致，其育性与远缘杂交的其他群体（如 F_2、BC_1 群体等）相比大大提高，从而可用于建立大的做图群体，实现野生优异性状基因的精细定位。三是纯合的渐渗系作为一个稳定的群体，可用于不同实验室间的多次研究比较，有利于相关性状分子解析的完善。

6　展望

关于瓜类蔓枯病菌的研究已取得了一定的进展，特别是在病原菌分类、接种方法、材料筛选方面，但是抗病遗传规律、标记定位和抗性育种方面的报道较少。国内外，甜瓜蔓枯病的研究相对较好，西瓜次之，黄瓜最弱。尤其是黄瓜的蔓枯病标记研究，基本处于空白状态。在长江中下游地区，高温高湿的气候，导致蔓枯病成为黄瓜栽培区的重要病害，对生产造成巨大损失。新的抗性基因材料的引入对有效防治蔓枯病害至关重要，同时对抗病资源遗传机制和分子机理的探讨，有助于蔓枯病抗性基因的挖掘和利用研究。

今后研究的重点应包含以下几个方面：一是收集国内的蔓枯病菌株，了解不同菌株的分布，使用分子技术对其进行准确分类；二是研究黄瓜蔓枯病抗性的遗传规律；三是利用多种分子研究手段，借助抗蔓枯病的种间渐渗系材料，发掘蕴藏于野生材料中的蔓枯病抗性优异基因，丰富栽培抗性基因池；四是利用传统育种和分子辅助育种相结合的方法，培育出蔓枯病抗性高的育种品种，应用于生产，减少蔓枯病对黄瓜造成的经济损失。

参考文献

[1] 李怀智．我国黄瓜栽培的现状及其发展趋势［J］．蔬菜，2003（8）：3－4.

[2] Corlett M. A taxonomic survey of some species of *Didymell*a and *Didymella*-like species［J］. Can. J. Bot.，1981（59）：2016－2042.

[3] Keinath A P. From Native Plants in Central Europe to Cultivated Crops Worldwide：The Emergence of *Didymella bryoniae* as a Cucurbit Pathogen［J］. Hortscience，2011，46（4）：532－535.

[4] Lee D-H，Mathur S B，Neergaard P. Detection and Location of Seed-Borne Inoculum of *Didymella bryoniae* and its Transmission in Seedlings of Cucumber and Pumpkin [J]. Journal of Phytopathology，1984，109（4）：301-308.

[5] Zúniga T L. Gummy stem blight（*Didymella bryoniae*）of cucurbits ：pathogen characterization and inheritance of resistance in melon（*Cucumis melo*）[D]. Cornell University，1999.

[6] Keinath A. Susceptibility of cucurbit species to gummy stem blight and their suitability for reproduction by *Didymella bryoniae* [C]. Cucurbitaceae 2010. Francis Marion Hotel，Charleston，South Carolina，2010：2-5.

[7] De Gruyter J，Aveskamp M M，Woudenberg J H C，et al. Molecular phylogeny of *Phoma* and allied anamorph genera：Towards a reclassification of the Phoma complex [J]. Mycological Research，2009，113（4）：508-519.

[8] Anamthawat-Jónsson K. Molecular cytogenetics of introgressive hybridization in plants [J]. Methods in Cell Science，2001，23（1）：141-150.

[9] Katzir N，Danin-Poleg Y，Tzuri G，et al. Length polymorphism and homologies of microsatellites in several Cucurbitaceae species [J]. TAG Theoretical and Applied Genetics，1996，93（8）：1282-1290.

[10] Murray M G，Thompson W F. Rapid isolation of high molecular weight plant DNA [J]. Nucleic acids research，1980，8（19）：4321-4326.

[11] Chen J F，Moriarty G，Jahn M. Some disease resistance tests in *Cucumis hystrix* and its progenies from interspecific hybridization with cucumber [J]. Proceedings of the Eigth EUCARPIA Meeting on Cucurbit Genetics and Breeding，2004：189-196.

[12] Van Der Meer Q P，Van Bennekom J L，Van Der Giessen A C. Gummy stem blight resistance of cucumbers（*Cucumis sativus* L.）[J]. Euphytica，1978，27（3）：861-864.

[13] Wyszogrodzka A J，Williams P H，Peterson C E. Search for resistance to gummy stem blight（*Didymella bryoniae*）in cucumber（*Cucumis sativus* L.）[J]. Euphytica，1986，35（2）：603-613.

[14] Wehner T，St Amand P. Field tests for resistance to gummy stem blight of cucumber in North Carolina [J]. Hortscience，1993（28）：327-329.

[15] Sowell G，Pointer G R. Gummy stem blight resistance in introduced watermelons [J]. Plant disease Report，1962（46）：883-885.

[16] Sowell G. Additional sources of resistance to gummy stem blitht of muskmelon [J]. Plant Disease，1981（65）：253-254.

[17] 山川邦夫．蔬菜抗病品种及利用 [M]. 北京：农业出版社，1982.

[18] 陈秀容，魏永良，张建文．甜瓜蔓枯病（*Mycospharella melonis*）抗病性鉴定方法及品种抗病性鉴定 [J]. 甘肃农业大学学报，1990，25（4）：389-393.

[19] Zhang Y，Kyle M，Anagnostou K，et al. Screening melon（*Cucumis melo*）for resistance to gummy stem blight in the greenhouse and field [J]. Hortscience，1997，32（1）：117-121.

[20] 张艳苓，卜崇兴，李谦盛，等．网纹甜瓜苗期和成株期蔓枯病抗性的鉴定和相关性 [J]. 上海农业学报，2006，22（4）：83-85.

[21] 周晓慧，Wolukau J N，李英，等．甜瓜抗蔓枯病种质资源的筛选及 RAPD 分析 [J]. 园艺学报，2007，34（5）：1201-1206.

[22] 任海英，方丽，茹水江，等．抗蔓枯病甜瓜突变体 edr2 抗病现象的初步研究 [J]. 中国农

业科学，2009，42（9）：3131-3138.

[23] 张茅，王宣仓，李寐华，等．新疆甜瓜地方品种资源蔓枯病抗性鉴定［J］. 新疆农业科学，2011，48（10）：1841-1845.

[24] Schenck N C. Mycosphaerella fruit rot of watermelon [J]. Phytopathology，1961（52）：635-638.

[25] 戴富明，陆金萍，顾卫红，等．西瓜蔓枯病菌子实体的诱导及抗性鉴定［J］. 植物保护学报，2003，30（2）：138-142.

[26] 顾卫红，杨红娟，马坤，等．西瓜种质资源的抗蔓枯病性鉴定及其利用［J］. 上海农业学报，2004，20（1）：65-67.

[27] Gusmini G，Song R H，Wehner T C. New sources of resistance to gummy stem blight in watermelon [J]. Crop Science，2005，45（2）：582-588.

[28] 宋荣浩，杨红娟，马坤，等．西瓜品种资源的蔓枯病抗性鉴定与评价［J］. 植物遗传资源学报，2007，8（1）：72-75.

[29] 宋荣浩，戴富明，杨红娟，等．西瓜品种资源对枯萎病和蔓枯病的抗性鉴定［J］. 植物保护，2009，35（1）：117-120.

[30] Thoma I，Loeffler C，Sinha A K. Cyclopentenone isoprostanes induced by reactive oxygen species trigger defense gene activation and phytoalexin accumulation in plants [J]. the Plant Journal，2003，34（3）：363-368.

[31] 龚国强，于梁，周山涛．低温对黄瓜果实超氧化物歧化酶（SOD）的影响［J］. 园艺学报，1996，23（1）：97-98.

[32] 周晓慧，Wolukau J N，李英，等．甜瓜蔓枯病抗性与SOD、CAT和POD活性变化的关系［J］. 中国瓜菜，2007（2）：4-6.

[33] 于凌春，张乃琴．苯并噻二唑（BTH）诱导黄瓜抗蔓枯病的研究［J］. 江西农业学报，2006，18（3）：119-121.

[34] Buzi A，Chilosi G，Magro P. Induction of resistance in melon to *Didymella bryoniae* and *Sclerotinia sclerotiorum* by seed treatments with acibenzolar-S-methyl and methyl jasmonate but not with salicylic acid [J]. Journal of Phytopathology，2004，152（1）：34-42.

[35] Buzi A，Chilosi G，Magro P. Induction of resistance in melon seedlings against soil-borne fungal pathogens by gaseous treatments with methyl jasmonate and ethylene [J]. Journal of Phytopathology，2004，152（8-9）：491-497.

[36] Norton J D. Inheritance of resistance to gummy stem blight in watermelon [J]. Hortscience，1979，14（5）：630-632.

[37] Amand P C S，Wehner T C. Heritability and genetic variance estimates for leaf and stem resistance to gummy stem blight in two cucumber populations [J]. Journal of the American Society for Horticultural Science，2001，126（1）：90-94.

[38] Zuniga T L，Jantz J P，Zitter T A，et al. Monogenic Dominant Resistance to Gummy Stem Blight in Two Melon（*Cucumis melo*）Accessions [J]. Plant Disease，1999，83（12）：1105-1107.

[39] Frantz J D，Jahn M M. Five independent loci each control monogenic resistance to gummy stem blight in melon（*Cucumis melo* L.）[J]. Theor Appl Genet，2003，108（6）：1033-1038.

[40] Wolukau J N，Zhou X-H，Li Y，et al. Resistance to Gummy Stem Blight in Melon（*Cucumis melo* L.）Germplasm and Inheritance of Resistance from Plant Introductions 157076，

420145，and 323498 [J]. Hortscience，2007，42（2）：215-221.

[41] Wolukau J N. Molecular studies of melon（*Cucumis melo* L.）resistance to gummy stem blight（*Didymella bryoniae*）[D]. Nanjing：Nanjing Agricultural University，2007.

[42] 张永兵．甜瓜细胞遗传学、单倍体创制及抗蔓枯病分子标记 [D]．南京：南京农业大学，2007.

[43] 刘文睿．甜瓜抗蔓枯病基因分子标记及等位性测验研究 [D]．南京：南京农业大学，2009.

[44] 哈矿武，张慧玲，柳剑丽，等．甜瓜高代自交系4G21抗蔓枯病基因的分子定位 [J]．园艺学报，2010，37（7）：1079-1084.

[45] 张永兵，陈劲枫，伊鸿平，等．甜瓜抗蔓枯病基因 *Gsb*-2 的 ISSR 分子标记 [J]．果树学报，2011，28（2）：296-300.

[46] 贾继增，黎裕．植物基因组学与种质资源新基因发掘 [J]．中国农业科学，2004，37（11）：1585-1592.

[47] Jena K K，Pasalu I C，Rao Y K，et al. Molecular tagging of a gene for resistance to brown planthopper in rice（*Oryza sativa* L.）[J]. Euphytica，2003，129（1）：81-88.

[48] Gu K，Tian D，Yang F，et al. High-resolution genetic mapping of Xa27（t），a new bacterial blight resistance gene in rice，*Oryza sativa* L. [J]. Theoretical and Applied Genetics，2004，108（5）：800-807.

[49] 王春连，戚华雄，潘海军，等．水稻抗白叶枯病基因 *Xa*23 的 EST 标记及其在分子育种上的利用 [J]．中国农业科学，2005，38（10）：1996-2001.

[50] 陶文静，刘金元．普通小麦-提莫菲维小麦白粉病抗性渐渗系中渗入片段的准确鉴定 [J]．植物学报（英文版），1999，41（9）：941-946.

[51] 陶文静，刘大钧．与小麦抗白粉病基因 *Pm*6 紧密连锁的分子标记筛选 [J]．遗传学报，1999，26（6）：649-650.

[52] 王心宇，马正强．小麦抗白粉病基因 *Pm*6 的 RAPD 标记 [J]．遗传学报，2000，27（12）：1072-1079.

[53] Song W Y，Wang G L，Chen L L，et al. A receptor kinase-like protein encoded by the rice disease resistance gene，Xa21 [J]. Science，1995，270（5243）：1804.

[54] Gu K，Yang B，Tian D，et al. R gene expression induced by a type-Ⅲ effector triggers disease resistance in rice [J]. Nature，2005，435（7045）：1122-1125.

[55] Huang L，Brooks S A，Li W，et al. Map-based cloning of leaf rust resistance gene Lr21 from the large and polyploid genome of bread wheat [J]. Genetics，2003，164（2）：655-664.

[56] Chen J F，Zhang S，Zhang X. The xishuangbanna gourd，a traditional cultivated plant of the Hanai People，Xishuangbanna，Yunnan，China [J]. Cucurbit Genet Coop Rpt，1994，17：18-20.

[57] 陈劲枫，林茂松，钱春桃，等．甜瓜属野生种及其与黄瓜种间杂交后代抗根结线虫初步研究 [J]．南京农业大学学报，2001，24（1）：21-24.

[58] Chen J，Staub J E，Tashiro Y，et al. Successful interspecific hybridization between *Cucumis sativus* L. and *C. hystrix* Chakr [J]. Euphytica，1997，96（3）：413-419.

[59] Chen J F，Kirkbride J H. A new synthetic species of *Cucumis*（Cucurbitaceae）from interspecific hybridization and chromosome doubling. [J]. Brittonia，2000，52（4）：315-319.

[60] Paterson A H，DeVerna J W，Lanini B，et al. Fine Mapping of Quantitative Trait Loci

Using Selected Overlapping Recombinant Chromosomes, in an Interspecies Cross of Tomato [J]. Genetics, 1990, 124 (3): 735-742.

[61] Zamir D. Improving plant breeding with exotic genetic libraries [J]. Nature Review Genetics, 2001 (2): 983-989.

[62] Newbury H J. Plant molecular breeding [M]. Blackwell Publishing Ltd, 2003.

不结球白菜抗根肿病渐渗系的分子辅助选育

陈龙正　徐　海　宋　波　袁希汉*

（江苏省农业科学院蔬菜研究所　江苏南京　210014）

摘　要：本研究基于与大白菜抗根肿病连锁的分子标记，设计特异引物，获得简便实用的SCAR标记，并用于分子标记辅助选择，创制不结球白菜抗根肿病新材料。结果发现，在设计的8对特异引物中，有1对特异引物在抗、感亲本间表现出多态性。F_2群体验证发现，该标记与已有SSR标记及根肿病抗性共分离，能够用于抗根肿病鉴定，定名为CRb-R-25。通过亚种间杂交并回交，利用标记CRb-R-25辅助选择将大白菜根肿病抗性转入不结球白菜中，获得抗根肿病不结球白菜渐渗系材料TQ14-1-15。

关键词：不结球白菜　抗根肿病　SCAR标记　辅助选择

不结球白菜（*Brassica campestris* ssp. *Chinensis*）起源于中国，是国内尤其是南方重要的绿叶菜之一。根肿病是由芸薹根肿菌（*Plasmodiophora brassicae* Woronin）浸染引起的一种世界性病害。以往关于抗根肿病的研究主要集中在大白菜和甘蓝上[1,2]，近年来，由于不结球白菜栽培效益好、复种指数高，土传病害逐渐成为制约不结球白菜发展的重要因素，根肿病由过去不常见的病害逐渐显露出来，并呈蔓延趋势。然而，由于不结球白菜抗根肿病相关研究起步较晚，目前国内外还未发现不结球白菜根肿病抗源。通过种间或亚种间渐渗杂交可以为育种提供新的种质资源，目前已在多种作物上建立起了不同类型的渐渗系，如小麦[3]、棉花[4]、水稻[5]、玉米[6]等主要大田作物，在这些作物上已经获得能够直接用于作物品种改良的遗传稳定的渐渗系。

大白菜与不结球白菜之间的亚种间杂交亲和性较高，因此，可通过将大白菜抗根肿病基因导入不结球白菜，提高不结球白菜根肿病抗性。但是，一方面，种间杂交往往导致性状的剧烈分离而不易选择；另一方面，由于根肿病为土传病害，易受环境影响，不易控制，接种鉴定比较困难。因此，开发抗根肿病特异分子标记，对提高育种效率、开展分子标记辅助育种具有重要意义。Piao等[7]利用SSR标记TCR01和TCR09，将抗根肿病*CRb*基因定位在大白菜A3连锁群并且标记间遗传距离为2.9厘摩尔根。陈慧慧等[8]根据Piao等[7]的研究开发了2个大白菜SSR标记，分别为TCR13和TCR74，标记间遗传距离为0.18厘摩尔根，这些研究为大白菜抗根肿病分子标记辅助育种提供理论基础。

---

* 通讯作者。

本研究利用携带 *CRb* 基因的大白菜种质，与不结球白菜进行亚种间杂交和回交，通过已有的 SSR 标记设计特异引物，以期获得更为简便快速的 SCAR 标记，应用于分子标记辅助选择，同时结合大白菜与不结球白菜亚种间杂交，创制不结球白菜抗根肿病新种质。

1　材料与方法

1.1　植物材料

供体亲本为携带 *CRb* 基因的大白菜抗根肿病材料 CCR13025，从云南省农业科学院蔬菜研究所引进，对根肿病表现为高抗。父本材料 T 青，为江苏省农业科学院蔬菜研究所提供。2011 年春，将双亲及 F_1 代种植于江苏省农业科学院蔬菜研究所实验田。F_1 代自交获得 F_2，用于标记准确性鉴定。以 T 青为轮回亲本连续回交，从 BC_1 代开始，根据分子标记进行选择，选择性状接近轮回亲本并且含有 *CRb* 基因的单株用于回交，获得回交后代群体 BC_3。

1.2　方法

1.2.1　各世代植株抗性鉴定

T 青、CCR13025、F_1、F_2 及 BC_1～BC_3。每个材料每次 30 株，3 次重复，随机排列，播种于 50 孔穴盘。接种方法及评价分级标准同张慧等[9]。

1.2.2　多态性标记开发

在大白菜基因数据库（http：//brassicadb. org/cgi - bin/gbrowse/Brassica _ v1. 5）中定位已报道的 2 个 SSR 标记 TCR13（上游 0.09 厘摩尔根）和 TCR74（下游 0.09 厘摩尔根）[8]，获得物理区域为 A3 染色体 Bra23787138～Bra23847142 之间，在该区间中间设计了 8 对特异引物（表 1），委托上海生物工程公司进行引物的合成。

表 1　基于 TCR13 和 TCR74 设计的特异引物

引物	引物序列		退火温度（℃）
	正向	反向	
B12523	5’ - ACCTGGACATTGGATTGA - 3’	5’ - AGATGGTGACGGCGAAGA - 3’	55
B12524	5’ - CGTGTCAAAGAATCTCATC - 3’	5’ - TGCTACTATTTAGAAACCTC - 3’	55
B12525	5’ - CTTTGGATTGTTGACCTT - 3’	5’ - ATGTTGATGCTACTGAGAC - 3’	50
B12526	5’ - CGCAAAGAGCCATCCTAC - 3’	5’ - ATCCCAAATCAGCAACGC - 3’	55
B12527	5’ - TCAGTTGTTTCTTGTGGG - 3’	5’ - TGAAGGTATGGGTTATGG - 3’	50
B12528	5’ - TAACGGGAAGTAAGCAAT - 3’	5’ - AAAGTCAGTAGCCCAAAG - 3’	55
B12529	5’ - GCACTTTGCTCATTGGTA - 3’	5’ - CACGAGACTCCCTCCTAA - 3’	50
B12530	5’ - CGTAAACCTCGTCAAATC - 3’	5’ - TGGTGCTAAGAGTGTAAGA - 3’	55

1.2.3 PCR 扩增

采用 CTAB 法提取幼嫩叶片 DNA。利用 1.0%琼脂糖凝胶电泳检测其完整性和纯度，用紫外分光光度计检测 DNA 质量和浓度，并稀释至 15 纳克/微升。

20 微升反应体系中含 1× PCR 缓冲液、2.0 毫摩尔/升 $MgCl_2$、2.0 毫摩尔/升 dNTP、15 纳克 DNA、2 条引物各 0.5 微摩尔/升，1 国际单位 Taq 酶，用 ddH_2O 补足。PCR 扩增程序：94 ℃预变性 2 分钟；94 ℃变性 30 秒，53℃退火 1 分钟，72℃延伸 2 分钟；40 个循环，72℃保温延伸 5 分钟，4℃下保存。扩增产物用 1.5%琼脂糖凝胶电泳检测，在培清凝胶图像分析系统中拍照记录。扩增反应在 PTC - 100 PCR 仪上进行。

2 个 SSR 标记 TCR13 和 TCR74 反应体系及扩增程序参考陈慧慧等[8]，扩增产物在 6%聚丙烯酰胺凝胶电泳分离，银染染色。

2 结果与分析

2.1 抗根肿病 SCAR 分子标记的开发

利用 2 个标记 TCR13 和 TCR74 的 SSR 引物进行双亲及杂交、自交分离后代鉴定，发现在大白菜抗源 CCR13025 和杂种 F_1 中分别携带 2 个标记，不结球白菜 T 青未检到。该标记在 78 个 F_2 代分离群体中按照 3：1（59：19）的分离比例进行分离（图 1），并且 2 个标记表现出严格的共分离现象，标记与实际接种鉴定结果相吻合，表明该标记能够用于抗根肿病材料的分子标记辅助选择。

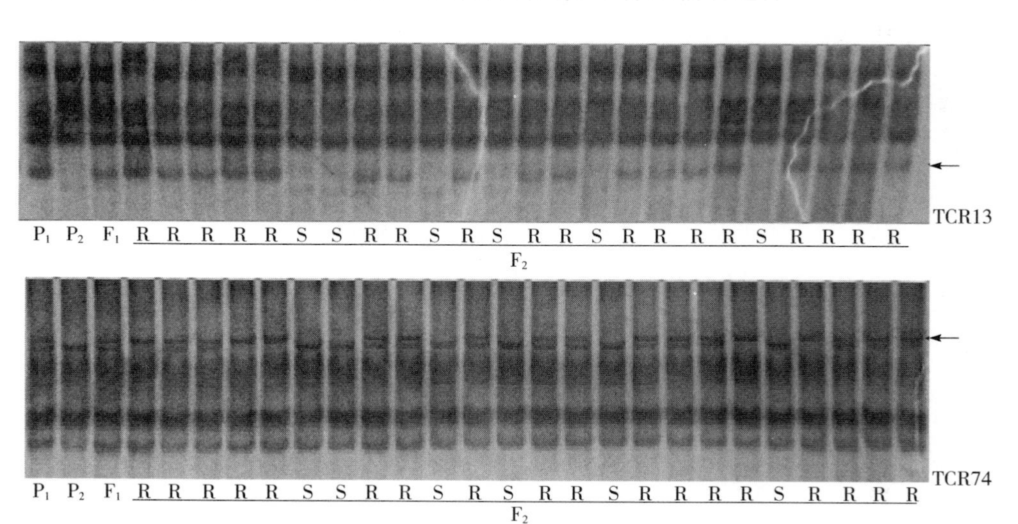

图 1 大白菜抗根肿病连锁分子标记 TCR13 和 TCR74[8]

注：P_1 为 CCR13025；P_2 为 T 青；F_1 为 CCR13025×T 青；F_2 为 F_1 自交分离后代；R 为抗根肿病后代；S 为感根肿病后代；TCR13、TCR74 为抗根肿病基因连锁 SSR 分子标记；箭头所示为差异位点。

在大白菜基因数据库（http：//brassicadb.org/cgi - bin/gbrowse/Brassica _ v1.5）中定位 2 个 SSR 标记，发现其分别位于大白菜 A3 染色体 Bra23787138～

Bra23847142 之间，物理距离 10 006 碱基对，在该区间设计了 8 对特异引物（表1），进行扩增。结果发现，在 8 对特异引物中，有 7 对在双亲和 F_1 中没有多态性，1 对引物 B12525 在双亲和 F_1 之间有多态性（图 2）。将该多态性引物用 F_2 群体进行验证，结果发现，该标记与 TCR13 和 TCR74 共分离，并且与田间接种鉴定一致（图 3），在所有表现抗性的单株中均能扩增到该标记，在感病单株中表现缺失。表明该 SCAR 标记能够用于抗根肿病分子标记辅助选择，命名为CRb-R-25。

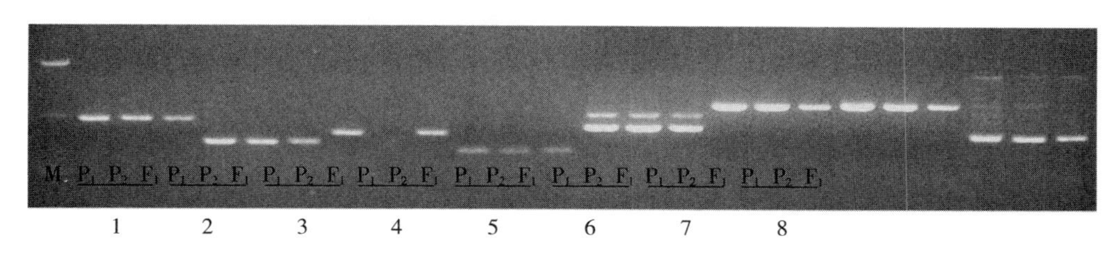

图 2　抗根肿病特异 SCAR 引物扩增结果

注：1～8 为特异引物 B12523～B12530；M 为 DL2 000。

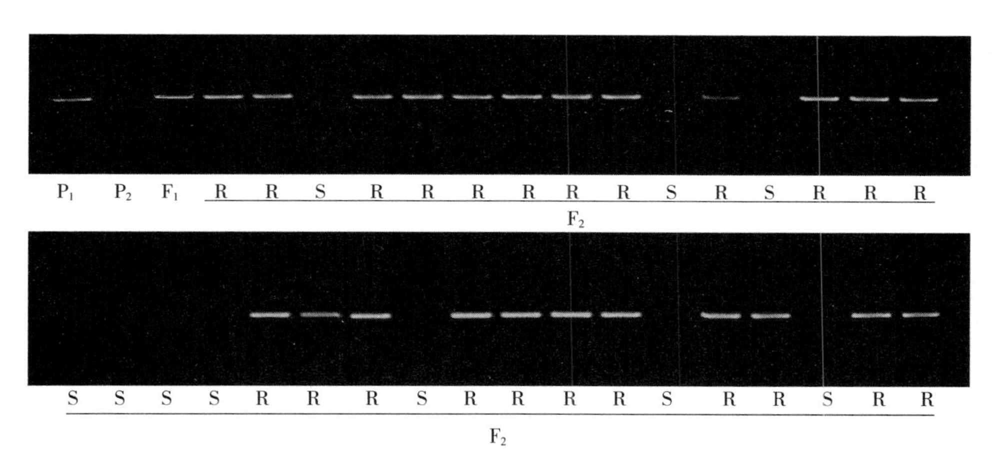

图 3　根肿病特异连锁分子标记 CRb-R-25 扩增图谱

2.2　不结球白菜抗根肿病回交后代分子选择

利用该标记进行辅助选择，以不结球白菜 T 青为轮回亲本，进行回交并用 CRb-R-25 进行选择，每代选取 10 株表型性状最接近 T 青并且携带标记CRb-R-25 的单株作为种株留种，在每个回交世代中做自交分离，淘汰自交后代 CRb-R-25 标记发生分离的单株（其回交后代抗性位点为杂合的 Aa 类型），选择纯合的进行回交转育（抗性位点纯合 AA 类型）。回交 3 代后，BC_3 表型性状为典型的不结球白菜性状，大白菜原有的叶翼、叶片绒毛、白梗和包心等性状均已改良，综合性状基本接近轮回亲本 T 青，渐渗系与轮回亲本理论遗传物质相似度为 96.9%。将轮回亲本 T 青和 BC_3 接种根肿病菌 35 天后检测，结果表明，T 青在根部形成肿瘤，为典型的根肿病病症；而携带 CRb-R-25 条带的 BC_3 单株 TQ14-1-15 表现抗病，根部发育正常（图 4）。

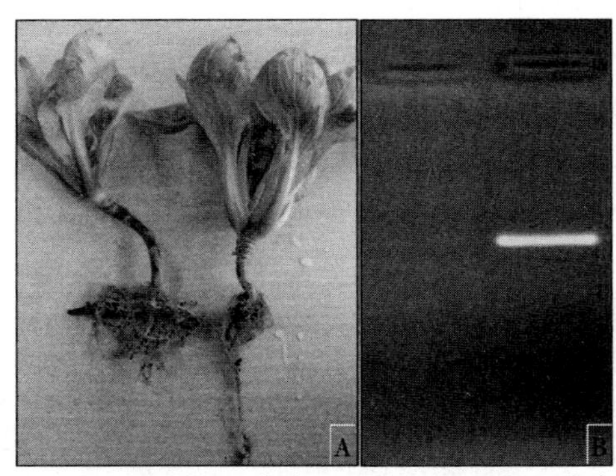

图 4 回交后代接种试验（A）及 CRb-R-25 特异条带（B）的检测

注：TQ14-1-15（R）：BC_3抗病单株。

3 讨论

利用分子标记进行辅助选择具有操作简便、速度快和不受环境影响等优势，十字花科根肿病为十字花科重要的土传病害，在接种鉴定中受温度、湿度、pH 等环境因素的影响较大[10]。Piao 等[7]开发了 2 个与大白菜抗根肿病 *CRb* 基因连锁的分子标记，TCR05 和 TCR09 连锁距离为 2.71 厘摩尔根。陈慧慧等[8]根据 TCR05 和 TCR092 个连锁标记，结合大白菜基因组序列信息，开发了 TCR13（上游 0.09 厘摩尔根）和 TCR74（下游 0.09 厘摩尔根）2 个 SSR 标记，并将遗传距离定位在 0.18 厘摩尔根内。在本研究中，基于大白菜基因组数据库，将 2 个 SSR 标记 TCR13 和 TCR74 定位在大白菜 A3 染色体 Bra23787138～Bra23847142 之间。在本区间中设计了 8 对特异引物，其中 1 对引物与 SSR 标记 TCR13 和 TCR74 共分离，表明将其成功转化为 SCAR 标记，命名为 CRb-R-25。经接种鉴定验证发现，该标记能够用于分子标记辅助选择。

在分子标记辅助选择进行抗根肿病性状转育方面，朴钟云等[11]利用 Piao 等[7]开发的 2 个与大白菜抗根肿病 *CRb* 基因连锁的分子标记 TCR01 和 TCR09，进行大白菜与大白菜之间的抗性转育，获得 9 个 BJN3 的近等基因系。目前，在不结球白菜研究中未发现根肿病抗源，本研究利用抗根肿病大白菜与不结球白菜进行亚种间杂交和回交，经过 3 代，利用分子标记进行辅助选择，在回交过程中大白菜典型性状如叶毛、叶翼、包心等逐渐在各世代丢失，回交后代综合性状趋于轮回亲本，最终获得了携带根肿病抗性的不结球白菜种质资源 TQ14-1-15，实现了提高育种效率的目的。

本研究中，通过对大白菜基因组数据库检索，在 A3 染色体 Bra23787138～Bra23847142 之间，共计有 9 个功能基因。这些基因既有编码细胞膜组分蛋白，也有编码蛋白质合成调控蛋白，下一步根据结合抗性鉴定，分析这些基因与根肿病抗性之间的关系，将有利于根肿病抗性基因的分离和克隆。

参考文献

[1] Wang F Zh, Liu Y P, Zhang M, *et al*. Development of physiological, biochemical characteristics and resistant genetics during clubroot disease in crucifer crops [J] . Chinese journal of oil crop sciences, 2012, 34 (2): 215 - 224 (in Chinese) .

[2] Chen Y, Wang H X. Research progress of Cruciferous root disease [J] . Tianjin Agricultural Sciences, 2014, 20 (3): 77 - 79, 85 (in Chinese) .

[3] Silkova O G, Dobrovolskaya O B, Dubovets N I, *et al*. Production of wheat-rye substitution lines and identification of chromosome composition of karyotypes using C-banding, GISH, and SSR marker [J] . Russian Journal of Genetics, 2006, 42 (6): 645 - 653.

[4] Pang Ch Y, Du X M, Ma Zh Y. Cluster analysis of the introgressed lines from interspecific hybridization in Cotton based on SSR markers and phenotype traits [J] . Acta Agronomica Sinica, 2006, 32 (9): 1371 - 1378 (in Chinese) .

[5] Brar D S, Khush G S. Alien introgression in rice [J] . Plant Molecular Biology, 1997, 35 (1 -2): 35 - 47.

[6] Shen L, Courtois B, Mcnally K L, *et al*. Evalution of near-isogenic lines of rice introgressed with QTLs for root depth through marker-aided selection [J] . Theoretical and Applied Genetics, 2001 (103): 75 - 83.

[7] Piao Z Y, Choi S R, Lee Y M, *et al*. The use of molecular markers to certify clubroot resistant (CR) cultivars of Chinese cabbage [J] . Horticulture, Environment, and Biotechnology, 2007, 48 (3): 148 - 154.

[8] Chen H H, Zhang T, Liang Sh, *et al*. Development and mapping of molecular markers closely linked to *CRb* gene resistance to clubroot disease in Chinese cabbage [J] . Scientia Agricultura Sinica, 2012, 45 (17): 3551 - 3557 (in Chinese) .

[9] Zhang H, Xu, Kuang Y Y, *et al*. Molecular marker of club root resistance genes in *Brassica campestris* ssp. *Chinensis* [J] . Jiangsu Journal of Agricultural Sciences, 2013, 29 (3): 633 - 636 (in Chinese) .

[10] Piao Z Y, Park Y J, Choi S R, *et al*. Conversion of AFLP marker linked to clubroot resistance gene into SCAR marker [J] . Journal of the Korean Society Horticultural Science, 2002 (43): 653 - 659.

[11] Piao ZH Y, Wu D, Wang M, *et al*. Marker - assisted selection of near isogenic lines for clubroot resistant gene in Chinese cabbage [J] . Acta Horticulturae Sinica, 2010, 37 (8): 1264 - 1272 (in Chinese) .

葫芦耐湿涝性状遗传规律分析与鉴定方法建立

宋　慧　张香琴　黄芸萍　王毓洪

（宁波市农业科学研究院蔬菜研究所　浙江宁波　315040）

摘　要：以湿涝条件下葫芦不定根数目作为耐湿涝鉴定指标，利用耐湿涝葫芦JZS和不耐湿涝材料T2002及其F_1和F_2代群体，分析葫芦耐湿涝性状遗传规律，建立鉴定方法。结果表明，葫芦湿涝敏感期为四叶一心期；葫芦亲本JZS的耐湿涝特性由1对显性单基因控制，F_1的不定根数目比耐湿涝亲本JZS增多，表现出超亲优势。该结果为利用杂交转育葫芦耐湿涝特性提供信息。

关键词：葫芦　耐湿涝鉴定　遗传规律

湿涝胁迫是世界农业普遍面临的自然灾害之一[1]，选育耐湿涝葫芦砧木是葫芦育种的重要目标之一。由于目前葫芦耐湿涝育种多为田间筛选，有关葫芦耐湿涝遗传规律和鉴定方法研究较少。为此，本研究拟通过比较葫芦各发育时期对湿涝胁迫的反应以及胁迫持续时间，确定葫芦耐湿涝鉴定方法；并利用耐湿涝材料JZS和不耐湿涝材料T2002，构建F_2代群体，通过后代分离比例，分析葫芦耐湿涝特性的遗传规律，为转育葫芦耐湿涝特性提供遗传信息。

1　材料与方法

1.1　材料

耐湿涝葫芦材料JZS和不耐湿涝材料T2002，及其F_1和F_2后代分离群体。播种于32孔穴盘中，常规田间管理，播种量见表1。

表1　JZS、T2002、F_1及F_2群体的播种量与不定根数目统计

名称	播种总数	统计总数	不定根数目（Mean±SE）	耐湿涝性
JZS	32	27	12.3±3.9	耐
T2002	32	30	4.4±2.3	不耐
F_1	22	20	14.0±4.0	耐
F_2	224	153	13.0±5.5	耐：不耐=3：1

1.2　葫芦耐湿涝性状鉴定时期确定

以JZS为试材，分别在子叶平展期、两叶一心期、四叶一心期和伸蔓期进行淹水20～30天处理，每个时期处理20株苗，重复3次。观察植株生长情况。

2　结果与分析

2.1　葫芦耐湿涝性状鉴定时期确定

对葫芦4个时期进行胁迫处理前和处理后的生长情况见图1，分析结果见表2。四叶一心时期的葫芦幼苗在处理20天后即出现萎蔫，在根茎部产生不定根突起；其他时期的葫芦则表现出对湿涝胁迫的耐受能力，处理30天以上仍不见死亡迹象。因此，选择葫芦耐湿涝鉴定最佳时期为四叶一心期。

图1　葫芦4个生长发育时期对湿涝胁迫的反应

注：A为子叶平展期；B为两叶一心期；C为四叶一心期；D为伸蔓期；1为处理前；2为处理后。

表2　葫芦4个生长发育时期对湿涝胁迫的反应

名　称	处理天数（天）	生长情况
子叶平展期	30	生长旺盛
两叶一心期	30	生长旺盛
四叶一心期	20	萎蔫，不定根形成
伸蔓期	30	生长旺盛

2.2 葫芦耐湿涝性状鉴定方法建立

待植株长至四叶一心时，开始湿涝处理。具体方法：将穴盘放入绿色餐盒（60厘米×40厘米×10厘米）中，灌水直至水面没到土面以上1厘米，保持淹水状态。20天后，统计植株根茎部的不定根（长度大于1厘米）数目。不定根数目≤8，确定为不耐湿涝；不定根数目>8确定为耐湿涝。

2.3 葫芦耐湿涝性状遗传规律分析

对葫芦耐湿涝材料JZS与不耐湿涝材料T2002，及其构建的F_1和F_2代杂交群体，进行淹水后不定根数目的统计。耐湿涝鉴定结果见表1，JZS的不定根数目为12.3±3.9，不定根数目>8，表现为耐湿涝；T2002的不定根数目为4.4±2.3，不定根数目≤8，表现为不耐湿涝；F_1的不定数目达到14.0±4.0，不定根数目>8，表现为耐湿涝，且F_1比耐湿涝亲本JZS的不定根数目（12.3±3.9）增多，表现出超亲优势（图2）。在对F_2代群体153个单株的调查中发现（表3），不定根数目>8的耐湿涝单株有122株，不定根数目≤8不耐湿涝的单株有31株，分离比例3∶1。经卡方测验，分离比例符合孟德尔分离规律，葫芦亲本JZS的耐湿涝特性由1对显性单基因控制。

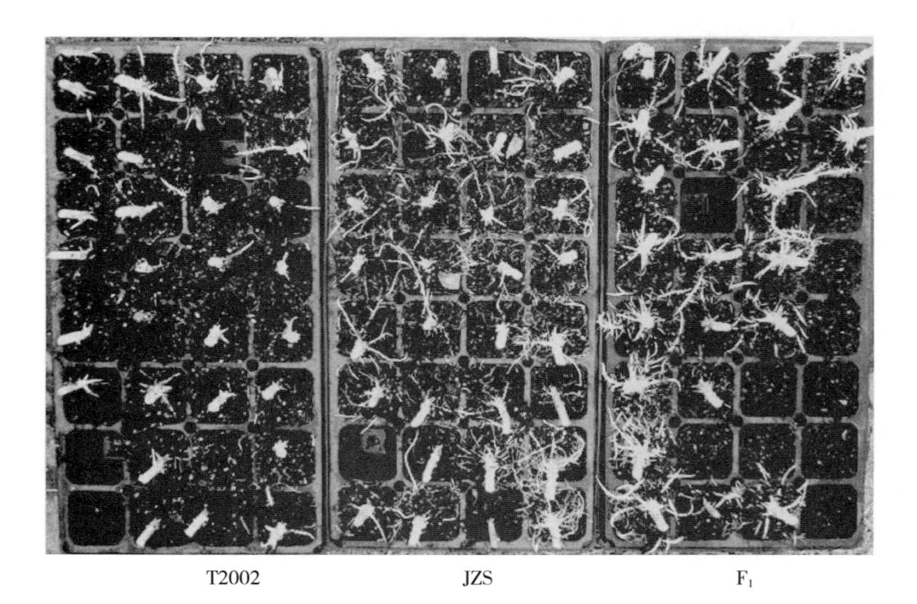

图2 T2002、JZS和F_1不定根的生长情况

表3 F_2群体中田间指标和分子标记分离情况

项目	不定根数目		
	>8	≤8	χ^2
F_2群体分离	122	31	符合3∶1

3　讨论

国内外众多研究表明，作物的耐湿涝特性为数量性状，受主基因控制，遗传机理复杂。Yeboah 等[2]利用耐湿涝黄瓜品种和感涝品种配置 F_3 家系，明确新根形成（ARF）、茎尖干重（SDW）和茎长（VLH）3 个表型性状与黄瓜耐湿涝性呈显著相关，在 144 个 F_3 家系单株中呈连续分布，为数量性状；其遗传规律分析的结果表明，F_1 表现超亲优势，各性状以加性效应为主，显性效应不明显。其他作物，如小麦、玉米和油菜等耐湿涝研究比较深入。曹旸等[3]认为湿涝抗性受单个显性基因控制；Boru 等[4]利用小麦感湿涝自交系与耐湿涝自交系构建杂交种，在三叶期和第一节间发生期进行淹水处理，以叶绿素含量为指标，研究发现，耐湿涝性受加性效应控制，至少受 4 个基因控制。本研究结果与前人报道比较一致，在 F_2 代群体中的表型分离数据均符合卡方比例 3∶1（耐湿涝∶感湿涝），表明葫芦亲本 JZS 的耐湿涝特性由 1 对显性单基因控制，且 F_1 的不定根数目比耐湿涝亲本 JZS 增多，表现出超亲优势。研究结果为进一步转育葫芦耐湿涝特性提供了遗传信息。

参考文献

[1] 杨建明，沈秋泉，汪军妹，等．大麦苗期耐湿性的鉴定筛选［J］．浙江农业学报，2003，15（5）：280-284.

[2] Yeboah M A，Chen X，Cheng R F，et al. Correlations and heritability of waterlogging tolerance traits in cucumber（*Cucumis sativus* L.）［J］. Plant Sciences Research，2008，1（1）：1-7.

[3] 曹旸，蔡士宾，吴兆苏，等．小麦耐湿性的遗传特性研究［J］．江苏农业学报，1995，11（2）：11-15.

[4] Boru G，van Ginkel M，Kronstad W E，et al. Expression and inheritance of tolerance to waterlogging stress in wheat［J］. Euphytica：Netherlands Journal of Plant Breeding，2001（117）：91-98.

LED 光源对不结球白菜和番茄内源激素含量的影响

樊小雪[1]　宋　波[1]　徐　海[1]　陈龙正[1,*]　徐志刚[2]　袁希汉[1]

([1] 江苏省农业科学院蔬菜研究所　江苏南京　210095；
[2]南京农业大学农学院　江苏南京　210095)

摘　要： 以不结球白菜和番茄幼苗为材料，利用 LED 精量调制光源，设黄光（Y）、绿光（G）、红光（R）、蓝光（B）和红蓝组合光（R：B＝6：1）5 个 LED 光处理，以白光为对照，探讨了不同 LED 光源对植株内源生长素（IAA）、赤霉素（GA_3）、脱落酸（ABA）和玉米素核苷（ZR）含量的影响以及不同密度红蓝光对番茄激素含量的影响。结果表明：红光 LED 处理下不结球白菜体内 GA_3 含量最高；红蓝光 6：1 LED 处理下不结球白菜 ABA、IAA 和 ZR 含量最高。在对番茄幼苗的研究中发现：IAA 含量在绿光 LED 处理下最高，GA_3 含量在蓝光 LED 处理下最高，ABA 和 ZR 含量在红蓝光 6：1 LED 处理下含量最高。通过研究不同密度红蓝光对番茄生长的影响发现，不同红蓝光密度下，番茄叶片 IAA、GA_3 和 ZR 含量随着光密度的增加而增加，而 ABA 含量与光密度的大小成反比。

关键词： LED　不结球白菜　番茄　内源激素　红蓝组合光　光密度

植物生长发育和许多生理活动，都是由光照刺激光受体或者作为信号因子，激活各种激素基因协同完成。植物的生长和发育离不开植物激素，主要的植物激素有生长素（IAA）、赤霉素（GA）、脱落酸（ABA）和玉米素（ZR）等。植物激素在植物生长周期中参与调控许多反应，包括叶片伸展、胚轴和茎伸长、气孔发育、向光性、顶端优势、叶片衰老等。研究表明，大部分植物激素都受到光环境（光质和光强）调控，不同的光环境可以激活各种不同的光受体调节激素水平来影响植物生长发育和功能表达[1]。

研究表明，红光受体和蓝光受体参与调节植物激素活性和含量[2-4]。光敏色素通过改变 ABA 合成基因启动子的表达，调控 ABA 含量[5]。余让才等[2]研究发现，蓝光能提高植株体内 ABA 的含量；而 Weatherwax 等[5]和 Tillberg[6]发现红光可以降低植物体内 ABA 的含量；许莉[7]研究发现黄光也可以降低植物体内 ABA 的含量。Nick 等[8]发现通过光调节可以减弱水稻中赤霉素（GA）对中胚轴细胞生长的影响。

在现代农业中，人工光源补充或代替自然光源已经成为环境调控植物生长发育的重要手段[9]。近年来，随着光电技术的发展，新型节能高效的光源发光二极管

---

* 通讯作者。

（light emitting diode，LED）成为了研究的热点。与传统光源相比，LED具有诸多优点，如冷光源、耗能低、波长固定、光电转换率高等，在实际生产中，LED光源的光密度和光质（红/蓝光比例或红/远红光比例）等可以调节[9,10]。结合农作物的需要，使用LED光源对光谱进行精确配置，可以节约能源、提高作物产量。然而，不同作物对LED光源及密度的敏感程度存在差异，这些差异背后的机制有待进一步研究。本试验通过精确定制LED光源，研究其对不结球白菜和番茄内源激素含量的影响，为LED光源在蔬菜设施栽培中提供理论依据。

1　材料与方法

1.1　试验材料

不结球白菜（*Brassica campestris* ssp. *chinensis*）供试材料为特矮青品种，由南京绿领种苗有限公司提供。将不结球白菜种子放入清水中浸泡4～8小时，放入装有基质"草炭＋蛭石＋珍珠岩"（体积比3∶1∶1）的穴盘中育苗。待幼苗长至两叶一心期，置于镝灯和LED光源下培养。试验在环境可控的植物工厂中进行，培养温度为20～26℃，光照时间12小时/天，每天用园式配方营养液进行浇灌，生长30天后检测。每个光处理测量重复3次，每次5株。

番茄品种为樱桃番茄千禧，由台湾农友种苗股份有限公司提供。常温下浸种约6小时后放入育苗基质为"草炭＋蛭石＋珍珠岩"（体积比3∶1∶1）的基质中育苗。待幼苗长至两叶一心期，置于镝灯和LED光源下培养。试验在环境可控的植物工厂中进行，培养温度为17～25℃，照光时间12小时/天，每天用霍格兰德营养液进行浇灌，生长30天后检测。每个光处理测量重复3次，每次5株。

1.2　光处理

光质处理：LED光源系统由南京农业大学农学院研制，以日光色镝灯（LZ400D/H）作为对照，设置5种不同LED光质处理：黄光（Y）、绿光（G）、红光（R）、蓝光（B）和红蓝组合光。根据前人对不结球白菜和番茄光合特性的研究，不结球白菜生长光密度（PPFD）为150微摩尔/（平方米·秒），番茄生长光密度为300微摩尔/（平方米·秒）[7,8]。处理参数见表1。

表1　LED光谱能量分布的技术参数

光处理	峰值波长λp（纳米）	波长半宽Δλ（纳米）	光密度［微摩尔/（平方米·秒）］
CK	400～760	—	150
Y	590	20	150
G	530	20	150
R	658	20	150
B	460	20	150
R∶B＝6∶1	658＋460	20	150

光密度处理：红蓝组合光由南京农业大学农学院设计。番茄幼苗光密度处理设置为50微摩尔/（平方米·秒）、150微摩尔/（平方米·秒）、300微摩尔/（平方米·秒）、450微摩尔/（平方米·秒）和550微摩尔/（平方米·秒）。每个处理含有50%蓝光和50%红光（B：R=1：1）。光密度通过调节电流和灯数量来控制。光处理参数见表2。

表2　不同密度LED红蓝光源的主要技术参数

光处理	光密度［微摩尔/（平方米·秒）］	波长λp（纳米）	半波宽Δλ（纳米）
R+B（1：1）	50	658+460	±12 &±11
R+B（1：1）	150	658+460	±12 &±11
R+B（1：1）	300	658+460	±12 &±11
R+B（1：1）	450	658+460	±12 &±11
R+B（1：1）	550	658+460	±12 &±11

1.3　测定项目与方法

所检测的内源激素为赤霉素（GA_3）、生长素（IAA）、脱落酸（ABA）和玉米素核苷（ZR）。称取0.1 g新鲜叶片（功能叶片），准备3份，液氮处理后，将样品委托中国农业大学作物化学控制实验室检测。

1.4　数据整理与分析

数据整理分析采用Microsoft excel 2003和SPSS 16.0系统，进行一维方差分析（ANOVA），采用Tukey和Duncan法分析显著性差异（$P<0.05$）。

2　结果与分析

2.1　不同光源对不结球白菜叶片内源激素含量的影响

不同LED光源对不结球白菜叶片激素含量有显著影响。如表3所示，不结球白菜IAA含量依次为RB>CK>R>B>G>Y，各处理差异显著，其中红蓝光6：1 LED处理下IAA含量达到对照的1.28倍。

GA_3含量依次为R>RB>CK>B>Y>G。与CK相比，红光LED处理和红蓝光6：1 LED处理下不结球白菜GA_3的含量显著增加，分别提高了27.9%和13.1%；而蓝光LED、黄光LED和绿光LED明显抑制白菜叶片中GA_3的含量。

ABA含量依次为RB>R>B>CK>G>Y，各处理之间均存在显著差异。与对照相比，红蓝光6：1 LED处理下白菜叶片中ABA含量最高，达到对照的1.51倍；红光LED和蓝光LED也显著提高了ABA含量，分别提高31.1%和21.7%。

ZR含量依次为RB>B>CK>R>Y>G，各处理之间均存在显著差异。ZR含量在红蓝光6：1 LED和蓝光LED处理下显著高于对照，分别提高14.0%和8.2%；其他光处理的ZR含量均低于对照。

表 3　不同光源对不结球白菜叶片内源激素含量的影响

单位：纳克/克

光处理	IAA	GA_3	ABA	ZR
CK	153.56 ± 10.29 b	5.43 ± 0.80 b	111.75 ± 2.39 c	6.95± 0.14 c
Y	27.43 ± 2.58 f	4.22 ± 0.07 c	78.67 ±2.00 d	5.19± 0.08 e
G	50.77 ± 2.29 e	2.95 ± 0.08 d	98.79 ± 0.39 c	4.86± 0.05 f
R	126.56 ± 2.19 c	6.95 ± 0.11 a	146.49 ± 0.67 b	5.52± 0.12 d
B	114.60 ± 2.41 d	4.23 ± 0.18 c	136.01 ± 1.55 b	7.52± 0.17 b
R∶B=6∶1	196.10 ± 6.06 a	6.14 ± 0.16 a	168.39 ±4.57 a	7.92± 0.12 a

注：同列数据后无相同小写字母表示差异显著（$P<0.05$）。

2.2　不同光源对番茄叶片内源激素含量的影响

如表 4 所示，各处理番茄叶片中 IAA 的含量依次为 G>B>R>Y>RB>CK，表明 LED 光处理下 IAA 含量均显著高于对照。在绿光 LED 处理下，番茄叶片 IAA 含量最高，达到 97.69 纳克/克，是对照的 1.73 倍，表明番茄叶片 IAA 含量对绿光 LED 表现最敏感。

GA_3的含量依次为 B>Y>CK>G>R>RB，6 个光处理之间存在显著差异。其中，蓝光 LED 和黄光 LED 处理可以显著提高番茄叶片中 GA_3的含量，与对照相比，分别提高了 21.0%和 12.5%，其他光处理的 GA_3含量显著低于 CK。

ABA 的含量依次为 RB>B>Y>G>R>CK，各处理间差异显著，LED 光处理下番茄叶片中 ABA 含量均显著高于对照，分别达到对照的 1.67 倍、1.61 倍、1.50 倍、1.35 倍和 1.28 倍。

ZR 的含量依次为 Y>RB>G>R>CK>B，黄光 LED、绿光 LED、红光 LED 和红蓝 6∶1 LED 处理下 ZR 含量显著高于 CK，分别提高 28.5%、7.1%、4.4%和 9.9%，蓝光 LED 处理和 CK 之间没有显著性差异。

表 4　不同光源对番茄叶片内源激素含量的影响

单位：纳克/克

光处理	IAA	GA_3	ABA	ZR
CK	56.58 ± 1.67 e	7.34 ± 0.11 c	168.42 ± 1.67 f	15.86 ± 0.23 d
Y	62.46 ± 3.09 d	8.26 ± 0.14 b	252.99 ± 2.00 c	20.38 ± 0.46 a
G	97.69 ± 2.82 a	6.01 ± 0.09 d	226.66 ± 2.82 d	16.98 ± 0.68 c
R	76.88 ± 2.13 c	5.36 ± 0.09 e	215.79 ± 2.13 e	16.55 ± 0.57 c
B	81.29 ± 2.10 b	8.88 ± 0.12 a	271.22 ± 2.13 b	15.29 ± 0.67 d
R∶B=1∶1	61.70 ± 1.88 d	2.58 ± 0.11 f	281.82 ± 3.13 a	17.43 ± 0.67 b

注：同列数据后无相同小写字母表示差异显著（$P<0.05$）。

2.3　不同密度红蓝光对番茄叶片内源激素含量的影响

光密度对番茄叶片激素含量有显著影响（表 5）。IAA、GA_3 和 ZR 含量随着光密度的增加而增加，3 种激素均在 50 微摩尔/（平方米·秒）光密度处理下含量最低，分别为 58.63 纳克/克、1.59 纳克/克和 8.29 纳克/克；而在 550 微摩尔/（平方米·秒）光密度处理下含量最高，分别为 90.29 纳克/克、5.53 纳克/克和 21.38 纳克/克。其中，GA_3 和 ZR 含量在不同光密度处理下差异均显著，随着光密度增加，含量显著增加。

番茄叶片中 ABA 含量与光密度的大小成反比，低光密度 50 微摩尔/（平方米·秒）处理下含量最高，达 403.76 纳克/克，高光密度 550 微摩尔/（平方米·秒）处理下含量最低，仅为 190.63 纳克/克，不同光密度处理下差异均显著。

表 5 不同密度红蓝光源对番茄叶片内源激素含量的影响

单位：纳克/克

光密度［微摩尔/（平方米·秒）］	IAA	GA_3	ABA	ZR
50	58.63 ± 2.02 d	1.59 ± 0.03 e	403.76 ± 3.43 a	8.29 ± 0.22 e
150	59.85 ± 0.10 c	2.55 ± 0.08 d	319.35 ± 2.71 b	11.22 ± 0.21 d
300	60.97 ±0.10 c	2.90 ± 0.02 c	274.86 ± 2.34 c	17.43 ± 0.36 c
450	74.96 ± 1.22 b	3.95 ± 0.04 b	218.06 ± 1.85 d	18.75 ± 0.42 b
550	90.29 ± 1.03 a	5.53 ± 0.06 a	190.63 ± 1.60 e	21.38 ± 0.31 a

注：同列数据后无相同小写字母表示差异显著（$P<0.05$）。

3 讨论

3.1 不同光源对不结球白菜和番茄内源激素含量的影响

研究发现，光敏色素可以诱导和调节植物激素的合成与活性。本试验中红光 LED 和蓝光 LED 显著降低不结球白菜叶片中 IAA 含量，这与在绿豆[12]下胚轴和水稻幼苗[2]的研究结果相一致，其原因可能是由于红光能够降低 IAA 合成酶活性[13]，而蓝光可以促进 IAA 氧化酶的活性[14]有关。本研究发现，红蓝 6∶1 LED 处理下 IAA 含量较高，其次是对照组，说明红光和蓝光通过不同光受体之间相互作用调节激素含量，复合光谱更利于不结球白菜 IAA 的合成。与不结球白菜相反，在对番茄内源激素的研究中发现，绿光 LED 处理下 IAA 含量最高，其次是蓝光 LED 和红光 LED。有研究表明，绿光同样可以独立影响植物生理，有依赖隐花色素途径和不依赖隐花色素两条途径[15]。绿光的效应跟植物体内隐花色素的含量相关，不结球白菜和番茄体内隐花色素含量不同可能是导致产生巨大差异的原因。

Nick 等[9]在水稻研究中发现，光敏色素可通过光调节赤霉素（GA_3）的含量。本研究发现，红光 LED 处理下不结球白菜 GA_3 含量最高，其次是红蓝 LED，说明红光光谱对 GA_3 合成有促进作用。在番茄叶片中发现，蓝光 LED 处理能提高 GA_3 含量，红光 LED 处理反而降低 GA_3 含量，说明光质对不同植物激素代谢的影响有明显差异。

光质可以调节多种植物体内 ABA 的水平。蓝光能提高水稻植株体内 ABA 的含量[2]，而红光可以降低浮萍和松树体内 ABA 的含量[5,6]。本试验中发现，蓝光 LED、红光 LED 和红蓝 6∶1 LED 都能显著促进不结球白菜 ABA 的合成，蓝光 LED 还可以促进番茄叶片 ABA 的合成。有研究表明，光敏色素通过改变 ABA 合成基因启动子的表达来调控 ABA 含量[5]，由于不同物种间光敏色素的含量差异很大，因此光敏色素的调控效果也有差异。

光照对 ZR 含量的影响报道较少。黄光利于莴苣 ZR 含量的增加[7]，而本试验中蓝光 LED 和红蓝 6∶1 LED 处理均能提高不结球白菜的 ZR 含量，黄光 LED 可显著提高番茄叶片中 ZR 的含量。

3.2 不同密度红蓝混合光对番茄内源激素含量的影响

光密度对植物生长有重要作用，植物通过成熟的发育机制来调节自身结构和生理以适应周围的光环境。以前的研究发现，低光密度 50 微摩尔/（平方米·秒）和 150 微摩尔/（平方米·秒）导致植株发育健康指数较低（数据未提供）。本研究发现，低光密度处理导致番茄幼苗 ABA 含量显著升高，ABA 有促进衰老作用，一般在逆境条件含量较高，这表明低光密度对番茄幼苗生长起一定的负作用。

光密度对植物激素的活性和合成有重要影响。对小麦穗[16]、大豆籽粒[17]、番茄[18]、长春花叶片[19]、辣椒叶片[20]的研究中发现，较低的光密度处理可以诱导 ABA 含量的增加。本研究也发现，番茄幼苗叶片中 ABA 的含量在低光密度下最高，随着光照强度增加，ABA 含量逐渐减少。另外，本研究中 IAA、GA_3 和 ZR 的含量与光密度强度成正比，任华中等[17]在对番茄的研究中也发现低光密度下 GA_3 和 ZR 含量下降，王丽萍等[20]发现低光密度导致辣椒叶片中 IAA 和 GA_3 含量下降。光密度特别是红蓝光谱的光源对植物内源激素的调节是一个非常复杂的过程，由多种光受体共同参与完成，同时也可能通过影响光合作用、信号转导等方面调控植物生长发育。

参考文献

[1] Michael M N, Ian H S, Edward M T. Nagy (eds) Photomorphogenesis in Plants and Bacteria [M] . Netherlands: Springer Verlag, 2006.

[2] 余让才，潘瑞炽．蓝光对水稻幼苗生长及内源激素水平的影响 [J]. 植物生理学报，1997，22 (3)：175 - 180.

[3] Kamiya Y, Garcia - Martinez J L. Regulation of Gibberellin biosynthesis by light [J]. Current Opinion in Plant Biology, 1999 (2): 398 - 403.

[4] 邓江明，蔡群英，潘瑞炽. 光质对水稻幼苗蛋白质、氨基酸含量的影响 [J] . 植物学通报，2000，17 (5)：419 - 423.

[5] Weatherwax S C, Ong M S, Degenhardt J, et al. The interaction of light and abscisic acid in the regulation of plant gene expression [J] . Plant Physiology, 1996 (111): 363 - 370.

[6] Tillberg E. Effect of light on abscisic acid content in photosensitive Scats pine (*Pinus sylvestris* L.) seed [J] . Plant Growth Regulation, 1992 (11): 147 - 152.

[7] 许莉．光质对叶用莴苣生理特性及品质的影响 [D]. 泰安：山东农业大学，2007.

[8] 常涛涛，刘晓英，徐志刚，等．不同光谱能量分布对番茄幼苗生长发育的影响［J］．中国农业科学，2010，43（8）：1748－1756.

[9] Nick P，Furuay M. Phytochrome dependent decrease of gibberellin sensitinity［J］．Plant Grow Regulation，1993（12）：195－206.

[10] 杨其长．LED在农业与生物产业的应用与前景展望［J］．中国农业科技导报，2008，10（6）：42－47.

[11] 魏灵玲，杨其长，刘水丽．LED在植物工厂中的研究现状与应用前景［J］．农业工程科学，2007，23（11）：408－411.

[12] 王小菁，潘瑞炽．Effect of red light on the level of endogenous phytohormones during segment elongation of mung bean hypocotyl［J］．Chinese Joural of Botany，1992，4（1）：43－48.

[13] 张微慧，张光伦．光质对果树形态建成及果实品质的生理生态效应［J］．中国农学通报，2007，23（1）：78－83.

[14] 李韶山，潘瑞炽．蓝光对水稻幼苗生长效应的研究［J］．中国水稻科学，1994，8（2）：115－118.

[15] Folta K M，Maruhnich S A. Green light：a signal to slow down or stop［J］．Journal of Experimental Botany，2007（58）：3099－3111.

[16] 王志敏，王树安，苏宝林．小麦穗粒数的调节：Ⅱ开花期遮光对穗碳水化合物代谢和内源激素水平的影响［J］．华北农学报，1997，12（4）：42－47.

[17] 张秋英，刘晓冰，金剑等．R5期遮阴对大豆植株体内源激素和酶活性的影响［J］．大豆科学，2000，19（4）：362－366.

[18] 任华中，黄伟，张福墁．低温弱光对温室番茄生理特性的影响［J］．中国农业大学学报，2002，7（1）：95－101.

[19] 唐中华，郭晓瑞，于景华，等．弱光对长春花（*Catharanthus roseus*）幼苗中可溶性糖、生物碱及激素含量的影响［J］．生态学报，2007，27（11）：4419－4424.

[20] 王丽萍，王鑫，邹春蕾．低温弱光胁迫下辣椒内源激素含量的变化［J］．辽宁农业科学，2008（2）：24－26.

乌塌菜 Ogura 雄性不育系组合与保持系组合杂种优势的比较研究

宋　波　徐　海　陈龙正　袁希汉*

（江苏省农业科学院蔬菜研究所　江苏南京　210014）

摘　要：以 3 个乌塌菜（黄心乌）Ogura 雄性不育系及其保持系材料为母本，与 5 个乌塌菜稳定材料（含 2 个保持系）为父本配制了 5 对组合，进行了乌塌菜雄性不育系组合与保持系组合杂种优势的比较研究。研究得出，雄性不育系和相应保持系配制的组合杂种优势差异不显著，但雄性不育系配制的组合杂种优势在大多数成对组合中表现较好；利用雄性不育系进行乌塌菜杂种一代品种选育具有良好前景。

关键词：乌塌菜　雄性不育系　保持系　杂种优势　比较研究

乌塌菜［*Brassica campesttris* L. ssp. *chinesis*（L.）Makino var. *rosularis* Tsen et Lee］是属于十字花科芸薹属芸薹种白菜亚种的一个变种，因美观、耐寒、维生素 C 含量高及品质好被称为“维他命菜”而深受大众喜爱[1,2]。乌塌菜生育期较长，不同生育期的性状有较大差异，故对其品种纯度的要求甚为严格；利用雄性不育系制种则能有效避免亲本自交率过高等制种风险，提高杂交种子纯度。目前，乌塌菜雄性不育研究主要集中在上海八叶类型上，但都未获得稳定的杂种优势优良的不育系[3,4]。在前期的研究中，发现普通白菜 Ogura 雄性不育系配制的组合具有较大的杂种优势负效应，而保持系所配组合具有较大的正效应[5]，这在一定程度上影响了雄性不育系在普通白菜育种中的运用。由于乌塌菜生育期较长且杂种优势与普通白菜差异较大，在乌塌菜中会如何表现，是值得探讨的一个问题。

近年来，利用普通白菜 Ogura 胞质不育系与不同乌塌菜（黄心乌）骨干亲本材料进行回交转育，已育成不育度 100%、蜜腺正常、子叶低温不黄化的高代稳定的乌塌菜雄性不育系材料。本文利用已育成的乌塌菜高代稳定雄性不育系材料配制组合，进行乌塌菜雄性不育系组合与保持系组合之间的比较研究，旨在为乌塌菜雄性不育育种提供理论依据。

1　材料与方法

1.1　材料

以 3 个乌塌菜高代稳定雄性不育系及其保持系为母本，5 个乌塌菜稳定材料

* 通讯作者。

（含 2 个保持系）为父本配制了 10 个组合（表 1）。于 2013 年 9 月 5 日在江苏省农业科学院蔬菜研究所六合试验基地种植。种植畦宽 1.5 米，行距 0.25 米，株距 0.25 米，3 次重复，共 30 个小区。定植后 2 个月，每个小区取有代表性的 5 株调查。调查项目包括株高、株幅、叶片长、叶片宽、叶柄长、叶柄宽、叶片数、单株质量、商品菜率和叶/柄比。在本试验中，叶片数指叶宽大于 2 厘米的叶片总数；商品菜率指去掉失去商品性的外叶后的商品菜质量与单株质量的比值；叶/柄比指商品菜的叶片质量与叶柄质量的比值。

表 1　参试组合的农艺性状描述

序号	组合名称	性状描述
1	41 CMS×3	株型小，塌地，叶皱泡密而小，外叶浅绿，心叶较黄
2	41×3	
3	41 CMS×17	株型中等，塌地，叶皱泡大，外叶绿，心叶黄，结球明显
4	41×17	
5	41 CMS×28	株型中等，塌地，叶皱泡中等，外叶绿，稍散，心叶黄，抗性好
6	41×28	
7	17 CMS×41	株型中等，塌地，叶皱泡大，外叶绿，心叶黄，结球明显
8	17×41	
9	30 CMS×46	株型大，半塌地，叶皱泡大，外叶绿，心叶金黄，结球明显
10	30×46	

1.2　方法

利用 DPS 分析软件，进行差异显著性分析。

2　结果与分析

乌塌菜不育系与保持系配制的组合杂种优势的比较如下：

2.1　株高

所有组合的株高变异幅度在 13.33～23.67 厘米，组合之间株高差异较大。5 对不育系与保持系配制的组合株高的差异均未达显著水平，其中 41CMS×17 和41×17 的株高分别为 17.33 厘米和 18.50 厘米，差异达到－1.17 厘米，在 5 对组合中差异最大。共有 3 对组合不育系配制组合的株高高于保持系配制的组合（表 2）。

2.2　株幅

所有组合中株幅变异幅度在 30.00～42.67 厘米，组合之间株幅差异较大。2 对不育系配制组合的株幅小于其保持系配制的组合，差异达显著水平。41CMS×28 和 41×28 的株幅分别为 34.00 厘米和 36.33 厘米，差异达－2.33 厘米；17 CMS×41 和 17×41 株幅分别为 33.33 厘米和 38.67 厘米，在 5 对组合中差异最大，达到－5.34 厘米，其他 3 对未达显著水平。仅有 1 对不育系配制组合的株幅大于保持系配制的组合（表 2）。

2.3　叶片长

所有组合中叶片长变异幅度在 10.00～17.17 厘米。5 对不育系与保持系配制的组合叶片长的差异均未达显著水平，其中 41CMS×17 和 41×17 的叶片长分别为 13.00 厘米和 11.33 厘米，差异达到 1.67 厘米，在 5 对组合中差异最大。共有 4 对不育系配制组合的叶片长大于保持系配制的组合（表 2）。

2.4　叶片宽

所有组合中叶片宽变异幅度在 13.67～21.33 厘米，组合之间叶片宽差异较大。5 对不育系与保持系配制的组合叶片宽的差异均未达显著水平，其中 30CMS×46 和 30×46 的叶片宽分别为 21.33 厘米和 19.83 厘米，差异达到 1.50 厘米，在 5 对组合中差异最大。共有 3 对不育系配制组合的叶片宽大于保持系配制的组合（表 2）。

2.5　叶柄长

所有组合中叶柄长变异幅度在 7.67～13.00 厘米。2 对组合的叶柄长差异达显著水平。41CMS×3 和 41×3 的叶柄长分别为 7.67 厘米和 8.33 厘米，差异达－0.66厘米；30CMS×46 和 30×46 叶柄长分别为 13.00 厘米和 11.17 厘米，在 5 对组合中差异最大，达到 1.83 厘米，其他 3 对未达显著水平。共有 4 对不育系配制组合的叶柄长大于保持系配制的组合（表 2）。

2.6　叶柄宽

所有组合的叶柄宽变异幅度在 4.90～6.30 厘米，组合之间叶柄宽差异较小。5 对不育系与保持系配制的组合叶柄宽的差异均未达显著水平，其中 17CMS×41 和 17×41 的叶柄宽分别为 4.90 厘米和 5.50 厘米，差异达到－0.60 厘米，在 5 对组合中差异最大。共有 2 对组合不育系配制组合的叶柄宽高于保持系配制的组合（表 2）。

2.7　叶柄厚

所有组合中叶柄厚变异幅度在 0.95～1.33 厘米，组合之间叶柄厚差异较小。仅 1 对组合的叶柄厚差异达极显著水平，41CMS×3 和 41×3 的叶柄厚分别为 1.10 厘米和 0.95 厘米，差异达到 0.15 厘米，在 5 对组合中差异最大。共有 4 对不育系配制组合的叶柄厚大于保持系配制的组合（表 2）。

2.8　叶片数

所有组合中叶片数变异幅度在 21.83～41.33 片，组合之间叶片数差异较大。仅 1 对组合的叶片数差异达极显著水平，41CMS×3 和 41×3 的叶片数分别为

31.50片、34.67片，差异达到−3.17片，在5对组合中差异最大。共有2对不育系配制组合的叶片数大于保持系配制的组合（表2）。

2.9 单株质量

所有组合的单株质量变异幅度在0.45～0.95千克，组合之间单株质量差异较大。5对不育系与保持系配制的组合单株质量的差异均未达显著水平，其中17CMS×41和17×41的单株质量分别为0.61千克和0.67千克，差异达到−0.06千克，在5对组合中差异最大。41CMS×3和41×3的单株质量分别为0.45千克和0.49千克，该对组合单株质量最低；30CMS×46和30×46的单株质量为0.95千克和0.94千克，该对组合单株质量最高。共有3对组合不育系配制组合的单株质量高于保持系配制的组合（表2）。

2.10 商品菜率

所有组合的商品菜率变异幅度在71%～84%，组合之间单株质量差异较小。5对不育系与保持系配制的组合商品菜率的差异均未达显著水平，其中41CMS×3和41×3的商品菜率分别为73%和77%，41CMS×28和41×28的商品菜率分别为79%和75%，差异均达到4%，在5对组合中差异最大。共有3对组合不育系配制组合的商品菜率高于保持系配制的组合（表2）。

2.11 叶/柄比

所有组合的叶/柄比变异幅度在19%～34%，组合之间叶/柄比差异较大。5对不育系与保持系配制的组合叶/柄比的差异均未达显著水平，其中41CMS×28和41×28的叶/柄比分别为23%和19%，差异达到4%，在5对组合中差异最大。共有3对组合不育系配制组合的叶/柄比高于保持系配制的组合（表2）。

表2 乌塌菜雄性不育系组合与保持系组合的杂种优势的比较

组合	株高（厘米）	株幅（厘米）	叶片长（厘米）	叶片宽（厘米）	叶柄长（厘米）	叶柄宽（厘米）	叶柄厚（厘米）	叶片数（片）	单株质量（千克）	商品菜率（%）	叶/柄比（%）
41CMS×3	14.17aA	30.00aA	10.00aA	14.83aA	7.67bA	5.10aA	1.10aA	31.50bA	0.45aA	73aA	24aA
41×3	13.33aA	33.33aA	11.00aA	13.67aA	8.33aA	5.23aA	0.95bB	34.67aA	0.49aA	77aA	23aA
41CMS×17	17.33aA	34.33aA	13.00aA	16.33aA	9.17aA	5.57aA	1.30aA	32.00aA	0.68aA	83aA	28aA
41×17	18.50aA	34.00aA	11.33aA	17.33aA	9.10aA	5.53aA	1.10aA	34.00aA	0.63aA	84aA	26aA
41CMS×28	15.00aA	34.00bA	12.50aA	15.43aA	9.00aA	5.20aA	1.33aA	41.33aA	0.61aA	79aA	23aA
41×28	14.33aA	36.33aA	12.33aA	15.83aA	8.50aA	5.17aA	1.17aA	40.33aA	0.57aA	75aA	19aA
17CMS×41	16.83aA	33.33bA	14.00aA	17.83aA	10.5aA	4.90aA	1.27aA	30.67aA	0.61aA	83aA	26aA
17×41	17.50aA	38.67aA	13.33aA	16.67aA	9.90aA	5.50aA	1.18aA	29.00aA	0.67aA	81aA	28aA
30CMS×46	23.67aA	40.33aA	17.17aA	21.33aA	13.00aA	6.10aA	1.20aA	21.83aA	0.95aA	72aA	31aA
30×46	23.00aA	42.67aA	16.67aA	19.83aA	11.17bA	6.30aA	1.23aA	24.00aA	0.94aA	71aA	34aA

注：商品菜率和叶/柄比的显著性测验为数据经反正弦转换后进行的。同列数据中标有不同小、大写字母分别表示在P=0.05、P=0.01水平上差异达显著。

3　讨论

在株高、叶片长、叶片宽、叶柄宽、单株质量、商品菜率和叶/柄比 7 个性状上，5 对组合差异均不显著；其他性状在大多数成对的组合中差异也不显著，故乌塌菜雄性不育系与保持系配制的组合杂种优势差异不大，与田间目测结果一致。本试验的 Ogura 雄性不育系是通过采用连续回交方式，置换了原始雄性不育材料的细胞核，但仍保留了萝卜的细胞质，再与父本杂交后，则成为三交种，而保持系配制的组合是单交种。从理论上讲，单交种的杂种优势应该比三交种大。而本试验得出两者差异不大的原因可能由于乌塌菜生育期较长，生长速度较慢的特点，使两者之间的差异体现不明显。同时，发现不育系配制的组合杂种优势数值大于保持系配制的组合的数量较多，但不同成对组合之间存在一定差异，如 41CMS×3 在 11 个杂种优势中仅有 4 个的数值大于 41×3，产量低于 41×3，在其他 4 对组合中，雄性不育系配制组合大于保持系配制的组合的数量较多，如 41CMS×28 则有 8 个性状的数值大于 41×28，其中产量高于 41×28，这说明雄性不育系配制的组合杂种优势在大多数成对组合中表现较好。

本试验研究中所利用的保持系组合是经多年观察、性状表现优良的组合，但由于乌塌菜部分亲本自交系材料自交亲和指数偏高，如材料 17 的亲和指数达到 6，导致不能运用于生产；而利用雄性不育系制种，则能有效避免亲本自交率过高等制种风险，并且提高杂交种子纯度。根据本试验研究结果，明确利用雄性不育系配组能获得与保持系组合基本一致的优良性状，使上述性状优良组合的运用成为可能。但乌塌菜雄性不育系制种仍然存在不少困难，如何提高产量、母本蜂访花量以及优化父母本制种行比等是下一步研究的方向。综上所述，利用雄性不育系进行乌塌菜杂种一代品种选育具有良好前景。

◆ 参考文献

[1] 李曙轩．中国农业百科全书（蔬菜卷）[M]．北京：中国农业出版社，1990.

[2] 宋波，徐海，陈龙正，等．乌塌菜主要农艺性状的杂种优势研究 [J]．江苏农业科学，2012，40 (7)：132 - 134.

[3] 徐巍，冯辉，刘慧英．青梗白菜细胞核雄性不育基因向乌塌菜中的转育 [J]．西北农业学报，2011，20 (4)：116 - 119.

[4] 许明，魏毓棠，张森．萝卜细胞质不结球白菜雄性不育系向乌塌菜品种转育 [J]．辽宁农业科学，2007 (2)：1 - 4.

[5] 单奇伟．不结球白菜 Ogura 细胞质雄性不育系的细胞学、配合力和分子标记研究 [D]．南京：南京农业大学，2010.

高温对不同砧木黄瓜嫁接苗生长、光合和叶绿素荧光特性的影响

张红梅[1]　王　平[2]　金海军[1]　丁小涛[1]　余纪柱[1*]

([1]上海市农业科学院设施园艺研究所/上海市设施园艺技术重点实验室　上海 201403;[2]南京农业大学园艺学院　江苏南京　210095)

摘　要：在智能光照培养箱中采用基质栽培法，以黑籽南瓜（*Cucurbita ficifolia* Bouché）、白籽南瓜（*Cucurbita maxima* × *Cucurbita moschata*）、丝瓜（*Luffa cylindrica*）和冬瓜（*Benincasa hispida* Cogn.）为砧木，春秋王2号黄瓜为接穗，研究了黄瓜自根苗和4种嫁接苗在高温处理下的生长、光合及叶绿素荧光特性变化。结果表明：高温处理下嫁接苗和自根苗的生长量都有不同程度的增长，白籽南瓜砧和丝瓜砧的增长量较大；嫁接苗和自根苗叶片的叶绿素含量、净光合速率（Pn）、实际光化学量子产量（Yield）、表观光合电子传递速率（ETR）、光化学猝灭系数（qP）明显降低；气孔导度（Gs）、胞间 CO_2 浓度（Ci）、蒸腾速率（Tr）和非光化学淬灭系数（NPQ）明显升高。综合生长、光合和荧光特性，以白籽南瓜和丝瓜为砧木的嫁接苗在高温胁迫下耐性较强。

关键词：黄瓜嫁接　高温　生长　光合　叶绿素荧光

随着日光温室面积的扩大和先进栽培技术的推广普及，嫁接技术在黄瓜栽培中已得到普遍应用。嫁接在改善作物耐盐性[1]、抗冷性[2,3]、抗病性[4,5]等方面有显著的优势。孙艳[6]认为黄瓜嫁接苗光合特性和养分吸收均优于自根苗，嫁接黄瓜根系发达，根系活力提高，从而促进了对大多数矿质营养和水分的吸收，根、茎、叶等各器官和全株的生长势明显增强。目前，生产上大面积推广的黄瓜嫁接苗是以黑籽南瓜为主要砧木，主要利用了黑籽南瓜根系强大的吸水吸肥能力、抗寒力和抗土传病害侵染的能力。

随着全球气温的不断变暖，在中国北方夏秋茬黄瓜及南方黄瓜生产中，高温往往是影响其生长发育的主要环境因子，高温不仅影响植物体内保护酶活性及渗透胁迫物质的含量，还对光合机构造成伤害，生长发育受到抑制，产量、品质急剧下降[7]。目前有一些研究表明嫁接也可以提高黄瓜的抗高温能力[8]，提高夏季黄瓜的产量。郝婷等[9]对5种瓜类作物对根部高温的忍耐性发现，五叶香丝瓜具有较高的耐根际高温的能力。为了筛选耐高温的黄瓜砧木材料，本文以黑籽南

---

* 通讯作者。

瓜、白籽南瓜、丝瓜和冬瓜为砧木，黄瓜为接穗，研究了高温胁迫对嫁接苗和自根苗的生长、光合和叶绿素荧光特性，以期探讨高温对不同砧木黄瓜嫁接苗的地上部生长、光化学效率及光合作用的影响机制，为耐热黄瓜砧木的选育和推广提供理论依据。

1　材料和方法

1.1　材料

实验所用砧木品种为黑籽南瓜（山东省寿光市宏亮种子有限公司）、白籽南瓜（浙江省宁波市农业科学研究院）、五叶香丝瓜（兴农种业）、冬瓜（韩育种业），接穗为黄瓜品种春秋王 2 号（上海市农业科学院园艺研究所）。

1.2　方法

1.2.1　实验方法

实验于 2015 年 2～4 月在上海市农业科学院庄行综合试验站和设施园艺技术重点实验室进行。砧木种子经过温烫浸种后置于 30℃培养箱中催芽，出芽后播于 15 厘米×15 厘米的营养钵中，基质配比为草炭∶蛭石∶珍珠岩＝7∶2∶1，营养钵置于电加温线苗床上。一周后播种黄瓜，黄瓜直播于方盘中。出苗前苗床温度控制在 30℃（昼/夜），出苗后调整为 25℃/18℃（昼/夜）。黄瓜子叶平展后，采用劈接法进行嫁接，留取黄瓜自根苗作为对照。嫁接后放在遮光保湿的环境下 3 天，之后逐步通风见光，10 天后选取生长较为一致的嫁接苗和自根苗，置于 25℃/18℃（昼/夜均为 12 小时）的 ESW-1000 型全自动智能人工气候箱（杭州钱江生化仪器公司生产）中。

待幼苗长到三叶一心时，将每个嫁接组合和黄瓜自根苗分成两批，每批每个嫁接组合和自根苗各 15 株，重复 3 次。一批放在正常温度 25℃/18℃（昼/夜为 10 小时/14 小时）下继续培养；另一批放在高温 42℃/30℃（昼/夜为 10 小时/14 小时）下进行高温胁迫处理，处理 72 小时后，恢复到正常温度 25℃/18℃下（昼/夜为 10 小时/14 小时）继续培养。测定生长指标、叶绿素含量、光合参数和叶绿素荧光参数，并取样存放于－80℃冰箱中保存。

在高温处理 72 小时后测定 4 种嫁接苗和自根苗的株高、砧木茎粗、接穗茎粗、全部叶片叶面积。在高温处理 0 小时、24 小时、72 小时及恢复 48 小时时测定相对叶绿素含量、光合参数和叶绿素荧光参数。

1.2.2　测定项目和方法

在高温处理 72 小时后测定 4 种嫁接苗和自根苗的生长指标。株高是黄瓜子叶到生长点的高度，用卷尺测量；砧木茎粗是砧木子叶下胚轴茎粗，接穗茎粗是黄瓜子叶上胚轴茎粗，用游标卡尺测量；叶面积采用龚建华等[10]中黄瓜群体叶面积无破坏性速测方法测量。在高温处理 0 小时、24 小时、72 小时及恢复 48 小时时参照李合生[11]的方法测定幼苗的叶绿素含量；利用 LI-6400 光合仪（美国 LI-COR 公司生产）于上午 9～11 时测定净光合速率（Pn）、气孔导度（Gs）、胞间 CO_2 浓度（Ci）和蒸腾速率（Tr），测定时光照强度约为 600 微摩尔/（平方米·秒），CO_2浓度为（400±10）微升/升；将试验样品暗适应处理 20 分钟以上，利用 PAM-2100 型便携式调制叶绿素荧光仪（德国 Walz 公司）测定实际光化学量子产量（Yield）、光化学猝灭系数（qP）、电子传递速率（ETR）和非光化学淬灭系数（NPQ）。

1.3 统计分析

每个指标测定重复 3 次，取平均值。实验数据采用 Microsoft Excel 绘图，用 SPSS 统计软件进行方差分析和 Tukey 多重比较。

2 结果与分析

2.1 高温处理对不同砧木黄瓜嫁接苗生长量的影响

从表 1 可以看出，高温下嫁接苗和自根苗都有不同程度的生长。不同砧木嫁接苗和自根苗相比，株高、茎粗和叶面积的生长量都呈显著性差异。不同砧木嫁接苗之间除了砧木茎粗外，其他生长量也都呈显著性差异。以黑籽南瓜为砧木的嫁接苗的株高和接穗茎粗都明显低于其他嫁接苗和自根苗，以白籽南瓜和丝瓜为砧木的嫁接苗株高、接穗茎粗和叶面积都显著高于其他嫁接苗和自根苗，说明 42℃高温胁迫对以白籽南瓜和丝瓜为砧木的嫁接苗的生长影响较小。

表 1　高温处理对不同砧木黄瓜嫁接苗生长量的影响

处　理	株高（厘米）	砧木粗（毫米）	接穗茎粗（毫米）	叶面积（平方厘米）
黑籽南瓜砧	2.27±0.050e	0.13±0.001b	0.17±0.003e	96.68±3.433c
白籽南瓜砧	5.56±0.261a	0.15±0.004b	0.74±0.006a	172.92±5.892a
丝瓜砧	3.49±0.108b	0.09±0.002c	0.54±0.004b	102.2±4.621b
冬瓜砧	2.31±0.170d	0.21±0.005a	0.33±0.005d	53.14±1.063d
自根	2.43±0.132c	-	0.37±0.003c	42.86±2.374e

注：表中数据为平均值±标准差，同列数据中标不同字母表示差异达 5%显著水平。

2.2 高温处理对不同砧木黄瓜嫁接苗叶绿素含量的影响

从图 1 可知，随着高温胁迫时间的增加，嫁接苗和自根苗的叶绿素 a、叶绿素 b 和叶绿素（a+b）含量不断减少而类胡萝卜素含量不断增加，结束胁迫恢复正常生长温度后叶绿素含量逐渐回升而类胡萝卜素含量降低。高温处理 72 小时后，以白籽南瓜为砧木的嫁接苗的叶绿素 a、叶绿素 b 和叶绿素（a+b）含量分别降低了 40.48%、54.17%和 38.04%，丝瓜砧分别降低了 42.97%、47.78%和 30.66%，降低幅度都小于自根苗。以白籽南瓜、丝瓜和冬瓜为砧木的嫁接苗的类胡萝卜素在高温处理 72 小时后分别增加了 61.39%、44.22%和 53.76%。在高温胁迫下，以白籽南瓜和丝瓜为砧木的嫁接苗一直保持着较高的叶绿素含量。

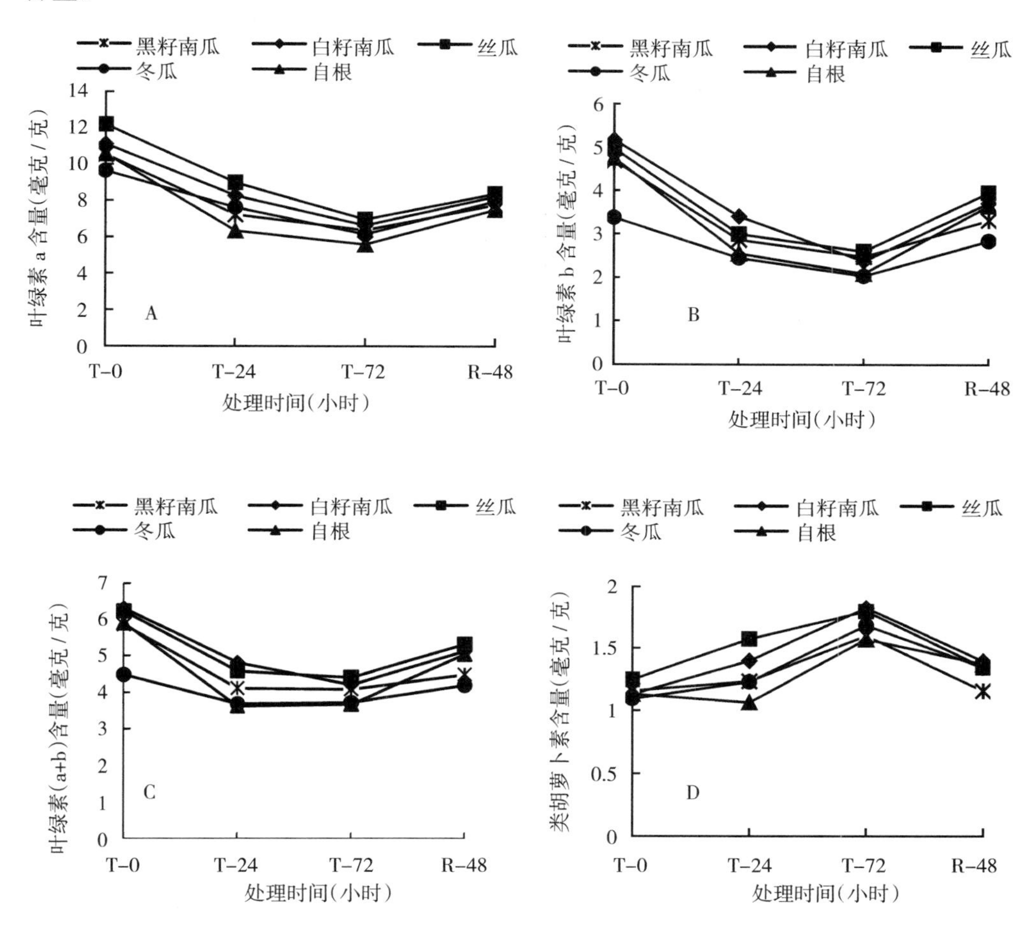

图 1　高温处理对不同砧木黄瓜嫁接苗叶片叶绿素含量的影响

注：T 表示高温处理时间，R 表示恢复到正常温度时间。

2.3　高温处理对不同砧木黄瓜嫁接苗光合参数的影响

由图 2-A 可以看出：在高温胁迫下，嫁接苗和自根苗的净光合速率随着胁迫时间延长均呈下降的趋势，并且在处理 72 小时后下降到最低点，以白籽南瓜为砧木的嫁接苗下降程度最小，降低了 19.89%，其次降低较少的是黑籽南瓜砧和丝瓜砧。恢复 48 小时后，嫁接苗和自根苗的净光合速率虽有所提高但仍然低于对照。高温胁迫引起嫁接苗和自根苗的气孔导度（Gs）的升高（图 2-B）。在处理 72 小时时，以白籽南瓜为砧木的嫁接苗 Gs 升高幅度最大，为 252.02%。恢复生长后嫁接苗和自根苗的 Gs 有所下降，但仍然高于处理前。高温胁迫下，嫁接苗和自根苗的胞间 CO_2浓度（Ci）和蒸腾速率（Tr）明显增加。在高温处理 72 小时时，以白籽南瓜和丝瓜为砧木的嫁接苗的 Tr 值最高，说明这两个砧木的嫁接苗能以较高的蒸腾速率来降低高温的伤害。

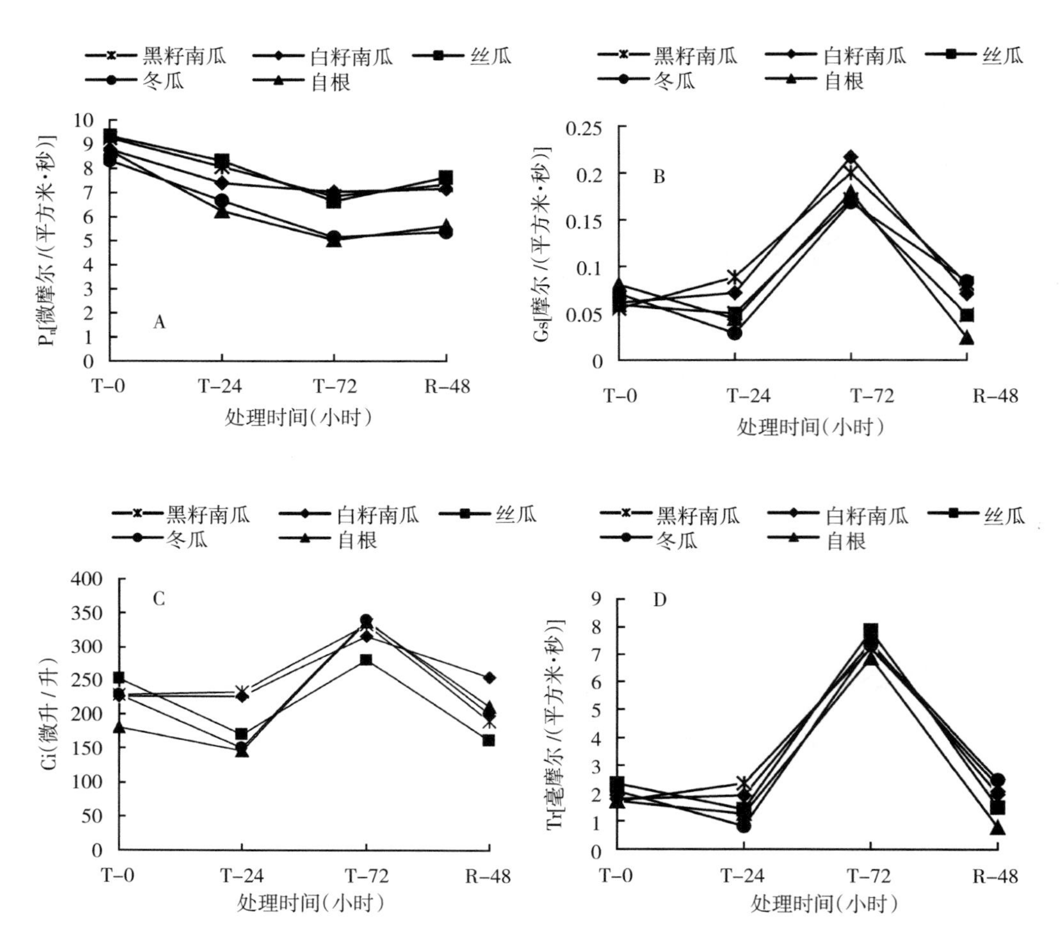

图 2　高温处理对不同砧木黄瓜嫁接苗叶片净光合速率（Pn）、气孔导度（Gs）、胞间 CO_2 浓度（Ci）和蒸腾速率（Tr）的影响

注：T 表示高温处理时间，R 表示恢复到正常温度时间。

2.4　高温处理对不同砧木黄瓜嫁接苗叶绿素荧光参数的影响

从图 3 可以看出，高温处理下，嫁接苗和自根苗的 Yield、ETR 和 qP 值逐渐下降，在 72 小时时下降到最低，此时，以白籽南瓜为砧木的嫁接苗的 Yield、ETR 和 qP 值保持最高，其次是丝瓜嫁接苗。恢复正常生长后，幼苗的 Yield、ETR 和 qP 值有所回升，但仍低于处理前。在高温处理及恢复期间，自根苗的 Yield、ETR 和 qP 值一直最低。嫁接苗和自根苗的 NPQ 随着胁迫时间的增加不断上升，处理 72 小时时，自根苗的 NPQ 最高，其次是冬瓜嫁接苗和黑籽南瓜嫁接苗，白籽南瓜嫁接苗和丝瓜嫁接苗保持着较低的 NPQ。

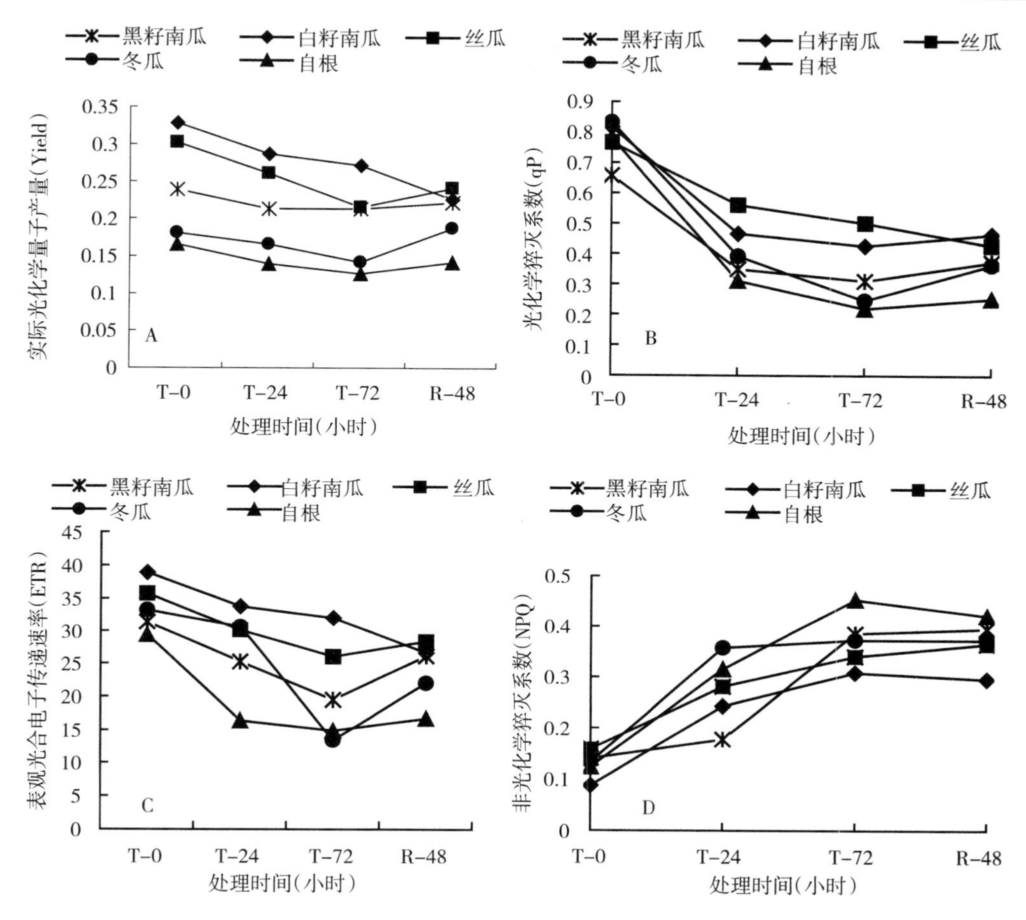

图 3 高温处理对不同砧木黄瓜嫁接苗叶绿素荧光参数的影响

注：T 表示高温处理时间，R 表示恢复到正常温度时间。

3 讨论

嫁接能够增强黄瓜植株的生长势，提高植株抗逆境的能力，这是许多试验研究的结果[12,13]，也是利用嫁接来进行生产的一个重要原因[14]。短时间的高温处理能够促进黄瓜幼苗的生长[8]。本实验中，在高温 42℃/30℃处理 72 小时后，嫁接苗和自根苗比常温对照都有不同程度的增长，白籽南瓜嫁接苗和丝瓜嫁接苗的生长量较大，说明其对高温的忍耐性最强。

叶绿素含量既可以反映植物的光合能力，又可以作为衡量植物抗逆性的指标。马德华等[15]研究认为，高温胁迫使叶绿素含量明显降低，而且以叶绿素 a 下降为主。董灵迪等[16]研究结果表明，嫁接番茄高温胁迫下，叶绿素 a 含量、叶绿素总含量均高于对照。耐性好的品种在高温下可维持较高的叶绿素，保持一定的光合潜能。本实验中，高温胁迫下嫁接苗和自根苗的叶绿素含量呈降低趋势，恢复生长后又有所回升，类胡萝卜素含量的变化正好相反。类胡萝卜素既是光合色素，又是细胞内源抗氧化剂，在细胞内可以吸收剩余能量，猝灭活性氧，防止膜质过氧化[17]。高温胁迫下，维持较高的叶绿素含量是保证较高的光合水平，保持较大的生长量的基础，从而提高植株耐热性。本实验中以白籽南瓜和丝瓜为砧木的嫁接苗一直保持较高的叶绿素含量，在高温下表现出较强的生长势。

光合作用是作物生长的基础，它的强弱对于植物生长、产量及其抗逆性都具有十分重要的影响。马德华[15]等研究认为高温处理后黄瓜叶片光合速率明显降低。逆境下引起植物光合速率降低的因素可分为气孔限制因素和非气孔限制因素两类，若 Gs 和 Ci 均下降说明导致光合速率降低的是气孔限制因素，若 Gs 下降而 Ci 升高则说明导致光合速率降低的是非气孔限制因素[18]。本实验中，高温胁迫后，以黑籽南瓜、白籽南瓜、丝瓜为砧木的嫁接苗和黄瓜自根苗的 Pn 值下降，但 Gs 和 Ci 升高，表明 Pn 值的降低是由于非气孔因素所致。在胁迫 24h 后，冬瓜的 Pn 值下降、Ci 降低，说明光合速率的降低是由于气孔因素所致。而 Tr 的升高说明在高温胁迫过程中，植株可以通过改变蒸腾速率来调节体温和矿质盐的运转，从而减轻高温的伤害。本实验中以白籽南瓜和丝瓜为砧木的嫁接苗在高温胁迫下有着较高的光合速率，说明其对高温表现出较好的适应能力。

叶绿素吸收的光能除了用于光合作用外，还有一部分在形成同化力之前以热耗散的形式流失和以荧光的形式重新发射出来[19]。叶绿素荧光为研究光系统及其电子传递过程提供了丰富的信息，是研究植物光合生理状况以及植物与逆境胁迫关系的理想探针[20]。刘凯歌等[21]研究发现高温胁迫导致辣椒叶片 Fv/Fm（最大光化学效率）、Yield、ϕ_{PSII}（光系统Ⅱ实际光化学效率）降低，NPQ 增大。张红梅等[22]研究发现黄瓜幼苗的 Fm（最大荧光）、Yield、qP（光化学猝灭系数）、ϕ_{PSII} 随着胁迫温度的升高不断下降。本研究中，高温胁迫导致嫁接苗和自根苗叶片的 Yield 、qP、ETR 降低，NPQ 升高。这与前人的研究结果相一致[21,22]。高温胁迫下黄瓜植株叶绿体结构受到破坏，叶片的捕光能力降低，用于光化学反应的能量减少，进而导致了 Yield 的降低。当植物受到光抑制时，常常伴随着 NPQ 的增加[20]。qP 显著下降说明高温胁迫降低了 PSⅡ反应中心的电子传递量子产量，这与早熟花椰菜上的研究结果一致[23]。高温胁迫下，植物叶片通过这种 PSⅡ电子传递的量子效率下调机制使 ATP 和 NADPH 的产量能够配合卡尔文循环中对还原力需求的减少以达到平衡。本实验中以白籽南瓜和丝瓜为砧木的嫁接苗的 Yield、qP、ETR 降低速率及 NPQ 升高速率慢于其他嫁接苗和自根苗，表现出较强的耐高温的特性。

综上所述，高温胁迫不同程度地影响了嫁接苗和自根苗的生长，嫁接苗适应高温逆境的能力高于自根苗，一个重要的原因是通过减缓植株叶片叶绿素的降解和光化学效率的降低而实现的，以白籽南瓜和丝瓜为砧木的嫁接苗表现出较高的耐热性，可以作为黄瓜耐高温砧木加以利用。

参考文献

[1] 赵源，吴凤芝．盐碱胁迫对不同砧木黄瓜嫁接苗生长及根区土壤酶活性的影响［J］．中国蔬菜，2014（5）：33-38.

[2] 胡春梅，朱月林，杨立飞，等．低温条件下黄瓜嫁接株与自根株光合特性的比较［J］．西北植物学报，2006（2）：247－253.

[3] 高俊杰，秦爱国，于贤昌．低温胁迫下嫁接对黄瓜叶片 SOD 和 CAT 基因表达与活性变化的影响［J］．应用生态学报，2009，20（1）：213－217.

[4] 陈振德，王佩圣，周英，等．不同砧木对黄瓜产量、品质及南方根结线虫防治效果的影响［J］．中国蔬菜，2012（8）：57－62.

[5] 高彦魁，李欣，赵志军．不同基因型砧木对黄瓜产量、果霜及抗病性和抗寒性的影响［J］．西北植物学报，20110，2（3）：180－183.

[6] 孙艳，黄炜，田霄鸿，等．黄瓜嫁接苗生长状况、光合特性及养分吸收特性的研究［J］．植物营养与肥料学，2002，8（2）：181－185.

[7] 田婧，郭世荣．黄瓜的高温胁迫伤害及其耐热性研究进展［J］．中国蔬菜，2012（18）：43－52.

[8] 张珂珂，罗庆熙，杨萍．高温胁迫对嫁接黄瓜幼苗生长的影响［J］．长江蔬菜，2010（2）：22－25.

[9] 郝婷，朱月林，丁小涛，等．根际高温胁迫对 5 种瓜类作物生长及叶片光合和叶绿素荧光参数的影响［J］．植物资源与环境学报，2014，23（2）：65－73.

[10] 龚建华，向军．黄瓜群体叶面积无破坏性速测方法研究［J］．中国蔬菜，2001（4）：7－9.

[11] 李合生．植物生理生化实验原理和技术［M］．北京：高等教育出版社，2004：95－98.

[12] 王艳飞，庞金安，马德华，等．黄瓜嫁接栽培研究进展［J］．北方园艺，2002（1）：35－37.

[13] 费玉兰，王晶，沈佳，等．不同砧木嫁接对黄瓜长势及果实品质的影响［J］．江苏农业科学，2013，41（12）：147－149.

[14] 张红梅，金海军，余纪柱，等．不同南瓜砧木对嫁接黄瓜生长和果实品质的影响［J］．内蒙古农业学报，2007，28（3）：177－181.

[15] 马德华，庞金安，李淑菊．高温对黄瓜幼苗叶片光合及呼吸作用的影响［J］．天津农业科学，1997，3（专集）：38－40.

[16] 董灵迪，石琳琪，郭敬华．高温逆境下嫁接番茄生长发育及耐热性研究［J］．河北农业大学学报，2010，1（33）：27－29.

[17] 李伟，袁学平，杨迤然，等．弱光对两品种黄瓜光合特性和生长发育的影响［J］．东北农业大学学报，2012，43（1）：97－103.

[18] Farquhar G D，Sharkey T D. Stomatal conductance and phtosynthesis［J］. Annu Rev Plant Physiol，1982（33）：317－345.

[19] 林达定，张国防，于静波，等．芳樟不同无性系叶片光合色素含量及叶绿素荧光参数分析［J］．植物资源与环境学报，2011，20（3）：56－61.

[20] 陈建明，俞晓平，程家安．叶绿素荧光动力学及其在植物抗逆生理研究种的应用［J］．浙江农业学报，2006，81（1）：51－55.

[21] 刘凯歌，朱月林，郝婷，等．叶面喷施 6－BA 对高温胁迫下甜椒幼苗生长和叶片生理生化指标的影响［J］．西北植物学报，2014，34（12）：2508－2514.

[22] 张红梅，金海军，丁小涛，等．高温胁迫对不同类型黄瓜幼苗叶绿素荧光特性的影响[J]．上海农业学报，2012，28（1）：11－16.

[23] 汪炳良，徐敏，史庆华，等．高温胁迫对早熟花椰菜叶片抗氧化系统和叶绿素及其荧光参数的影响［J］．中国农业科学，2004，37（8）：1245－1250.

植物离体雌核发育研究进展

王　洁　任锡亮　孟秋峰　黄芸萍　王毓洪*

（宁波市农业科学研究院/宁波市瓜菜育种重点实验室　浙江宁波　315040）

摘　要： 离体雌核发育是植物单倍体培养的有效途径之一，本文对国内外植物离体雌核发育的研究概况进行了综述，总结了诱导植物雌核发育的影响因素，并指出了该领域研究中存在的问题以及将来的研究方向。

关键词： 植物　单倍体培养　雌核发育　离体培养

单倍体是指体细胞中具有配子染色体数的个体，即在其细胞中只有一个染色体组。单倍体植株基因型和表现型一致，一旦遗传基因发生突变，在植株当代就可以表现出来，因此培育单倍体植株在遗传学基础研究和植物育种中都具有十分重要的意义。1922 年，意大利的植物学家 Blakeslee 首次在曼陀罗中发现了自然产生的单倍体植株[1]，引起了植物学家和育种家的广泛关注。离体雄核发育和离体雌核发育是人工诱导产生单倍体的两条重要途径。离体雌核发育是指通过离体培养未受精子房或胚珠，使子房中大孢子或雌配子体向孢子体途径转变，从而产生单倍体或双单倍体植株的过程[2]。

离体雌核发育的研究相对于离体雄核发育历史较短，并且由于植物本身生理因素和技术等方面的原因，利用离体雌核培养获得单倍体植株的技术体系并不完善和成功。但是，离体雌核发育具有其独特的价值，尤其在雄核发育诱导单倍体尚未成功或诱导率太低，白花苗率高，雄性不育植株以及雌雄异株等植物中，离体雌核发育是获得优良单倍体植株的唯一可行途径[3,4]。此外，在某些材料的离体雄核培养中，植株表现明显的性状变异和倍性变异，而离体雌核培养的后代则较为稳定。因此，离体雌核发育作为离体雄核发育的补充，为单倍体诱导提供了另外一条有效的途径[5]。

1　植物雌核离体培养的研究概况

早在 20 世纪 50 年代，植物学家开始了离体雌核诱导单倍体植株再生的研究。1958 年和 1959 年，科学家 Sachar 和 Kapoor 对雨百合和葱莲进行了未授精子房和胚珠培养的研究工作[6,7]，尽管均以失败告终，但是为诱导雌核发育奠定了理论基础。20 世纪 60 年代，Tulecke 使用 White 培养基，对裸子植物银杏未受精子房进

* 通讯作者。

行离体培养，得到了单倍体愈伤组织，但没有分化成植株[8]。随后，Nishi 和 Mitsuoka 以水稻未授粉子房为材料培养得到了二倍体植株和四倍体植株，但未获得单倍体植株[9]。20 世纪 70 年代，Uchimiya 等从未授精的玉米子房和茄子的胚珠诱导出愈伤组织，并观察到其中有单倍体细胞的分裂[10]，表明人工诱导雌核发育成单倍体植株是可能的。70 年代中后期，Noeum 在世界上首次利用大麦未授精子房培养出单倍体植株，并第一次提出了"雌核发育"的定义[11]。此后，国外许多学者对多种植物的离体雌核发育做了大量的探索研究工作，研究的植物种类不断增加，并开始深入研究如何完善单倍体诱导途径以及再生胚囊植株的遗传规律和农艺性状[12]。

国内对于植物离体雌核发育的研究始于 20 世纪 70 年代。1977 年，上海植物生理研究所以甘蓝型油菜未受精胚珠为材料，培养得到了愈伤组织和类胚，并且通过未受精子房培养获得了再生植株[2]。1978 年，李正理等通过培养棉花未受精胚珠培养获得了愈伤组织[13]。1979 年，严健汉等通过培养小麦未受精子房诱导出一株单倍体白化苗[14]。同年，颜昌敬和赵庆华以水稻未受精子房为材料离体培养获得了再生植株[15]。进入 80 年代以后，离体雌核单倍体培养先后在许多植物成功获得了单倍体和双单倍体再生植株，包括水稻、大麦、玉米、小麦、百合、韭菜、洋葱、烟草、向日葵等[2]。随着分子生物学技术的高速发展，进入 20 世纪 90 年代以后，人们对于雌核发育诱导单倍体的研究关注度迅速下降。近几年，随着人们生活水平和健康理念的提高，使得雌核离体培养技术再一次得到了国内植物育种学家的重视。相继在草莓、黄瓜、非洲菊、苦瓜、苹果等多种植物中取得了很大的进步，为进一步的研究提供了理论性依据和重要指导[5]。

2　植物雌核离体培养的影响因素

2.1　基因型

研究表明，植物雌核离体培养的难易程度受供体植物基因型的影响，同一品种不同品系的诱导率和分化率都可能差异很大[5]。祝仲纯等[16]以 4 个不同基因型的未传粉小麦子房为材料，研究发现不同基因型间的诱导率差异比较明显，介于 1.3%～10.9%。裴晓利等[17]以 9 种不同基因型的黄瓜子房为材料，发现不同基因型之间雌核启动率存在显著差异，变化幅度从 65.52%～93.33%。邵明文等[18]将多个甜菜基因型品种于同一培养基上诱导，也发现不同基因型的诱导率表现出了显著差异，最低的为 0.77%，最高的达到 53.33%。植物离体雌核发育诱导单倍体植株的依赖于供体植株基因型在其他多个作物中也被证实，包括水稻、向日葵、西葫芦等[5]。因此，在植物雌核离体培养的过程中，选择合适的基因型是成功诱导雌核发育的一个关键因素。

2.2　供体植株的生长季节和生理状态

研究证实，供体植株的生长环境、生理状态和生长发育时期同样对单倍体诱导具有有一定的影响。谢冰[19]通过比较不同栽培季节中西葫芦未受精胚珠离体培养研究结果，发现秋季胚状体诱导频率明显高于夏季和春季，并且其实验结果已被程慧[20]证实。王丽花等[21]以不同月份非洲菊未受精的胚珠为材料进行离体培养，发现3～5月的愈伤组织和苗诱导率较高，6月以后诱导率开始下降。盛慧[22]通过比较黄瓜秋季和春季雌核发育诱导情况，发现秋季诱导率高于春季。

综上所述，接种时供体材料的生长季节和生理状态对离体雌核单倍体诱导的影响是不容忽视的，需要进一步探讨其作用机理。

2.3 雌核发育时期

雌核（胚囊）的发育时期对植物雌核离体单倍体培养有很大影响，适宜的雌核发育时期是获得诱导成功的关键因素之一。黄群飞[23]等在大麦中研究发现：发育到八核至成熟胚囊期的雌核诱导频率比较高。谢冰[19]在西葫芦未受精胚珠离体培养研究中指出，接近成熟和成熟的西葫芦胚囊对离体培养条件比较敏感，而成熟后的胚囊细胞反应较迟钝，不容易启动雌核进行分裂。在很多植物中研究发现，不同发育时期的胚囊诱导率不同，而接近成熟和成熟的胚囊似乎较易诱导成功[2]。

2.4 预处理

预处理是影响植物离体雌核发育的因素之一，适当的预处理可能会在一定程度上提高诱导效率。常用的预处理方式主要有高温热激、低温冷激和黑暗处理。对于不同的外植体，预处理的强度、处理时间和种类不同，诱导再生率也随之变化。对小麦、草莓和甜菜的研究表明，低温冷激有利于雌核发育。而对于黄瓜、南瓜和西葫芦等的研究表明，黑暗热激能够诱导未受精雌核发育的启动[24]。由此可见，不同植物对不同预处理的响应是不同的，所以应根据不同植物的生理特性来选择合适的预处理方法。

2.5 培养基

培养基中含有植物生长发育所必须的各种营养元素，是控制植株雌核发育诱导单倍体再生植株及发育的关键因子之一。不同的植物对培养基营养成分的需求不同。

2.5.1 基本培养基

早期的研究中，大多采用Nitsch培养基培养未受精子房或胚珠，但其对雌核诱导效率并不高。后来研究人员采用MS、N6、White、Miller或其改良型培养基，均有成功报道[5]。谷祝平等[25]以百合未授粉子房研究发现，改良MS培养基上愈伤组织的诱导率明显高于N6培养基。盛慧[22]在黄瓜雌核发育诱导单倍体培养中，发现MS要好于White和N6培养基。总之，不同作物或同一作物的不同品种对培养基的要求不同。

2.5.2 碳源

由于未授粉雌核在离体条件下培养时，不能合成碳水化合物，所以碳源是培养基中必不可少的成分。碳源不仅能够供给外植体能量，还能影响细胞的渗透压。组织培养中一般采用的碳源有蔗糖、葡萄糖、果糖、麦芽糖和山梨醇等，但离体雌核培养常用的碳源为蔗糖，选择的浓度因植物的种类而异。

2.5.3　外源激素

植物雌核离体培养常用的外源激素有生长素和细胞分裂素两大类。生长素的主要作用是促进细胞增殖和诱导愈伤组织形成。常用的生长素有 IAA、NAA、2,4 - D等。细胞分裂素的主要作用是促进细胞分裂，诱导芽的分化以及促进侧芽的萌发生长。常用的细胞分裂素有 ZT、KT、6 - BA、TDZ 等。在植物雌核发育诱导研究中，外源激素的种类、浓度和配比随着不同植物种类以及诱导目的不同而发生变化。陈晓鹏等[26]在黄瓜中研究指出，单独添加 TDZ 能成功诱导雌核和胚胎再生。Kielkowska 和 Adamus[27]以胡萝卜的未受精胚珠为材料，研究发现培养基中添加 IAA 可以促进胚的生成，添加 6 - BA 和 2,4 - D 则可以促进愈伤组织的形成。谢冰[19]在西葫芦未受精胚珠培养过程中发现，添加一定配比的 NAA、2,4 - D 和 6 -BA 能将诱导率提高到 90%以上。大量的研究报道证实，在植物离体雌核离体培养过程中，应根据植物种类和培养方式合理选择外源激素的种类、浓度和配比。

3　存在的问题与展望

目前，雌核离体培养诱导单倍体在很多植物种取得了很大的进展，表明该技术有望和植物雄核离体培养一样，为单倍体育种提供另外一条有效的途径。但是，植物雌核离体培养也存在着一些问题，如多数诱导实验体系不够稳定、缺少稳定可重复的培养流程、雌核发育的胚胎学研究不够深入等。在今后很长一段时间内，如何改进实验技术提高胚状体的诱导效率仍然是的主要的研究内容之一。此外，如何跟踪观察雌核发育的动态过程，并且将生活的胚囊或其成员细胞进行离体诱导也是将来的又一研究方向。

参考文献

[1] Blakeslee A F，Belling J，Farnham M，et al. A Haploid Mutant in the Jimson Weed，"Datura Stramonium" [J]. Science，1922：646 - 647.

[2] 赵鹤. 番茄雌核发育诱导研究 [D]. 北京：中国农业科学院，2013.

[3] Thomas W T B，Newton A C，Wilson A，et al. Development of recombinant chromosome substitution lines-a barley resource [J]. SCRI annual report，1999，2000：99 - 100.

[4] Bhat J G，H N Murthy. Factors affecting in-vitro gynogenic haploid production in niger [*Guizotia abyssinica* （L. f.） Cass.] [J]. Plant Growth Regulation，2007，52 （3）：241 - 248.

[5] 唐桃霞. 西葫芦未授粉子房培养及胚囊植株倍性鉴定技术研究 [D]. 杨凌：西北农林科技大学，2015.

[6] Sachar R C，Kapoor M. Influence of kinetin and gibberellic acid on the test tube seeds of Cooperia pedunculata herb [J]. Naturwissenschaften，1958，45 (22)：552 - 553.

[7] Sachar R C，Kapoor M. In vitro culture of ovules of Zephyranthes [J] . Phytomorphology，1959 (9)：147 - 156.

[8] Tulecke W. A Haploid Tissue Culture from the Female Gametophyte of Ginkgo biloba L [J] . Nature，1964 (203)：94 - 95.

[9] Nishi T，Mitsuoka S. Occurrence of variousploidy plants from anther and ovary culture of rice plant [J] . Japan Journal of Genetics，1969，44 (6)：341 - 346.

[10] Uchimiya H，Kameya T，Takahashi N. In vitro culture of unfertilized ovules in Solanum melongena and ovaries in Zea mays [J] . Jap J Breed，1971.

[11] San Noeum L H，Ahmadi N. Variability of doubled haploids from invitro androgenesis and gynogenesis in *Hordeum vulgare* L. [J] . Collogue NSP，CNRS，1979 (51)：517.

[12] 刘鹍．苦瓜单倍体诱导的初步研究 [D]．武汉：华中农业大学，2010.

[13] 李正理，胡绍安．棉花胚胎学基础知识（三）[J]．棉花，1978 (5)．

[14] 严健汉，赵仁智，曹家林．小麦（*Triticum aestivum*）胚囊植株的诱导 [J]．山西大学学报（自然科学版），1979 (21)：1 - 4.

[15] 颜昌敬，赵庆华．水稻叶鞘和枝梗愈伤组织的植株再生 [J]．科学通报，1979，24 (20)：943 - 947.

[16] 祝仲纯，吴海珊，安庆坤，等．从未传粉的小麦子房诱导单倍体植株 [J]．遗传学报，1981 (4)：386 - 390.

[17] 裴晓利，杨颖，李胜，等．黄瓜离体雌核发育诱导单倍体的研究 [J]．甘肃农业大学学报，2011，46 (6)：52 - 56.

[18] 邵明文，张悦琴，黄彩云，等．甜菜未授粉胚珠培养的研究 [J]．中国糖料，1988 (2)．

[19] 谢冰．西葫芦的离体雌核发育及植株再生 [D]．泰安：山东农业大学，2005.

[20] 程慧．西葫芦离体雌核培养及植株再生影响因子研究 [D]．杨凌：西北农林科技大学，2013.

[21] 王丽花，瞿素萍，杨秀梅，等．非洲菊未授粉胚珠的离体诱导和植株再生 [J]．植物生理学报，2007，43 (6)：1089 - 1092.

[22] 盛慧．利用大孢子技术培育黄瓜单倍体的前期研究 [J]．种子科技，2011，29 (8)：26 - 28.

[23] 黄群飞，杨弘远，周嫦．大麦未授粉子房培养的胚胎学观察 [J]．植物学报，1982 (4)：295 - 299.

[24] 李玲．西瓜未受精胚珠和未授粉子房离体培养的研究 [D]．长沙：湖南农业大学，2014.

[25] 谷祝平，郑国锠．百合未授粉子房的培养及其胚胎学观察 [J]．植物学报，1983 (1)：24 - 27.

[26] 陈小鹏，刘栓桃，孙小镭，等．黄瓜未授粉子房的胚状体诱导研究初报 [J]．西北农业学报，2005，14 (2)：148 - 151.

[27] Kiełkowska A，Adamus A. In vitro culture of unfertilized ovules in carrot (*Daucus carota* L.) [J] . Plant Cell，Tissue and Organ Culture (PCTOC)，2010，102 (3)：309 - 319.